AF262095

V

COURS D'ÉTUDES MATHÉMATIQUES

PURES ET APPLIQUÉES.

COURS

D'ÉTUDES MATHÉMATIQUES

PURES ET APPLIQUÉES,

SUIVI D'INSTRUCTIONS RELATIVES A LA RÉDACTION DES DIFFÉRENTS PLANS, DEVIS ET PROJETS,

A L'USAGE DES AGENTS-VOYERS,

Ouvrage également utile à MM. les Employés des Ponts & Chaussées, des Contributions directes, des Eaux & Forêts, Architectes, Géomètres du Cadastre, Arpenteurs, Entrepreneurs de Travaux publics, etc. ;

PAR

C.-A. DUBOYS-LABERNARDE,

INSPECTEUR-VOYER DU DÉPARTEMENT DE LA CHARENTE,

Ancien Élève de l'Ecole des Arts et Métiers
d'Angers.

PREMIÈRE PARTIE.

PARIS,

CARILIAN-GŒURY ET Vᵒʳ DALMONT,

Libraires des Corps des Ponts et Chaussées et des Mines, quai des Augustins, 49.

1850.

1851

ANGOULÊME, IMP. LEFRAISE ET C°,
Rue du Marché, n° 6.

A MM. LES AGENTS-VOYERS.

Messieurs et chers Collègues,

Je viens de réunir à un choix de faits mathématiques les plus usuels et les plus concis, le fruit de plusieurs années d'études théoriques et pratiques, pour en composer cet ouvrage, qui manquait à notre administration encore dans l'enfance. Nos aînés, attachés au corps des ponts et chaussées, ont, il est vrai, publié un grand nombre d'ouvrages sur la même matière; mais il est à remarquer qu'ayant écrit pour des hommes déjà préparés par des études sérieuses, les auteurs n'ont pas cherché à être généralement compris : ou ils ont passé sous silence la plupart des détails pratiques qu'ils ont supposés connus de ceux pour qui ils écrivaient, ou ces ouvrages, considérés sous le point de vue scientifique, ne sont abordables que pour des hommes déjà formés aux grandes écoles; en général, les notions indispensables se trouvent disséminées dans de nombreux volumes d'un prix exorbitant, dont la plupart ne contiennent séparément que quelques principes qui se rattachent à nos modestes constructions.

J'ai fait marcher de pair la Théorie et la Pratique : la Théorie prévient les écarts du génie qui invente ; par la réalisation matérielle, la Pratique rend palpables les principes établis; sans la Théorie, la Pratique dégénère bien vite en routine, et sans la Pratique, la Théorie n'est plus que de la science vaine.

On peut étendre les limites des sciences et des arts de deux manières différentes, soit en initiant le public aux découvertes que l'on a faites, soit en présentant d'une manière simple, claire et précise, les vérités déjà connues, mais jusque-là décrites de manière à n'être comprises que par un petit nombre d'hommes privilégiés.

Sous le premier rapport, je donne quelques propositions de géométrie, un grand nombre d'applications, la théorie d'une nouvelle machine propre aux épuisements, etc.

Au second point de vue, il y avait plus à faire : aussi me suis-je attaché à démontrer, d'après la méthode élémentaire, les propriétés des courbes les plus en usage, leur rectification, la cubature des solides décrits par leur révolution autour d'un axe de rotation, etc....; j'ai également évité l'emploi des hautes mathématiques dans la théorie des anses de paniers à trois ou à un plus grand nombre de centres; j'y détermine les rayons avec lesquels elles doivent être décrites, afin que le passage d'un arc à un autre soit insensible, et que la courbe soit uniforme et sans jarrets.

Mes Théories des voûtes et de la poussée des terres, mettent à même d'obtenir, à l'aide de formules étrangères aux calculs transcendants, les épaisseurs à donner aux piles et aux culées des ponts en maçonnerie, ainsi que celles qu'il convient d'attribuer aux murs de soutènement.

Dans le cours de l'ouvrage, qui est divisé en deux parties, je me suis attaché à donner immédiatement, après la détermination de chaque formule générale, non-seulement sa traduction en langage ordinaire, mais encore le calcul d'un exemple numérique à l'appui de la démonstration; j'ai pensé que la solution d'un cas particulier donne souvent à une formule le caractère de l'évidence que ne comportent pas toujours en elles les généralités.

Le chapitre qui traite de la rédaction des Projets et Devis renferme ceux de différents travaux faits dans le département de la

Charente auquel j'appartiens; ces travaux, qui ont été exécutés
sous mes yeux, m'ont paru le plus propres à servir de modèles;
les épures et les dessins qui leur sont relatifs font partie du volume de planches.

Il me serait impossible d'exposer dans un cadre aussi resserré
l'analyse succincte du cours d'étude dont l'objet est de présenter
à chaque agent, en lui évitant l'embarras de recourir ailleurs, un
vaste répertoire des connaissances théoriques et pratiques qui se
rattachent à sa profession, et qui lui sont rendues obligatoires
par l'Instruction ministérielle. du 11 octobre 1836 : telles ont été
mes vues en publiant ce cours où se trouve consigné le fruit de mes
veilles et de mes méditations, qui, j'ose l'espérer, seront justement appréciées des hommes, toujours utiles, qui se livrent aux
applications laborieuses, mais attrayantes, des sciences exactes.
J'éprouverai, surtout, une bien vive satisfaction, si j'acquiers un
jour la certitude que mes efforts ont été utiles au corps des agents-
voyers dont je m'honore de faire partie.

COURS

D'ÉTUDES MATHÉMATIQUES

PURES ET APPLIQUÉES.

PREMIÈRE PARTIE.

CHAPITRE PREMIER.

ALGÈBRE.

§ 1er. — INTRODUCTION, RÈGLES FONDAMENTALES ET FRACTIONS.

N° 1er. — Lorsqu'on veut résoudre une question posée en termes généraux, et faire voir avec clarté que sa solution est indépendante des valeurs particulières attribuées aux quantités que renferme l'énoncé, on représente ces quantités, de quelque nature qu'elles soient, par des lettres sur lesquelles les opérations s'effectuent comme sur les nombres ordinaires, en suivant les règles rigoureuses que l'*Algèbre* nous enseigne.

L'Algèbre est donc l'Arithmétique, prise dans son sens le plus général. Comme celle-ci, elle possède quatre opérations fondamentales, dont nous allons successivement nous occuper, après avoir donné quelques explications sur les signes abréviatifs employés dans le cours de cet ouvrage, et spécialement consacrés aux sciences mathématiques.

1° Le signe $+$ indique l'addition, et s'énonce *plus;*

2° Le signe $-$ marque la soustraction, et s'énonce *moins;*

3° Le signe $\times$ ou un point . , placé entre deux quantités, indique leur multiplication;

4° Le signe de la division se compose de deux points : placés entre les quantités à diviser l'une par l'autre, ou bien d'un trait ———— horizontal, au-dessus et au-dessous duquel se placent ces mêmes quantités;

5° *Le coefficient est un nombre écrit à gauche d'une quantité, exprimée par une ou plusieurs lettres pour indiquer qu'elle est multipliée par ce nombre;* ainsi, le nombre 3 est le coefficient de ab, dans l'expression $3ab;$

6° *L'exposant est un nombre écrit à droite, et un peu au-dessus d'une lettre; il indique que la quantité qu'elle représente est autant de fois facteur dans le produit, que ce nombre contient d'unités plus un;* ainsi, dans les expressions a^2, a^3, 2 et 3 sont les exposants;

7° Les lettres désignent, en général, les quantités sur lesquelles on raisonne;

8° Le signe $\sqrt{\ }$ *radical,* sous la branche duquel on écrit une quantité dont on veut indiquer la racine d'un certain degré à extraire; l'indice de la racine s'écrit entre les deux branches du signe.

$\sqrt[4]{a}$ indique la racine quatrième de la quantité représentée par $a;$

9° Le signe $=$ *égal,* placé entre deux quantités, indique qu'elles sont égales; pour exprimer que la quantité représentée par a est égale à celle représentée par b, on écrit $a = b;$

10° Le signe d'inégalité $>$ s'énonce *plus grand que,* ou *plus petit que,* selon qu'il est placé en divergent ou en convergent;

    $a > b$ signifie et se prononce a plus grand que $b;$

    $a < b$ indique a plus petit que $b;$

11° ∞, *infini,* indique l'infini, quantité plus grande ou plus petite qu'aucune valeur assignable, selon qu'il est précédé du signe $+$ ou du signe $-$.

On appelle *monôme* ou *terme,* une quantité algébrique qui est séparée d'une autre par le signe $+$ ou par le signe $-$; $-3a$, $+5b$, $-8ab$, sont des monômes.

Les termes semblables sont ceux qui ont les mêmes lettres affectées des mêmes exposants, ou bien encore ceux qui ne diffèrent que par le signe et par le coefficient.

Un *binôme* est une quantité composée de deux termes; tels sont $a + b$, $c + d$.

On désigne sous la dénomination générale de *polynômes* les quantités algébriques composées d'un nombre quelconque de termes, soit additifs, soit soustractifs.

Les termes additifs, ou ceux qui sont précédés du signe $+$, s'appellent *positifs*.

Les termes soustractifs, ou affectés du signe $-$, sont dits *négatifs*.

2. — Lorsqu'un polynôme contient plusieurs termes semblables, il peut être, sans changer de valeur, ramené à une forme plus simple. En effet, si l'on considère le polynôme

$$8a^2b - 14ab^2 + 4bc - 20a^4 - 5a^2b + 18ab^2 - bc + 15a^4;$$

on s'apercevra bien vite qu'il revient à $3a^2b + 4ab^2 + 3bc - 5a^4$.

Car le premier terme $+ 8a^2b$, étant semblable au cinquième $- 5a^2b$, ce dernier réduit l'autre à $3a^2b$.

De même le second terme $- 14ab^2$, combiné avec le sixième $+ 18ab^2$, réduit évidemment ce dernier à $+ 4ab^2$.

Des termes $+ 4bc$ et $- bc$, résultera $+ 3bc$.

Et enfin les termes $- 20a^4$ et $+ 15a^4$, se réduiront à $- 5a^4$.

L'opération par laquelle on réduit ainsi le nombre des termes d'un polynôme à un nombre plus petit, se nomme réduction; il est essentiel de bien remarquer que cette opération ne peut avoir lieu que sur les termes semblables, et qu'elle porte seulement sur leurs coefficients.

Si l'on avait dans un polynôme les termes suivants :

$+ 4bc^2 + 3ac + 8bc^2 - 6ac - bc^2 - ac$, ils pourraient se mettre sous la forme $12bc^2 - bc^2 + 3ac - 7ac$.

Puis sous celle plus simple encore, $11bc^2 - 4ac$.

Ce qui fait voir que, pour opérer la réduction des termes semblables, dans un polynôme quelconque, on forme un seul terme positif, de tous les termes semblables positifs, en ajoutant les coefficients de ces termes, et en écrivant à la suite les lettres communes.

On forme, d'après le même principe, un seul terme négatif de tous les termes semblables négatifs, puis on retranche la plus petite somme de la plus grande, en donnant au reste le signe de la plus grande.

Il arrive fort souvent qu'après avoir pratiqué certaines opérations sur des polynômes, les résultats contiennent des termes semblables. On doit alors profiter de cette circonstance pour les ramener à des formes plus simples et par cela seul plus avantageuses.

Ces principes établis d'une manière invariable, nous allons passer aux opérations fondamentales algébriques.

DE L'ADDITION.

3. — L'addition a pour but de réunir en une seule, plusieurs quantités algébriques; on y parvient aisément, *puisqu'il suffit de les écrire les unes à la suite des autres, avec leurs signes particuliers.*

Ainsi, soit à ajouter ensemble les polynômes suivants :

$$3ab^2 + 5ab - 6a^2c$$
$$4a - 2ac + 3a^2c$$
$$2ab + ab^2 - 2a$$

Somme, $3ab^2 + 5ab - 6a^2c + 4a - 2ac + 3a^2c + 2ab + ab^2 - 2a$.

Les quantités $4a$ et $2ab$ sont portées au résultat avec le signe *plus,* parce qu'étant indiquées sans aucun signe dans les deux polynômes dont elles faisaient partie, elles étaient censées y avoir le signe *plus;* il en sera ainsi, à l'avenir, de toute quantité qui ne sera précédée d'aucun signe, car on la considèrera comme ayant le signe $+$.

Si, après avoir opéré l'addition, il se trouvait des termes semblables, on simplifierait le résultat par leur réduction.

DE LA SOUSTRACTION.

4. — *Pour retrancher un polynôme d'un autre polynôme, on écrit d'abord celui dont on veut retrancher, avec ses signes respectifs; puis on place à sa suite celui qu'on veut retrancher, mais en donnant alors à* *chacun de ses termes un signe contraire à celui dont il était primitivement affecté.*

Pour rendre ce principe palpable, soit à retrancher $c - b$ de $a + d$, et supposons pour un instant qu'il s'agisse simplement de retrancher c de $a + d$, il est évident que le résultat serait, dans ce cas, $a + d - c$; il ne s'agissait pas de retrancher la quantité c tout entière, mais bien cette quantité diminuée de b; le résultat est donc trop petit de la quantité b, et pour le porter à sa juste valeur, il doit être augmenté de cette même quantité, et par conséquent devenir $a + d - c + b$, ce qu'il s'agissait de démontrer.

Soit le polynôme,
$$8a^2b + 3ab^2 - 4ac + 4abc,$$
dont on veut retrancher
$$2a^2b - 5ab^2 - 2ac + abc - cd,$$
on aura, d'après le principe qui vient d'être démontré,
$$8a^2b + 3ab^2 - 4ac + 4abc - 2a^2b$$
$$+ 5ab^2 + 2ac - abc + cd.$$

Mais ce dernier polynôme contenant plusieurs termes semblables qui sont susceptibles de réduction, devient, après cette opération,

$$6a^2b + 8ab^2 - 2ac + 3abc + cd.$$

DE LA MULTIPLICATION.

5. — *La multiplication algébrique est l'opération par laquelle on obtient le produit de deux quantités exprimées l'une et l'autre algébriquement.*

Si les quantités à multiplier l'une par l'autre sont exprimées par deux lettres seulement, telles que a et b, on pourra, d'après ce qui a été dit, écrire ainsi leur produit $a \times b$, $a.b$, ou bien ab en écrivant les deux lettres à la suite l'une de l'autre, sans interposition de signe.

Considérons maintenant le cas où l'on aurait un monôme tel que $5a^4b^3$ à multiplier par un autre monôme, tel que $2a^2b^4c$. Le produit de ces deux quantités peut s'exprimer par $5a^4b^3 \times 2a^2b^4c$.

Mais cette expression est évidemment susceptible de simplification, car, d'après l'explication donnée aux signes abréviatifs, elle revient à

$$5aaaabbb \times 2aabbbbc, \text{ ou } 5 \times 2.aaaaaabbbbbbbc.$$

Les coefficients étant multipliés entre eux, donnent le nombre 10 pour coefficient du produit ; et en observant que *aaaaaa* équivaut à a^6, et que *bbbbbbb* est la même chose que b^7 ; on obtiendra définitivement 10 $a^6 b^7 c$ pour le produit demandé ; et en comparant avec attention ce produit à ses facteurs, le rapprochement établira la règle suivante :

Pour multiplier un monôme par un monôme, il faut d'abord multiplier les coefficients l'un par l'autre, écrire ensuite, en les plaçant à la droite du produit, toutes les lettres qui entrent à la fois dans les facteurs, en donnant à chacune d'elles un exposant égal à la somme de ceux qu'elle avait dans ces mêmes facteurs; et enfin, si une ou plusieurs lettres se trouvent dans l'un des facteurs sans faire partie de l'autre, les écrire à la suite du produit en conservant leurs exposants respectifs.

Remarquons ici que toute quantité littérale qui n'a point de coefficient apparent, a pour coefficient l'unité, et qu'il en est de même à l'égard de l'exposant.

Soit maintenant à multiplier $a - b$ par $c - d$; si l'on multiplie a par c, on obtiendra ac ; puis en multipliant b par c, bc ; la différence de ces deux produits $ac - bc$, est évidemment celui de $a - b$ multiplié par c ; mais ce n'était pas par c qu'il s'agissait de multiplier, c'était par c diminué de d ; le produit obtenu est donc trop grand de $a - b$ multiplié par d, ou bien de $ad - bd$; retranchant donc ce nouveau produit du premier, d'après la méthode enseignée à la soustraction, on aura pour produit définitif

$$ac - bc - ad + bd.$$

Si l'on compare le produit $ac - bc - ad + bd$, à ses facteurs $a - b$ et $c - d$, on verra 1° que le signe $+$ de la quantité $+ a$ du multiplicande, multipliée par $+ c$ du multiplicateur, se trouve dans $+ ac$ au produit ;

2° Que $- b$ multiplié par $+ c$, a produit $- bc$;

3° Que $+ a$ multiplié par $- d$, a produit $- ad$;

4° Et qu'enfin $- b$ multiplié par $- d$, a produit $+ bd$.

On résume tous ces faits, en disant que *les mêmes signes multipliés entre eux donnent au produit le signe $+$; et que les signes différents multipliés entre eux donnent le signe $-$.*

Cette règle importante de la multiplication s'énonce encore d'une manière très abrégée dans la pratique, en disant :

1° *Plus multiplié par plus donne plus;*
2° *Moins multiplié par plus donne moins;*
3° *Plus multiplié par moins donne moins;*
4° *Moins multiplié par moins donne plus.*

Passons à présent à la multiplication de deux polynômes quelconques, composés chacun d'autant de termes que l'on voudra; le premier s'appelle *multiplicande,* le second *multiplicateur,* et le résultat de l'opération est connu sous le nom de *produit.* Le multiplicande et le multiplicateur se nomment aussi *facteurs du produit.*

$$
\begin{array}{ll}
\text{Et soit d'abord} \dots\dots\dots & a + b \\
\text{à multiplier par} \dots\dots\dots & a - b + cd \\
\hline
& + a^2 + ab \\
& - ab - b^2 \\
& + acd + bcd \\
\hline
& a^2 - b^2 + acd + bcd.
\end{array}
$$

Après avoir ainsi disposé les deux polynômes, on multiplie tous les termes du multiplicande par le premier terme du multiplicateur, en observant que $+ a$ multiplié par $+ a$ donne $+ a^2$; et que $+ b$ multiplié par $+ a$, donne $+ ab$.

On multiplie de même tout le multiplicande par $- b$, en observant que $+ a$ multiplié par $- b$, donne $- ab$; et que $+ b$ par $- b$, produit $- b^2$.

Les deux termes du multiplicande, multipliés par le troisième terme $+ cd$ du multiplicateur, donnent pour troisième produit partiel, en observant toujours les règles précédentes $+ acd + bcd$; faisant enfin la réduction des termes semblables $+ ab$ et $- ab$ disparaissent, et l'on obtient enfin le produit demandé.

$$
\begin{array}{ll}
\text{Soit encore à multiplier le polynôme} & a^3 + 3a^2b + 3ab^2 + b^3 \\
\text{par} \dots\dots\dots\dots\dots\dots\dots & a^3 - 3a^2b + 3ab^2 - b^3 \\
\hline
1^{\text{er}} \text{ produit partiel.} \dots\dots\dots & a^6 + 3a^5b + 3a^4b^2 + a^3b^3 \\
2^{\text{e}} \ \textit{idem} \dots\dots\dots\dots\dots & - 3a^5b - 9a^4b^2 - 9a^3b^3 - 3a^2b^4 \\
3^{\text{e}} \ \textit{idem} \dots\dots\dots\dots\dots & + 3a^4b^2 + 9a^3b^3 + 9a^2b^4 + 3ab^5 \\
4^{\text{e}} \ \textit{idem} \dots\dots\dots\dots\dots & - a^3b^3 - 3a^2b^4 - 3ab^5 - b^6 \\
\hline
\text{Produit simplifié} \dots\dots & a^6 - 3a^4b^2 + 3a^2b^4 - b^6.
\end{array}
$$

AUTRE EXEMPLE.

Multiplicande $5n^4x^2 + 7n^3x^5 - 15n^3y + 23x^2 - 17xy^5 - 9nxy$

Multiplicateur $11x^3 - 8y^5 + 5nxy - 2x$

$$55n^4x^5 + 77n^3x^6 - 165n^3x^3y + 253x^5 - 187x^4y^5 - 99nx^4y$$
$$- 40n^4x^2y^5 - 56n^3x^5y^3 + 120n^3y^4 - 184x^2y^5 + 136xy^6 + 72nxy^4$$
$$+ 25n^5x^3y + 35n^4x^4y - 75n^4xy^2 + 115nx^3y - 85nx^2y^4 - 45n^2x^2y^2$$
$$- 10n^4x^5 - 14n^3x^4 + 30n^3xy - 46x^3 + 34x^2y^5 + 18nx^2y.$$

Produit simplifié.

$$55n^4x^5 + 77n^3x^6 - 140n^3x^3y + 253x^5 - 187x^4y^5 - 99nx^4y$$
$$- 40n^4x^2y^5 - 56n^3x^5y^3 + 120n^3y^4$$
$$- 184x^2y^5 + 136xy^6 + 72nxy^4 + 35n^4x^4y - 75n^4xy^2 + 115nx^3y$$
$$- 85nx^2y^4 - 45n^2x^2y^2$$
$$- 10n^4x^5 - 14n^3x^4 + 30n^3xy - 46x^3 + 34x^2y^5$$
$$+ 18nx^2y.$$

On s'aperçoit aisément, par ces différents exemples, qu'en opérant la réduction des termes semblables, on peut parvenir à exprimer un produit qui, au premier abord, paraît fort compliqué, par un petit nombre de termes; et cela, sans altérer sa valeur primitive; on remarquera de même qu'il existe des termes irréductibles; ce sont 1° celui qui provient de la multiplication du terme du multiplicande contenant une lettre affectée du plus haut exposant, par le terme du multiplicateur contenant aussi la même lettre affectée du plus haut exposant; 2° le terme qui résulte de la multiplication des deux termes des facteurs, où cette même lettre est affectée des plus bas exposants; car on conçoit que ces deux termes contiennent la lettre dont il s'agit, élevée à un degré plus bas ou plus élevé qu'aucun des autres termes, parmi lesquels ils ne peuvent trouver de semblables.

Un polynôme est ordonné par rapport à une lettre contenue dans ses différents termes, lorsqu'il est écrit de telle sorte que le premier à gauche contienne cette lettre affectée du plus haut exposant; que le second la contienne avec l'exposant immédiatement inférieur; qu'il en soit ainsi du troisième, du quatrième, etc.; qu'enfin, soient écrits les derniers, ceux où cette lettre ne se trouve point contenue. Cette disposition des différents termes des polynômes est indispensable pour faciliter la division algébrique dont nous allons nous occuper.

DE LA DIVISION.

6. — En Algèbre comme en Arithmétique, *la division a pour but de déterminer un facteur inconnu lorsqu'on connaît le produit et l'autre facteur*.

Le produit connu est le *dividende*, le facteur connu est le diviseur, celui que l'on cherche s'appelle *quotient*.

Proposons-nous de diviser le monôme $60a^4b^3c$, par l'autre monôme $10a^2b$; on aura d'abord, d'après ce qui a été convenu (n° 1er) :

$$\frac{60a^4b^3c.}{10a^2b.}$$

D'après la définition de la division, on voit qu'il s'agit de trouver une expression qui, multipliée par $10a^2b$, puisse produire $60a^4b^3c$; or, pour cela, il faut essentiellement que le coefficient de cette expression inconnue, multiplié par 10, coefficient du diviseur, produise 60, coefficient du dividende; c'est-à-dire qu'il soit le quotient de 60, divisé par 10, ou 6.

Il faut de même que l'exposant de la lettre a, dans cette expression, ajouté à 2, exposant de a dans le diviseur, donne pour somme 4, exposant de la même lettre au dividende; il est donc égal à 2, différence qui existe entre 4 et 2, exposants de la lettre a, dans le dividende et dans le diviseur; la même observation étant faite à l'égard de la lettre b, on voit que son exposant doit être 2 au quotient; et qu'enfin la lettre c, ne figurant pas au diviseur, doit être écrite au quotient telle qu'elle existe au dividende; le quotient demandé est donc $6a^2b^2c$, en sorte que l'on a

$$\frac{60a^4b^3c}{10a^2b} = 6a^2b^2c.$$

On trouvera également que $\dfrac{81a^6b^2c^4}{9abc^2} = 9a^5bc^2$;

Que $\dfrac{16a^8c^6d}{4a^8c^5d} = 4c$, $\dfrac{120a^{10}b^6c^2d^4f}{12a^2b^4cd^4} = 10a^8b^2cf$;

Et qu'enfin $\dfrac{a^mb}{a^n} = a^{m-n}b$.

C'est-à-dire que pour diviser un monôme par un monôme, on divise d'abord le coefficient du dividende par celui du diviseur; on obtient ainsi le coefficient du quotient à la suite duquel on écrit les lettres communes au dividende et au diviseur, en les affectant d'exposants égaux aux différences qui existent entre les exposants des mêmes lettres prises dans le dividende et dans le diviseur; et qu'enfin on écrit à la suite du quotient les lettres portées au dividende, et qui n'entrent point dans le diviseur.

Si l'on avait à diviser $\dfrac{a^m}{a^m}$ la soustraction $m - m$ donnant 0, il en résulterait que $\dfrac{a^m}{a^m} = a^0$; mais comme toute quantité se contient elle-même juste une fois, on aurait $a^0 = 1$; *c'est-à-dire que toute quantité qui a pour exposant 0, est égale à 1.*

Avant de passer à la division d'un polynôme par un polynôme, nous allons déterminer quels signes il convient de donner aux différents termes du quotient, en nous occupant successivement des quatre cas qui peuvent se rencontrer dans la pratique.

1° Si le dividende a le signe $+$ et le diviseur le signe $+$, il faudra que le quotient ait aussi le signe $+$; car il ne peut y avoir que le signe *plus*, qui, multiplié par le signe *plus* du diviseur, puisse reproduire le signe *plus* du dividende (n° 5, *page* 7).

2° Si le dividende ayant toujours le signe $+$, le diviseur se trouve avoir le signe $-$, alors le quotient sera affecté du signe $-$, puisqu'il ne peut y avoir que le signe *moins* qui, multiplié par le signe *moins* du diviseur, puisse reproduire le signe *plus* du dividende (n° 5, *p.* 7).

3° Si le dividende ayant le signe $-$, le diviseur a le signe $+$, le quotient aura le signe $-$, parce qu'il ne peut y avoir que le signe *moins* qui, multiplié par le signe *plus* du diviseur, reproduise le signe *moins* du dividende (n° 5, *page* 7).

4° Considérons enfin le cas où le dividende et le diviseur ont l'un et l'autre le signe $-$, le quotient aura évidemment le signe $+$, car il ne peut y avoir que ce signe qui, multiplié par le signe *moins* du diviseur, puisse reproduire le signe *moins* du dividende (n° 5, *p.* 7).

Ces règles importantes se résument ainsi : *les mêmes signes divisés l'un par l'autre donnent au quotient le signe $+$; et les signes différents donnent le signe $-$.*

On dit encore dans la pratique, et par analogie avec les règles déjà établies pour la multiplication, *plus divisé par plus donne plus; moins divisé par plus donne moins; plus divisé par moins donne moins;* et enfin, *moins divisé par moins donne plus.*

Ces principes invariablement arrêtés, si l'on veut diviser un polynôme par un autre polynôme, afin de s'éviter l'embarras de chercher, parmi tous les termes du dividende, celui qui contient une certaine lettre affectée du plus haut exposant, pour le diviser par le terme correspondant du diviseur contenant pareillement la même lettre élevée à la plus haute puissance, on aura l'attention, avant de commencer l'opération, *d'ordonner* l'un et l'autre polynôme, par rapport à l'une des lettres qu'ils auront communes (n° 5, *p.* 8). Cela posé, passons à la division suivante, dans laquelle les deux polynômes sont *ordonnés* par rapport à la lettre a.

$$a^6 - 3a^4b^2 + 3a^2b^4 - b^6 \left\lvert \begin{array}{l} a^3 - 3a^2b + 3ab^2 - b^3 \\ \hline a^3 + 3a^2b + 3ab^2 + b^3 \end{array} \right.$$

$$- a^6 + 3a^5b - 3a^4b^2 + a^3b^3$$
$$3a^5b - 6a^4b^2 + a^3b^3 + 3a^2b^4 - b^6$$
$$- 3a^5b + 9a^4b^2 - 9a^3b^3 + 3a^2b^4$$
$$3a^4b^2 - 8a^3b^3 + 6a^2b^4 - b^6$$
$$- 3a^4b^2 + 9a^3b^3 - 9a^2b^4 + 3ab^5$$
$$a^3b^3 - 3a^2b^4 + 3ab^5 - b^6$$
$$- a^3b^3 + 3a^2b^4 - 3ab^5 + b^6$$
$$0.$$

Après avoir disposé les deux polynômes comme on les voit ici, on divise le premier terme du dividende par le premier terme du diviseur, en observant qu'ayant l'un et l'autre le signe *plus,* leur quotient a^3 est aussi positif : multipliant ensuite tout le diviseur par ce premier terme du quotient, on écrit le produit $a^6 - 3a^5b + 3a^4b^2 - a^3b^3$, à mesure qu'on l'obtient au-dessous du dividende, mais en ayant le soin d'intervertir les signes de tous ses termes, puisque ce produit partiel doit être retranché du dividende : faisant ensuite la réduction des termes semblables, on obtient $3a^5b - 6a^4b^2 + a^3b^3 + 3a^2b^4 - b^6$ pour premier reste ; divisant son premier terme $3a^5b$ par le premier terme du diviseur, on a $+ 3a^2b$ pour le second terme du quotient ; multipliant de nouveau tous les termes du diviseur par celui-ci, écrivant le produit avec des signes contraires comme précédemment, et faisant la réduction, on obtient pour second reste $3a^4b^2 - 8a^3b^3 + 6a^2b^4 - b^6$; divisant le premier terme $3a^4b^2$ par a^3, on obtient $+ 3ab^2$ pour troisième terme du quotient : le produit du diviseur par ce nouveau terme étant retranché du dernier dividende, donne pour reste $a^3b^3 - 3a^2b^4 + 3ab^5 - b^6$, dont le premier terme divisé par a^3, donne $+ b^3$ pour quatrième et dernier terme du quotient; car le produit du diviseur par ce dernier terme étant retranché du dernier dividende, ne laisse aucun reste; mais le dividende et le diviseur employés dans cet exemple, sont précisément le produit et le multiplicateur d'une multiplication précédemment effectuée (n° 5, p. **7**); aussi, le quotient que l'on vient d'obtenir est-il bien le multiplicande qu'on devait en effet retrouver, les opérations étant bien exécutées.

La multiplication et la division pouvant se servir de preuve l'une à l'autre, on ne saurait trop engager les personnes qui désirent se rendre familiers les calculs algébriques, à composer des produits en multipliant entre eux des polynômes; et réciproquement, à décomposer ces mêmes produits par la division; c'est en agissant ainsi qu'elles parviendront sans beaucoup de peine à obtenir la certitude dans leurs opérations, et en même temps toute la célérité désirable.

Proposons-nous d'effectuer la division suivante :

$$
\begin{array}{l|l}
a^4b - a^3b^2 + 4a^2b - 4ab^2 - ac + bc + b & \;a^3b + 4ab - c \\
- a^4b - 4a^2b + ac & \\
- a^3b^2 - 4ab^2 + bc + b & \;a - b + \dfrac{b}{a^3b + 4ab - c} \\
+ a^3b^2 + 4ab^2 - bc & \\
\qquad\qquad b. &
\end{array}
$$

Après avoir obtenu les deux premiers termes du quotient, le reste b n'étant plus divisible par le diviseur, indique que la division n'est pas possible exactement; mais ce reste peut être écrit sous la forme de fraction; ainsi $a - b + \dfrac{b}{a^3b + 4ab - c}$ est précisément le quotient demandé. Les divisions impossibles exactement conduisent indubitablement à des expressions fractionnaires, comme il arrive en cette circonstance.

DES FRACTIONS.

7. — *Les fractions sont des quantités plus petites que l'unité,* qui peuvent être **considérées comme les restes de divisions devenues impossibles.**

On exprime une fraction à l'aide de deux quantités placées l'une au-dessous de l'autre, et séparées par un trait.

La première, qui indique le nombre des parties dont la fraction est composée, se nomme *numérateur.*

La seconde, qui indique la valeur de ces parties, en désignant combien il en faut pour faire un entier, s'appelle *dénominateur*.

Dans la fraction $\dfrac{a}{b}$, a est le numérateur, et b le dénominateur; elle s'énonce ordinairement a sur b, ou bien a divisé par b; b étant $> a$, nous allons observer quels changements peut éprouver la valeur de l'expression $\dfrac{a}{b}$, par l'addition d'une même quantité à ces deux *termes;* c'est ainsi que s'appellent, d'un nom commun, le numérateur et le dénominateur.

Remarquons d'abord que, d'après la destination du numérateur et du dénominateur, s'ils sont égaux, la fraction devient égale à un.

Si l'on compare la fraction $\dfrac{a}{b}$ à *un*, ou à $\dfrac{b}{b}$, on aura $\dfrac{b}{b} - \dfrac{a}{b} = \dfrac{b-a}{b}$. *C'est-à-dire qu'une fraction quelconque diffère de l'unité, d'une autre fraction dont le numérateur est la différence entre le dénominateur et le numérateur de la proposée, et qui a pour dénominateur le même que celle-ci.*

Reprenons la fraction $\dfrac{a}{b}$, et ajoutons une même quantité m à ces deux termes; elle deviendra alors $\dfrac{a+m}{b+m}$; et d'après ce qui vient d'être dit, sa différence avec l'unité est de $\dfrac{b+m-a-m}{b+m} = \dfrac{b-a}{b+m}$, fraction plus petite que $\dfrac{b-a}{b}$, puisque le nombre des parties étant resté le même, ces parties sont devenues plus petites par l'augmentation du dénominateur, qui indique maintenant qu'il en faut un plus grand nombre pour composer l'unité. La valeur de la nouvelle fraction $\dfrac{a+m}{b+m}$, est donc plus rapprochée de l'unité que la fraction primitive $\dfrac{a}{b}$; donc celle-ci est augmentée par l'addition d'une même quantité à ses deux termes.

Considérons maintenant le cas où, au lieu d'ajouter une quantité m aux deux termes de la fraction, on les multiplie l'un et l'autre par cette même quantité; elle devient alors $\dfrac{a \times m}{b \times m}$.

Le numérateur devenant m fois plus grand, la fraction exprime m fois plus de parties; mais aussi, le dénominateur devenant m fois plus grand, ces parties deviennent en même temps m fois plus petites, et la fraction proposée conserve sa valeur primitive.

Réciproquement, si l'on a la fraction $\dfrac{am}{bm}$, et qu'on divise ses deux termes par m, elle deviendra $\dfrac{a}{b}$. La suppression du facteur m dans le numérateur, le rend m fois plus petit qu'il n'était auparavant; la fraction contient donc m fois moins de parties; la suppression du même facteur au dénominateur, le rend de même m fois plus petit, ce qui rend les parties exprimées par la fraction, m fois plus grandes, et par conséquent la ramène à sa juste valeur.

On peut donc multiplier ou diviser les deux termes d'une fraction quelconque par une même quantité, sans altérer sa valeur.

Le raisonnement précédent démontre en même temps que

1° *En multipliant le numérateur sans toucher au dénominateur, la fraction est multipliée;*

2° *En multipliant le dénominateur sans toucher au numérateur, la fraction est divisée;*

3° *En divisant le numérateur sans toucher au dénominateur, la fraction est divisée;*

4° *En divisant le dénominateur sans toucher au numérateur, la fraction est multipliée.*

En employant avec précision ces principes dont le mérite est incontestable, on pourra réduire les fractions qui contiendront des facteurs communs aux deux termes, à une forme plus simple, en supprimant ces facteurs.

On pourra de même, selon les besoins, introduire dans les deux termes à la fois quels facteurs on jugera nécessaires.

Enfin, on pourra multiplier ou diviser une fraction quelconque par une quantité entière. Occupons-nous maintenant des quatre opérations fondamentales appliquées aux fractions.

ADDITION DES FRACTIONS.

3. — Comme il n'est possible d'ajouter ensemble que des quantités de même nature, il faut absolument que les fractions que l'on réunit pour n'en former qu'un tout, aient des dénominateurs égaux; dans le

cas contraire, il faudra les y réduire avant de les soumettre à cette opération.

Soient les trois fractions $\dfrac{a}{b}$, $\dfrac{c}{d}$, $\dfrac{e}{f}$, que l'on désire réduire au
même dénominateur pour les ajouter ensuite.

En se basant sur les règles précédentes, on voit qu'il est permis de multiplier les deux termes de la fraction $\dfrac{a}{b}$, par le produit df, sans altérer sa
valeur; elle devient alors $\dfrac{adf}{bdf}$.

Les deux termes de la seconde fraction $\dfrac{c}{d}$ pourront aussi être multipliés par bf, opération qui la transformera en cette autre $\dfrac{cbf}{bdf}$.

Enfin les deux termes de la dernière, multipliés par bd, transformeront
celle-ci en $\dfrac{ebd}{bdf}$.

Les trois fractions proposées seront donc transformées en
$\dfrac{adf}{bdf}$, $\dfrac{cbf}{bdf}$, $\dfrac{ebd}{bdf}$, qui ont le même dénominateur.

De là, on peut conclure cette règle générale : *Pour réduire plusieurs
fractions au même dénominateur, il faut multiplier les deux termes de
chacune d'elles par le produit résultant de la multiplication des dénominateurs des autres fractions.*

Si l'on veut enfin réduire toutes ces fractions à une seule expression, *on
ajoutera ensemble les numérateurs, et l'on donnera à cette somme
pour dénominateur, le dénominateur commun,* ce qui donnera
$$\frac{adf + cbf + ebd}{bdf}.$$

SOUSTRACTION DES FRACTIONS.

9. — Comme pour l'addition, la soustraction des fractions n'est possible
que lorsqu'elles possèdent le même dénominateur; dans le cas contraire, on
aura la précaution de les y réduire par la méthode qui vient d'être enseignée;
*on retranchera ensuite le numérateur de la plus petite de celui de la plus
grande, et on donnera au reste, pour dénominateur, le dénominateur commun;* la nouvelle fraction, ainsi obtenue, sera la différence des deux fractions

proposées; ainsi, si de $\dfrac{a}{m}$ on veut retrancher $\dfrac{b}{m}$, on aura pour reste $\dfrac{a-b}{m}$. Si les fractions étaient composées de plusieurs termes, soit additifs, soit soustractifs, on aurait soin, après avoir écrit le numérateur de la fraction dont on veut soustraire, d'écrire celui de la fraction à soustraire, en changeant tous ses signes, comme cela a été démontré à la soustraction des polynômes (n° 4, *p.* 4 et 5).

MULTIPLICATION DES FRACTIONS.

10. — Que l'on ait à multiplier $\dfrac{a}{b}$ par $\dfrac{c}{d}$, on pourra ainsi indiquer l'opération $\dfrac{a}{b} \times \dfrac{c}{d}$; pour l'effectuer, on se proposera d'abord de multiplier la fraction $\dfrac{a}{b}$ par la quantité c; ce qui se fera facilement en multipliant son numérateur par c; on obtiendra alors $\dfrac{ac}{b}$ (n° 7, *p.* 14).

Mais ce n'était pas par la quantité c, qu'il s'agissait de multiplier, c'était par c divisé par d; le produit $\dfrac{ac}{b}$ est donc d fois trop grand; et alors il faut le diviser par la quantité d, opération qui s'exécute en multipliant le dénominateur par d; et on obtient enfin, pour résultat définitif $\dfrac{ac}{bd}$.

Ce qui fait voir que pour multiplier une fraction par une autre fraction, on multiplie les numérateurs entre eux, et les dénominateurs entre eux.

Remarquons ici que le produit d'une quantité quelconque, entière, fractionnaire ou fraction, multipliée par une fraction proprement dite, c'est-à-dire par une quantité plus petite que l'unité, est toujours plus petit que le multiplicande; en effet, si l'on multiplie une quantité A par 1, on obtient évidemment un produit égal à A; et si, au lieu de la multiplier par 1, on la multiplie par une partie de 1, on obtiendra un produit égal à la même partie de A; ce qui peut s'exprimer ainsi $A \times 1 = A$, et $A \times \dfrac{1}{m} = \dfrac{A \times 1}{m} = \dfrac{A}{m}$.

Ainsi, en multipliant une fraction par une fraction; le produit en résultant, par une nouvelle fraction; et celui-ci encore par une autre, et ainsi de suite ; les différents produits ainsi obtenus exprimeront de véritables fractions de fractions.

DIVISION DES FRACTIONS.

11. — Si l'on se propose de diviser $\dfrac{a}{b}$ par $\dfrac{c}{d}$, on indiquera cette opération en écrivant simplement $\dfrac{a}{b} : \dfrac{c}{d}$.

Figurons-nous qu'il s'agisse, dans la circonstance actuelle, de diviser la fraction $\dfrac{a}{b}$ par la quantité c, opération facile à effectuer en multipliant le dénominateur de cette fraction par c, le quotient sera $\dfrac{a}{bc}$ (n° 7, p. 14).

Observons qu'en divisant par la quantité c, nous avons employé un diviseur d fois trop grand; qu'en conséquence, le quotient obtenu est d fois trop petit, et qu'il doit être multiplié par la quantité d, pour acquérir sa juste valeur, opération qui ne peut être effectuée qu'en multipliant son numérateur par d; et l'on obtient aussitôt pour le quotient demandé $\dfrac{ad}{bc}$.

Pour diviser une fraction par une fraction, il faut donc multiplier la fraction dividende par la fraction diviseur renversée.

Avant de passer plus loin, nous allons indiquer comment, avec le secours des règles précédentes, on peut parvenir à simplifier les expressions fractionnaires qui contiennent des facteurs communs à leurs deux termes; soit pour premier exemple $\dfrac{a^4 + a^3b}{ac + bc}$; cette expression peut se mettre sous la forme $\dfrac{(a+b)\,a^3}{(a+b)\,c}$, qui devient, en supprimant le facteur commun $(a+b)$, $\dfrac{a^3}{c}$. Prenons pour second exemple l'expression $\dfrac{5a^3 - 10a^2b + 5ab^2}{8a^3 - 8a^2b}$, qui revient à $\dfrac{5a\,(a^2 - 2ab + b^2)}{8a^2\,(a - b)} = \dfrac{5a\,(a - b)^2}{8a^2\,(a - b)}$. Supprimant enfin le facteur commun aux deux termes, qui est évidemment $a\,(a - b)$, on obtient $\dfrac{5a - 5b}{8a}$.

3

Ce serait ici l'endroit où devrait être placée la recherche du plus grand commun diviseur entre deux quantités; mais cette théorie offrant peu d'intérêt et ne trouvant aucune application dans cet ouvrage, nous avons cru devoir éviter à nos lecteurs une étude dont il peuvent aisément se passer.

§ 11. — RÉSOLUTION DES PROBLÈMES

Du premier degré, à une ou plusieurs inconnues.

I. — On entend par *équation* une expression composée de deux quantités, séparées l'une de l'autre par le signe égal ; ainsi $ax + b = c$, est une équation.

La quantité $ax + b$ placée à gauche du signe $=$, est le premier *membre* de l'équation.

La quantité c, placée à droite du même signe, est le second *membre*.

Les dernières lettres de l'alphabet, x, y, z, sont ordinairement celles qui représentent les inconnues dans les équations.

Une équation peut être à une, deux, trois, et même à un plus grand nombre d'inconnues.

Résoudre une équation, c'est réunir dans un de ses membres toutes les quantités connues qui entrent dans sa composition, l'inconnue restant seule dans l'autre.

Avant d'aller plus loin, remarquons ici que toute équation du premier degré à une seule inconnue, quelle que soit du reste la complication de son expression, peut toujours être, au moyen de transformations permises, ramenée à la forme générale $ax \pm b = c$, a, b et c étant des quantités quelconques, connues, positives ou négatives ; c'est ce que nous allons démontrer en partant de ce principe incontestable, que l'on peut ajouter ou soustraire, en même temps, une même quantité des deux termes d'une équation, sans altérer la relation d'égalité qui existe entre eux, et que l'on peut de même multiplier ou diviser ces deux mêmes termes par la même quantité, sans troubler l'équation. Ceci est trop palpable pour mériter une explication.

Que l'on ait, par exemple, l'équation $\dfrac{x}{2} + \dfrac{3x}{4} - 8 = 16 - \dfrac{5x}{3}$ dans laquelle les quantités numériques 8 et 16 peuvent être mises sous la forme de fraction, en leur donnant l'unité pour dénominateur, ce qui présente l'expression sous la nouvelle forme $\dfrac{x}{2} + \dfrac{3x}{4} - \dfrac{8}{1} = \dfrac{16}{1} - \dfrac{5x}{3}$.

Réduisant le tout au même dénominateur, on a $\dfrac{12x}{24} + \dfrac{18x}{24} - \dfrac{192}{24} = \dfrac{384}{24} - \dfrac{40x}{24}$, ou $\dfrac{20x - 192}{24} = \dfrac{384 - 40x}{24}$; ou bien encore, en multipliant les deux membres par 24, opération qui peut se faire sans altérer l'équation, par la seule suppression des dénominateurs $20x - 192 = 384 - 40x$; et si l'on ajoute la même quantité $+ 40x$ aux deux membres, l'égalité devient $20x + 40x - 192 = 384 - 40x + 40x$. Faisant ensuite la réduction des termes semblables, l'équation devient $60x - 192 = 384$; car les quantités $+ 20x$ et $+ 40x$ du premier membre se réunissent, et $- 40x$ et $+ 40x$ dans le second, se détruisent mutuellement.

2. $ax \pm b = c$ étant la forme générale sous laquelle peut être considérée toute équation du premier degré à une seule inconnue, nous allons résoudre celle-ci, afin d'en conclure des règles générales, applicables à tous les cas particuliers.

Reprenons l'équation générale dans le cas où la quantité b est positive, $ax + b = c$; si, aux deux membres, nous retranchons une même quantité b, elle deviendra $ax + b - b = c - b$, et en réduisant $ax = c - b$.

Ce qui fait voir que lorsqu'une quantité a le signe $+$ dans un membre, on peut la supprimer dans celui-ci, en l'écrivant dans l'autre avec le signe $-$.

Divisant les deux membres de la nouvelle équation $ax = c - b$ par a, elle deviendra $\dfrac{ax}{a} = \dfrac{c - b}{a}$, ou bien, enfin, en supprimant le facteur a dans le premier membre, $x = \dfrac{c - b}{a}$.

D'où l'on voit que lorsqu'une quantité est engagée dans l'un des membres comme multiplicateur, on peut la passer dans l'autre comme diviseur, et réciproquement.

On pouvait prendre l'équation générale $ax - b = c$ en considérant la quantité b comme négative; alors, en ajoutant la même quantité $+ b$ à ses deux membres, elle fût devenue $ax - b + b = c + b$; et en réduisant, $ax = c + b$; et alors on eût conclu *qu'un terme affecté du signe — dans un membre, peut passer dans l'autre avec le signe +*; ces règles qui doivent ne plus s'effacer de la mémoire, se résument ainsi d'une manière générale et abrégée.

Toute quantité faisant partie d'une équation peut passer d'un membre dans l'autre, en lui donnant un signe contraire.

Il résulte de ce qui vient d'être dit, qu'une équation exprimant les différentes relations qui existent entre l'inconnue et les quantités connues que comportent l'énoncé d'une question, après avoir subi les tranformations dont il vient d'être parlé, donnera la résolution immédiate de cette question.

Pour résoudre un problème, toute la difficulté gît donc dans la formation de l'équation à laquelle il appartient; bien qu'on ne puisse assigner aucune règle générale et précise pour parvenir à ce but, et que la sagacité de celui qui opère joue le rôle le plus important dans cette partie de la résolution des questions, on pourra néanmoins appliquer, autant que possible, ce principe :

Après avoir représenté la quantité ou les quantités inconnues par une ou plusieurs lettres, et avoir examiné attentivement les relations que comporte l'énoncé entre les différentes quantités qu'il contient, indiquez avec ces quantités, et à l'aide des signes adoptés, toutes les opérations qu'il serait nécessaire d'effectuer, si, connaissant la valeur des inconnues, on voulait s'assurer qu'elles satisfont à l'énoncé du problème. Nous allons appliquer ce principe à quelques exemples.

3. — **Problème.** — *La somme de deux quantités est* A, *leur différence est* D, *quelles sont ces deux quantités?*

Appelons x l'une d'elles, la plus petite par exemple; en lui ajoutant la différence D, nous obtiendrons évidemment la plus grande, qui sera alors représentée par $x + D$; et la somme devant être égale à A, on aura l'équation $x + x + D = A$, qui contient les relations existantes entre la somme des parties, leur différence, et ces mêmes parties qui sont inconnues.

Faisant passer la quantité D dans le second membre avec le signe —, et observant que $x + x = 2x$, on a $2x = A - D$, qui, en faisant passer 2 comme diviseur, donne $x = \dfrac{A - D}{2}$. Mais x représente la plus petite des quantités, et si l'on traduit en langage ordinaire l'expression de sa valeur, on conclura que *la plus petite des quantités est égale à la moitié de la somme moins la moitié de la différence.*

Si, au lieu de représenter la plus petite des quantités, x eût désigné la plus grande, la plus petite eût alors été exprimée par $x - D$, et l'équation fût devenue, $x + x - D = A$, ou $2x = A + D$; d'où $x = \dfrac{A + D}{2}$, résultat indiquant que la plus grande des quantités *est égale à la moitié de la somme plus la moitié de la différence.* Pour vérifier les valeurs de x ainsi déterminées, il faut qu'en les réunissant, on retrouve la somme A.

Ajoutant donc ces deux valeurs, on obtient $\dfrac{A + D}{2} + \dfrac{A - D}{2}$, ou $\dfrac{A + D + A - D}{2}$, ou enfin $\dfrac{2A}{2} = A$.

Ainsi les deux valeurs satisfont à l'énoncé du problème, qui se trouve résolu pour tous les cas possibles; car, en substituant aux lettres A et D des nombres quelconques, on obtiendra pour x des valeurs analogues..

Dans le cas particulier où la somme des deux quantités serait 2112, et leur différence 368, la plus grande des parties serait égale à $\dfrac{2112}{2} + \dfrac{368}{2} = \dfrac{2480}{2} = 1240$; et la plus petite deviendrait alors $\dfrac{2112}{2} - \dfrac{368}{2} = \dfrac{1744}{2} = 872$; et ces deux nombres satisfont à l'énoncé, puisque $1240 + 872 = 2112$, et que $1240 - 872 = 368$.

4. — **Problème.** — *En se servant d'un tombereau attelé de deux chevaux, un entrepreneur emploierait dix jours à transporter 930 mètres cubes de matériaux d'un lieu dans un autre; et s'il se servait d'un tombereau attelé d'un seul cheval, il mettrait 15 jours 1/2; combien restera-t-il de temps à opérer ce même transport, en employant à la fois ses deux voitures, la journée de travail étant de dix heures.*

Si la question était résolue et que l'on connût le temps employé par les deux voitures agissant ensemble pour transporter les 930 mètres cubes, il est clair que pour vérifier si la question est bien résolue, on multiplierait la quantité de matériaux qu'est susceptible de transporter la voiture à deux chevaux, dans un jour, par la totalité du temps employé ; le produit exprimerait le nombre des mètres cubes de matériaux conduits par la première voiture. De même en multipliant la quantité de matériaux qu'est susceptible de conduire la seconde voiture en un jour, par ce même temps, on aurait le nombre de mètres cubes transportés par la seconde voiture ; et en ajoutant ces deux produits ensemble, on obtiendrait le nombre total des mètres cubes transportés, ou 930. Cherchons donc à connaître d'abord le nombre de mètres cubes qu'est susceptible de conduire séparément chaque voiture pendant un jour. Nous observerons d'abord que les dix jours qu'emploierait la première voiture au transport total, indiquent que $\dfrac{930}{10} = 93$ exprime que la première voiture transporte 93 mètres dans un jour.

On trouvera de même que, dans un jour, le second tombereau conduit un nombre de mètres cubes exprimé par $\dfrac{930}{15.5} = 6$.

Appelant donc x le temps demandé, $93 \times x$, ou $93x$, exprimera la quantité de mètres cubes conduits par la première voiture pendant ce temps, et $6x$ celle conduite par la seconde pendant le même temps ; on aura donc l'équation suivante : $93x + 6x = 930$, d'où on tire $x = \dfrac{930}{99} = 9$ jours, 393 millièmes.

5. — PROBLÈME. — *On demande quel est le nombre de chargements que peut conduire, pendant un jour, à 300 mètres de distance, un tombereau attelé d'un ou de deux chevaux, sachant que 1° la journée de travail est de dix heures ;*

2° Que le tombereau peut parcourir également chargé, 36000 mètres en dix heures ;

3° Qu'il y a pour chaque chargement une perte de temps de 5 minutes, pour atteler et dételer.

Observons que le tombereau pour conduire un chargement parcourra 300 mètres en allant, et autant pour revenir, c'est-à-dire 600 mètres.

Observons de même que la vitesse de la voiture est de 36000 mètres par dix heures, ou de 3600 mètres par heure, et de 60 mètres par minute.

Le tombereau aurait donc le temps de parcourir 5 fois 60 mètres, ou 300 mètres pendant que l'on attelle et dételle.

Ajoutons donc ces 300 mètres aux 600, représentant l'allée et la venue, et nous aurons 900 mètres pour la distance que peut réellement parcourir la voiture, pendant le transport d'un chargement.

Représentons par x le nombre de ceux-ci, nous aurons alors $900x = 36000$, d'où l'on tire $x = \dfrac{36000}{900} = 40$.

Si l'on connaissait le cube du chargement, en le multipliant par la valeur de x, on obtiendrait le cube total du transport fait dans la journée.

Cette question, extrêmement simple, eût pu se résoudre facilement à l'aide de l'Arithmétique seulement. Nous allons en présenter la solution générale, en considérant tour à tour, comme inconnue, chaque donnée de la question.

6. — PROBLÈME GÉNÉRALISÉ. — *On demande le nombre de chargements que peut transporter, pendant un temps déterminé, à une distance connue, un tombereau attelé d'un ou plusieurs chevaux, sachant qu'avec une charge égale et sur un chemin régulier, le tombereau peut parcourir, pendant le temps donné, une distance aussi connue.*

Soient T le temps donné, d la distance connue, et D la distance susceptible d'être parcourue pendant le temps T;

n le nombre de chargements opérés pendant le temps T;

d' la distance que serait susceptible de parcourir la voiture pendant que l'on attelle et dételle;

V le volume ou cube des matières transportées pendant le temps T;

v celui du chargement ou le cube du tombereau.

Ceci posé, on voit que, pour chaque chargement, la voiture parcourt une longueur $2d$, double de la distance du transport, parce qu'il y a allée et venue; on voit de même que $2d + d'$ exprime la distance que pourrait parcourir la voiture si elle n'était arrêtée par la perte de temps; et qu'enfin $n\,(2d + d')$ représente tout le chemin parcouru, lequel d'ailleurs doit être égal à D; on a donc l'équation $n\,(2d + d') = D$, qui devient $2nd + nd' = D$, ou $n\,(2d + d')$

$= D$; et, en tirant la valeur de n : $n = \dfrac{D}{2d + d'}$.

Ce qui veut dire que le nombre des chargements transportés pendant un temps déterminé, est égal à la distance que peut parcourir la voiture dans ce même temps, divisée par le double du transport, augmenté de la distance que parcourrait la voiture durant le temps perdu.

En multipliant la valeur de n par v, on aura $\dfrac{Dv}{2d + d'} = V$.

Le volume transporté pendant un temps déterminé, est donc égal au produit de la distance que parcourrait la voiture pendant ce même temps, par le cube du chargement, divisé par la double distance du transport, augmentée de celle que parcourrait la voiture pendant le temps perdu.

Reprenons l'équation $2nd + nd' = D$, et tirons-en la valeur de d, nous aurons $d = \dfrac{D - nd'}{2n}$.

Ce qui signifie que la distance du transport est égale à celle que peut parcourir la voiture pendant un certain temps, diminuée du produit du nombre des chargements par la distance que parcourrait la voiture pendant le temps perdu, divisée par deux fois le nombre des chargements.

La même équation $2nd + nd' = D$, donne encore $d' = \dfrac{D - 2nd}{n} = \dfrac{D}{n} - 2d$.

C'est-à-dire que la distance susceptible d'être parcourue pendant le temps perdu, est égale à celle que peut parcourir la voiture pendant un temps déterminé, divisée par le nombre des chargements possibles, moins deux fois la distance du transport.

L'équation $2nd + nd' = D$, susceptible de donner les différentes valeurs dont il vient d'être parlé, indique de prime abord *que la distance parcourue par une voiture, dans un temps déterminé, est égale au double produit du nombre des chargements possibles dans le même temps, par la distance du transport, augmenté du produit du même nombre par la distance susceptible d'être parcourue pendant le temps perdu.*

La discussion de ce problème indique suffisamment aux lecteurs qu'ils doivent se familiariser, autant que possible, avec les annotations algébriques, afin de pouvoir exprimer en langage ordinaire les formules dont ils seront appelés à faire de fréquentes applications dans la suite.

7. — Pʀᴏʙʟᴇ̀ᴍᴇ. — *Quel est le nombre dont la moitié, le tiers et le* *quart, ajoutés ensemble, donnent une certaine somme, telle qu'en la diminuant de 141 il reste le nombre 600.*

On voit de suite que le nombre étant représenté par x, l'équation $\dfrac{x}{2} + \dfrac{x}{3} + \dfrac{x}{4} - 141 = 600$, exprime les relations que comporte l'énoncé ; réduisant au même dénominateur et le supprimant, elle devient $12x + 8x + 6x - 3384 = 14400$; réduisant, et faisant passer $- 3384$ dans le second membre, $26x = 17784$, d'où l'on tire $x = \dfrac{17784}{26} = 684$; et le nombre 684 répond en effet à l'énoncé de la question ; car on a $\dfrac{684}{2} = 342$, $\dfrac{684}{3} = 228$; et $\dfrac{684}{4} = 171$; puis, $342 + 228 + 171 = 741$; et enfin $741 - 141 = 600$.

8. — PROBLÈME. — *On veut fabriquer 15 mètres cubes de mortier composé de deux parties de sable combinées avec une partie de chaux éteinte; on demande combien on emploiera de chaux vive, celle-ci foisonnant par l'extinction dans le rapport de 1 à 2.5.*

Le sable employé se trouvant les deux tiers de la masse totale, on voit qu'il entre pour 10 mètres cubes dans le mélange.

Représentons par x la quantité de chaux vive, un mètre de celle-ci devenant 2.5 après l'extinction, la quantité x deviendra $x \times 2.5$, ou $\dfrac{25x}{10}$.

Mais, d'après l'énoncé, le nombre de mètres cubes de sable ajouté à celui des mètres cubes de chaux éteinte, doit donner 15 ; on a donc l'équation $10 + \dfrac{25x}{10} = 15$.

Réduisant au même dénominateur, et le supprimant, on a $100 + 25x = 150$, ou $25x = 150 - 100$, ou enfin $25x = 50$, d'où $x = \dfrac{50}{25} = 2$.

En effet, 2 mètres de chaux vive deviennent 2×2.5, ou 5 mètres après l'extinction, qui, ajoutés aux 10 mètres de sable, donnent bien les 15 mètres de mélange.

Après avoir donné les principes suffisants pour la résolution des équations du premier degré à une seule inconnue, et les exemples précédents qui ont dû mettre le lecteur à même d'exprimer les problèmes par des équations, et par suite le familiariser avec les calculs que nécessitent les solutions des différentes questions que l'on peut avoir à résoudre, nous allons passer aux cas plus compliqués, où les équations renferment plusieurs inconnues.

9. — Remarquons d'abord que lorsqu'une équation seule contient plusieurs inconnues, les valeurs de celles-ci sont indéterminées, car on ne peut jamais obtenir la valeur de l'une d'elles, indépendante des autres ; en effet, si l'on a l'équation $2x + 4y = 25$, on en tire $x = \dfrac{25 - 4y}{2}$, et $y = \dfrac{25 - 2x}{4}$; et la valeur de l'une quelconque de ces inconnues n'est pas plus déterminée qu'auparavant, puisqu'elle dépend évidemment de celle de l'autre ; mais il n'en est pas ainsi lorsqu'on a autant d'équations que d'inconnues, ainsi que nous allons le voir.

Toute équation du premier degré à deux inconnues, peut être ramenée à la forme générale $ax + by = c$, en faisant subir aux différents termes qui composent ses deux membres, les transformations et les simplifications admises précédemment ; soient donc les deux équations à deux inconnues,

$$ax + by = c,$$
$$\text{et } a'x + b'y = c',$$

dans lesquelles a, b, c, a', b', c', sont des quantités quelconques, positives ou négatives.

Élimination. — Si l'une des inconnues avait le même coefficient dans l'une et l'autre équation, en les retranchant l'une de l'autre, on ferait disparaître cette inconnue, et il ne resterait plus à résoudre qu'une seule équation à une inconnue. Si l'on remarque avec un peu d'attention les deux équations qui nous occupent, on verra qu'il est facile de les ramener à cette forme, en multipliant tous les termes de l'une par le coefficient de y dans l'autre, et en retranchant ensuite, membre à membre, les deux équations l'une de l'autre ; en multipliant tous les termes de la première par le coefficient de y dans la seconde, on obtient $ab'x + bb'y = cb'$, et en multipliant tous les termes de la seconde par le coefficient de y, pris dans la première, $ba'x + bb'y = bc'$.

Retranchant ensuite le second résultat du premier, et réduisant, on a $ab'x - ba'x = cb' - bc'$, ou $x(ab' - ba') = cb' - bc'$, d'où l'on tire $x = \dfrac{cb' - bc'}{ab' - ba'}$;

et pour déterminer la valeur de y, on multiplie tous les termes de la première équation par le coefficient de x, pris dans la seconde, et tous ceux de la seconde par le coefficient de x, pris dans la première; ce qui donne les expressions suivantes : $aa'x + ba'y = ca'$, $a'ax + ab'y = ac'$.

Retranchant la première équation de la seconde, et réduisant $ab'y - ba'y = ac' - ca'$, ou $y(ab' - ba') = ac' - ca'$; d'où l'on tire $y = \dfrac{ac' - ca'}{ab' - ba'}$.

10. — Trois équations à trois inconnues s'expriment généralement par

$$ax + by + cz = d$$
$$a'x + b'y + c'z = d'$$
$$a''x + b''y + c''z = d''.$$

Pour faire disparaître l'inconnue z, on multiplie tous les termes de la première équation par c', et tous ceux de la seconde par c; puis on retranche le second résultat du premier; on obtient ainsi $(ac' - ca')x + (bc' - cb')y = dc' - cd'$ (1); multipliant ensuite tous les termes de la seconde équation par le coefficient de z, pris dans la troisième, on a, après avoir retranché $(a'c'' - c'a'')x + (b'c'' - c'b'')y = d'c'' - c'd''$ (2).

Considérant maintenant les équations (1) et (2) qui sont à deux inconnues, on multipliera tous les termes de la première par le coefficient de y pris dans la seconde, et tous les termes de la seconde par le coefficient de y pris dans la première, puis en retranchant, on aura $[(ac' - ca')(b'c'' - c'b'') - (a'c'' - c'a'')(bc' - cb')]x = (dc' - cd')(b'c'' - c'b'') - (d'c'' - c'd'')(bc' - cb')$.

Qui devient, en effectuant les calculs indiqués, $(ab'c'c'' - ca'b'c'' - ac'^2b'' + ca'c'b'' - ba'c'c'' + bc'^2a'' + ca'b'c'' - cb'c'a'')x = db'c'c'' - cd'b'c'' - dc'^2b'' + cd'c'b'' - bd'c'c'' + bc'^2d'' + cd'b'c'' - cb'c'd''$.

Puis, en faisant la réduction des termes semblables, et divisant les deux membres de l'équation par c', on a $(ab'c'' - ac'b'' + ca'b'' - ba'c'' + bc'a'' - cb'a'')x = db'c'' - dc'b'' + cd'b'' - bd'c'' + bc'd'' - cb'd''$, d'où l'on tire enfin $x = \dfrac{db'c'' - dc'b'' + cd'b'' - bd'c'' + bc'd'' - cb'd''}{ab'c'' - ac'b'' + ca'b'' - ba'c'' + bc'a'' - cb'a''}$.

En se conduisant de la même manière relativement aux inconnues y et z, on obtiendra leurs valeurs respectives, en sorte que la résolution générale des trois équations à trois inconnues amènera aux trois résultats suivants :

$$x = \frac{db'c'' - dc'b'' + cd'b'' - bd'c'' + bc'd'' - cb'd''}{ab'c'' - ac'b'' + ca'b'' - ba'c'' + bc'a'' - cb'a''},$$

$$y = \frac{ad'c'' - ac'd'' + ca'd'' - da'c'' + dc'd'' - cd'a''}{ab'c'' - ac'b'' + ca'b'' - ba'c'' + bc'a'' - cb'a''},$$

$$z = \frac{ab'd'' - ad'b'' + da'b'' - ba'd'' + bd'a'' - db'a''}{ab'c'' - ac'b'' + ca'b'' - ba'c'' + bc'a'' - cb'a''}.$$

La méthode qui vient d'être suivie pour la résolution de ces équations, s'appelle *élimination*, en ce qu'elle consiste à les débarrasser de l'une des inconnues, au moyen de transformations permises; on conçoit facilement qu'elle est généralement applicable, quel que soit du reste le nombre des équations, pourvu néanmoins qu'il y en ait autant que d'inconnues. Nous nous dispenserons d'en faire l'application aux cas plus compliqués, la règle à suivre nous paraissant suffisamment établie dans ce qui précède.

11. — On emploie les accents *'prime, "seconde*, etc., pour exprimer que la même lettre accentuée différemment, représente des quantités inégales.

Cette annotation constitue un principe certain, qui conduit d'une manière claire et précise à exprimer les valeurs des inconnues sans être obligé d'exécuter les calculs longs et pénibles que nécessitent deux ou trois et même parfois un plus grand nombre d'éliminations successives.

En effet, reprenons les deux équations $ax + by = c$ et $a'x + b'y = c'$, dont la résolution a donné pour x et y, les valeurs $x = \dfrac{cb' - bc'}{ab' - ba'}$ et $y = \dfrac{ac' - ca'}{ab' - ba'}.$

On voit que le dénominateur commun à ces deux valeurs se compose des deux lettres a *et* b, *en formant les deux arrangements* ab *et* ba, *séparés par le signe* —, *et dont les dernières lettres sont accentuées;*

Et que, pour obtenir le numérateur appartenant à chaque expression, on remplace dans le dénominateur ainsi obtenu, la lettre désignant le coefficient de l'inconnue dont on s'occupe, par celle qui indique la quantité toute connue, en laissant les accents à leurs places.

Dans le cas des trois inconnues, on obtient le dénominateur commun en prenant le dénominateur ab — ba, *débarrassé de l'accentuation, puis en introduisant la lettre* c *à toutes les places possibles, à droite, au milieu et à gauche, et en affectant chacun des six arrangements ainsi obtenus alternativement du signe* + *et du signe* —. *Quant aux accents, on voit que la première lettre de chaque arrangement n'en a aucun, que la seconde a l'accent* prime, *et la troisième, l'accent* seconde.

Pour chaque inconnue, le numérateur se forme du dénominateur ainsi obtenu, en y remplaçant la lettre qui désigne le coefficient de cette inconnue, par celle qui indique la quantité toute connue, en conservant les accents à chaque lettre.

On peut aisément, à l'aide des formules ainsi composées, et sans qu'il soit nécessaire d'effectuer toutes les transformations d'usage, obtenir pour une équation donnée, les valeurs respectives de chacune de ses inconnues. En voici un exemple, pris dans les équations à deux inconnues $12x + 7y = 74$ et $8x + 5y = 50$, qui, comparées aux équations générales $ax + by = c$ et $a'x + b'y = c'$, donnent en particulier $a = 12$, $b = 7$, $c = 74$ dans la première, et $a' = 8$, $b' = 5$, $c' = 50$ dans la seconde.

L'expression $x = \dfrac{cb' - bc'}{ab' - ba'}$ devient $\dfrac{74 \times 5 - 7 \times 50}{12 \times 5 - 7 \times 8} = \dfrac{370 - 350}{60 - 56} = \dfrac{20}{4} = 5$, et celle $y = \dfrac{ac' - ca'}{ab' - ba'}$ devient $\dfrac{12 \times 50 - 74 \times 8}{12 \times 5 - 7 \times 8} = \dfrac{600 - 592}{60 - 56} = \dfrac{8}{4} = 2$.

On comprend que, dans l'application de ces formules, si les termes $+ 7y$, et $+ 5y$, étaient *négatifs*, il faudrait remplacer b et b' par $- 7$ et $- 5$, et observer dans l'exécution des opérations, les règles enseignées pour chacune d'elles.

12. — SUBSTITUTION. — Il existe une autre méthode, employée sous le nom de *méthode par substitution*, pour la résolution des équations du premier degré ; elle consiste à tirer la valeur d'une inconnue dans l'une des équations, cette valeur se trouvant exprimée en fonction de l'autre inconnue, et à substituer cette valeur à la place de l'inconnue qu'elle représente dans les autres équations ; effectuant ensuite les calculs indiqués, ces équations contiennent une inconnue de moins.

Reprenons les équations générales $ax + by = c$ et $a'x + b'y = c'$, et appliquons-leur cette méthode afin d'en tirer les valeurs de x et de y.

La première donne d'abord $y = \dfrac{c - ax}{b}$. Substituant pour y cette valeur dans la seconde équation, elle se transforme en $a'x + b' \left(\dfrac{c - ax}{b} \right) = c'$, ou en réduisant au même dénominateur et le supprimant, $ba'x + b'$

$(c - ax) = bc'$, ou en effectuant la multiplication indiquée $ba'x + cb' - ab'x = bc'$; changeant tous les signes, et réunissant les termes qui contiennent x, dans le premier membre, $x (ab' - ba') = cb' - bc'$, et $x = \dfrac{cb' - bc'}{ab' - ba'}$.

Substituant maintenant dans la première équation $ax + by = c$, à la place de x, sa valeur $\dfrac{cb' - bc'}{ab' - ba'}$, elle devient $a \left(\dfrac{cb' - bc'}{ab' - ba'}\right) + by = c$, ou en réduisant au même dénominateur, puis le supprimant, $a (cb' - bc') + by (ab' - ba') = c (ab' - ba')$.

Et en effectuant les multiplications indiquées $acb' - abc' + bab'y - b^2a'y = cab' - bca'$.

Mettant le facteur y en évidence et faisant passer les termes tous connus dans le second membre, $y (bab' - b^2a') = cab' - bca' - acb' + abc'$.

Dégageant y de son facteur et supprimant les termes réductifs du second membre $y = \dfrac{abc' - bca'}{bab' - b^2a'} = \dfrac{ac' - ca'}{ab' - ba'}$, en divisant les deux termes de la fraction par b, ce qui est permis.

Cette méthode est, aussi bien que l'élimination, applicable aux équations d'un plus grand nombre d'inconnues; mais elle offre plus de difficultés dans l'exécution des calculs, en ce qu'ils sont compliqués et nécessitent un plus grand nombre d'opérations; l'une et l'autre pouvant cependant être mises avantageusement en pratique, nous avons cru devoir mettre nos lecteurs à même d'apprécier leur mérite; on peut aussi tirer la valeur de la même inconnue dans les deux équations, et égaler ces deux résultats entr'eux, on obtiendra ainsi une nouvelle équation, avec une inconnue de moins.

13. — Autre méthode. — Si l'on avait à résoudre les deux équations $4x + 8y = 80$, $4x - 8y = 48$:

En retranchant, par exemple, la seconde de la première, on obtient immédiatement $4x + 8y - 4x + 8y = 80 - 48$,

Qui devient, en faisant la réduction, $16y = 32$, d'où $y = \dfrac{32}{16} = 2$.

Et si, au lieu de retrancher la seconde équation de la première, on les eût ajoutées, on eût obtenu $8x = 128$, et par suite $x = \dfrac{128}{8} = 16$.

On voit donc, d'après cela, que si l'une des inconnues a le même coefficient dans les deux équations, une simple soustraction ou une addition suffit pour obtenir de nouvelles équations, ayant une inconnue de moins; s'il n'est qu'un petit nombre d'équations qui se trouvent dans cette catégorie, il existe néanmoins un artifice au moyen duquel les équations quelconques peuvent être amenées à cet état; pour cela, il suffit de multiplier l'une des équations par une quantité susceptible de rendre les deux coefficients égaux, comme dans le cas qui précède.

Voilà comment on doit s'y prendre pour déterminer cette quantité. Proposons-nous de résoudre les deux équations suivantes :

$$7x + 12y = 288$$
$$12x + 7y = 358.$$

Si nous multiplions tous les termes de l'une des équations, ceux de la seconde par exemple, par une quantité inconnue m, nous aurons $12xm + 7ym = 358m$; et en ajoutant cette nouvelle équation avec la première, $7x + 12xm + 12y + 7ym = 288 + 358m$; ou, ce qui est la même chose, $(7 + 12m) x + (12 + 7m) y = 288 + 358m$ (1).

Equation dans laquelle, si l'on veut faire disparaître y, il suffit d'établir $12 + 7m = o$, ce qui donne $7m = -12$, et enfin $m = -\dfrac{12}{7}$.

Mais, lorsque $12 + 7m = o$, l'équation devient $(7 + 12m) x = 288 + 358m$, d'où l'on tire $x = \dfrac{288 + 358m}{7 + 12m}$.

Mettant, dans cette dernière expression, à la place de m, sa valeur $-\dfrac{12}{7}$,

elle devient $x = \dfrac{288 + 358 \times -\dfrac{12}{7}}{7 + 12 \times -\dfrac{12}{7}} = \dfrac{-\dfrac{2280}{7}}{-\dfrac{95}{7}} = -\dfrac{2280}{7}$

$\times -\dfrac{7}{95} = \dfrac{15960}{665} = 24.$

Pour déterminer la valeur de y, reprenons l'équation $(7 + 12m) x + (12 + 7m) y = 288 + 358m$, et établissons $7 + 12m = o$, ce qui donne $m = -\dfrac{7}{12}$.

Lorsque $7 + 12m = o$, l'équation (1) devient $(12 + 7m) y = 288 + 358m$, qui donne $y = \dfrac{288 + 358m}{12 + 7m}$.

Substituant à la place de m sa valeur $-\dfrac{7}{12}$, cette expression passe par les différentes formes qui suivent :

$$y = \frac{288 - \dfrac{2506}{12}}{12 - \dfrac{49}{12}} = \frac{\dfrac{950}{12}}{\dfrac{95}{12}} = \frac{950}{12} \times \frac{12}{95} = \frac{11400}{1140} = 10.$$

Au lieu de deux équations, on pourrait en avoir trois à résoudre; alors on multiplierait tous les termes de la seconde par m, tous ceux de la troisième par n, on ajouterait ensuite les deux résultats membre à membre avec la première équation; en égalant à o deux des coefficients des inconnues, on obtiendrait deux équations à deux inconnues, propres à déterminer m et n; substituant, dans l'équation principale pour m et pour n, leurs valeurs ainsi déterminées, et effectuant les opérations que ces différentes substitutions nécessitent, on arriverait à la résolution des équations proposées. Cette méthode, aussi générale, mais peut-être un peu plus laborieuse que les précédentes, comme celles-ci, peut être employée parfois avantageusement.

14. — PROBLÈME. — *Quelqu'un possède deux espèces de monnaies, le montant de trente pièces de la première espèce, ajouté à celui de dix de la seconde, donne une somme de 165 fr.; et en ajoutant de la même manière 5 pièces de la première avec 40 de la seconde, on a 85 fr.; combien vaut la pièce de chaque monnaie?*

En appelant x et y les valeurs respectives de chacune des pièces, on a évidemment les équations

$$30x + 10y = 165,$$
$$5x + 40y = 85.$$

Mais, si l'on remarque que tous leurs termes sont divisibles par 5, et qu'on opère la suppression de ce facteur, on obtient les nouvelles équations simplifiées, $6x + 2y = 33$, et $x + 8y = 17$, qui, résolues, donneront, aussi bien que les premières, les véritables valeurs de x et y.

Tirant la valeur de x dans l'une et l'autre équation, on a

$$x = \frac{33 - 2y}{6}, \text{ et } x = 17 - 8y;$$

Puis, en égalant entr'eux ces deux résultats, $17 - 8y = \dfrac{33 - 2y}{6}$.

Réduisant au même dénominateur, $102 - 48y = 33 - 2y$, et réunissant les termes contenant y dans le premier membre, $- 48y + 2y$

$= 33 - 102$, qui devient en réduisant, $- 46y = - 69$, et $y = \dfrac{- 69}{- 46}$
$= 1.50.$

Substituant cette valeur de y dans l'expression $x = \dfrac{33 - 2y}{6}$, on a $x =$
$\dfrac{33 - 3}{6} = 5$;

Ce qui apprend que les pièces de monnaie dont il s'agit, sont de 5 fr. et de 1 fr. 50 c.

En effet, 30 pièces de 5 fr. valent 150 fr., et 10 pièces de 1.50 font 15 fr.; le tout réuni donne bien 165 fr.

De même, 5 pièces de 5 fr. valent 25 fr., qui, ajoutés aux 60 fr. qu'expriment les 40 pièces de 1 fr. 50 c., donnent également les 85 fr. compris dans la deuxième partie de l'énoncé ; les valeurs de x et de y ainsi déterminées, satisfont donc à l'énoncé de la question.

15. — PROBLÈME. — *On emploie deux ouvriers à l'exécution d'un certain ouvrage; le premier ayant passé* 25 *jours, et le second* 18, *on leur a donné* 94 *fr.*

Les deux mêmes hommes ayant ensuite passé, le premier 12 *jours, et le second* 14, *ils ont reçu une somme de* 54 *fr.* 50 *c.; quel est le prix de chaque journée?*

Appelons x le prix de la journée du premier ouvrier et y celui de la journée du second; il est évident qu'en multipliant x par 25 on aura la portion d'argent attribuée au premier ouvrier dans la première partie de l'énoncé, et qu'en multipliant y par 18, on obtiendra la somme revenant au second ouvrier; mais en ajoutant ces deux sommes partielles, on doit obtenir 94 fr.; donc l'équation $25x + 18y = 94$ renferme les conditions établies dans la première partie de l'énoncé.

Des observations semblables donneront $12x + 14y = 54.5$, équation qui exprime les conditions établies dans la seconde partie de l'énoncé ; on a donc à résoudre les deux équations à deux inconnues

$$25x + 18y = 94,$$
$$\text{et } 12x + 14y = 54.5.$$

Tirant la valeur de x dans l'une et l'autre, on a les expressions suivantes :
$$x = \frac{94 - 18y}{25} \text{ et } x = \frac{54.5 - 14y}{12};$$ égalant ces deux expressions entre

elles (§ II, n° 12, p. 30), on a la nouvelle équation

$$\frac{94 - 18y}{25} = \frac{54.5 - 14y}{12},$$

qui devient, en réduisant ses deux membres au même dénominateur, et en le supprimant, $1128 - 216y = 1362.5 - 350y$; puis, en réduisant et réunissant les y dans le premier membre, $134y = 234.5$, d'où l'on tire

$$y = \frac{234.5}{134} = 1.75.$$

Reprenons maintenant une des valeurs de x obtenue précédemment en fonction de y, celle $x = \dfrac{54.5 - 14y}{12}$ par exemple, et mettons-y pour y sa valeur déjà obtenue 1.75; nous aurons $x = \dfrac{54.5 - 14 \times 1.75}{12} = \dfrac{54.5 - 24.5}{12} = \dfrac{30}{12} = 2.50.$

La journée du premier ouvrier est donc de 2 fr. 50 c., et celle du second, de 1 fr. 75 c., fait qu'il est aisé de vérifier.

En effet, les 25 jours du premier ouvrier, à 2 fr. 50 c., font... 62 f. 50 c.

Et les 18 jours du second à 1.75, s'élèvent à.................... 31   50

Somme................ 94   »

Les 12 jours du premier, à 2 fr. 50 c., font....................... 30   »

Les 14 du second, à 1 fr. 75 c., donnent......................... 24   50

Somme................ 54   50

16. — Problème. — *On a épuisé en 36 heures un bâtardeau contenant 158.8 mètres cubes d'eau, en employant tour à tour, et sans relâche, une vis donnant 5.5 mètres cubes par heure, et des manœuvres qui, en employant différents moyens, enlevaient 2.7 mètres cubes par heure; on demande le temps qu'ont fonctionné séparément la machine et les ouvriers.*

Si l'on appelle x le temps qu'a fonctionné la vis, la quantité d'eau enlevée par cette machine pendant ce temps, sera exprimée par $5.5 \times x$; et si l'on représente par y le temps passé par les ouvriers, le nombre de mètres cubes d'eau enlevés par eux, sera de $2.7 \times y$; mais la somme de ces deux quantités doit être égale à 158.8; on a donc l'équation $5.5 \times x + 2.7 \times y = 158.8$, ou, en multipliant tous les termes par 10..., $55x + 27y = 1588$. Mais la somme des temps employés séparément étant de 36 heures, on a pour seconde équation $x + y = 36$.

Les deux équations du problème sont donc

$$55x + 27y = 1588$$
$$\text{et...}\ x + y = 36.$$

La dernière donne $x = 36 - y$. Substituant cette valeur à la place de x dans la première, elle devient $55 (36 - y) + 27y = 1588$; ou en effectuant la multiplication indiquée, $1980 - 55y + 27y = 1588$.

Réduisant et faisant passer le terme 1980 dans le second membre, $- 28y = - 392$, d'où l'on tire $y = \dfrac{- 392}{- 28} = 14$.

Si l'on reprend l'équation $x + y = 36$, et que l'on y mette 14 à la place de y, il en résulte $x + 14 = 36$, et $x = 36 - 14 = 22$.

La vis a donc fonctionné pendant 22 heures, tandis que les manœuvres n'ont travaillé que 14 heures; et ce fait peut se vérifier immédiatement; en effet, en multipliant 5.5 par 22, on obtient 121 pour le nombre des mètres cubes enlevés par la vis; puis, en faisant le produit de 2.7 par 14, on obtient 37.8 pour la quantité d'eau enlevée par les manœuvres; et, en ajoutant enfin ces deux nombres, on obtient, comme cela devait être, 158.8.

Pour la résolution des équations d'où dépendait la solution de ce problème, on a dû de préférence choisir la méthode par substitution, comme étant la plus simple, dans ce cas particulier où l'une des équations présente des inconnues ayant pour coefficients l'unité.

17. — PROBLÈME. — *On emploie un roulier et sa voiture attelée d'un seul cheval, à raison de 5 fr. par jour, dont 1 fr. 50 c. pour lui, et 3 fr. 50 c. pour sa voiture attelée; mais il est convenu que, pendant les jours de mauvais temps, non-seulement le cheval ne gagne rien, mais encore que son maître tient compte de 1 fr. par jour pour sa nourriture; après 90 jours, le roulier reçoit 337 fr. 50 c.; combien y a-t-il eu de jours de travail et de jours de repos?*

Soient x le nombre des jours de travail, et y celui des jours de repos; $5x$ représentera la somme qui revient au roulier pendant les jours de travail.

'Il est à remarquer que, sans cesser d'avoir 1 fr. 50 c., le roulier doit tenir compte de 1 fr. pour chaque jour de repos; sa rétribution journalière se réduit donc alors à 0 fr. 50 c.; et 0 fr. 50 $\times y$, ou $\dfrac{5y}{10}$ représente justement la somme qui lui revient pendant les jours de repos; et en l'ajoutant à l'expression de celle déjà trouvée pour les jours de travail, on obtiendra inévitablement sa rétribution totale, qui est de 337 fr. 50 c.

On a donc pour première équation $5x + \dfrac{5y}{10} = 337.5$, ou bien, en multipliant tous les termes par 10, $50x + 5y = 3375$.

Mais le nombre des jours de travail, réuni à celui des jours de repos, doit donner 90; la seconde équation est donc $x + y = 90$; et pour parvenir à la solution du problème, on a les deux équations

$$50x + 5y = 3375,$$
$$\text{et } x + y = 90.$$

Tirant la valeur de y dans la dernière, on a $y = 90 - x$, qui substituée dans la première, la ramène à $50x + 5 (90 - x) = 3375$, laquelle devient, en effectuant, $50x + 450 - 5x = 3375$.

Réunissant les x dans le premier membre, toutes les quantités connues dans le second, et faisant la réduction, on a $45x = 2925$, d'où l'on tire $x = \dfrac{2925}{45} = 65$; et en substituant cette valeur de x à sa place dans l'équation, $x + y = 90$, on a $65 + y = 90$, et $y = 90 - 65 = 25$.

La vérification des valeurs de x et de y se fera de la manière suivante :

$$65 \times 5 = 325.$$
$$25 \times 0.5 = 12.5$$
$$\text{Somme}\ldots\ldots\ldots\ldots 337.5$$

18. — Problème. — *Deux courriers partent en même temps de deux points différents d'une route, et se dirigent dans le même sens; on demande à quelle distance des points de départ se fera leur rencontre, sachant que 1° ces points sont éloignés l'un de l'autre de 60 lieues;*

2° Que l'un des courriers parcourt 5 lieues à l'heure, tandis que l'autre n'en parcourt que 3.

Représentons par x la distance en lieues, parcourue par l'un des courriers; par y, celle parcourue par l'autre.

Il est évident que le temps employé par le premier courrier, pour franchir la distance x, sera de $\dfrac{x}{5}$; car parcourant 5 lieues dans une heure, autant de fois 5 lieues sera contenu dans x, autant il restera d'heures en route.

Le même raisonnement, appliqué au second courrier, conduira à exprimer le temps qu'il emploie à parcourir la distance y, par $\dfrac{y}{3}$.

Mais, ces temps étant égaux, puisque le départ et l'arrivée de l'un se font aux mêmes instants que le départ et l'arrivée de l'autre, on a $\dfrac{x}{5}$ $= \dfrac{y}{3}$, ou en réduisant au même dénominateur et le supprimant,
$$3x = 5y, \text{ ou } 3x - 5y = o.$$
Si l'on remonte à l'énoncé de la question, on s'aperçoit bientôt que la distance parcourue par le premier courrier, est égale à celle parcourue par le second, augmentée de celle qui les séparait au moment du départ; on a donc $x = y + 60$.

Mettant dans la première équation $3x - 5y = o$, à la place de x, sa valeur ainsi déterminée en fonction de y, elle devient
$$3 (y + 60) - 5y = o;$$
Ou en effectuant la multiplication indiquée,
$$3y + 180 - 5y = o;$$
Réduisant et faisant passer le terme tout connu au second membre, $- 2y$ $= - 180$, d'où $y = \dfrac{-180}{-2} = 90;$

Puis on aura, en mettant pour y sa valeur dans l'autre équation, $x = 90 + 60 = 150$.

Le premier courrier aura donc parcouru 150 lieues, tandis que le second n'en aura fait que 90.

Ce problème donne lieu à des discussions algébriques qui ne sont pas sans intérêt pour la science, mais qui ne sauraient trouver place ici, comme étant à peu près étrangères au but proposé dans cet ouvrage.

19. — PROBLÈME. — *On emploie pendant 3 jours, des hommes, des femmes et des enfants à ramasser des pierres dans les champs; le premier jour, 2 hommes, 3 femmes et 7 enfants, en réunissent 14 mètres cubes;*

le second jour, 3 hommes, 1 femme et 11 enfants en ramassent 16 mètres cubes; et enfin, le troisième jour, 1 homme, 5 femmes et 1 enfant en réunissent 11 mètres; on demande quelle est la quantité de pierres ramassées par jour, 1° par un homme; 2° par une femme; 3° par un enfant.

Représentons par x, y, z, ces trois quantités inconnues, nous aurons immédiatement les trois équations

$$2x + 3y + 7z = 14$$
$$3x + y + 11z = 16$$
$$x + 5y + z = 11.$$

Multipliant tous les termes de la première équation par 3, coefficient de x dans le seconde, elle devient $6x + 9y + 21z = 42$.

Multipliant ensuite tous les termes de la seconde par 2, coefficient de x dans la première, on a $6x + 2y + 22z = 32$; puis, retranchant cette dernière expression de la première, on obtient $6x - 6x + 9y - 2y + 21z - 22z = 42 - 32$, qui se réduit à $7y - z = 10$.

La seconde équation multipliée par 1, coefficient de x dans la troisième, demeure $3x + y + 11z = 16$.

La troisième, multipliée par 3, coefficient de x dans la seconde, devient $3x + 15y + 3z = 33$; et enfin, en retranchant de ce dernier résultat le précédent, on a $3x - 3x + 15y - y + 3z - 11z = 33 - 16$, qui se réduit définitivement à

$$14y - 8z = 17.$$

Et cette dernière équation combinée avec la précédente $7y - z = 10$, donnera les valeurs de y et de z; en effet, cette dernière donne $z = 7y - 10$.

Substituant cette valeur de z à la place de cette inconnue, dans l'autre équation, elle devient $14y - 8(7y - 10) = 17$, ou $14y - 56y + 80 = 17$; puis, en réduisant, et faisant passer $+ 80$ dans le second membre, $- 42y = - 63$, d'où l'on tire $y = \dfrac{- 63}{- 42} = 1$ m. 50 c.

Substituant cette valeur de y dans l'équation $z = 7y - 10$, celle-ci devient $z = 7 \times 1.50 - 10 = 10.50 - 10 = 0$ m. 50 c.

Reprenons maintenant l'une des trois équations primitives, la troisième par exemple, $x + 5y + z = 11$, et mettons-y pour y et z, leurs valeurs déjà connues, nous aurons $x + 5 \times 1.50 + 0.50 = 11$; ou en effectuant les calculs indiqués, $x + 8 = 11$, d'où l'on tire $x = 11 - 8 = 3$.

Ainsi, un homme a donc ramassé 3 mètres cubes de pierres par jour; une femme, 1 mètre 50 centimètres, et un enfant 50 centimètres seulement, faits qu'il serait aisé de vérifier en leur appliquant les conditions de l'énoncé.

20. — Problème. — *Depuis trois années consécutives, une commune a employé ses journées de prestations en nature à la confection des chemins vicinaux; la première année, elle a occupé 188 journées d'hommes, 70 de bœufs (avec charrettes et conducteurs), et 25 de chevaux (avec tombereaux et conducteurs); les travaux réunis sont évalués 719 fr. 50 c;*

La seconde année, 100 journées d'hommes, 10 de bœufs, 15 de chevaux, ont produit un travail de 252 fr. 50 c.;

Enfin, la troisième année, 90 journées d'hommes, 20 de bœufs, et 30 de chevaux, ont pris part aux travaux, évalués à la somme de 240 fr.; on demande quel prix doit être attribué à chaque espèce de journée?

Soient x, y et z les prix respectifs de chaque catégorie de journée, on aura, d'après l'énoncé, les trois équations suivantes :

$$188x + 70y + 25z = 719 \text{ fr. } 50 \text{ c.}$$
$$100x + 10y + 15z = 252.50$$
$$90x + 20y + 30z = 340.$$

Multipliant tous les termes de la première équation par 100, coefficient de x dans la seconde, elle devient $18800x + 7000y + 2500z = 71950$; et tous les termes de la seconde, multipliés par 188, coefficient de x dans la première, la ramènent à $18800x + 1880y + 2820z = 47470$.

Et en retranchant ces deux nouvelles équations l'une de l'autre, on obtient l'expression nouvelle $18800x - 18800x + 7000y - 1880y + 2500z - 2820z = 71950 - 47470$, qui devient, au moyen de la réduction des termes semblables,

$$5120y - 320z = 24480 \ (1).$$

Maintenant, si l'on multiplie tous les termes de la seconde équation par 90, coefficient de x dans la troisième, elle devient

$$9000x + 900y + 1350z = 22725.$$

Tous les termes de la troisième, multipliés par 100, coefficient de x dans la seconde, la présentent sous la forme $9000x + 2000y + 3000z = 34000$.

Retranchant le premier résultat du second, on a $9000x - 9000x + 2000y - 900y + 3000z - 1350z = 34000 - 22725$;

Et réduisant enfin les termes semblables,

$$1100y + 1650z = 11275 \ (2).$$

Il ne s'agit donc plus que de résoudre les équations (1) et (2), qui ne contiennent que deux inconnues; on y parvient en observant d'abord que tous leurs termes étant divisibles par le nombre 5, la suppression de ce facteur peut les ramener immédiatement à cette nouvelle forme, sans déranger les relations qui existent entre les quantités qu'elles contiennent :

$$1024y - 64z = 4896 \ (1)$$
$$220y + 330z = 2255 \ (2).$$

Nous allons maintenant nous occuper de l'élimination de l'une des inconnues, de y par exemple, dans ces deux nouvelles équations.

On multiplie d'abord tous les termes de la première par 220, coefficient de y dans l'autre; et tous les termes de la seconde, par 1024, coefficient de la même inconnue dans la première; les deux équations deviennent :

$$225280y - 14080z = 1077120,$$
$$225280y + 337920z = 2309120;$$

Et en retranchant la première de la seconde, $225280y - 225280y + 337920z + 14080z = 2309120 - 1077120$; ou en simplifiant, $352000z = 1232000$; puis, en divisant l'un et l'autre membre par 1000, ce qui se fait en supprimant les zéros,

$$352z = 1232,$$

d'où l'on tire $z = \dfrac{1232}{352} = 3$ fr. 50.

Substituant pour z sa valeur dans l'équation (1), elle devient $1024y - 64 \times 3.50 = 4896$; ou en effectuant, $1024y - 224 = 4896$; ou bien encore, $1024y = 4896 + 224$; ou $1024y = 5120$; et enfin, $y = \dfrac{5120}{1024} = 5$.

Remontons maintenant aux trois équations du problème, et mettons dans l'une d'elles, dans la troisième par exemple, à la place des inconnues y et z, leurs valeurs respectives; cette équation deviendra

$$90x + 20 \times 5 + 30 \times 3.50 = 340;$$

Puis, en effectuant les multiplications indiquées, $90x + 100 + 105 = 340$; ou $90x + 205 = 340$; ou bien encore, $90x = 340 - 205$; ou enfin, $90x = 135$; d'où $x = \dfrac{135}{90} = 1$ fr. 50.

La journée d'homme a donc produit pour 1 fr. 50 c. de travail, celle de bœuf, pour 5 fr., et celle de cheval pour 3 fr. 50 c.

La solution de cette question peut être appliquée à la fixation du prix des différentes journées de prestation d'un arrondissement, lorsqu'on connaît la valeur des travaux obtenus pendant plusieurs années; mais alors les calculs deviennent pénibles, en ce qu'ils s'opèrent sur des nombres considérables; on peut, dans ce cas, faire avec avantage l'application immédiate des formules générales données (§ II, n°s 9 et 10).

Si l'on avait à résoudre quelque question dont la complication entraînât à la résolution d'équations contenant un plus grand nombre d'inconnues, on conçoit qu'en combinant ces équations deux à deux, on parviendrait, en éliminant tour à tour chaque inconnue, à ne plus avoir qu'une seule équation à une inconnue, à l'aide de laquelle, au moyen de substitutions successives, on arriverait à la solution complète du problème; le cas d'un plus grand nombre d'inconnues nous a paru si simple d'après ce qui vient d'être dit, que nous n'avons pas jugé nécessaire d'en fournir d'exemples, que le lecteur pourra du reste se créer lui-même.

21. — ANALYSE INDÉTERMINÉE DU PREMIER DEGRÉ. — Quand l'énoncé d'un problème donne moins d'équations que celles-ci ne contiennent d'inconnues, la question est indéterminée, parce qu'elle est alors susceptible d'une infinité de solutions (§ II, n° 9, p. 26). Si l'on a, par exemple, cette question à résoudre, *quels sont les deux nombres dont la somme est égale à* 20? On a pour équation $x + y = 20$, x et y représentant les deux nombres demandés, quelle que soit la valeur attribuée à l'une des inconnues, en la remplaçant par cette valeur, on en obtient immédiatement une correspondante pour l'autre inconnue; et si, dans le cas qui nous occupe, nous nous imposons cette loi, de n'obtenir pour l'une et l'autre d'elles, que des quantités entières et positives, nous verrons bientôt qu'en faisant successivement

$$x = 1, 2, 3, 4, 5, 6, 7, 8, 9, 10, 11, 12, 13, 14, 15, 16, 17, 18, 19,$$

nous aurons

$$y = 19, 18, 17, 16, 15, 14, 13, 12, 11, 10, 9, 8, 7, 6, 5, 4, 3, 2, 1;$$

ce qui présente l'aspect de 18 solutions; mais il n'y en a réellement que 10, les 8 dernières n'étant que la répétition des 8 premières.

Prenons pour exemple cette question :

On veut payer 120 fr. avec des pièces de 5 fr. et des pièces de 2 fr.; combien doit-on prendre des unes et des autres ?

Soit x le nombre de pièces de 5 fr., et y celui des pièces de 2 fr., on aura évidemment l'équation (1) $5x + 2y = 120$, qui donne $x = \dfrac{120 - 2y}{5}$; si l'on effectue la division autant que possible, et que l'on mette le reste sous la forme de fraction, $x = 24 - \dfrac{2y}{5}$, la valeur de x sera entière si nous donnons à y une valeur telle que $\dfrac{2y}{5}$ soit un nombre entier, parce que sa différence avec le nombre 24 sera alors entière; représentons par t, ce nombre entier, et nous aurons alors $\dfrac{2y}{5} = t$, ou $2y = 5t$; ou enfin $2y - 5t = o$ (2); puis la valeur de x deviendra $x = 24 - t$.

L'équation $2y - 5t = o$ donne $y = \dfrac{5t}{2}$. Effectuant la division autant que possible, et mettant le reste sous la forme de fraction, $y = 2t + \dfrac{t}{2}$.

Et toute valeur de t qui serait un multiple de 2, procurerait aussi à y une valeur entière, et remplirait, par conséquent les vues que l'on se propose.

Faisons donc $\dfrac{t}{2} = u$; u représentant une nouvelle inconnue ayant, comme la première, une valeur entière, on aura alors $t = 2u$ (3).

Le coefficient de t étant égal à l'unité, il en résulte que toute valeur entière attribuée à u en déterminera immédiatement une semblable pour t.

Les deux inconnues principales, x et y, sont du reste intimement liées avec celles intermédiaires, t et u, par les trois équations $5x + 2y = 120$, $2y = 5t$ et $t = 2u$; ainsi, en donnant à u une valeur entière quelconque et remontant de la dernière de ces équations à la première, on y obtiendra pour x et y des valeurs entières analogues, qui satisferont à l'équation primitive.

Mais, pour déterminer les limites entre lesquelles se trouvent comprises les valeurs à donner à l'inconnue auxiliaire u, reprenons les équations

$$5x + 2y = 120$$
$$2y = 5t$$
$$t = 2u,$$

et mettons dans l'avant-dernière, à la place de t, sa valeur, elle deviendra

$2y = 5 \times 2u$, ou $2y = 10u$; d'où $y = \dfrac{10u}{2} = 5u$; et mettant ensuite pour y sa valeur ainsi déterminée dans la première équation, elle deviendra $5x + 10u = 120$, ou en divisant tous les termes par 5, ce qui est permis, $x + 2u = 24$, d'où l'on tire $x = 24 - 2u$.

Et pour que x soit entier et positif, il faut que l'on ait $u < \dfrac{24}{2}$, car si on avait seulement $u = \dfrac{24}{2}$, on aurait $x = o$; la plus petite valeur entière et positive que l'on puisse donner à u étant 1, et celle immédiatement inférieure à $\dfrac{24}{2}$ étant 11, il en résulte que ces deux nombres sont les limites des valeurs qui peuvent être attribués à u pour qu'il en puisse résulter de semblables valeurs pour x et y dans l'équation primitive.

Ainsi, en faisant successivement
$$u = 1, 2, 3, 4, 5, 6, 7, 8, 9, 10, 11,$$
l'équation $x = 24 - 2u$ donne aussitôt
$$x = 22, 20, 18, 16, 14, 12, 10, 8, 6, 4, 2,$$
et l'équation $y = 5u$, fournit en même temps
$$y = 5, 10, 15, 20, 25, 30, 35, 40, 45, 50, 55 ;$$

Et ces onze couples de valeurs sàtisfont aux conditions imposées par l'énoncé.

On remarque sans peine que les différentes valeurs de x vont en diminuant de gauche à droite, de 2, coefficient de y dans l'équation primitive ; et que celles de y, suivant une marche inverse, augmentent dans le même sens du nombre 5, coefficient de x dans l'équation proposée.

Cette propriété, commune à toutes les équations indéterminées, donne le moyen très simple de déduire toutes les valeurs possibles des inconnues, lorsque l'on connaît le premier système de valeurs.

22. — Si, dès le commencement de l'opération, au lieu de tirer la valeur de x, on eût tiré celle de y, on fût arrivé à la solution de la question plus promptement, parce que le coefficient de y étant moindre que celui de x, il eût alors fallu introduire une inconnue auxiliaire de moins dans les opérations particulières, pour parvenir à une de ces inconnues ayant pour coefficient l'unité.

En effet, reprenons l'équation $5x + 2y = 120$ (1).

Tirant la valeur de y, on a $y = \dfrac{120 - 5x}{2}$, ou en effectuant la division autant que possible et mettant le reste sous la forme de fraction, $y = 60 - 2x - \dfrac{x}{2}$;

Puis faisant $\dfrac{x}{2} = t$, t représentant une quantité entière, $y = 60 - 2x - t$ (2), et on a $x = 2t$ (3).

Substituant cette valeur de x dans l'équation $y = 60 - 2x - t$, elle devient $y = 60 - 4t - t$, ou $y = 60 - 5t$.

Mais pour que la valeur de y soit entière et positive, il faut avoir $5t < 60$, ou bien encore $t < \dfrac{60}{5}$; la plus grande valeur qui puisse être attribuée à t, en nombre entier, est donc 11.

Mettant ensuite dans l'équation primitive $5x + 2y = 120$, pour y sa valeur, elle devient $5x + 2(60 - 5t) = 120$, et en effectuant les calculs,
$$5x + 120t - 10t = 120 ;$$
ou en réduisant, et en laissant x seul au premier membre, $5x = 10t$, d'où l'on tire $x = \dfrac{10t}{5} = 2t$; et en substituant le nombre 11 à la place de t, on aura $x = 22$, 22 étant la plus grande valeur de x possible en nombres entiers et positifs.

Pour résoudre une équation indéterminée à deux inconnues, il faut tirer de cette équation la valeur de l'inconnue qui a le plus petit coefficient, et effectuer la division autant que possible ; on obtient ainsi une expression composée d'une partie entière plus une fraction, que l'on cherche à rendre entière.

On égale cette quantité fractionnaire à une inconnue intermédiaire t, *et l'on obtient ainsi une nouvelle équation, dont les coefficients des inconnues sont moindres que dans la première.*

On tire la valeur de l'inconnue ayant le plus petit coefficient (dans cette dernière équation), et on effectue la division autant que possible ; on obtient de nouveau pour quotient, une expression fractionnaire dont la fraction sera égalée à une nouvelle inconnue intermédiaire u, *et l'on obtient ainsi une nouvelle équation, dans laquelle les coefficients des inconnues sont devenus plus simples que dans la précédente.*

On continue une suite d'opérations semblables, jusqu'à ce que l'on soit parvenu à une équation entre deux inconnues intermédiaires, dont l'une ait pour coefficient l'unité; on remonte ensuite par des substitutions successives, et l'on parvient à exprimer les deux inconnues primitives, en fonction de la dernière indéterminée.

On obtient ainsi deux formules dans lesquelles, en attribuant à l'indéterminée des valeurs arbitraires, on obtient tous les systèmes de valeurs possibles.

On a vu, du reste, que, dans le cas où l'on ne veut obtenir que des valeurs entières et positives, ces formules indiquent quelles sont les limites entre lesquelles se trouvent comprises les valeurs à donner à l'indéterminée qu'elles contiennent.

Pour résoudre deux équations à trois inconnues, on aurait soin d'éliminer l'une des inconnues, et on appliquerait ensuite la règle précédente.

L'équation $5x + 3y = 78$ donne

$$x = 0, 3, 6, 9, 12, 15,$$
$$y = 26, 21, 16, 11, 6, 1.$$

Les équations
$$5x + 4y + z = 272$$
$$\text{et...} \quad 8x + 9x + 3z = 656,$$

donnent
$$x = 1, 4, 7, 10, 13, 16, 19, 22$$
$$y = 51, 44, 37, 30, 23, 16, 9, 2$$
$$z = 63, 76, 89, 102, 115, 128, 141, 154.$$

§ III. — FORMATION DES PUISSANCES ET EXTRACTION DE LEURS RACINES.

Carrés ou deuxième Puissance des Nombres.

1. — *On appelle carré ou seconde puissance d'une quantité, le produit qui résulte de la multiplication de cette quantité par elle-même;* ainsi, 64 est le carré ou la seconde puissance de 8, parce que 8 multiplié par 8 donne 64.

a^4 est le carré ou la seconde puissance de a^2, parce que a^2 multiplié par a^2 donne pour produit a^4.

On appelle racine carrée d'une quantité, une seconde quantité qui, multipliée par elle-même, produit la première; ainsi, 8 est la racine carrée de 64, parce que 64 provient de la multiplication de 8 par 8; a^2 est la racine carrée de a^4, parce que a^4 provient de la multiplication de a^2 par a^2.

Les nombres 1, 2, 3, 4, 5, 6, 7, 8, 9, 10,

ont pour carrés 1, 4, 9, 16, 25, 36, 49, 64, 81, 100 ; et réciproquement, les nombres portés à la première ligne, sont les racines carrées de ceux qui leur correspondent à la seconde.

Une quantité dont la racine est une quantité entière, s'appelle un carré parfait.

Une quantité dont la racine n'est pas une quantité entière, s'appelle incommensurable ou irrationnelle.

Rien n'est plus aisé à composer qu'un carré; connaissant sa racine , une simple multiplication suffit pour parvenir à ce but; mais il n'en est pas ainsi lorsqu'on se propose, connaissant un carré, de revenir à sa racine; cette opération importante se rattache à une nouvelle théorie dont nous allons successivement développer les principes.

Proposons-nous d'abord de savoir quelle est la différence qui existe entre les carrés de deux nombres consécutifs, a et $a + 1$.

Pour indiquer que a doit être élevé au carré, on écrit a^2; et $a + 1$ élevé au carré, s'écrit $(a + 1)^2$.

$$\begin{array}{ll} \text{Effectuant la multiplication de} & a + 1 \\ \text{par}\ldots\ldots\ldots & a + 1 \\ \hline \text{on a}\ldots\ldots\ldots & a^2 + a + a + 1. \end{array}$$

Puis, faisant la réduction, et retranchant a^2 carré primitif, il reste $2a + 1$ pour différence, *ce qui fait voir que lorsqu'un nombre augmente d'une unité, son carré augmente du double de ce nombre, plus un.*

Un nombre d'un seul chiffre sera toujours aisé à élever au carré; et réciproquement, le carré de ce nombre étant connu , la mémoire seule donnera immédiatement sa racine. Nous allons nous occuper de la composition d'un carré dont la racine contient plusieurs chiffres.

2. — Soit $a + b$, un nombre quelconque composé de dixaines et d'unités ; a représentant les dixaines et b les unités, nous aurons $(a + b)^2$ $= (a + b) \times (a + b)$; et en effectuant la multiplication, comme à l'ordinaire ,

$$a + b$$
$$a + b$$
$$a^2 + ab$$
$$+ ab + b^2$$

On a.... $a^2 + 2ab + b^2$.

C'est-à-dire que le carré d'un nombre composé de dixaines et d'unités, est égal au carré des dixaines de ce nombre, plus deux fois ces mêmes dixaines, multipliées par les unités; plus enfin le carré des unités.

Ce principe établi, proposons-nous de déterminer la racine carrée du nombre 7225, par exemple.

Ce nombre, ayant plus de deux chiffres, en a nécessairement plus d'un à sa racine; car le plus grand nombre d'un seul chiffre qui est 9, en a deux.

Mais on voit aussi que la racine de ce même nombre a moins de trois chiffres, car le plus petit nombre de trois chiffres qui est 100, a pour carré 10,000 qui en a cinq; en ayant plus d'un et moins de trois, il en a nécessairement deux, dont l'un exprime des dixaines et l'autre des unités; par conséquent, le nombre 7225 renferme le carré des dixaines, plus le double produit des dixaines par les unités, plus le carré des unités de sa racine que nous cherchons; mais le carré des dixaines ne pouvant être que des centaines (puisque 10 fois 10 font 100), ne peut se trouver dans les deux premiers chiffres du nombre 7225; il est donc contenu dans les 72 dixaines, que l'on sépare par une virgule, en disposant ainsi l'opération :

$$
\begin{array}{c|c}
72,25 & 85 \\
64 & \overline{165} \\
\hline
82,\ 5 & 5 \\
82\ \ 5 & \overline{825} \\
\hline
00\ \ 0 &
\end{array}
$$

Le plus grand carré parfait contenu dans 72 est 64, dont la racine est 8; écrivez cette racine à droite du nombre proposé, et retranchez son carré 64 de 72, en écrivant au-dessous le reste 8, à côté duquel vous abaissez les deux chiffres 25 du carré; ayant ainsi retranché du nombre proposé le carré des dixaines de sa racine, le reste 825, ne contient plus que le double produit des dixaines par les unités et le carré des unités; mais si l'on observe que le double produit des dixaines par les unités, ne peut qu'être au moins composé de dixaines, on en conclura bien vite que ce double produit ne peut être contenu dans le premier chiffre 5 qui n'exprime que des unités; on le sépare donc des autres par une virgule.

Connaissant ainsi le double produit des dixaines par les unités, ou le nombre 82, et le double des dixaines qui est 16, on connaît un produit et l'un de ses facteurs; par conséquent, la division de 82 par 16 fera connaître l'autre facteur, qui doit nécessairement être le chiffre des unités de la racine demandée; en effet, 82 divisé par 16 donne 5 au quotient; écrivant ce chiffre à côté de celui des dixaines 8, on a pour la racine demandée 85; et en effet, si l'on élève 85 au carré, on obtient le nombre 7225. Nous allons initier les lecteurs dans cette opération, en leur donnant quelques autres exemples.

Soit le nombre 15376, dont on veut extraire la racine carrée; on disposera ainsi l'opération :

$$
\begin{array}{r|r}
1,53,76 & 124 \\
\underline{1} & \underline{22} \\
0\,5,3 & 2 \\
\underline{44} & \overline{244} \\
\overline{97,6} & 4 \\
97\,6 & \\
00\,0 &
\end{array}
$$

Un nombre qui contient autant de chiffres que l'on voudra, pouvant toujours être considéré comme composé de dixaines et d'unités, en raisonnant comme dans le cas précédent, on sera conduit à séparer ses deux premiers chiffres à droite, comme ne pouvant contenir le carré des dixaines de sa racine que l'on cherche; et en appliquant un raisonnement semblable, au nombre 153 qui reste, on en séparera de même les deux chiffres 53 pour ne plus laisser à gauche que le chiffre 1.

1 étant un carré parfait, dont la racine est également 1, on écrit celle-ci à droite du nombre proposé; puis élevant cette racine au carré, et portant le résultat sous le chiffre 1, duquel on le retranche, il reste 0. On abaisse ensuite les deux chiffres 53, et se basant sur le raisonnement établi, en pareille circonstance, dans l'exemple qui précède, on retranche par une virgule le chiffre 3, puis on divise la partie à gauche, par le double de la racine 2, on écrit à droite de la racine déjà obtenue le quotient qui est 2, en ayant soin de le faire figurer également à droite de 2, double de la racine déjà obtenue, afin de faire le double produit des dixaines par les unités, et le carré des unités, pour retrancher le tout à la fois du nombre 53 : on obtient ainsi

pour reste 9, à côté duquel on écrit les deux derniers chiffres du carré 76 ; séparant de nouveau le dernier chiffre 6, et divisant les autres 97 par 24, double de la racine obtenue 12, on obtient 4 au quotient ; écrivant ce dernier chiffre à droite de ceux obtenus pour la racine, et aussi à droite du double de cette même racine, pour obtenir comme précédemment tout le produit en même temps, écrivant ce produit de manière à pouvoir le retrancher du carré, et effectuant la soustraction, on obtient 0 pour reste, ce qui indique que 124 est la racine exacte du nombre 15376, fait qui peut être vérifié en multipliant 124 par lui-même ou en l'élevant au carré.

Lorsque, dans les opérations partielles, on obtiendra par la soustraction un reste égal ou plus grand que le double de la racine augmenté d'une unité, ceci indiquera que la racine obtenue est trop faible, et par conséquent qu'elle doit être augmentée. Ce principe repose sur ce que, lorsque la racine augmente d'une unité, son carré augmente du double de la racine plus un, principe déjà démontré au commencement de cette théorie.

En se rappelant toutes les circonstances des deux opérations qui précèdent, on en peut déduire la règle générale suivante :

Pour extraire la racine carrée d'un nombre composé d'autant de chiffres que l'on veut, on le sépare en tranches de deux chiffres, en allant de droite à gauche, dût-on ne laisser qu'un seul chiffre à la dernière tranche;

On tire la racine carrée du plus grand carré parfait contenu dans cette dernière tranche, et on soustrait ce carré parfait de cette même tranche, on obtient un reste, on abaisse à côté de celui-ci la tranche suivante, on en sépare le dernier à droite, puis on divise la partie à gauche de ce chiffre par le double de la racine obtenue; on écrit le quotient à la suite de cette racine, et à la suite du double de cette même racine, on multiplie le nombre ainsi formé par ce quotient, et on retranche le produit du reste et de la seconde tranche;

On obtient ainsi un second reste à côté duquel on abaisse la tranche suivante, on sépare le dernier chiffre à droite, et divise la partie à gauche par le double de la racine; on écrit le quotient à droite de cette même racine et à droite de son double; on multiplie le nombre ainsi formé par ce quotient, et on retranche le produit du dernier reste;

On continue une suite d'opérations semblables jusqu'à ce que toutes les tranches du nombre proposé soient épuisées; si l'on obtient pour dernier reste 0, le nombre dont on a ainsi extrait la racine, est un carré parfait.

On peut remarquer que le nombre des tranches figurant au carré, est égal au nombre des chiffres de la racine.

3. — Si le nombre dont on veut extraire la racine carrée avait des décimales, l'opération se ferait absolument comme pour les nombres entiers; on aurait seulement l'attention d'en rendre le nombre pair, en y ajoutant un zéro avant de commencer l'opération ; mais on séparerait alors autant de chiffres décimaux à la racine, qu'il y a de tranches décimales au carré.

Prenons un exemple à ce sujet : soit à extraire la racine carrée du nombre 18215824.3. Après lui avoir ajouté un zéro, on fera l'opération comme de coutume :

$$
\begin{array}{ll}
18,21,58,24,30 & \Big) \ \dfrac{4268,00003}{} \\
16 & \quad 82 \\
\overline{\quad 22,1} & \qquad 2 \\
\quad 164 & \quad 846 \\
\overline{\quad .575,8} & \qquad 6 \\
\quad 507\ 6 & \quad 8528 \\
\overline{\quad .6822,4} & \qquad 8 \\
\quad 6822\ 4 & \qquad\quad 853600003 \\
\overline{\quad 0000\ 0} & \qquad\qquad\quad 3 \\
& 30,00,00,00,0,0 \\
& 25\ 60\ 80\ 00\ 0\ 9 \\
& \overline{\ .4\ 39\ 19\ 99\ 9\ 1}
\end{array}
$$

Cette racine carrée ne pouvant s'extraire exactement, peut cependant être exprimée par 4268,00003, à un cent millième d'unité près, et on eût pu pousser l'approximation bien plus loin, en ajoutant successivement au reste, autant de fois deux zéros qu'on eût voulu obtenir de chiffres décimaux à la racine.

Lorsqu'un nombre n'est pas carré parfait, on peut obtenir sa racine carrée avec toute l'approximation désirable, mais jamais exactement.

4. — Nous avons déjà vu que pour multiplier une fraction par une autre fraction, il faut multiplier les numérateurs entr'eux, et les dénominateurs entr'eux; d'après ce principe, si l'on a, par exemple, la fraction $\dfrac{8}{10}$ à élever au carré, on aura $\left(\dfrac{8}{10}\right)^{2} = \dfrac{8}{10} \times \dfrac{8}{10} = \dfrac{8 \times 8}{10 \times 10} = \dfrac{64}{100}$.

C'est-à-dire que pour élever une fraction au carré, il faut élever ses deux termes au carré; l'opération relative à l'extraction de la racine étant l'inverse de celle de la formation du carré, il en résulte évidemment *que l'extraction de la racine carrée d'une fraction se réduit tout simplement à l'extraction de la racine carrée de ses deux termes;* ainsi, reprenant pour exemple la fraction $\dfrac{64}{100}$, on aura $\sqrt{\dfrac{64}{100}} = \dfrac{\sqrt{64}}{\sqrt{100}} = \dfrac{8}{10}$.

Tant que les deux termes de la fraction seront des carrés parfaits, on aura exactement la racine carrée de cette fraction; mais aussitôt que ce fait cessera d'exister, on ne pourra obtenir qu'une racine approximative.

Soit pour exemple la fraction $\dfrac{3}{8}$, dont on veut connaître la racine carrée; ses deux termes étant des nombres irrationnels, on les multiplie l'un et l'autre par le dénominateur 8, ce qui est permis sans altérer la valeur de la fraction (§ I, n° 7, *p.* 14); elle devient alors $\dfrac{3 \times 8}{8 \times 8} = \dfrac{24}{64}$; mais, par cette opération, le dénominateur de la nouvelle fraction étant devenu un carré parfait, on a

$$\sqrt{\dfrac{3}{8}} = \sqrt{\dfrac{24}{64}} = \dfrac{\sqrt{24}}{\sqrt{64}} = \dfrac{\sqrt{24}}{8} = \dfrac{4.898}{8} = \dfrac{4898}{8000} = 0.612,$$

en extrayant la racine du nombre 24, approximativement, multipliant les deux termes de la fraction par 1000, et effectuant la division.

Cette racine obtenue à un millième d'unité près, est encore susceptible d'une plus grande approximation.

Cubes ou troisième Puissance des Nombres.

5. — *On appelle cube ou troisième puissance d'une quantité, le produit résultant de la multiplication de cette quantité, deux fois par elle-même,* ou, ce qui revient au même, *le produit du carré de cette quantité par elle-même;* ainsi, 64 est le cube de 4, parce que 4 fois 4 font 16, et que 4 fois 16 font 64; de même, a^3 est le cube ou la troisième puissance de *a*.

On appelle racine cubique d'une quantité, une seconde quantité qui, multipliée deux fois par elle-même, reproduit la quantité proposée; ainsi, 4 est la racine cubique de 64, parce que 4 multiplié par 4 donne 16, et que 16 multiplié par 4 donne 64; et par la même raison, a est la racine cubique ou troisième de a^3.

Les nombres 1, 2, 3, 4, 5, 6, 7, 8, 9, 10, ont pour cubes ou 3ᵉ puissance 1, 8, 27, 64, 125, 216, 343, 512, 729, 1000; et réciproquement, les nombres portés à la première ligne, sont les racines cubiques de ceux qui leur correspondent à la seconde.

Une quantité dont la racine cubique est entière, est un cube parfait.

Rien de plus aisé que la formation d'un cube, lorsqu'on connaît sa racine: deux multiplications successives amènent à ce but. On éprouve de plus grandes difficultés lorsqu'il s'agit, connaissant un cube ou troisième puissance, de revenir à sa racine.

Nous allons donner quelques principes relatifs à cette nouvelle opération, en commençant d'abord, comme pour la racine carrée, à chercher quelle est la différence qui existe entre les cubes de deux quantités consécutives. a et $(a+1)$.

En multipliant $a + 1$ par $a + 1$, on a

$$a + 1$$
$$a + 1$$

$$a^2 + a + a + 1,\ \text{ou en réduisant}$$
$$a^2 + 2a + 1.$$

Multipliant ce produit par $\quad a + 1$

$$a^3 + 2a^2 + a$$
$$+\ a^2 + 2a + 1;$$

produit simplifié. $\qquad a^3 + 3a^2 + 3a + 1,$

retranchant $\qquad a^3,$

il reste...................... $\qquad 3a^2 + 3a + 1.$

Donc, lorsqu'une racine cubique ou troisième augmente d'une unité, son cube augmente de trois fois le carré de cette même racine, augmenté de son triple plus un.

Cette remarque est essentielle pour connaître, lorsqu'on a obtenu un chiffre d'une racine cubique, s'il est trop faible, ainsi que nous aurons bientôt occasion de le remarquer.

On doit se familiariser à former de mémoire les cubes des neuf premiers nombres, afin de pouvoir, instantanément et sans le secours d'opérations préparatoires, trouver leurs racines par la pensée.

Un cube de trois chiffres ne peut en avoir qu'un à sa racine, puisque la plus petite racine cubique de deux chiffres, qui est 10, en a quatre à son cube.

Cela posé, nous allons passer à la formation du cube ou troisième puissance d'un nombre composé de dixaines et d'unités.

6. — Comme précédemment, représentons les dixaines par a, les unités par b, et effectuons la multiplication de $a + b$ par $a + b$, nous aurons

$$a + b$$
$$a + b$$
$$\overline{}$$
$$a^2 + ab$$
$$+ \ ab + b^2$$
$$\overline{}$$

Puis, multipliant le résultat $a^2 + 2ab + b^2$,
par $\qquad a + b$
$$\overline{}$$
$$a^3 + 2a^2b + ab^2$$
$$+ \ a^2b + 2ab^2 + b^3$$
$$\overline{}$$
$$a^3 + 3a^2b + 3ab^2 + b^3;$$

D'où l'on peut conclure que le cube d'un nombre ayant des dixaines et des unités, se compose du cube des dixaines, plus trois fois le carré des dixaines multiplié par les unités, plus trois fois les dixaines multipliées par le carré des unités, plus enfin le carré des unités.

Soit à extraire la racine cubique du nombre 636056,

$$
\begin{array}{c|ll}
636{,}056 & 86 & \\
512 & \overline{} & \quad 86 \\
\overline{1240{,}56} & 64 & \quad 86 \\
& \ 3 & \overline{} \\
& \overline{192} & \quad 516 \\
& & \quad 688 \\
& & \overline{7396} \\
& & \quad 86 \\
& & \overline{44376} \\
& & 59168 \\
& & \overline{636{,}056}
\end{array}
$$

Ce cube ayant plus de trois chiffres, en a nécessairement plus d'un à sa racine, puisque le plus grand nombre d'un seul chiffre correspond à un cube qui en contient trois.

Mais, si l'on considère aussi que le même nombre cube contient moins de sept chiffres, on en conclura de même que sa racine en a moins de trois, parce que la plus petite racine de trois chiffres, qui est 100, en a sept à son cube, 1,000,000.

Le nombre qui doit exprimer cette racine inconnue a donc plus d'un chiffre et moins de trois; donc il en a deux, dont l'un, par conséquent, exprime des dixaines, et l'autre des unités; mais le cube des dixaines étant au moins mille, il s'ensuit que ce cube ne peut être contenu dans les trois premiers chiffres à droite, ce qui détermine à les séparer par une virgule et à considérer la partie restante, 636, comme contenant réellement ce cube des dixaines.

Le plus grand cube parfait contenu dans 636, est 512, dont la racine est 8; écrivant cette racine à la place qui lui est destinée, et l'élevant au cube, on a 512, qui retranché de 636, laisse pour reste 124, à côté duquel il faut abaisser la tranche suivante 056; on obtient alors le nombre 124056, qui ne contient plus que trois fois le carré des dixaines multiplié par les unités, plus trois fois les dixaines multipliées par le carré des unités, plus enfin le cube des unités.

Mais le carré des dixaines exprimant au moins des centaines, ce triple carré, multiplié par les unités, ne peut se trouver dans les deux derniers chiffres à droite, mais bien dans la partie 1240, qui se trouve à gauche. Si l'on divise ce nombre 1240 par le triple carré des dixaines 192, qui s'obtient en élevant les dixaines 8 au carré, et en multipliant le résultat par trois, on obtiendra donc les unités de la racine, qui se trouvent, en cette circonstance, exprimées par le chiffre 6.

Il s'agit maintenant de s'assurer si le nombre 86 est bien la racine demandée; pour cela, on l'élève de suite au cube afin de retrancher celui-ci du nombre proposé; il faut que la soustraction soit possible, pour que ce chiffre 6 ne soit pas trop fort, et que le reste n'excède pas trois fois le carré de la raciné trouvée, plus trois fois cette même racine, plus un, pour que ce même chiffre 6 ne soit pas trop faible; dans le cas actuel, le cube de 86 s'élevant précisément à 636056, on en peut conclure que ce nombre est un cube parfait, dont la racine est 86.

Quelque étendu que soit un nombre, il peut toujours être considéré comme

composé de dixaines et d'unités, et en lui appliquant le raisonnement
employé dans l'exemple précédent, on sera conduit à le diviser en tranches
de trois chiffres, pour parvenir à la connaissance de sa racine.

Prenons pour second exemple le nombre 76,225,024.

```
76,225,024 ⌐ 424                              1764        424
64         │   16              42                3        424
           │    3              42             ──────     ─────
───────    │  ───              42              5292       1696
122,25         48              84                          848
762 55                        168                        1696
740 88                       ─────                       ──────
──────                        1764                       179776
21370,24                        42                          424
                             ─────                       ───────
                              3528                        719104
                              7056                        359552
                             ─────                        719104
                             74088                       ────────
                                                         76225024
```

7. — Si l'on avait à extraire la racine cubique d'un nombre qui eût des
décimales, on voit aisément que l'opération serait absolument la même,
mais on aurait l'attention de séparer le nombre en tranches de trois chiffres,
en ayant soin, comme aux nombres carrés, que la virgule indiquant les décimales soit aussi séparative de deux tranches, parce qu'une tranche de trois
chiffres au cube en donne un à la racine; il faudrait aussi compléter la
tranche à droite des décimales, si elle contenait moins de trois chiffres. Ces
simples formalités remplies, l'opération serait la même que pour les nombres
entiers.

8. — D'après les règles établies pour la multiplication des fractions
(§ I, n° 10, *p.* 16), il est évident que, pour élever une fraction au cube,
il faut élever chacun de ses deux termes au cube; en effet, $\left(\dfrac{3}{4}\right)^3$ revient à

$$\frac{3}{4} \times \frac{3}{4} \times \frac{3}{4} = \frac{3 \times 3 \times 3}{4 \times 4 \times 4} = \frac{27}{64}.$$

Réciproquement, pour obtenir la racine cubique d'une fraction, il faudra
prendre celles de ses deux termes; ainsi,

$$\sqrt[3]{\frac{27}{64}} = \frac{\sqrt[3]{27}}{\sqrt[3]{64}} = \frac{3}{4};$$

Cette opération sera praticable exactement, toutes les fois seulement que les deux termes seront des cubes parfaits; dans le cas contraire, on aura recours à une approximation aussi satisfaisante qu'on le jugera convenable; éclaircissons cela par un exemple, et soit la fraction $\dfrac{3}{4}$, dont les termes ne sont ni l'un ni l'autre une troisième puissance exacte, dont il s'agit d'obtenir la racine cubique.

Transformons-la d'abord en une nouvelle fraction égale, mais dont le dénominateur soit un cube parfait, ce qui est très aisé; en multipliant ses deux termes par le carré du dénominateur, elle devient $\dfrac{3 \times 4 \times 4}{4 \times 4 \times 4} = \dfrac{48}{64}$; et on aura

$$\sqrt[3]{\frac{3}{4}} = \frac{\sqrt[3]{48}}{\sqrt[3]{64}} = \frac{\sqrt[3]{48}}{4} = \frac{3{,}631}{4} = \frac{3631}{4000} = 0.907;$$

car la racine cubique de 48, extraite jusqu'à la troisième décimale, est 3,631; puis, multipliant les deux termes de la fraction par mille, en faisant abstraction de la virgule au numérateur, et en ajoutant trois zéros à la suite du dénominateur, on opère tout simplement la division.

A l'aide de raisonnements analogues à ceux dont nous venons de faire usage, tant pour la formation des seconde et troisième puissances, que pour l'extraction de leurs racines, on parviendrait à résumer les lois de formation des puissances plus élevées, telles que la 4e, 5e, 6e, 7e, etc., et on en déduirait ensuite des règles certaines pour opérer l'extraction des racines 4e, 5e, 6e, 7e, etc.; mais la complication de ces règles, et plus encore celle des calculs qu'elles nécessitent, déterminent à n'en point faire usage, l'emploi des logarithmes dont nous établirons plus tard la théorie, rendant surtout ces opérations beaucoup plus simples et plus faciles.

Formation des Puissances des Quantités Algébriques, et Extractions de leurs Racines.

9. — Pour former le carré d'un monôme tel que $3a^2b^2c$, on le multiplie par lui-même, et on a $3a^2b^2c \times 3a^2b^2c = 9a^4b^4c^2$, *c'est-à-dire que, pour* *élever un monôme au carré, il faut d'abord former le carré de son coefficient, puis doubler chacun de ses exposants*, ce qui démontre également que pour obtenir sa racine carrée, il faut d'abord *extraire celle de son coefficient, puis prendre la moitié de chacun de ses exposants;* ainsi,

$$\sqrt{81a^4b^6c^2} = 9a^2b^3c$$
$$\text{et...}\ \sqrt{64a^2b^4c^8d^2} = 8ab^2c^4d.$$

On voit, d'après cela, qu'*un monôme ne peut être carré parfait, que lorsque son coefficient est un carré parfait, et que tous ses exposants sont des nombres pairs.*

Soit à extraire la racine carrée du monôme $11b^2c^3d^5$; cette opération ne peut que s'indiquer, en plaçant le monôme sous le signe $\sqrt{\ }$; ainsi il devient $\sqrt{11b^2c^3d^5}$.

Ces sortes d'expressions s'appellent radicales ou irrationnelles, comme nous l'avons déjà dit; elles sont susceptibles de simplifications, lorsque quelques-uns des facteurs qui entrent dans leur composition, sont des carrés parfaits; si l'on a, par exemple, l'expression $\sqrt{4a^2bc^3}$, elle peut se mettre sous la forme de $\sqrt{4} \times \sqrt{a^2} \times \sqrt{b} \times \sqrt{c^3}$, et en effectuant les extractions devenues possibles parmi les différents facteurs, cette expression radicale devient $2 \times a \times \sqrt{b} \times \sqrt{c^3} = 2a\sqrt{bc^3}$.

Pour simplifier un monôme irrationnel, on doit donc mettre en évidence tous les facteurs carrés parfaits, en extraire la racine, puis écrire le produit de toutes ces racines en avant du radical, sous lequel on laisse les facteurs irrationnels.

On a, d'après ce principe,

$$\sqrt{36x^2b^3c} = 6x\sqrt{b^3c}$$
$$\text{et...}\ \sqrt{31a^2bc^4} = ac^2\sqrt{31b}.$$

Nous avons déjà vu (§ I, n° 5, *p.* 6) que les mêmes signes multipliés entr'eux donnent au produit le signe *plus;* ainsi, un carré monôme, positif, peut avoir indistinctement sa racine positive ou négative, ce qui s'exprime ainsi,

$$\sqrt{16a^2} = \pm\, 4a;$$

puisque l'on peut indifféremment obtenir $+ 16a^2$, soit en multiplant $+ 4a$

par $+ 4a$, soit en opérant la multiplication de $- 4a$ par $- 4a$; le double signe $\pm$ s'énonce *plus* ou *moins*.

Un monôme négatif ne peut donc avoir de racine carrée réelle, puisqu'il faut la combinaison de deux signes différents, pour le produire par la multiplication.

Ce symbole absurde se rencontre cependant dans quelques calculs de problèmes appartenant aux équations du second degré, dont nous parlerons plus tard; ces expressions radicales, affectées du signe *moins*, s'appellent expressions *imaginaires;* elles sont, comme les autres monômes irrationnels, susceptibles de simplifications. Ainsi ,

$$\sqrt{-9a^2b} = \sqrt{9} \times \sqrt{-a^2} \times \sqrt{-b} = 3a\sqrt{-b}.$$

10. — On a déjà vu que le carré d'un binôme $a + b$ est de $a^2 + 2ab + b^2$; *c'est-à-dire qu'il se compose du carré du premier terme, plus deux fois le produit du premier par le second; plus enfin du carré du second.*

Un binôme ne peut donc jamais être un carré parfait; car le carré d'un monôme est toujours un monôme; et celui d'un binôme est toujours un trinôme.

Soit à extraire la racine carrée du trinôme $4a^6b^2 + 12a^5bc^2 + 9a^4c^4$, dont le premier terme doit contenir le carré du premier terme de sa racine; le second, le double produit de ce premier par le second; et dont le troisième, $9a^4c^4$, doit contenir le carré du second terme :

$$
\begin{array}{ll}
\begin{array}{l}
4a^6b^2 + 12a^5bc^2 + 9a^4c^4 \\
- 4a^6b^2 \\
\hline
\quad\ 12a^5bc^2 + 9a^4c^4 \\
\quad - 12a^5bc^2 - 9a^4c^4 \\
\hline
\qquad\qquad 0.
\end{array}
& \left\{
\begin{array}{l}
2a^3b + 3a^2c^2 \\
\hline
4a^3b + 3a^2c^2 \\
\qquad\ 3a^2c^2
\end{array}
\right.
\end{array}
$$

On extrait d'abord la racine du premier terme $4a^6b^2$, et le résultat $2a^3b$, est le premier terme de la racine; retranchant le carré de ce premier terme, qui est $4a^6b^2$, du trinôme proposé, il reste $12a^5bc^2 + 9a^4c^4$.

Observant ensuite que $12a^5bc^2$ est le double du premier terme de la racine, multiplié par le second, je divise ce terme $12a^5bc^2$ par le double de $2a^3b$, ou par $4a^3b$, et le quotient $+ 3a^2c^2$, est le second terme de la racine.

Ecrivant ce second terme à la suite du premier, et à la suite du double de celui-ci, afin de pouvoir composer à la fois le double du premier terme par le second et le carré du second, on forme en effet ces deux résultats, qui, retranchés du premier reste, donnent zéro, ce qui indique que le polynôme proposé est un carré parfait, dont la racine est $2a^3b + 3a^2c^2$.

Soit le trinôme $a + b + c$ à élever au carré; représentons pour un instant $a + b$ par un seul terme m; nous aurons

$$(m + c)^2 = m^2 + 2mc + c^2;$$

mais on a $m^2 = a^2 + 2ab + b^2$, et puis $2mc = 2c(a + b) = 2ac + 2bc$; mettant à la place de m, sa valeur, on aura définitivement

$$(a + b + c)^2 = a^2 + 2ab + b^2 + 2ac + 2bc + c^2.$$

Donc le carré d'un trinôme se compose de la somme des carrés des trois termes, augmentée de celle des doubles produits de ces termes multipliés deux à deux.

On voit d'après cela, que les termes d'un polynôme étant ordonnés par rapport à une certaine lettre, son premier terme sera le carré du premier terme de la racine, et que le second contiendra le double produit du premier terme de cette même racine par son second; que, par conséquent, on obtiendra ce second terme en divisant le second terme de la quantité dont on se propose d'extraire la racine, par le double du premier terme de sa racine; formant ensuite le carré des deux termes obtenus, et le retranchant de la quantité proposée, on continuera l'opération de la même manière.

Nous allons rendre ceci palpable par l'opération suivante :

$$
\begin{array}{l|l}
4a^4b^2 + 12a^3bc^2 - 4a^2b^4 + 9a^2c^4 - 6ab^3c^2 + b^6 & \;2a^2b + 3ac^2 - b^3 \\
\underline{-\;4a^4b^2} & \overline{\;4a^2b + 3ac^2} \\
\quad + 12a^3bc^2 - 4a^2b^4 + 9a^2c^4 - 6ab^3c^2 + b^6 & \;4a^2b + 6ac^2 - b^3 \\
\quad \underline{- 12a^3bc^2 - 9a^2c^4} & \qquad\qquad\; - b^3 \\
\qquad\quad - 4a^2b^4 - 6ab^3c^2 + b^6 & \\
\qquad\quad \underline{+ 4a^2b^4 + 6ab^3c^2 - b^6} & \\
\qquad\qquad\qquad 0. &
\end{array}
$$

Ce seul exemple suffira pour mettre le lecteur à même d'opérer l'extraction de la racine carrée d'un polynôme quelconque; nous croyons devoir nous dispenser d'en expliquer les détails.

Pendant le cours des opérations partielles, le premier terme de l'un des restes, pourra ne pas être divisible par le double du premier terme de la racine obtenue; alors, on aura la certitude que le polynôme proposé n'est pas un carré parfait, et on lui appliquera les simplifications dont sont susceptibles les quantités irrationnelles.

Quant à l'extraction de la racine carrée des fractions, on doit s'assurer si les deux termes sont des carrés parfaits; alors on extrait la racine de l'un et de l'autre; ainsi

$$\sqrt{\frac{a^2}{b^2}} = \frac{a}{b},$$

et d'après ce qui a déjà été dit, si les termes sont irrationnels, on rend le dénominateur carré parfait, en multipliant les deux termes de la fraction par ce dénominateur lui-même; ainsi,

$$\sqrt{\frac{a}{b}} = \sqrt{\frac{ab}{b^2}} = \frac{\sqrt{ab}}{b}.$$

11. — Nous avons vu que le binôme $a + b$, élevé au carré, donne $a^2 + 2ab + b^2$; ce résultat multiplié de nouveau par $a + b$, formera le cube de ce binôme; on aura, en effectuant l'opération,

$$\begin{array}{l} a^2 + 2ab + b^2 \\ a + b \\ \hline a^3 + 2a^2b + ab^2 \\ + a^2b + 2ab^2 + b^3 \\ \hline a^3 + 3a^2b + 3ab^2 + b^3. \end{array}$$

C'est-à-dire que le cube ou la troisième puissance d'un binôme, se compose, 1° *du cube du premier terme;*
2° *De trois fois le carré du premier terme, multiplié par le second;*
3° *De trois fois le carré du second, multiplié par le premier;*
4° *Du cube du second terme.*

Ces faits conduisent tout naturellement à une règle générale pour l'extraction de la racine cubique ou troisième des quantités algébriques, analogue à celle employée pour l'extraction de la racine carrée, soit proposé d'extraire la racine cubique du polynôme $a^6c^3 + 3a^4c^2d^2 + 3a^2cd^4 + d^6$, ordonné par rapport à la lettre a.

$$\begin{array}{l}
a^6c^3 + 3a^4c^2d^2 + 3a^2cd^4 + d^6 \\
- a^6c^3 \\
\hline
 + 3a^4c^2d^2 + 3a^2cd^4 + d^6 \\
- a^6c^3 - 3a^4c^2d^2 - 3a^2cd^4 - d^6 \\
\hline
 0.
\end{array}
\qquad
\left\vert \dfrac{a^2c + d^2}{3a^4c^2} \right.$$

$$\begin{array}{l}
a^2c + d^2 \\
a^2c + d^2 \\
\hline
a^4c^2 + a^2cd^2 \\
 + a^2cd^2 + d^4 \\
\hline
a^4c^2 + 2a^2cd^2 + d^4 \\
a^2c + d^2 \\
\hline
a^6c^3 + 2a^4c^2d^2 + a^2cd^4 \\
 + a^4c^2d^2 + 2a^2cd^4 + d^6 \\
\hline
a^6c^3 + 3a^4c^2d^2 + 3a^2cd^4 + d^6.
\end{array}$$

Après avoir extrait la racine cubique du premier terme, élevé cette racine au cube, et retranché celui-ci du polynôme proposé, on a divisé le premier terme du reste, par le triple carré du terme trouvé à la racine ; on a ainsi obtenu son second terme d^2 ; puis ayant élevé cette racine dans son entier à la troisième puissance, et retranché le résultat du polynôme proposé, il est resté 0 ; la racine a donc été extraite exactement, et le polynôme est une troisième puissance parfaite.

On a été conduit, dans l'opération qui précède, à extraire la racine cubique du monôme a^6c^3, et cette racine a été trouvée a^2c ; *c'est-à-dire que pour extraire la racine cubique d'un monôme, on extrait celle du coefficient, puis on divise les exposants par 3.*

Lorsque le monôme proposé ne sera pas un cube parfait, l'expression pourra néanmoins être quelquefois susceptible de simplification ; si l'on a, par exemple, à extraire la racine cubique de $27a^6b^2c$, on aura

$$\sqrt[3]{27a^6b^2c} = \sqrt[3]{27} \times \sqrt[3]{a^6} \times \sqrt[3]{b^2} \times \sqrt[3]{c} = 3a^2 \sqrt[3]{b^2c} ;$$

de même, si l'on a $\sqrt[3]{8a^{12}b^3c}$, on tranformera cette expression en cette autre qui lui est égale $2a^4b \sqrt[3]{c}$.

12. — Enfin, pour obtenir la racine cubique ou troisième d'une fraction, il suffit d'extraire celle de ses deux termes ; ainsi,

$$\sqrt[3]{\frac{a^3}{b^3}} = \frac{\sqrt[3]{a^3}}{\sqrt[3]{b^3}} = \frac{a}{b}.$$

Si les termes n'étaient pas des cubes parfaits, on rendrait le dénominateur tel, en multipliant le numérateur et le dénominateur par le carré de ce dernier, puis extrayant la racine des deux termes, il n'y aurait plus que le numérateur, dont la racine impossible exactement, serait indiquée.

$$\sqrt[3]{\frac{a}{b}} = \sqrt[3]{\frac{ab^2}{b^3}},$$

en introduisant dans l'un et l'autre terme le facteur b^2; puis on tire $\dfrac{\sqrt[3]{ab^2}}{b}$, expression qui pourrait encore être simplifiée, si quelques-uns des facteurs du numérateur étaient des troisièmes puissances exactes, en les débarrassant du signe radical, d'après le moyen déjà employé.

13. — On a dit qu'un monôme négatif ne peut avoir de racine carrée réelle, parce que le signe moins qui précède un produit monôme, ne peut tirer son origine que de la multiplication de quantités affectées de signes différents. On peut remarquer que ce principe s'étend généralement à toute puissance de degré pair, par une raison analogue. Un monôme négatif ne peut avoir qu'une racine cubique négative, car il résulte de la multiplication du carré de sa racine par cette même racine; ainsi, ayant le signe moins, son carré aura le signe plus; et ce nouveau signe multiplié par le signe moins, donnera le même signe moins à la troisième puissance. Ce principe est aussi étendu que le premier; on les énonce généralement l'un et l'autre, en disant *que toute puissance de degré pair peut appartenir à une racine positive ou négative, et que toute puissance de degré impair, si elle est positive, appartient à une racine positive, et si elle est négative, ne peut avoir qu'une racine également négative.*

14. — Il eût été facile, en employant le procédé qui vient de servir pour la formation des seconde et troisième puissances, de reconnaître les lois auxquelles sont assujéties les puissances plus élevées; on eût ainsi reconnu que

$$(a + b)^4 = a^4 + 4a^3b + 6a^2b^2 + 4ab^3 + b^4;$$

et que $(a + b)^5 = a^5 + 5a^4b + 10a^3b^2 + \ldots$

C'est-à-dire que la cinquième puissance d'un binôme se compose de la cinquième puissance du premier terme, plus cinq fois la quatrième puissance de ce premier terme, multipliée par le second, plus, etc...

Et la composition des deux premiers termes de cette puissance suffit évidemment pour fixer la théorie de l'extraction de la racine cinquième, car *il faut d'abord extraire la racine cinquième du premier terme du polynôme proposé; on obtient ainsi le premier terme de la racine demandée; élever ce premier terme à la cinquième puissance, et retrancher le résultat du polynôme, puis diviser le reste par cinq fois la quatrième puissance du premier terme de la racine; on obtient ainsi son second terme, puis, etc...*

On aurait aussi $(a + b)^6 = a^6 + 6a^5b +...$

D'où l'on conclurait également que, pour obtenir la racine sixième d'un polynôme, il faut extraire la racine sixième de son premier terme, ce qui donne le premier terme de la racine demandée; élever ce premier terme à la sixième puissance, retrancher le résultat du polynôme proposé, puis diviser le reste par six fois la cinquième puissance du premier terme obtenu pour la racine; le quotient ainsi déterminé, sera le second terme de cette racine; et continuer l'opération.

On a enfin généralement $(a + b)^m = a^m + ma^{m-1}b +...$

Et pour extraire la racine $m^{ième}$ d'un polynôme, on cherchera d'abord la racine $m^{ième}$ de son premier terme, qui sera le premier terme de la racine demandée; puis on élèvera ce premier terme à la $m^{ième}$ puissance, et l'on retranchera le résultat du polynôme proposé; divisant ensuite le reste par m fois la m — 1ième puissance du terme obtenu pour la racine, on aura le second terme de cette racine; puis, etc.

Avant de terminer cette théorie, plus curieuse qu'utile, il est bien d'observer que toute racine dont le degré est 2 ou une puissance de 2, peut s'obtenir par un certain nombre d'extractions de racines carrées consécutives, car on a

$$\sqrt[2]{a^8} = a^4; \ \sqrt{a^4} = a^2; \ \text{et} \ \sqrt{a^2} = a = \sqrt[8]{a^8};$$

Et que les racines dont les indices sont multiples des nombres 2 et 3, peuvent s'obtenir à l'aide d'extractions successives de la racine carrée et de la racine cubique, puisqu'on a

$$\sqrt{a^{36}} = a^{18}; \ \sqrt[3]{a^{18}} = a^6; \ \sqrt[2]{a^6} = a^3;$$

$$\text{et} \ \sqrt[3]{a^3} = a = \sqrt[36]{a^{36}}.$$

15. — La multiplication de $a + b$ par $a + b$ ou $(a + b)^2$, donne $a^2 + 2ab + b^2$, et on en conclut la loi de formation du carré d'un binôme.

Celle de $a - b$ par $a - b$, donne $(a - b)^2 = a^2 - 2ab + b^2$; *c'est-à-dire que le carré de la différence de deux quantités, est égal au carré de la première, plus le carré de la seconde, moins deux fois le produit de la première par la seconde.*

Enfin $(a - b) \times (a + b) = a^2 - b^2$, et on en conclut *que le produit de la somme de deux quantités par leur différence, est égal à la différence des carrés de ces quantités.*

Ces trois résultats se rencontrent fréquemment dans les calculs algébriques, et servent parfois à simplifier certaines expressions.

§ IV. — CALCUL DES RADICAUX, THÉORIE DES EXPOSANTS DE NATURE QUELCONQUE.

1. — On a vu que lorsqu'une quantité n'est pas une puissance exacte, l'extraction de sa racine devient impossible, et ne peut qu'être indiquée en écrivant la quantité sous le radical, entre les branches duquel se place l'indice de la racine à extraire.

Le grand nombre de quantités irrationnelles sur lesquelles s'étendent les opérations, a conduit les algébristes à appliquer les règles fondamentales aux quantités qui se trouvent soumises aux radicaux.

Soit la quantité irrationnelle $\sqrt[n]{abcde}$; a, b, c, d, e, etc., étant un nombre quelconque de facteurs, je dis qu'on a

$$\sqrt[n]{abcde} = \sqrt[n]{a} \times \sqrt[n]{b} \times \sqrt[n]{c} \times \sqrt[n]{d} \times \sqrt[n]{e}.$$

En effet, on peut élever chaque membre de cette égalité à la puissance n; alors, le premier devient

$$\left(\sqrt[n]{abcde}\right)^n = abcde;$$

et le second

$$\left(\sqrt[n]{a} \times \sqrt[n]{b} \times \sqrt[n]{c} \times \sqrt[n]{d} \times \sqrt[n]{e}\right)^n =$$

$$= \left(\sqrt[n]{a}\right)^n \times \left(\sqrt[n]{b}\right)^n \times \left(\sqrt[n]{c}\right)^n \times \left(\sqrt[n]{d}\right)^n \times \left(\sqrt[n]{e}\right)^n = abcde.$$

On conclut de là que, puisque les mêmes puissances de ces quantités sont égales, leurs racines ou ces quantités elles-mêmes le sont également; ce principe s'énonce en disant *que la racine $n^{ième}$ d'un produit est égale au produit des racines $n^{ièmes}$ de ses facteurs.*

Une quantité qui multiplie un radical, et qui est écrite en avant, s'appelle *coefficient* du radical.

Deux radicaux sont semblables lorsqu'ils ont le même indice, et que la quantité soumise au radical, est aussi la même; ou, ce qui est la même chose, lorsqu'ils ne diffèrent que par le signe et par le coefficient.

Quand l'indice d'un radical est multiple d'un certain nombre, et que la quantité sous le signe est une puissance exacte marquée par ce nombre, on peut, sans altérer la valeur de l'expression, diviser l'indice par ce nombre, en extrayant en même temps la racine de la quantité soumise au radical.

En effet, si l'on a $\sqrt[8]{a^2 b^2}$, on pourra mettre cette expression sous la forme

$$\sqrt[4]{\sqrt[2]{a^2 b^2}},$$

d'après ce qui a été dit précédemment; extrayant la racine carrée de $a^2 b^2$, ce qui est possible, on aura

$$\sqrt[8]{a^2 b^2} = \sqrt[4]{ab}.$$

Réciproquement, on peut multiplier l'indice d'un radical par un certain nombre, sans changer la valeur du radical, pourvu qu'en même temps on élève la quantité qui lui est soumise, à une puissance marquée par ce nombre.

Ceci peut être mis en usage pour réduire plusieurs radicaux au même indice; soient les radicaux

$$\sqrt[2]{a}, \sqrt[3]{b}, \sqrt[4]{c},$$

que l'on désire réduire au même indice; d'après le principe précédent, on peut élever la quantité a à la douzième puissance (12 étant le produit des indices des deux autres radicaux), pourvu qu'on multiplie en même temps l'indice 2 de son radical par le même nombre 12, la première expression devient $\sqrt[24]{a^{12}}$.

Elevant ensuite la quantité b à la huitième puissance, et multipliant l'indice du second radical par 8, il devient $\sqrt[24]{b^8}$.

Le troisième radical devient par la même raison $\sqrt[24]{c^6}$.

Les trois expressions

$$\sqrt[2]{a},\ \sqrt[3]{b},\ \sqrt[4]{c},$$

deviennent donc, par cette transformation,

$$\sqrt[24]{a^{12}},\ \sqrt[24]{b^8},\ \sqrt[24]{c^6},$$

sans avoir pour cela changé de valeur.

Pour amener plusieurs radicaux au même indice, il suffit donc de multiplier l'indice de chacun d'eux par le produit résultant de la multiplication de tous les autres indices, en ayant l'attention d'élever la quantité soumise à chaque radical, à une puissance marquée par ce produit.

2. — ADDITION. — *L'addition se pratique en écrivant à la suite les unes des autres, les quantités radicales, en leur conservant leurs signes respectifs, puis en faisant la réduction des termes semblables.*

Soit à ajouter..... $5\sqrt[2]{ab} + 3\sqrt[3]{bc^2} + 20\sqrt[2]{ab}$

avec................... $8\sqrt[3]{bc^2} - 12\sqrt[2]{ab} + \sqrt[5]{am}.$

SOMME.... $5\sqrt[2]{ab} + 3\sqrt[3]{bc^2} + 20\sqrt[2]{ab} + 8\sqrt[3]{bc^2} - 12\sqrt[2]{ab} + \sqrt[5]{am}.$

SOMME simplifiée..... $13\sqrt[2]{ab} + 11\sqrt[3]{bc^2} + \sqrt[5]{am}.$

3. — SOUSTRACTION. — *Pour opérer la soustraction, on écrit d'abord la quantité dont on veut soustraire, avec ses signes respectifs, puis celle à soustraire, en intervertissant tous ses signes; enfin on opère la réduction des termes semblables.*

De $\ 8\sqrt[4]{a} + 5b\sqrt[3]{ac} - 2\sqrt{m},$

on veut soustraire $\ 3\sqrt[4]{a} - 2b\sqrt[3]{ac} - 3\sqrt{m} + \sqrt[3]{2a},$

reste... $8\sqrt[4]{a} + 5b\sqrt[3]{ac} - 2\sqrt{m} - 3\sqrt[4]{a} + 2b\sqrt[3]{ac} + 3\sqrt{m} - \sqrt[3]{2a}.$

Reste simplifié... $5\sqrt[4]{a} + 7b\sqrt[3]{ac} + \sqrt{m} - \sqrt[3]{2a}.$

4. — MULTIPLICATION. — Nous avons déjà vu que la racine $n^{ième}$ d'un produit est égale au produit des racines $n^{ièmes}$ de ses facteurs; ainsi,

$$\sqrt[n]{ab} = \sqrt[n]{a} \times \sqrt[n]{b}.$$

Donc, pour multiplier deux radicaux entr'eux, il faut multiplier l'une par l'autre les deux quantités qui leur sont soumises, et affecter le produit, du radical commun.

Ce principe n'étant applicable qu'aux radicaux qui ont le même indice, on aura soin de les y réduire avant de les multiplier. Si l'on avait à multiplier une quantité composée de plusieurs termes positifs et négatifs par un autre polynôme, on aurait égard aux règles établies pour les signes; et si ces termes avaient des coefficients, on les multiplierait entr'eux comme il a été dit à la multiplication des quantités algébriques ordinaires.

5. — DIVISION. — Soit à diviser $\sqrt[n]{a}$ par $\sqrt[n]{b}$, je dis qu'on aura

$$\frac{\sqrt[n]{a}}{\sqrt[n]{b}} = \sqrt[n]{\frac{a}{b}} ;$$

car si l'on élève ces deux expressions à la puissance n, on obtiendra également $\frac{a}{b}$; or, leurs puissances $n^{ièmes}$ étant égales, on en conclut que ces quantités elles-mêmes sont égales.

Ceci démontre que, pour diviser un radical par un radical, il suffit de diviser les quantités soumises aux radicaux, l'une par l'autre, et de donner au quotient le signe radical commun. Comme pour la multiplication, on suppose opérée la réduction au même indice; quant aux signes et aux coefficients, on observe les règles établies pour la division des quantités ordinaires.

6. — FORMATION DES PUISSANCES. — Soit proposé d'élever $\sqrt[m]{a}$, à la $n^{ième}$ puissance; on a, d'après la règle établie pour la multiplication,

$$\left(\sqrt[m]{a}\right)^n = \sqrt[m]{a} \times \sqrt[m]{a} \times \ldots\ldots = \sqrt[m]{a^n}.$$

Donc, pour élever une quantité radicale à une puissance quelconque, il faut élever la quantité soumise au radical, à cette puissance; s'il y avait un coefficient, on l'élèverait séparément à la même puissance.

7. — Soit $\sqrt[4]{a}$ à élever au carré; on remarque que

$$\sqrt[4]{a} = \sqrt{\sqrt[2]{a^2};}$$

mais pour élever cette dernière expression au carré, il suffit de supprimer le premier radical; elle devient donc $\sqrt[2]{a}$; *c'est-à-dire que si l'indice du radical est divisible par l'exposant de la puissance à laquelle on veut élever la quantité radicale, on peut faire cette division en laissant la quantité soumise au radical, telle qu'elle est.*

Extraction des racines. — Réciproquement, pour extraire la racine d'une quantité radicale, il suffit de multiplier l'indice du radical par celui de la racine à extraire, et, si la quantité soumise au radical est élevée à une puissance dont l'exposant soit un multiple de l'indice de la racine à extraire, on peut diviser l'exposant de cette quantité par l'indice, sans toucher au radical; ainsi,

$$\sqrt[2]{\sqrt[3]{a}} = \sqrt[6]{a}; \quad \sqrt[2]{\sqrt[3]{a^2}} = \sqrt[3]{a}.$$

Exposants de nature quelconque.

8. — Lorsqu'on veut extraire la racine d'un certain degré d'une quantité dont l'exposant est un multiple de l'indice de la racine à extraire, nous avons vu qu'il suffisait de diviser l'exposant par cet indice; ainsi,

$$\sqrt[2]{a^4} = a^2, \quad \sqrt[3]{a^6} = a^2; \quad \sqrt[n]{a^m} = a^{\frac{m}{n}};$$

m n'étant pas divisible par n, cette vérité n'en est pas moins incontestable: seulement l'extraction devient impossible exactement; mais alors il est permis d'indiquer l'opération en mettant le nouvel exposant sous la forme fractionnaire; ainsi,

$$\sqrt[3]{a^2} = a^{\frac{2}{3}}, \quad \sqrt[5]{a^6} = a^{\frac{6}{5}}.$$

Lorsqu'il s'agit de diviser une quantité élevée à une certaine puissance par la même quantité élevée à une puissance différente, par exemple, si l'on a $\dfrac{a^m}{a^n}$, on obtiendra pour quotient a^{m-n}; et si l'on a $m < n$, la division indiquée est impossible, et le nouvel exposant devient négatif, car alors on retranche le plus petit du plus grand, laissant au reste le signe de ce dernier.

On conçoit, d'après cela, qu'une extraction de racine et une division impossibles, appliquées simultanément sur la même quantité, produisent une nouvelle expression affectée d'un exposant négatif fractionnaire; ainsi,

$$\sqrt[7]{\frac{a^3}{a^5}} = \sqrt[7]{a^{3-5}} = \sqrt[7]{a^{-2}} = a^{\frac{-2}{7}} = a^{\frac{2}{7}}.$$

9. — Les exposants fractionnaires n'étant autre chose que des fractions dont nous avons donné une théorie des plus complètes, nous supposerons dans tout ce qui suit, que ces exposants sont réduits au même dénominateur par le procédé déjà donné ($\S$ Ier, n° 8, p. 15).

Ceci posé, pour multiplier $a^{\frac{2}{3}}$ par $a^{\frac{1}{3}}$, on ajoutera les deux exposants, et l'on aura $a^{\frac{2}{3}} \times a^{\frac{1}{3}} = a^{\frac{3}{3}} = a^1 = a$; de même, $a^{\frac{3}{5}} \times a^{\frac{1}{5}} = a^{\frac{4}{5}}$.

Pour multiplier deux monômes, il suffit donc d'ajouter les exposants appartenant à la même lettre.

10. — Soit à diviser $a^{\frac{2}{3}}$ par $a^{\frac{1}{3}}$, on aura $\dfrac{a^{\frac{2}{3}}}{a^{\frac{1}{3}}} = a^{\frac{2}{3} - \frac{1}{3}} = a^{\frac{1}{3}}$.

Pour diviser un monôme par un autre, il faut donc retrancher l'exposant de la lettre du diviseur, de celui de la même lettre au dividende.

Ces deux opérations reviennent à l'addition et à la soustraction, des fractions ordinaires, pour lesquelles celles-ci doivent être réduites préalablement au même dénominateur.

11. — *Pour élever un monôme affecté d'exposants quelconques à une certaine puissance, il faut multiplier ses exposants par celui de la puissance;* c'est une conséquence de la règle des exposants dans la multiplication ordinaire; ainsi, on a $(a^m)^n = a^{mn}$ et $\left(a^{\frac{2}{3}} \right)^{\frac{1}{4}} = a^{\frac{2 \times 1}{3 \times 4}} = a^{\frac{2}{12}}.$

12. — Réciproquement, *pour extraire la racine d'un certain degré d'un monôme, il faut diviser les exposants du monôme par l'indice de la racine à extraire.* Ainsi,

$$\sqrt[3]{a^{\frac{6}{8}}} = a^{\frac{3}{8}}, \text{ ou } a^{\frac{6}{24}} \text{ et } \sqrt[5]{a^{\frac{1}{3}}} = a^{\frac{1}{15}}.$$

Ces deux dernières opérations se rapportent évidemment à la multiplication et à la division des fractions, opérations pour lesquelles il n'est pas besoin de réduire celles-ci au même dénominateur.

Un monôme affecté d'un exposant fractionnaire, devant être élevé à une puissance fractionnaire, l'opération renfermera évidemment les deux précédentes, *c'est-à-dire la formation d'une puissance qui n'est en réalité qu'une extraction de racine.*

Soit la quantité $a^{\frac{2}{3}}$ à élever à la puissance $\dfrac{1}{2}$, on aura

$$\left(a^{\frac{2}{3}}\right)^{\frac{1}{2}} = a^{\frac{2}{3}} \times \frac{1}{2} = a^{\frac{2}{6}} = a^{\frac{1}{3}};$$

et $a^{\frac{1}{3}}$ est la racine carrée de $a^{\frac{2}{3}}$, comme il est facile de s'en assurer.

On a en effet $a^{\frac{1}{3}} \times a^{\frac{1}{3}} = a^{\frac{2}{3}}.$

Le calcul des exposants fractionnaires étant d'un grand usage dans la théorie des logarithmes, nous ne saurions trop engager les lecteurs à bien se pénétrer des calculs qui leur sont applicables, ces calculs n'étant rigoureusement que ceux de fractions ordinaires, combinés avec les principes établis pour les quatre opérations fondamentales algébriques.

§ V. — ÉQUATIONS DU SECOND DEGRÉ A UNE SEULE INCONNUE.

1. — On entend par équations du second degré, celles qui contiennent l'inconnue au second degré; elles sont dites *complètes* ou *incomplètes.*

Les équations complètes sont celles qui renferment l'inconnue à la première et à la seconde puissance; telle est l'équation

$$\frac{x^2}{4} + \frac{3x}{2} = \frac{9}{4} + x + 100.$$

Toute équation complète du second degré peut être ramenée à la forme générale

$$x^2 + px = q;$$

p et q étant des quantités quelconques.

En effet, si l'on a par exemple l'équation

$$\frac{x^2}{4} + \frac{3x}{2} = \frac{9}{4} + x + 100.$$

On commencera par réduire tous ses termes au même dénominateur, elle deviendra

$$\frac{8x^2 + 48x}{32} = \frac{72 + 32x + 3200}{32}.$$

Puis, en supprimant le dénominateur commun, et réunissant dans un même membre les termes qui contiennent l'inconnue,

$$8x^2 + 48x - 32x = 3200 + 72, \text{ ou } 8x^2 + 16x = 3272.$$

Puis enfin, en divisant tous les termes par 8,

$$x^2 + \frac{16x}{8} = \frac{3272}{8}, \text{ ou } x^2 + 2x = 409.$$

2. — L'équation incomplète est celle qui ne contient l'inconnue que seulement à la seconde puissance ; telle est l'équation,

$$16x^2 - 8 + \frac{1}{4} = 656 - x^2,$$

qui, en réduisant tous les termes au même dénominateur, devient

$$64x^2 - 32 + 1 = 2624 - 4x^2.$$

Réunissant tous les termes connus dans le second membre, et les termes contenant l'inconnue dans l'autre,

$$64x^2 + 4x^2 = 2624 + 32 - 1,$$
$$\text{ou } 68x^2 = 2655;$$
$$\text{d'où on tire } x^2 = \frac{2655}{68}.$$

Puis extrayant la racine carrée des deux membres, en observant que l'exposant de x étant pair, la racine de x^2 peut être indifféremment positive ou négative, on obtient

$$x = \pm \sqrt{\frac{2655}{68}} = \pm 6.25.$$

On a donc $x = \pm 6.25$, à un centième d'unité près.

Problème. — *Quel est le nombre dont le carré multiplié par 8, donne pour produit 1152?*

On a l'équation $8x^2 = 1152$; x représentant le nombre demandé, on en tire immédiatement $x^2 = \dfrac{1152}{8}$, ou $x^2 = 144$;

Et enfin, en extrayant la racine carrée,

$$x = \pm \sqrt{144} = \pm 12.$$

En effet, $12^2 = 144$ et $144 \times 8 = 1152$.

Équation complète.

3. — L'équation complète du second degré se présente sous la forme générale $x^2 + px = q$; en établissant une comparaison entre le premier membre de cette équation et le carré d'un binôme

$$(a + b)^2 = a^2 + 2ab + b^2.$$

La quantité x^2 peut être considérée comme le carré du premier terme, et px comme le double du second terme multiplié par le premier; alors $\dfrac{p}{2}$ sera le second, et il ne manquera plus que le carré de ce second terme, ou $\dfrac{p^2}{4}$ au premier membre de l'équation, pour qu'il devienne un carré parfait.

Mais, afin que l'équation ne soit pas troublée, il faut également ajouter $\dfrac{p^2}{4}$ au second membre; elle devient alors

$$x^2 + px + \frac{p^2}{4} = q + \frac{p^2}{4}.$$

Extrayant maintenant la racine carrée des deux membres, on a

$$x + \frac{p}{2} = \pm \sqrt{q + \frac{p^2}{4}}.$$

En cette circonstance, on emploie le double signe *plus* ou *moins*, parce que la racine carrée de $q + \dfrac{p^2}{4}$ peut être indifféremment positive ou négative (§ III, *p*. 57 et 58, n° 9).

Faisant passer $+ \dfrac{p}{2}$ dans le second membre, on tire

$$x = -\frac{p}{2} \pm \sqrt{q + \frac{p^2}{4}}.$$

C'est-à-dire que dans toute équation complète du second degré à une inconnue ramenée à la forme générale, l'inconnue est égale à la moitié du coefficient du second terme, pris en signe contraire, plus ou moins la racine carrée du terme tout connu, augmenté de la moitié du coefficient du second terme élevé au carré; et cette formule aussi générale qu'elle est simple et facile à mettre en pratique, sera employée à l'avenir, au lieu de passer par tous les calculs qui accompagnent la solution qui vient d'être donnée pour l'équation générale. Nous allons éclaircir cela par la résolution de quelques problèmes.

4. — Problème. — *Quel est le nombre dont cinq fois le carré ajouté à son double, donne pour somme 871?*

On a l'équation $5x^2 + 2x = 871$; divisant tous les termes par 5,

$$x^2 + \frac{2x}{5} = \frac{871}{5}.$$

Appliquant à cette équation ainsi ramenée à la forme voulue, la formule précédente, on en tire

$$x = -\frac{1}{5} \pm \sqrt{\frac{871}{5} + \frac{1}{25}},$$

qui devient, en réduisant les quantités soumises au radical,

$$x = -\frac{1}{5} \pm \sqrt{\frac{4356}{25}};$$

ou, en extrayant la racine carrée,

$$x = -\frac{1}{5} \pm \frac{66}{5}.$$

En adoptant le signe *plus*, on tire

$$x = \frac{66}{5} - \frac{1}{5} = \frac{65}{5} = 13\,;$$

et en prenant le signe *moins*,

$$x = -\frac{66}{5} - \frac{1}{5} = -\frac{67}{5} = -13.4.$$

Pour interpréter cette seconde valeur de x, il suffit de mettre dans l'équation proposée, — 13.4, ou — x, à la place de x; alors il est aisé de s'apercevoir que le premier terme $5x^2$, reste toujours positif, mais qu'il n'en est pas ainsi du second $2x$, qui devient par cette substitution , — $2x$; le terme tout connu restant le même, l'équation est alors

$$5x^2 - 2x = 871,$$

qui renferme les conditions de ce nouvel énoncé.

Quel est le nombre dont cinq fois le carré diminué de son double, donne pour différence 871 ?

En effet, $(13.4)^2 \times 5 = 897.8$, et $897.8 - (2 \times 13.4) = 897.8 - 26.8 = 871$.

On peut également vérifier la valeur positive de x, et l'on voit qu'elle satisfait à l'énoncé primitif et non modifié du problème; car

$$13^2 \times 5 = 845, \text{ et } 845 + 2 \times 13 = 871.$$

5. — PROBLÈME. — *On a fait travailler deux hommes gagnant des prix différents; le premier ayant été payé au bout d'un certain nombre de jours, a reçu 96 fr.; et le second ayant travaillé six jours de moins, n'a reçu que 54 fr. S'il avait travaillé tous les jours et que l'autre eût manqué six jours, ils auraient reçu la même somme; on demande combien de jours chacun a travaillé, et le prix de sa journée.*

Si l'on désigne par x le nombre des jours de travail du premier ouvrier, $x - 6$ représentera celui des jours de travail du second, et $\dfrac{96}{x}$ sera le prix de la journée du premier ouvrier, tandis que $\dfrac{54}{x - 6}$ représentera celui de la journée du second.

Mais si ce dernier eût travaillé aussi long-temps que le premier, c'est-à-dire x jours, il eût gagné une somme représentée par

$$x \times \frac{54}{x - 6} = \frac{54x}{x - 6};$$

Alors le premier n'ayant travaillé qu'un nombre de jours indiqué par $x - 6$, n'eût réellement gagné qu'une somme exprimée par

$$(x - 6)\, \frac{96}{x} = \frac{96x - 576}{x}.$$

On aura donc, d'après l'énoncé du problème, l'équation suivante :

$$\frac{54x}{x - 6} = \frac{96x - 576}{x};$$

qui, en réduisant ses deux membres au même dénominateur, prend la nouvelle forme

$$54x^2 = 96x^2 - 576x - 576x + 3456;$$

ou en réunissant les termes qui contiennent x dans un seul membre,

$$54x^2 - 96x^2 + 1152x = 3456.$$

Puis, en divisant tous les termes par leur facteur commun 6,

$$9x^2 - 16x^2 + 192x = 576.$$

Réduisant et changeant tous les signes,

$$7x^2 - 192x = - 576;$$

puis en divisant tous les termes par 7,

$$x^2 - \frac{192x}{7} = - \frac{576}{7}.$$

Appliquant enfin à cette équation la formule générale, on a

$$x = + \frac{96}{7} \pm \sqrt{- \frac{576}{7} + \frac{9216}{49}};$$

ou en effectuant la soustraction indiquée sous le radical,

$$x = \frac{96}{7} \pm \sqrt{\frac{5184}{49}};$$

et en extrayant la racine indiquée,

$$x = \frac{96}{7} \pm \frac{72}{7} = \begin{cases} 24 & \text{en prenant le signe } \textit{plus}. \\ \dfrac{24}{7} & \text{en prenant le signe } \textit{moins}. \end{cases}$$

Le radical étant positif, la valeur de x indique que le premier ouvrier a travaillé 24 jours, et que, par conséquent, il a gagné $\dfrac{96}{24}$, ou 4 fr. par jour;

Et que le second a travaillé 18 jours et gagné $\dfrac{54}{18}$, ou 3 fr. par jour.

Quant à l'interprétation de la seconde valeur de x, qui satisfait également à l'équation, elle exige nécessairement une modification dans l'énoncé du problème.

6. — Problème. — *Le produit de deux nombres est 168, et si l'on ajoute le double du premier nombre avec le double du second, on obtient pour somme 52; quels sont les deux nombres?*

Représentons le premier par x, le second sera $\dfrac{168}{x}$, et on aura l'équation

$$2x + 2 \times \frac{168}{x} = 52;$$

et en effectuant la multiplication,

$$2x + \frac{336}{x} = 52;$$

réduisant au même dénominateur et le supprimant, on a

$$2x^2 + 336 = 52x;$$

divisant tous les termes par 2, et réunissant tous ceux qui contiennent x dans le premier membre,

$$x^2 - 26x = -168;$$

d'où l'on tire

$$x = 13 \pm \sqrt{-168 + 13^2},$$

qui devient, en élevant 13 au carré,

$$x = 13 \pm \sqrt{-168 + 169};$$

ou enfin, $x = 13 \pm 1 = \begin{cases} 14 \text{ en prenant le signe } plus. \\ 12 \text{ en prenant le signe } moins. \end{cases}$

On voit donc, en adoptant la solution positive, que le premier des deux nombres est 14; et comme $\dfrac{168}{14} = 12$, que 12 est le second.

En effet, on a $14 \times 2 = 28$;

Et on a aussi $12 \times 2 = 24$, et $28 + 24 = 52$, condition établie dans la seconde partie de l'énoncé.

7. — Problème. — *Un homme achète un cheval qu'il vend bientôt pour 24 louis; à cette vente il perd autant pour cent du prix de son achat, que le cheval lui a coûté; on demande le prix de l'achat?*

Appelons x le nombre de louis que le cheval lui a coûté, $x - 24$ indique la perte qu'il a faite.

Mais, comme il perd autant de louis sur cent qu'il y en a dans x, il perd sur un louis $\dfrac{x}{100}$; et sur la quantité x, une somme exprimée par $\dfrac{x^2}{100}$; et on a l'équation

$$\frac{x^2}{100} = x - 24.$$

Réduisant au même dénominateur, et faisant passer le terme affecté de x dans le premier membre, $x^2 - 100x = -2400$; d'où l'on tire

$$x = 50 \pm \sqrt{-2400 + 50^2},$$

$$\text{ou } x = 50 \pm \sqrt{-2400 + 2500};$$

Puis, $x = 50 \pm 10 = \begin{cases} 60 \text{ en prenant le signe } plus. \\ 40 \text{ en prenant le signe } moins. \end{cases}$

Ces deux valeurs satisfont à l'énoncé de la question.

Il arrive souvent que dans la résolution des problèmes du second degré, la solution négative reçoive difficilement une interprétation, même en modifiant l'énoncé; on se contente alors de considérer cette seconde valeur comme appartenant à l'équation du problème, dans laquelle il suffit de changer x en $-x$, pour qu'elle s'obtienne directement.

Des Equations à deux termes et de celles qui peuvent se résoudre comme celles du second degré.

8. — Il existe des équations qui, bien que d'un degré supérieur au second, peuvent cependant être résolues à la manière de celles-ci; ce sont celles qui ne contiennent l'inconnue qu'à deux puissances, dont l'une est double de l'autre; elles peuvent être amenées à la forme générale;

$$x^{2m} + px^m = q;$$

p et q étant des quantités connues, positives ou négatives.

On peut, dans l'équation proposée, $x^{2m} + px^m = q$, considérer x^m comme inconnue, en supposant pour un instant

$$x^m = u, \text{ ce qui donne } x^{2m} = u^2;$$

et l'équation primitive devient

$$u^2 + pu = q;$$

et en appliquant à cette équation complète du second degré la formule générale, on en tire

$$u = -\frac{p}{2} \pm \sqrt{q + \frac{p^2}{4}}.$$

Mettant ensuite à la place de u, x^m qui est son égale, l'expression devient

$$x^m = -\frac{p}{2} \pm \sqrt{q + \frac{p^2}{4}}.$$

On arrive donc à une équation dans laquelle l'inconnue seule, dans le premier membre, se trouve élevée à la puissance m, tandis que le second n'est composé que de quantités toutes connues; cette équation de la forme de celle incomplète du second degré, et qui peut s'exprimer généralement par $x^m = A$, se nomme *équation à deux termes;* il n'est rien de plus simple que sa résolution; en effet, si l'on extrait la racine $m^{ième}$ des deux membres, on a

$$x = \sqrt[m]{A}.$$

Observons ici que si l'exposant m est impair, le radical n'est susceptible que d'un seul signe, qui est évidemment le même que celui de la quantité qui lui est soumise.

On doit de même observer que si l'exposant m est pair, le radical est susceptible de la double interprétation *plus* ou *moins;* et que si la quantité A est négative, le radical devient imaginaire, parce qu'il ne peut réellement exister de puissance d'un degré pair, affectée du signe *moins*.

Revenons à l'équation à deux termes,

$$x^m = -\ \frac{p}{2} \pm \sqrt{q + \frac{p^2}{4}},$$

dont la solution nous est maintenant connue; nous en tirerons pour x, les deux valeurs

$$x = + \sqrt[m]{-\frac{p}{2} \pm \sqrt{q + \frac{p^2}{4}}}, \quad x = - \sqrt[m]{-\frac{p}{2} \pm \sqrt{q + \frac{p^2}{4}}},$$

dans le cas où l'exposant m sera pair; mais alors x sera susceptible de quatre valeurs différentes, dues au double signe du second radical.

Si l'exposant m est impair, les valeurs de x se trouvent toutes comprises dans la seule formule

$$x = \sqrt[m]{-\frac{p}{2} \pm \sqrt{q + \frac{p^2}{4}}}.$$

Les équations à deux termes, ainsi que celles qui peuvent se résoudre comme celles du second degré, ne sont que des cas tout-à-fait particuliers, et pour cela en dehors des méthodes générales.

§ VI. — THÉORIE GÉNÉRALE DES ÉQUATIONS.

1. — Plusieurs mathématiciens ont successivement réuni leurs efforts pour résoudre l'équation générale d'un degré quelconque à une seule inconnue; leurs tentatives jusqu'ici infructueuses, quant au but direct qu'ils s'étaient proposé, nous ont cependant amené à connaître plusieurs propriétés générales appartenant aux équations de tous les degrés, et dont il est presque toujours possible de tirer un parti avantageux pour parvenir à leur résolution.

Toute équation générale d'un degré quelconque à une seule inconnue, peut être ramenée à la forme

$$x^{m} + Px^{m-1} + Qx^{m-2} + Rx^{m-3} + \ldots + Tx + U = o,$$

m étant un nombre entier positif quelconque, et P, Q, R,..... T, les coefficients de x, positifs ou négatifs, entiers ou fractionnaires.

On entend par racine d'une équation, une valeur, quelle que soit du reste sa nature, qui, substituée à la place de x, *dans l'équation proposée, rend son premier membre égal à zéro.*

Comme une équation réunit les diverses relations qui existent dans l'énoncé d'une question, on doit admettre, en principe, que toute équation possède au moins une racine.

a *étant une des racines de l'équation générale, son premier membre est divisible par* x — a; en effet, en opérant la division, on a

$$
\begin{array}{l|l}
x^{m}+Px^{m-1}+Qx^{m-2}+Rx^{m-3}+\ldots+Tx+U & \;x - a \\
\quad\;\; + a\,|\,x^{m-1} & \overline{x^{m-1}+a\,|\,x^{m-2}+a^{2}\,|\,x^{m-3}+a^{m-1}} \\
\quad\;\; + P\,| & \qquad\quad\; +P\,| \qquad +Pa\,| \quad +Pa^{m-2} \\
\hline
\qquad\quad + a^{2}\,|\,x^{m-2} & \qquad\qquad\qquad\qquad\;\; + Q\,| \quad +Qa^{m-3} \\
\qquad\quad + Pa\,| & \qquad\qquad\qquad\qquad\qquad\qquad +\ldots\ldots \\
\qquad\quad + Q\,| & \qquad\qquad\qquad\qquad\qquad\qquad +T
\end{array}
$$

$$\ldots\ldots\ldots\ldots\ldots\ldots\ldots\ldots\ldots\ldots\ldots\ldots\ldots\ldots$$
$$\ldots\ldots\ldots\ldots\ldots\ldots\ldots\ldots\ldots\ldots\ldots\ldots\ldots\ldots$$
$$\ldots\ldots\ldots\ldots\ldots\ldots\ldots\ldots\ldots\ldots\ldots\ldots\ldots\ldots$$

$$a^{m} + Pa^{m-1} + Qa^{m-2} + Ra^{m-3} + \ldots + Ta + U$$

En considérant avec attention la composition de chacun des quotients partiels, et celle des restes qui leur correspondent, on reconnaît bien vite la loi de formation des coefficients de x, dans chacun de ces quotients; et en même temps que l'opération donne pour dernier reste

$$a^{m} + Pa^{m-1} + Qa^{m-2} + Ra^{m-3} + \ldots + Ta + U;$$

mais on a supposé que a est racine de l'équation; ce reste est donc nul, car il n'est autre chose que la substitution de a à la place de x, dans l'équation proposée.

On peut aussi conclure de là, que si $(x - a)$ divise exactement le premier membre de l'équation (le reste devenant nul), a satisfait aux conditions qu'elle impose, et par conséquent est une de ses racines.

2. — On vient de voir que a étant une racine de l'équation générale

$$x^m + Px^{m-1} + Qx^{m-2} + Rx^{m-3} + \dots + Tx = -U,$$

le premier membre de cette équation est divisible par $x - a$, après toutefois que l'on a fait passer le terme tout connu dans ce premier membre; le quotient qui résulte de cette division est un polynôme en x, dans lequel, comparativement à l'équation proposée, l'exposant de x diminue d'une unité; c'est-à-dire qu'on a

$$(1)\ x^m + Px^{m-1} + Qx^{m-2} + Rx^{m-3} + \dots$$
$$+ Tx + U = (x - a)(x^{m-1} + P'x^{m-2} + Q'x^{m-3} + R'x^{m-4} + \dots T'x + U').$$

Mais en établissant de nouveau

$$x^{m-1} + P'x^{m-2} + Q'x^{m-3} + R'x^{m-4} + \dots + T'x + U' = 0,$$

cette nouvelle équation a nécessairement une racine, et si nous l'appelons b, le premier membre est divisible par $x - b$, de manière que l'on a

$$x^{m-1} + P'x^{m-2} + Q'x^{m-3} + R'x^{m-4} + \dots$$
$$+ T'x + U' = (x - b)$$
$$(x^{m-2} + P''x^{m-3} + Q''x^{m-4} + R''x^{m-5} + \dots + T''x + U'');$$

et l'expression (1) devient

$$(2)\ x^m + Px^{m-1} + Qx^{m-2} + Rx^{m-3} + \dots$$
$$+ Tx + U = (x - a)(x - b)$$
$$(x^{m-2} + P''x^{m-3} + Q''x^{m-4} + R''x^{m-5} + \dots + T''x + U'').$$

Mais la nouvelle équation

$$x^{m-2} + P''x^{m-3} + Q''x^{m-4} + R''x^{m-5} + \dots + T''x + U'' = 0,$$

ayant une racine c, son premier membre sera divisible par $x - c$, et on aura
$$x^{m-2} + P''x^{m-3} + Q''x^{m-4} + R''x^{m-5} + \dots$$
$$+ T''x + U'' = (x - c)$$
$$(x^{m-3} + P'''x^{m-4} + Q'''x^{m-5} + R'''x^{m-6} + \dots + T'''x + U''');$$

et alors l'expression (2) devient

$$x^m + Px^{m-1} + Qx^{m-2} + Rx^{m-3} + \dots$$
$$+ Tx + U = (x - a)(x - b)(x - c)$$
$$(x^{m-3} + P'''x^{m-4} + Q'''x^{m-5} + R'''x^{m-6} + \dots + T'''x + U''').$$

Il est facile de s'apercevoir qu'en continuant ainsi, on parviendrait à exprimer la dernière équation par la multiplication de deux facteurs binômes, et que la première deviendrait alors

$$x^m + Px^{m-1} + Qx^{m-2} + \ldots$$
$$+ Tx + U = (x - a)\,(x - b)\,(x - c)\,(x - d)\ldots(x - t).$$

Le premier membre de l'équation proposée se compose donc du produit de m facteurs binômes ; cette même équation a m racines, et elle ne peut en avoir un nombre différent, sans changer de degré.

3. — Considérant maintenant les quantités a, b, c, d comme racines d'une même équation, et opérant les multiplications des facteurs binômes $(x - a)\,(x - b)\,(x - c)\,(x - d)$, on obtient, en suivant les règles ordinaires de la multiplication ,

$$
\begin{aligned}
x^4 &- ax^3 + abx^2 - abcx + abcd = 0 \\
&- bx^3 + acx^2 - abdx \\
&- cx^3 + adx^2 - acdx \\
&- dx^3 + bcx^2 - bcdx \\
&+ bdx^2 - \\
&+ cdx^2 -
\end{aligned}
$$

Il eût été facile, au lieu de quatre facteurs, d'en introduire un plus grand nombre ; mais, comme les observations à faire dans la circonstance actuelle, sont absolument les mêmes que celles qui résulteraient d'un produit plus compliqué, on s'en est tenu là.

En faisant le rapprochement de ce produit avec l'équation générale

$$x^m + Px^{m-1} + Qx^{m-2} + Rx^{m-3} + \ldots + Tx + U = 0,$$

on en conclut *que, dans une équation d'un degré quelconque à une seule inconnue,* 1° *le coefficient du second terme est égal à la somme des racines prises en signes contraires ;*

2° *Le coefficient du troisième terme est égal à la somme des produits des racines multipliées deux à deux ;*

3° *Le coefficient du troisième terme est égal à la somme des produits des racines multipliées trois à trois, prises avec des signes contraires ;*

4° *Cette loi se continue dans le même ordre, en changeant les signes des termes de rang pair ;*

5° *Qu'enfin, le dernier terme est égal au produit de toutes les racines.*

Dans une équation du second degré, l'inspection seule des second et troisième termes, indique donc si les deux racines sont positives ou négatives; et dans le cas où elles sont de signes contraires, quel est celui de la plus petite ou de la plus grande.

Si l'on a l'équation $x^4 - 10x^3 + 35x^2 - 50x + 24 = 0$, provenant de $(x - 1)(x - 2)(x - 3)(x - 4)$, on voit que la somme des racines est 10; celle de leurs produits en les multipliant deux à deux, est 35; des produits trois à trois, 50; et qu'enfin, celui des quatre racines, est 24.

$$
\begin{array}{llll}
1 & 1 \times 2 = 2 & 1 \times 2 \times 3 = 6 & \\
2 & 1 \times 3 = 3 & 1 \times 2 \times 4 = 8 & 1 \times 2 \times 3 \times 4 = 24. \\
3 & 1 \times 4 = 4 & 1 \times 3 \times 4 = 12 & \\
4 & 2 \times 3 = 6 & 2 \times 3 \times 4 = 24 & \\
\hline
10 & 2 \times 4 = 8 & \qquad\quad 50 & \\
 & 3 \times 4 = 12 & & \\
\cline{2-2}
 & \qquad\quad 35 & &
\end{array}
$$

Nous avons opéré, dans tout ce qui a été dit relativement aux équations d'un degré quelconque, comme si le coefficient du premier terme était égal à l'unité, parce que, si cela n'existait pas, on pourrait immédiatement la ramener à cette forme, en divisant tous ses termes par le coefficient du premier, qui disparaîtrait aussitôt.

4 — Quand une équation a pour coefficients des nombres entiers, et que celui du premier terme est l'unité, ses racines ne peuvent aussi être exprimées que par des nombres entiers; aussi devra-t-on, avant d'entreprendre la résolution d'une équation, faire disparaître les coefficients fractionnaires si elle en a; et cela, sans changer de nature celui du premier terme, qui doit toujours être l'unité; cette transformation, qui au premier abord ne paraît pas très facile, peut cependant s'exécuter sans beaucoup de peine, en supposant l'inconnue égale à une nouvelle inconnue divisée par le produit de tous les dénominateurs de l'équation, et en réduisant ensuite tous les termes au même dénominateur.

Prenons pour exemple l'équation du troisième degré

$$x^3 + \frac{ax^2}{d} + \frac{bx}{e} + \frac{c}{f} = 0.$$

On fera $x = \dfrac{y}{def}$; puis, substituant cette valeur de x à sa place dans l'équation proposée, elle deviendra

$$\frac{y^3}{d^3e^3f^3} + \frac{ay^2}{d^3e^2f^2} + \frac{by}{de^2f} + \frac{c}{f} = 0.$$

Réduisant au même dénominateur, en observant que le diviseur du premier terme est multiple de tous les autres, et supprimant le dénominateur commun, on aura

$$y^3 + aefy^2 + bd^3ef^2y + cd^3e^3f^2 = 0.$$

5. — L'équation générale du quatrième degré pouvant se présenter sous la forme $\quad x^4 + Px^3 + Qx^2 + Rx + S = 0,$

a étant une de ses racines, devient, par la substitution de cette valeur,

$$a^4 + Pa^3 + Qa^2 + Ra + S = 0 ;$$

d'où l'on tire $\qquad S = -Ra - Qa^2 - Pa^3 - a^4 ;$

et en divisant tous les termes par a,

$$\frac{S}{a} = -R - Qa - Pa^2 - a^3,$$

ce qui fait voir que le quotient de $\dfrac{S}{a}$ doit être un nombre entier.

En passant R dans le premier membre, on a

$$\frac{S}{a} + R = -Qa - Pa^2 - a^3.$$

Pour abréger, on peut supposer

$$\frac{S}{a} + R = R' ;$$

et l'on aura, en divisant de nouveau tous les termes par a,

$$\frac{R'}{a} = -Q - Pa - a^2,$$

ce qui démontre que $\dfrac{R'}{a}$ est aussi un nombre entier.

Faisant passer Q dans le premier membre, en supposant

$$\frac{R'}{a} + Q = Q',$$

puis, divisant de nouveau les deux membres par a, on obtient

$$\frac{Q'}{a} = - P - a,$$

et on en conclut que $\dfrac{Q'}{a}$ est un nombre entier.

On a enfin $\qquad \dfrac{Q'}{a} + P = - a,$

et en supposant le premier membre égal à P', et divisant par a,

$$P' = \frac{- a}{a} = - 1.$$

En résumant les opérations qui précèdent, on reconnaît qu'une quantité a peut être considérée comme racine d'une équation, aussitôt qu'elle satisfait aux équations particulières,

$$\frac{S}{a} + R = R', \quad \frac{R'}{a} + Q = Q', \quad \frac{Q'}{a} + P = P', \quad \frac{P'}{a} + 1 = 0,$$

en sorte que les quantités R', Q' et P' soient des nombres entiers.

De là on peut conclure; pour que l'un des diviseurs du dernier terme soit racine de l'équation, il faut essentiellement,

1° *Ajouter au coefficient du terme qui contient* x, *le quotient du dernier terme, divisé par ce nombre;*

2° *Diviser la somme ainsi obtenue par le même diviseur, et ajouter le quotient au coefficient du terme contenant* x² ;

3° *Diviser la somme ainsi obtenue par le même nombre, et ajouter le quotient au coefficient de* x³ ;

4° *Diviser la nouvelle somme ainsi obtenue par le même diviseur, et réunir le quotient au coefficient de* x⁴, *qui se trouve, dans le cas actuel, égal à* 1 ; *et le résultat doit être zéro.*

Il est facile de s'apercevoir que tout nombre qui ne pourrait satisfaire à ces épreuves, est reconnu ne pouvoir être racine de l'équation proposée.

Ces règles établies sur une équation du quatrième degré, sont applicables à celles d'un degré quelconque; dans tous les cas, si le diviseur soumis à l'épreuve est racine de l'équation, on devra obtenir 0 lorsque l'opération sera parvenue au premier terme de celle-ci.

Les diviseurs seuls du dernier terme pouvant être racine d'une équation, on doit choisir ses racines parmi les diviseurs qui peuvent subir l'épreuve qui vient d'être indiquée. Il est donc absolument inutile de chercher les racines en dehors des diviseurs du dernier terme.

C'est pour cette raison qu'on a dû rechercher les moyens de déterminer tous les diviseurs de ce dernier terme, et on est ainsi parvenu à réduire au plus petit nombre possible les épreuves que cette recherche nécessite.

Avant d'indiquer la méthode mise en œuvre pour parvenir à ce but, il est bien de faire connaître quelques propriétés particulières à certains nombres; ces principes ayant été démontrés en arithmétique, nous nous contenterons de les admettre sans démonstration, en donnant simplement la connaissance des faits qu'il importe essentiellement au lecteur de se rappeler.

Principes généraux sur les Nombres.

6. — *Lorsqu'un nombre entier en divise exactement un autre, on dit qu'il est diviseur de ce dernier, lequel est alors multiple de l'autre.*

On entend par nombre premier, celui qui n'a d'autre facteur que lui-même et l'unité.

Tout nombre dont le chiffre des unités simples est pair ou zéro, est exactement divisible par 2; car 10, 100, 1,000, ou un nombre quelconque de dixaines étant divisible par deux, il suffit que les unités qui se trouvent réunies à un certain nombre de dixaines, soient divisibles par 2, pour que le nombre total des unes et des autres le soit lui-même.

Tout nombre terminé par un chiffre impair, ne saurait être divisible par 2, car alors il n'y aurait qu'une des parties qui le compose jouissant de cette propriété.

Tout nombre dont les chiffres ajoutés ensemble comme unités simples, forment une somme divisible par 3, *est lui-même divisible par* 3.

Ce principe est fondé sur ce qu'en retranchant l'unité d'un nombre exprimé par 1 suivi d'un nombre quelconque de zéros, le reste sera toujours exprimé par des 9, qui sont évidemment divisibles par 9.

Tout nombre dont les deux derniers chiffres forment un nombre divisible par 4, est lui-même divisible par 4.

Ce principe est basé sur ce qu'un nombre exact de centaines est toujours divisible par 4.

Tout nombre terminé par 5 ou zéro, est divisible par 5; même raisonnement que pour le nombre 2.

Tout nombre divisible par 2 et par 3 en même temps, est divisible par 6.

Tout nombre dont les trois derniers chiffres forment un nombre divisible par 8, est divisible lui-même par 8; il jouit aussi de cette propriété lorsqu'il est à la fois divisible par 2 et par 4.

Tout nombre dont la somme des chiffres, considérés comme unités simples, donne une somme divisible par 9, est divisible par 9.

Tout nombre dont le dernier chiffre est zéro, est divisible par 10, et par conséquent par 5 et par 2.

Un nombre est divisible par 11, lorsque la différence entre la somme des chiffres de rang impair à partir de la droite, et la somme des chiffres de rang pair, est zéro ou un multiple de 11.

Ces principes posés, nous allons nous livrer à la recherche de tous les diviseurs d'un nombre, opération nécessaire, ainsi qu'il a été dit, pour parvenir à déterminer les racines d'une équation.

7. — *On demande quels sont tous les diviseurs de 5880?*

```
5880 | 1
2940 | 2
1470 | 2,4
 735 | 2,8
 245 | 3, 6, 12, 24
  49 | 5, 10, 20, 40, 15, 30, 60, 120
   7 | 7, 14, 28, 56, 21, 42, 84, 168, 35, 70, 140, 280, 105, 210, 420, 840
   1 | 7, 49, 98, 196, 392, 147, 294, 588, 1176, 245, 490, 980, 1960, 735,
     |      1470, 2940, 5880.
```

1 divisant toute quantité, on l'écrit à droite du nombre proposé en les séparant l'un et l'autre par un trait vertical.

Le nombre 5880 étant divisible par 2, effectuez la division en écrivant le diviseur 2 au-dessous de 1, et le quotient 2940 au-dessous du nombre proposé.

Le quotient se trouvant encore divisible par 2, on effectue la division en écrivant le diviseur 2 au-dessous du précédent, et le quotient 1470, au-dessous du quotient qui précède. Ce dernier quotient étant encore divisible par 2, on effectue la division, et l'on met de même le diviseur et le quotient aux places qui leur sont destinées ; on forme alors les deux diviseurs composés 4 et 8, le premier, en multipliant 2 par 2, et le second, en multipliant le nouveau diviseur 4, par le nouveau diviseur 2.

Le dernier quotient 735 n'étant plus divisible par 2, peut l'être par 3 ; on effectue la division en conservant toujours au diviseur et au quotient leurs places respectives ; puis on forme les diviseurs composés 6, 12 et 24, par la multiplication du nouveau diviseur 3, avec ceux précédemment obtenus.

Le dernier quotient 245 n'étant plus multiple de 3, est divisible par 5, et donne au quotient 49 ; ce nouveau diviseur 5, multiplié par les diviseurs obtenus, fait connaître les nouveaux diviseurs composés, 10, 20, 40, 15, 30, 60, 120.

Le dernier quotient 49 donne le diviseur 7 et tous ceux formés du produit de 7 avec les diviseurs précédents.

Enfin, le dernier quotient 7 n'ayant d'autre diviseur que lui-même et 1, les diviseurs composés de 7 se trouvent déterminés en multipliant tous les diviseurs portés à la dernière ligne par 7.

Cet exemple suffit pour indiquer la marche à suivre dans tous les autres cas qui pourront se présenter ; on aura toujours l'attention, après avoir obtenu un facteur simple par une première opération, de multiplier tous les diviseurs précédemment obtenus par ce facteur, sans toutefois répéter le même produit.

Ceci bien arrêté, passons à la recherche des racines des équations.

8. — Reprenons les expressions

$$\frac{S}{a} + R = R'$$

$$\frac{R'}{a} + Q = Q'$$

$$\frac{Q'}{a} + P = P'$$

$$\frac{P'}{a} + 1 = 0,$$

et proposons-nous de résoudre l'équation numérique,

$$x^4 - 9x^3 + 23x^2 - 20x + 15 = 0.$$

Pour faire subir chaque épreuve, au même instant, à tous les diviseurs du dernier terme, on donne à l'opération la disposition suivante :

$$
\begin{array}{rrrrrrrr}
+15+ & 5+ & 3+ & 1- & 1- & 3- & 5- & 15 \\
+ 1+ & 3+ & 5+ & 15- & 15- & 5- & 3- & 1 \\
-19- & 17- & 15- & 5- & 35- & 25- & 23- & 21 \\
& & - 5- & 5+ & 35 & & & \\
& & +18+ & 18+ & 58 & & & \\
& & + 6+ & 18- & 58 & & & \\
& & - 3+ & 9- & 67 & & & \\
& & - 1+ & 9+ & 67 & & & \\
& & & 0. & & & &
\end{array}
$$

Après avoir cherché tous les diviseurs du dernier terme, tant positifs que négatifs, on les écrit, par ordre de grandeur, sur une même ligne horizontale.

On écrit sur une ligne au-dessous, les quotients du nombre 15, par chacun des diviseurs portés à la première ligne.

Pour former la troisième, on ajoute le coefficient — 20 à chacun des différents quotients dont la seconde est composée.

La quatrième ligne se forme des quotients des nombres portés à la troisième, par chacun des diviseurs qui leur correspondent à la première.

Pour former la cinquième, on ajoute à chacun des nombres de la précédente $+ 23$, coefficient de x^2.

La sixième contient les quotients de la cinquième par chacun des diviseurs correspondants.

La septième se compose de chacun des nombres de la précédente, augmenté de — 9, coefficient de x^3.

La huitième s'obtient en divisant les nombres de la septième par les diviseurs correspondants qui se trouvent dans la première.

La neuvième se composerait en ajoutant aux nombres de la précédente, le coefficient du premier terme, x^4, lequel est $+1$; mais comme il n'y a que la colonne du diviseur, $+3$, qui se réduise à zéro par cette suite d'épreuves, on en conclut que l'équation proposée ne contient qu'une seule racine réelle, qui est précisément le diviseur $+3$.

Le calcul précédent n'est autre que l'application de l'épreuve dont les opérations se trouvent indiquées dans les quatre dernières formules.

En suivant la même méthode, on trouvera que l'équation

$$x^5 - 16x^4 + 95x^3 - 260x^2 + 324x - 144 = 0,$$

a pour racines les nombres 1, 2, 3, 4 et 6; et que

$$x^4 - x^3 - 13x^2 + 16x - 48 = 0,$$

a pour racines entières, $+4$ et -4.

On trouvera de même que 3 est la seule racine commensurable de l'équation

$$x^4 - 9x^3 + 23x^2 - 20x + 15 = 0;$$

et que l'équation

$$x^3 + 2x^2 - 33x + 14 = 0,$$

n'en a qu'une seule, qui est 7.

Enfin, si l'on cherche les racines de l'équation

$$= x^3 - 7x^2 + 36 = 0,$$

on trouvera qu'elles sont $+6$, $+3$ et -2, fait qui peut être vérifié en multipliant entr'eux les différents facteurs

$$(x - 6)\ (x - 3)\ (x + 2) = 0.$$

$$
\begin{array}{r}
x - 6 \\
x - 3 \\
\hline
x^2 - 6x \\
-3x + 18 \\
\hline
x^2 - 9x + 18 \\
x + 2 \\
\hline
x^3 - 9x^2 + 18x \\
+ 2x^2 - 18x + 36 \\
\hline
x^3 - 7x^2 + 36 = 0.
\end{array}
$$

Ceux qui voudront se familiariser avec la résolution des équations numériques d'un degré quelconque à une seule inconnue, pourront se donner les racines d'une équation, puis la composer en multipliant les divers facteurs binômes auxquels elle doit son existence; puis agissant inversement sur cette équation ainsi obtenue, ils pourront, par la méthode qui vient d'être enseignée, revenir à ces mêmes racines.

Pour compléter cette théorie, on eût pu donner la recherche des racines égales des équations, car il peut arriver que plusieurs des racines de la même équation soient égales ; mais, après la recherche des diviseurs, on peut les reconnaître en s'assurant si le même diviseur est susceptible de satisfaire plusieurs fois à l'équation.

Il existe aussi une méthode pour déterminer les limites des racines; mais comme on a dû ne donner ici que le simple nécessaire, en évitant tout calcul laborieux qui ne tend pas à des résultats indispensables, on a pensé que l'épreuve de tous les diviseurs du dernier terme peut y suppléer.

§ VII. — DES PROPORTIONS ET DES PROGRESSIONS.

1. — En comparant entr'elles deux quantités, on peut avoir pour but de déterminer leur différence, et l'on y parvient en effet en les retranchant l'une de l'autre.

On appelle alors rapport par différence, le résultat de cette comparaison; telle est l'expression $a - b$.

La comparaison peut avoir pour but de connaître combien de fois l'une des quantités contient l'autre, ou est contenue dans celle-ci; le résultat de la comparaison se rattachant alors à la division, s'appelle rapport par quotient; telle est l'expression $\dfrac{a}{b}$.

Le premier terme de chaque rapport se nomme *antécédent,* et le second terme s'appelle *conséquent.*

L'égalité de deux rapports par différence, s'appelle *équidifférence,* et celle de deux rapports par quotient, *équiquotient,* ou plus communément *proportion.*

L'équidifférence ainsi que la proportion contiennent donc chacune deux antécédents et deux conséquents.

Ainsi, dans l'équidifférence $a - b = c - d$, a et c sont les antécédents, et b et d les conséquents.

Il en est ainsi dans l'équiquotient ou proportion $\dfrac{a}{b} = \dfrac{c}{d}$.

On écrit ainsi une équidifférence, $a - b = c - d$, ou $a \cdot b : c \cdot d$.

La proportion s'écrit ainsi $\dfrac{a}{b} = \dfrac{c}{d}$, ou $a : b :: c : d$.

L'une et l'autre s'énoncent également a *est à* b *comme* c *est à* d.

Dans l'équidifférence ainsi que dans la proportion, le premier et le dernier terme s'appellent aussi, d'un nom commun, les *extrêmes*, et le second et le troisième se nomment les *moyens*.

L'équidifférence ou la proportion, dans laquelle les deux moyens sont égaux, prend le nom particulier d'*équidifférence* ou de *proportion continue;* telles sont, $a - b = b - c$, et $\dfrac{a}{b} = \dfrac{b}{c}$.

Nous allons abandonner instantanément les proportions pour nous livrer spécialement à l'étude des propriétés relatives aux équidifférences, puis nous reviendrons à leur théorie, l'une des plus utiles, des plus fécondes, et dont l'emploi se trouve si fréquemment répandu dans l'application des sciences mathématiques.

Des Equidifférences.

2. — Soient les quatre quantités a, b, c et d, telles que la différence des deux premières soit égale à celle des deux dernières; elles forment, d'après ce qui vient d'être dit, l'équidifférence

$$a - b = c - d.$$

Nous avons déjà vu qu'il était permis d'ajouter une même quantité aux deux membres d'une égalité, sans détruire son existence; si donc on ajoute $b + d$ aux deux membres de celle-ci, on a

$$a - b + b + d = c - d + b + d;$$

puis en réduisant les termes semblables,

$$a + b = c + b.$$

C'est-à-dire que dans toute équidifférence, la somme des extrêmes est égale à celle des moyens.

Réciproquement, quatre quantités telles que la somme de deux d'entr'elles soit égale à la somme des deux autres, constituent une équidifférence; car, si l'on a

$$a + b = c + d,$$

on pourra retrancher une même quantité aux deux membres sans troubler l'égalité; retranchant $b + d$, elle deviendra

$$a + b - b - d = c + d - b - d;$$

ou en réduisant,

$$a - d = c - b,$$

qui est en effet une véritable équidifférence.

On voit, d'après la propriété qui vient d'être démontrée, que connaissant trois termes quelconques d'une équidifférence, on obtiendra toujours aisément le quatrième.

1° *Un extrême étant inconnu, on fera la somme des deux moyens, et on en retranchera l'autre extrême;*

2° *Si c'est un moyen, on fera la somme des deux extrêmes, et on retranchera l'autre moyen;* car, désignant par x le terme inconnu, on aura en premier lieu,

$$x - b = c - d, \text{ ou } a - b = c - x;$$

puis en tirant les valeurs de x,

$$x = c + b - d, \text{ et } x = b + c - a.$$

Dans le cas où le terme inconnu est un moyen,

$$a - x = c - d, \text{ ou } a - b = x - d;$$

d'où l'on tire $\qquad\qquad x = a + d - c,$

et puis $\qquad\qquad\qquad x = a + d - b.$

L'équidifférence étant continue, on a

$$a - b = b - d,$$

et, en observant que la somme des moyens est égale à celle des extrêmes,

$$a + d = b + b, \text{ ou } a + d = 2b;$$

d'où l'on tire $\qquad\qquad b = \dfrac{a + d}{2}.$

Le terme moyen est donc égal à la demi-somme des extrêmes.

On eût également tiré de la même égalité $a = 2b - d$, et on eût alors conclu qu'*un extrême est égal au double du moyen terme moins l'autre extrême*.

Pour peu que l'on réfléchisse à ce qui vient d'être dit, on voit qu'il est possible d'augmenter les deux antécédents ou de les diminuer d'une même quantité, sans troubler l'équidifférence, et qu'on peut agir de la même manière à l'égard des conséquents.

On concevra également la possibilité d'intervertir l'ordre des extrêmes, ainsi que celui des moyens, et encore, celle de mettre les extrêmes à la place des moyens, et réciproquement les moyens à celle des extrêmes.

Des Proportions.

3. — Supposons quatre quantités a, b, c, d, telles que le quotient de la première divisée par la seconde, soit égal à celui de la troisième divisée par la quatrième ; ces quantités forment une proportion, et l'on a

$$\frac{a}{b} = \frac{c}{d},$$

en réduisant ces deux fractions au même dénominateur, on obtient

$$\frac{ad}{bd} = \frac{bc}{bd},$$

puis, en supprimant les dénominateurs, $ad = bc$.

Dans toute proportion, le produit des extrêmes est donc égal à celui des moyens.

Réciproquement, si quatre quantités sont telles que le produit de deux d'entr'elles soit égal au produit des deux autres, ces quantités constituent une proportion ; car, ayant $ad = bc$, on peut diviser les deux membres par bd, et l'on a

$$\frac{ad}{bd} = \frac{bc}{bd};$$

supprimant les facteurs communs aux deux termes de chaque fraction, elles deviennent

$$\frac{a}{b} = \frac{c}{d}.$$

Il résulte de la propriété précédente que, connaissant trois termes d'une proportion, il sera toujours facile de déterminer le quatrième.

1° *Un extrême est égal au produit des moyens, divisé par l'autre extrême;*

2° *Un moyen est égal au produit des extrêmes, divisé par l'autre moyen;*

Puisque, dans le premier cas, on a, x représentant le terme inconnu,

$$\frac{x}{b} = \frac{c}{d}, \text{ ou } \frac{a}{b} = \frac{c}{x};$$

et l'on en tire $dx = bc$, et $ax = bc$; d'où $x = \dfrac{bc}{d}$, et $x = \dfrac{bc}{a}$;

et dans le second,

$$\frac{a}{x} = \frac{c}{d}, \text{ ou } \frac{a}{b} = \frac{x}{d};$$

on en tire $cx = ad$, et $bx = ad$; et enfin, $x = \dfrac{ad}{c}$, et $x = \dfrac{ad}{b}$.

Si la proportion est continue, elle devient

$$\frac{a}{b} = \frac{b}{c}, \text{ et on a } ac = b^2; \text{ puis, } b = \sqrt{ac}, \text{ ou } a = \frac{b^2}{c}.$$

C'est-à-dire que, dans une proportion continue, le moyen terme est égal à la racine carrée du produit des extrêmes, et qu'un extrême est égal au carré du terme moyen divisé par l'autre extrême.

On peut multiplier ou diviser les deux premiers termes ou les deux derniers par une même quantité, sans troubler la proportion; on peut de même intervertir l'ordre des extrêmes ou celui des moyens, ou bien encore mettre les extrêmes à la place des moyens, et les moyens à la place des extrêmes, et la proportion existera toujours.

4. — On peut ajouter ou retrancher aux deux membres de l'égalité

$$\frac{a}{b} = \frac{c}{d},$$

une même quantité m, et l'on a

$$\frac{a}{b} \pm m = \frac{c}{d} \pm m;$$

puis, en réduisant au même dénominateur,

$$\frac{a \pm mb}{b} = \frac{c \pm md}{d};$$

et en faisant le rapprochement avec la proportion

$$a : b :: c : d, \text{ ou } \frac{a}{b} = \frac{c}{d}.$$

On en conclut que le premier antécédent plus ou moins un certain nombre de fois son conséquent, est à ce conséquent, comme le second antécédent plus ou moins le même nombre de fois son conséquent, est à ce conséquent.

La transposition des termes de la proposition, conduirait à démontrer que la même propriété existe à l'égard des conséquents; *c'est-à-dire que le premier conséquent plus ou moins un certain nombre de fois son antécédent, est à cet antécédent, comme le second conséquent plus ou moins le même nombre de fois son antécédent, est à cet antécédent.*

On peut également comparer les sommes, et l'on a

$$\frac{a + mb}{c + md} = \frac{b}{d};$$

puis, comparant les différences, il vient

$$\frac{a - mb}{c - mb} = \frac{b}{d};$$

et l'on en conclut

$$\frac{a + mb}{c + md} = \frac{a - mb}{c - md};$$

changeant les moyens de place, et faisant $m = 1$, il vient

$$\frac{a + b}{a - b} = \frac{c + d}{c - d}.$$

Donc la somme des deux premiers termes est à leur différence, comme celle des deux derniers est à leur différence.

La proportion $\dfrac{a}{b} = \dfrac{c}{d}$ peut se mettre sous la forme $\dfrac{a}{c} = \dfrac{b}{d}$, en changeant les moyens de place; si l'on ajoute ou si l'on retranche m aux deux membres de l'égalité, elle devient

$$\frac{a}{c} \pm m = \frac{b}{d} \pm m,$$

d'où l'on tire

$$\frac{c \pm ma}{a} = \frac{d \pm mb}{b};$$

ou $\dfrac{c \pm ma}{d \pm mb} = \dfrac{a}{b}$; ou enfin, $\dfrac{c \pm ma}{d \pm mb} = \dfrac{c}{d}$.

Donc le second antécédent plus ou moins un certain nombre de fois le premier, est au second conséquent plus ou moins le même nombre de fois le premier, comme l'un quelconque des antécédents est à son conséquent.

En faisant $m = 1$ dans les deux expressions précédentes, on en tire les proportions

$$c \pm a : d \pm b :: a : b :: c : d,\ c + a : c - a :: d + b : d - b;$$

Ce qui signifie que la somme ou la différence des antécédents est à la somme ou à la différence des conséquents, comme un antécédent est à son conséquent;

Et que la somme des antécédents est à leur différence, comme celle des conséquents est à leur différence.

5. — Supposons une suite de rapports égaux, tels que

$$\frac{a}{b} = \frac{c}{d} = \frac{e}{f} = \frac{g}{h}\ ,\ \text{etc.,}$$

et que l'on admette $\dfrac{a}{b} = q$, on a évidemment

$$\frac{a}{b} = q,\ \frac{c}{d} = q,\ \frac{e}{f} = q,\ \frac{g}{h} = q;$$

et l'on en tire

$$b = aq,\ d = cq,\ f = eq,\ h = gq.$$

Puis, en ajoutant ces différentes équations, membre à membre, on a

$$b + d + f + h + \ldots = aq + cq + eq + gq + \ldots,\ \text{etc.;}$$

ou bien en mettant le facteur q en évidence

$$b + d + f + h + \ldots = q\,(a + c + e + g + \ldots,\ \text{etc.});$$

d'où l'on tire

$$q = \frac{b + d + f + h + \ldots,\ \text{etc.}}{a + c + e + g + \ldots,\ \text{etc.}}\ ;$$

ou bien en mettant à la place de q, sa valeur qui est $\dfrac{a}{b}$,

$$\frac{a}{b} = \frac{b + d + f + h + \ldots}{a + c + e + g + \ldots}$$

13

Ce qui démontre que dans une suite de rapports égaux, la somme d'un certain nombre d'antécédents est à la somme d'un nombre égal de conséquents, comme un antécédent est à son conséquent.

En multipliant deux proportions terme à terme, par exemple,

$$\frac{b}{a} = \frac{c}{d} \quad \text{et} \quad \frac{e}{f} = \frac{g}{h},$$

il en résulte

$$\frac{be}{af} = \frac{gc}{dh},$$

qui forme une nouvelle proportion ayant des rapports composés des premiers : il en serait ainsi, en divisant deux proportions terme à terme.

En élevant au carré, au cube, à la quatrième puissance, et en général à une puissance quelconque les quatre termes d'une proportion, ces puissances sont encore en proportion; car la fraction

$$\frac{a}{b} = \frac{c}{d} \quad \text{donne} \quad \frac{a^m}{b^m} = \frac{c^m}{d^m}.$$

La même fraction $\dfrac{a}{b} = \dfrac{c}{d}$, permet aussi d'établir

$$\frac{\sqrt[m]{a}}{\sqrt[m]{b}} = \frac{\sqrt[m]{c}}{\sqrt[m]{d}}.$$

C'est-à-dire que les racines d'un certain degré de quatre quantités en proportion, forment aussi une proportion.

D'après ce qui vient d'être dit, les proportions ne sont autre chose que des équations, qui, réduites à la forme la plus simple, trouvent naturellement leurs solutions dans ce qui a été dit (§ II, nº 2, *pag.* 19 et 20; et § V, nᵒˢ 2 et 8).

6. — Pʀᴏʙʟèᴍᴇ. — *545 kilogrammes de fer ont coûté 327 fr.; on demande le prix de 832 kilogrammes.*

Il est évident que si 545 kilog. ont coûté 327 fr., il faudrait une somme deux, trois ou quatre fois plus forte pour payer un nombre de kilogrammes deux fois, trois fois ou quatre fois plus élevé; il y a donc proportion entre les nombres de kilogrammes et les sommes qui représentent leurs valeurs respectives ; et si l'on appelle x la somme inconnue, on pourra établir

$$545 : 852 :: 327 : x;$$

d'où l'on tirera $x = \dfrac{852 \times 327}{545} = 511$ fr. 20 c.

Les 852 kilog. de fer coûteront donc 511 fr. 20 c.

7. — Problème. — *1252 mètres cubes de terrassements ont coûté 876 fr. 40 c.; on demande la somme nécessaire pour en effectuer 3245 mètres cubes avec les mêmes conditions.*

On voit que, comme à la question précédente, il y a proportion entre les deux nombres de mètres cubes et les sommes qui leur correspondent; ainsi, x représentant le prix des 3245 mètres cubes, on aura la proportion

$$1252 : 3245 :: 876 \text{ fr. } 40 \text{ c. } : x;$$

et l'on aura $x = \dfrac{3245 \times 876.40}{1252} = 2271$ fr. 50 c.

8. — Problème. — *On a employé 50 hommes pendant 15 jours, pour opérer un certain travail; combien faudra-t-il de temps pour faire le même travail, en employant 70 hommes?*

50 hommes ayant passé 15 jours à faire le travail dont il s'agit, il est clair qu'un nombre d'hommes deux, trois ou quatre fois plus considérable, emploierait deux, trois ou quatre fois moins de temps.

Le premier nombre d'hommes sera donc contenu dans le second autant de fois que le temps nécessaire au second sera contenu dans le temps employé par le premier nombre d'hommes; on aura donc à déterminer le terme inconnu de la proportion

$$50 : 70 :: x : 15,$$

ce qui donne, d'après les principes connus,

$$x = \frac{50 \times 15}{70} = 10 \text{ jours}, 8 \text{ heures}, 34 \text{ minutes}.$$

9. — Problème. — *On demande quel est l'intérêt de 4500 fr. pendant deux ans et cinq mois, à raison de 5 pour 100 par an.*

Comme 100 fr. rapportent 5 fr. par an, et que deux sommes différentes placées pendant le même temps, rapportent des intérêts proportionnels, si l'on désigne par x l'intérêt annuel de 4500 fr., on pourra établir la proportion

$$100 : 4500 :: 5 : x.$$

Mais en observant que les intérêts de deux sommes égales placées à des termes différents, sont proportionnels aux temps pendant lesquels les sommes sont placées, et que l'on représente par y l'intérêt de 4500 fr. pendant deux ans et cinq mois, on pourra établir

$$1 \text{ an} : 2 \text{ ans } 5 \text{ mois} :: x : y;$$

ou en observant que 5 mois font les $\dfrac{5}{12}$ d'une année,

$$1 : 2 + \frac{5}{12} :: x : y.$$

Multipliant cette dernière proportion avec la première, terme à terme, on aura

$$100 \times 1 : 4500 \times \frac{29}{12} :: 5x : yx;$$

ou en divisant les deux termes du dernier rapport par le facteur commun x, la proportion devient

$$100 : \left(4500 \times \frac{29}{12}\right) :: 5 : y;$$

et l'on en tire

$$y = \frac{\left(4500 \times \dfrac{29}{12}\right) \times 5}{100} = 543 \text{ fr. } 75 \text{ c.}$$

10. — Problème généralisé. — *Représentons par S la somme placée, par T le temps, et par m le taux des intérêts.* Comme dans l'exemple précédent, nous aurons la proportion

$$100 : S :: m : x;$$

puis celle-ci

$$1 : T :: x : y.$$

Puis enfin, en multipliant terme à terme les deux proportions, et divisant par x les deux termes du dernier rapport,

$$100 : ST :: m : y;$$

d'où l'on tire $y = \dfrac{STm}{100}$.

C'est-à-dire que, pour obtenir l'intérêt d'une somme quelconque pour un temps déterminé, on multiplie la somme proposée par le temps, puis le produit par le taux d'intérêt; et l'on divise le tout par 100.

Dans l'expression $\dfrac{STm}{100} = y$, on peut tirer la valeur de m, on a

$$m = \dfrac{100y}{ST} \cdot$$

C'est-à-dire que le taux d'intérêt est égal à l'intérêt pendant un certain temps, multiplié par 100, divisé par le produit de la somme prêtée, multipliée par le temps.

En tirant la valeur de T, on a $T = \dfrac{100y}{Sm}$, *et le temps du placement est égal à cent fois l'intérêt, divisé par le produit de la somme prêtée, multipliée par le taux.*

$S = \dfrac{100y}{Tm}$, *indique que la somme prêtée est égale à cent fois l'intérêt, divisé par le produit du temps, multiplié par le taux.*

11. — Problème.— *On demande ce que deviendra la somme de 1250 fr., prêtée pendant trois années avec intérêt composé, le taux étant de 5 pour 100.*

On sait qu'au bout d'un an, 100 fr. deviennent 105 fr., ce qui donne le moyen de connaître ce que deviendront, au bout du même temps, 1250 fr. avec des conditions semblables; en établissant la proportion

$$100 : 105 :: 1250 : x;$$

on tirera

$$x = \dfrac{1250 \times 105}{100} = 1312 \text{ fr. } 50 \text{ c.}$$

à la fin de la première année.

On établira de nouveau $100 : 105 :: 1312.50 : x$, et l'on aura

$$x = \frac{1312.50 \times 105}{100} = 1378.12,$$

au bout de la deuxième année.

On aura aussi la proportion $100 : 105 :: 1378.12 : x$, qui donne enfin,

$$x = \frac{1378.12 \times 105}{100} = 1447.03,$$

à l'expiration de la troisième année.

On voit que, par une série de proportions analogues aux précédentes, on détermine les différents degrés de valeurs par lesquels passe une somme prêtée, à laquelle se réunissent successivement les intérêts de chaque année, et cette opération peut s'étendre à quel nombre d'années on voudra.

La solution des deux derniers problèmes, bien qu'étrangère au but proposé dans cet ouvrage, suffira pour familiariser les lecteurs avec les proportions qui sont employées avec avantage dans les règles d'escompte, de sociétés, etc.

Les différentes questions qui peuvent être ainsi résolues, sont généralement susceptibles d'être mises sous la forme de proportions à l'aide de raisonnements simples, et qui ne sauraient embarrasser les personnes qui ont suivi avec attention tout ce qui précède. Comme, du reste, on s'est attaché à ne donner que le strict nécessaire, on a dû borner là les applications numériques de cette théorie, appelée à remplir un rôle plus sérieux en géométrie où elle se rencontre à chaque pas.

Des Progressions par différence.

12. — On appelle progression par différence, une suite de termes dont chacun diffère en plus ou en moins d'une quantité constante qui s'appelle *raison*; a, b, c, d, e, f, g, etc., étant les termes d'une progression par différence, on l'écrit ainsi,

$$\div a . b . c . d . e . f . g . h ., \text{ etc...,}$$

et on l'énonce a est à b, comme b est à c, comme c est à d, comme, etc.; ou pour abréger, on dit plus simplement a est à b, est à c, est à d, est à, etc....

D'après cela, une progression par différence n'est autre chose qu'une suite d'équidifférences continues, où chaque terme est à la fois conséquent et antécédent, à l'exception des deux termes extrêmes, dont le premier est seulement antécédent et le dernier conséquent.

Désignons par r la raison, nous aurons évidemment

$$b = a + r; c = b + r = a + 2r; d = c + r = a + 3r; e = d + r = a + 4r\ldots$$

Un terme d'un certain rang est donc égal au premier terme, augmenté d'autant de fois la raison qu'il y a de termes avant lui; l étant ce terme, et n le nombre de ceux qui le précèdent, on a l'expression générale

$$l = a + (n - 1)\, r.$$

Reprenons la progression par différence

$$\div\ a.\ b.\ c.\ d.\ e.\ f.\ g.\ h\ldots\ i.\ k.\ l,$$

s'arrêtant au terme l.

Appelons x un terme qui en a p avant lui, et y un autre terme qui en a p après lui ; nous aurons, d'après le principe qui vient d'être démontré,

$$x = a + pr;$$

et puis
$$y = l - pr;$$

et, en ajoutant les deux équations membre à membre,

$$x + y = a + l.$$

C'est-à-dire que la somme de deux termes quelconques, pris à égales distances des extrêmes, est égale à la somme de ces mêmes extrêmes.

Revenons à la progression $\div\ a.\ b.$, etc..., et écrivons-la au-dessous d'elle-même, mais dans un ordre inverse,

$$\div\ a.\ b.\ c.\ d.\ e.\ f.\ g.\ h\ldots\ldots,\ i.\ k.\ l.$$
$$\div\ l.\ k.\ i\ldots\ldots\ldots\ldots\ldots,\ c.\ b.\ a.$$

Appelons S la somme des termes de la première progression, et ajoutons-les ensuite terme à terme, nous aurons

$$2S = (a + l) + (b + k) + (c + i) + \ldots\ldots + (i + c) + (k + b) + (l + a).$$

Mais si l'on observe que

$$(a + l) = (b + k) = (c + i) = \ldots\ldots$$

il vient, l étant le $n + 1^{\text{ème}}$ terme,

$$2S = (a + l)\, n;$$

d'où l'on tire $\qquad S = \dfrac{(a + l)\,n}{2} = (a + l)\,\dfrac{n}{2}$.

Donc la somme des termes d'une progression par différence est égale à la somme des extrêmes, multipliée par la moitié du nombre des termes.

Si de l'expression $l = a + (n - 1)\,r$, on tire la valeur de r, on a

$$r = \frac{l - a}{n - 1} \cdot$$

C'est-à-dire que la raison est égale au dernier terme, diminué du premier, divisé par le nombre des termes, diminué d'une unité.

Lorsque le premier et le dernier terme d'une progression étant donnés, on se propose d'insérer m moyens différentiels entr'eux, ou d'établir m termes entre a et l, formant avec ceux-ci une progression par différence, on y parvient de la manière suivante :

Désignant par n le nombre total des termes, on a

$$n = m + 2, \text{ et } n - 1 = m + 1;$$

mettant à la place de $n - 1$ sa valeur, dans l'expression

$$r = \frac{l - a}{n - 1}, \text{ elle devient } r = \frac{l - a}{m + 1}.$$

Donc la raison est égale à la différence des deux nombres entre lesquels on veut insérer, divisée par le nombre des moyens à insérer, augmentée d'une unité.

Connaissant ainsi la raison, on déterminera le second en ajoutant celle-ci au premier ; le troisième, en ajoutant la raison au second terme obtenu, et ainsi de suite.

Dans tout ce qui vient d'être dit, on ne s'est occupé que des formules relatives aux quantités l, S et r, on aurait également pu déterminer les valeurs de n et de a, en fonction de celles-ci. On n'a aussi considéré que le cas où les progressions sont croissantes, parce que lorsqu'elles sont décroissantes, il suffit de changer r en $- r$ dans les formules obtenues.

13. — Problème. — *Un dépôt de matériaux destinés à l'entretien d'un chemin, se trouve à 600 mètres de l'une des extrémités ; le chemin exige 422 mètres cubes de matériaux qui seront déposés sur l'un des accotements, à 10 mètres à la suite les uns des autres, le premier tas étant placé à 600 mètres linéaires du dépôt ; on demande la distance totale que doit parcourir la voiture pour opérer ce transport.*

Il est évident que le premier tas étant à 600 mètres, le second sera à 610,
le troisième à 620, etc...; on a donc la progression

$$\div 600.610.620, \text{ etc.....,}$$

dans laquelle il s'agit de déterminer la somme des 422 premiers termes ; pour
cela, il faut d'abord obtenir le 422ᵉ ou dernier terme, ce qui se fera par
l'application de la formule

$$l = a + (n - 1)\, r;$$

on aura alors

$$l = 600 + 421 \times 10 = 600 + 4210 = 4810,$$

et la progression deviendra

$$\div 600.610.620..... 4810;$$

dont il reste à déterminer la somme des 422 premiers termes, par l'application
de la formule

$$S = \frac{(a + l)n}{2};$$

et l'on aura

$$S = \frac{(600 + 4810)\, 422}{2} = \frac{2283020}{2} = 1141510.$$

Mais remarquons que le voiturier, pour chacun de ses tours, double le
trajet indiqué par chaque terme de la progression, et qu'en conséquence la
somme 1141510 doit être doublée; la vraie distance parcourue est donc
2283020 mètres linéaires, et l'on eût pu obtenir directement ce nombre en
opérant sur la progression

$$\div 1200.1220.1240.1260..... 9620.$$

La solution de ce problème que la connaissance des progressions rend
simple et facile, se rencontre communément dans la pratique, soit que l'on
ait besoin de connaitre la quantité de matériaux qu'est susceptible de conduire
un entrepreneur, dans un temps déterminé, afin d'établir des prix de transport convenables, soit que l'on ait pour but de convertir en tâches les prestations d'une commune. Nous aurons occasion de revenir sur cette question.

Progressions par Quotient.

14. — On appelle progression par quotient une suite de termes dont chacun
est égal au produit ou au quotient de celui qui le précède, par une quantité

constante qui s'appelle *raison; a, b, c, d, e, f, g, h, i, j*, etc., étant les termes d'une progression par quotient, on l'écrira ainsi,

$$\div a : b : c : d : e : f : g : h, \text{etc.}....,$$

et on l'énonce comme la progression par différence, *a* est à *b*, comme *b* est à *c*, comme *c* est à *d*, comme *d* est à *e*, etc...; ou, pour abréger, on dit plus simplement, *a* est à *b*, est à *c*, est à *d*, est à *e*, etc...

D'après cela, une progression par quotient n'est autre chose qu'une suite de rapports égaux, dans lesquels chaque terme se trouve à la fois antécédent et conséquent, à l'exception des deux termes extrêmes, dont le premier est seulement antécédent et le dernier conséquent.

Cela posé, considérons la progression par quotient

$$\div a : b : c : d : e : f : g : h...,$$

et désignons par *q* la raison, *q* pouvant être plus grand ou plus petit que l'unité, selon que la progression est croissante ou décroissante.

Dans l'un et l'autre cas, on a la suite d'égalités,

$$b = aq;\ c = bq;\ = aq^2;\ d = cq = aq^3;\ e = dq = aq^4.....$$

et le terme *l* qui en a *n* — 1 avant lui, s'exprime généralement par $l = aq^{n-1}$.

Donc, dans toute progression par quotient, un terme quelconque est égal au premier, multiplié par la raison élevée à une puissance marquée par le nombre des termes qui le précèdent.

Reprenons la progression par quotient

$$\div a : b : c : d : e : f...... : i : k : l,$$

on a les égalités

$$b = aq,\ c = bq,\ d = cq,\ e = dq......... l = kq;$$

et en ajoutant, membre à membre, ces équations, on obtient

$$b + c + d + e +.... + l = aq + bq + cq + dq +.... + kq;$$

et si l'on représente par *S* la somme de tous les termes de la progression, le premier membre de la dernière équation deviendra $S - a$, et le second $S - l$; puis en mettant la quantité *q* en évidence dans ce dernier, l'équation sera transformée en

$$S - a = (a + b + c + d +...... k)\, q,$$
$$\text{ou } S - a = (S - l)\, q = Sq - lq;$$

puis en réunissant les termes qui contiennent S, dans le premier membre,

$$Sq - S = lq - a,$$

équation qui revient à

$$S (q - 1) = lq - a,$$

d'où l'on tire

$$S = \frac{lq - a}{q - 1}.$$

C'est-à-dire que la somme des termes d'une progression par quotient, est égale au produit du dernier terme par la raison, moins le premier terme, divisé par la raison diminuée d'une unité.

15. — Soit $q < 1$ et par conséquent $l < a$, la progression est décroissante; on peut, afin de rendre positifs les deux termes de l'expression qui donne la valeur de S, changer les signes de ses termes au dénominateur et au numérateur; elle devient alors

$$S = \frac{a - lq}{1 - q};$$

et si l'on met dans cette dernière expression, à la place de l, sa valeur $l = aq^{n-1}$, il en résulte

$$S = \frac{a - aq^n}{1 - q},$$

expression qui peut se mettre sous la forme

$$S = \frac{a}{1 - q} - \frac{aq^n}{1 - q};$$

mais q étant une fraction, q^n devient une quantité extrêmement petite, surtout lorsque n est très grand; et si l'on suppose $n = \infty$, q^n devient infiniment petit, et il en résulte que le terme $\frac{aq^n}{1 - q}$ devient plus petit qu'aucune valeur connue, et par conséquent, peut être considéré comme tout à fait nul; alors la somme de tous les termes de la progression, sera exprimée par

$$S = \frac{a}{1 - q}.$$

Donc la somme de tous les termes d'une progression par quotient, décroissante à l'infini, est égale au premier terme divisé par un, moins la raison.

16. — Reprenons l'expression $l = aq^{n-1}$, qui donne $q^{n-1} = \dfrac{l}{a}$, et

$$q = \sqrt[n-1]{\dfrac{l}{a}}.$$

La raison est donc égale à la racine, marquée par le nombre des termes diminué d'une unité, du quotient du dernier terme divisé par le premier.

Cette dernière formule donne la facilité d'insérer entre deux nombres donnés, un nombre m de moyens proportionnels, c'est-à-dire un certain nombre de quantités formant, avec les deux nombres donnés, une progression par quotient ; car, par la formule précédente, ayant obtenu la raison, on la multipliera par le premier terme, et l'on aura le second ; celui-ci multiplié de nouveau par la raison , donnera le troisieme, et ainsi des autres.

Soit m le nombre des moyens à insérer entre a et l, le nombre total des termes $n = m + 2$; et l'expression précédente devient

$$q = \sqrt[m+1]{\dfrac{l}{a}}.$$

C'est-à-dire qu'il faut diviser les deux nombres donnés l'un par l'autre, puis extraire de leur quotient la racine marquée par le nombre des termes à insérer augmenté d'une unité.

Telles sont les formules les plus usitées de la théorie des progressions ; elles sont susceptibles de présenter dix résultats différents, selon que l'on considère comme inconnues les quantités S, l, n, a, ou q. Deux de ces solutions amènent directement à la résolution d'équations du troisième degré ; elles offrent en général peu d'intérêt.

Il n'en est pas ainsi des différentes solutions que nous venons de donner, et auxquelles nous allons en ajouter une nouvelle, en nous proposant de déterminer la quantité n.

L'expression $l = aq^{n-1}$ devient $q^{n-1} = \dfrac{l}{a}$; et en faisant $n - 1 = x$,

$$q^x = \dfrac{l}{a}.$$

Mais, dans toutes les questions que nous avons eu jusqu'ici à traiter, nous n'avons point encore résolu d'équations dans lesquelles l'inconnue fût engagée

comme exposant; aussi les méthodes enseignées jusque là, sont-elles insuffisantes en cette circonstance; pour suppléer à ce défaut, nous allons nous
livrer à l'étude de la théorie suivante.

§ VIII. — THÉORIE DES LOGARITHMES.

1. — La multiplication d'une quantité par elle-même, répétée un certain
nombre de fois, produit les différentes puissances de cette quantité; soit x le
nombre de fois que la quantité a est facteur dans une puissance inconnue,
on aura $a^x = y$; et si, dans cette expression, l'on fait varier convenablement
l'exposant x, la quantité a restant constamment la même, on obtiendra
pour y toutes les valeurs possibles.

Supposons $x = 0$, on a $a^0 = y = 1$; et en augmentant successivement
la valeur de x, celles correspondantes de y deviendront de plus en plus
grandes, et parviendront ainsi à tous les degrés de grandeurs désirables;
de même qu'en donnant des valeurs plus petites que 0 à l'exposant x,
l'équation devient alors $a^{-x} = y$, ou $a^{\frac{1}{x}} = y$, et il en résulte pour y des
valeurs correspondantes, successivement plus petites que l'unité.

Ceci fait voir qu'il est possible d'obtenir dans cette équation pour y, toutes
les valeurs possibles, pourvu que la quantité constante a soit plus grande ou
plus petite que 1; dans le cas contraire, quelque valeur qui soit attribuée à x,
on obtiendra toujours $y = 1$; on doit donc considérer la quantité a, comme
différente de l'unité.

2. — L'élévation d'un certain nombre invariable aux différentes puissances,
donnant la possibilité d'obtenir tous les nombres possibles, on a imaginé un
moyen d'abréger les calculs numériques; nous allons donner quelques explications à ce sujet.

En effet, imaginons un second nombre y' provenant de l'élévation à la
puissance x' de la quantité constante a, et reprenons l'équation $a^x = y$,
nous aurons les deux expressions

$$a^x = y,$$

et puis
$$a^{x'} = y';$$

en les multipliant membre à membre, on a

$$yy' = a^{x+x'}.$$

Au lieu de multiplier les deux nombres l'un par l'autre, on eût pu les diviser, alors on eût obtenu

$$\frac{y}{y'} = a^{x-x'}.$$

Enfin, si l'on se proposait d'élever le nombre y à la puissance m, on aurait

$$y^m = (a^x)^m = a^{xm}.$$

Et réciproquement, en prenant la racine $m^{ième}$, l'expression deviendrait

$$\sqrt[m]{y} = y^{\frac{1}{m}} = (a^x)^{\frac{1}{m}} = a^{\frac{x}{m}}.$$

On voit d'après cela, qu'en faisant la somme des exposants x *et* x'*, on obtient celui du produit des nombres* y *et* y'*;*

Et que la différence de ces mêmes exposants, est celui qui répond au quotient de ces deux mêmes nombres.

On voit également qu'en multipliant l'exposant x *par* m*, on obtient l'exposant correspondant à la puissance* m *du nombre* y*;*

Et qu'en divisant l'exposant x *par* m*, on obtient l'exposant correspondant à sa racine* $m^{ième}$*.*

D'après cela, on sent qu'avec le secours d'une table qui, à côté de la suite des nombres naturels 1, 2, 3, 4, 5, etc., représentés par y, présenterait les valeurs correspondantes de x, de manière à ce que la connaissance de x fît connaitre immédiatement et au premier coup-d'œil la valeur de y; et réciproquement, la multiplication de deux nombres quelconques se réduirait à une simple addition, et la division s'opérerait par une soustraction; l'élévation aux puissances deviendrait une multiplication, et l'extraction des racines une division, parce qu'alors, au lieu d'agir sur les nombres eux-mêmes, on opérerait sur les valeurs de x qui leur correspondraient.

Ces valeurs de x *s'appellent* logarithmes; *les* logarithmes *sont donc les exposants des puissances auxquelles il faut élever un nombre invariable, pour obtenir successivement tous les nombres possibles.*

Le nombre invariable qui est élevé à ces différentes puissances, se nomme *base du système de logarithmes.*

Les propriétés que nous venons de faire connaitre étant générales et indépendantes de toute valeur particulière prise pour base du système, il serait possible de former une infinité de tables qui jouiraient également des mêmes propriétés; mais celles en usage ont généralement le nombre 10 pour base, et c'est d'après ce système que nous allons déduire ce qui suit.

On désignera la quantité x par ly, en sorte que l'on aura $x = ly$, et par conséquent $y = a^{ly}$, équation dans laquelle nous allons faire $a = 10$; et successivement

$$ly = 0, \quad 1, \quad 2, \quad 3, \quad 4, \quad 5, \quad 6, \quad \text{etc....;}$$
$$1, \ 10, \ 100, \ 1000, \ 10000, \ 100000, \ 1000000, \ \text{etc.....}$$

On obtient pour y les valeurs correspondantes $1, 10, 100$, etc..., et l'on voit déjà que ces deux suites de nombres, dont la première est composée des logarithmes de ceux portés à la seconde, jouissent des propriétés qui viennent d'être démontrées.

3. — Les logarithmes des nombres qui se trouvent compris entre 1 et 10, 10 et 100, 100 et 1000, etc., ne peuvent s'obtenir qu'approximativement; et voici comment on y parvient : qu'il s'agisse, par exemple, d'obtenir le logarithme de 2, on aura alors à résoudre l'équation $10^x = 2$; on s'aperçoit bien vite que la valeur de x est comprise entre 0 et 1, puisque le nombre 2 est compris entre 1 et 10.

On supposera alors x égal à une fraction, telle que $\dfrac{1}{z}$, et on aura

$$10^{\frac{1}{z}} = 2;$$

ou en élevant les deux membres à la puissance z,

$$10 = 2^z;$$

mais la valeur de z se trouvant comprise entre les nombres 3 et 4, on fera

$$z = 3 + \frac{1}{z'};$$

et en substituant à la place de z sa valeur dans l'équation $10 = 2^z$, elle deviendra

$$10 = 2^{3 + \frac{1}{z'}}, \text{ ou } 10 = 2^3 \times 2^{\frac{1}{z'}},$$

d'où l'on tire

$$2^{\frac{1}{z'}} = \frac{10}{8} \text{ ou } 2^{\frac{1}{z'}} = \frac{5}{4},$$

qui devient

$$2 = \left(\frac{5}{4}\right)^{z'},$$

en élevant les deux membres à la puissance z'.

Mais la valeur de z' se trouvant comprise entre les nombres 3 et 4, on établit

$$z' = 3 + \frac{1}{z''},$$

et l'on obtient

$$2 = \left(\frac{5}{4}\right)^{3 + \frac{1}{z''}}, \text{ ou bien } 2 = \left(\frac{5}{4}\right)^{3} \times \left(\frac{5}{4}\right)^{\frac{1}{z''}},$$

d'où l'on tire

$$\left(\frac{5}{4}\right)^{\frac{1}{z''}} = 2 \times \left(\frac{4}{5}\right)^{3} = \frac{128}{125}, \text{ ou } \left(\frac{128}{125}\right)^{z''} = \frac{5}{4}.$$

On trouve également que la valeur de z'' est comprise entre 9 et 10, et l'on parviendrait à une très grande approximation, en continuant à opérer de la même manière; mais si l'on se borne à admettre $z'' = 9$, on aura, en mettant pour z'' sa valeur dans l'équation,

$$z' = 3 + \frac{1}{z''} \ldots\ldots\ldots z' = 3 + \frac{1}{9} = \frac{28}{9};$$

puis pour z' sa valeur dans l'équation,

$$z = 3 + \frac{1}{z'} \ldots\ldots\ldots z = 3 + \frac{9}{28} = \frac{93}{28};$$

et enfin pour z sa valeur dans l'expression,

$$x = \frac{1}{z} \ldots\ldots\ldots x = \frac{28}{93}.$$

En réduisant la fraction $\frac{28}{93}$ en fraction décimale, d'après la méthode enseignée en arithmétique, on obtient $x = 0,3010$; et si l'on eût poussé plus loin l'approximation, on fût parvenu à $x = 0,3010300$.

4. — Les calculs qui précèdent suffiront pour faire comprendre au lecteur comment on est parvenu à composer les tables de logarithmes dont nous sommes appelés à nous servir chaque jour. Pour se faire une juste idée de la valeur de x que l'on vient ainsi d'obtenir, on se figurera que la base 10 est élevée à la puissance marquée par cette valeur, ou que l'on a

$$10^{0.3010300} = 2, \text{ ou } 10^{\frac{3010300}{10000000}} = 2,$$

d'une manière très approchée.

Le logarithme du nombre 2 se trouvant ainsi déterminé, on obtiendra ceux de ses différentes puissances, en multipliant celui-ci par leurs exposants 2, 3, 4, 5, 6, etc…

Et en ajoutant le logarithme de 2 à ceux de 10, 100, 1000, etc…, on obtiendra ceux de 20, 200, 2000, etc….

Pour composer des tables, il suffit donc de connaître le logarithme de 2 et ceux des nombres premiers, car avec les logarithmes de ces derniers, et à l'aide de l'addition et de la soustraction, on parviendra très facilement à connaître celui de quel nombre on voudra.

Le nombre 264 par exemple, étant égal à $2 \times 2 \times 2 \times 33$, on voit que pour déterminer son logarithme, il suffit de connaître celui de 2, et celui du nombre premier, 33; car puisqu'on a

$$264 = 2 \times 2 \times 2 \times 33,$$

on aura $\log. 264 = \log. 2 + \log. 2 + \log. 2 + \log. 33,$

ou plus simplement,

$$\log. 264 = 3 \log. 2 + \log. 33.$$

De même, si l'on voulait déterminer le logarithme du nombre 450, on le décomposerait en ses différents facteurs, et l'on aurait

$$450 = 5 \times 10 \times 3 \times 3;$$

puis $\log. 450 = \log. 5 + \log. 10 + \log. 3 + \log. 3,$

$$\text{ou } \log. 450 = \log. 5 + \log. 10 + 2 \log. 3.$$

De simples opérations arithmétiques suffisent donc pour déterminer les logarithmes de tous les nombres possibles, lorsque l'on connaît celui du nombre 2 et ceux des nombres premiers.

La table suivante comprend les nombres premiers, depuis 1 jusqu'à 569; et vis-à-vis chacun d'eux, son logarithme calculé avec dix décimales.

ALGÈBRE.

TABLE

DES LOGARITHMES DES NOMBRES PREMIERS

Depuis 1 *jusqu'à* 569.

NOMBRES	LOGARITHMES.	NOMBRES	LOGARITHMES.	NOMBRES	LOGARITHMES.
1	0.0000000000	149	2.1731862684	349	2.5428254269
2	0.3010299956	151	2.1789769473	353	2.5477747054
3	0.4771212547	157	2.1958996524	359	2.5550944486
5	0.6989700043	163	2.2121876044	367	2.5646660643
7	0.8450980400	167	2.2227164711	373	2.5717088318
11	1.0413926852	173	2.2380461031	379	2.5786392099
13	1.1139433523	179	2.2528530309	383	2.5831987739
17	1.2304489213	181	2.2576785749	389	2.5899496013
19	1.2787536009	191	2.2810333672	397	2.5987905068
23	1.3617278360	193	2.2855573090	401	2.6031443726
29	1.4623979979	197	2.2944662262	409	2.6117233080
31	1.4913616938	199	2.2988530764	419	2.6222140229
37	1.5682017241	211	2.3242824553	421	2.6242820958
41	1.6127838567	223	2.3483048630	431	2.6344772702
43	1.6334684556	227	2.3560258572	433	2.6364878964
47	1.6720978579	229	2.3598354823	439	2.6424645202
53	1.7242758696	233	2.3673559210	443	2.6464037262
59	1.7708520116	239	2.3783979009	449	2.6522463410
61	1.7853298350	241	2.3820170426	457	2.6599162001
67	1.8260748027	251	2.3996737215	461	2.6637009254
71	1.8512583487	257	2.4099331233	463	2.6655809910
73	1.8633228601	263	2.4199557485	467	2.6693168806
79	1.8976270913	269	2.4297522800	479	2.6803355134
83	1.9190780924	271	2.4329692909	487	2.6875289612
89	1.9493900066	277	2.4424797691	491	2.6910814921
97	1.9867717343	281	2.4487063199	499	2.6981005456
101	2.0043213738	283	2.4517864355	503	2.7015679851
103	2.0128372247	293	2.4668676204	509	2.7067177823
107	2.0293837777	307	2.4871383755	521	2.7168377233
109	2.0374264979	311	2.4927603890	523	2.7185016889
113	2.0530784435	313	2.4955443375	541	2.7331972651
127	2.1038037209	317	2.5010592622	547	2.7379873263
131	2.1172712957	331	2.5198279938	557	2.7458551952
137	2.1367205672	337	2.5276299009	563	2.7505083949
139	2.1430148003	347	2.5403294748	569	2.7551122664

5. — Nous avons vu comment, à l'aide des logarithmes des nombres premiers dont est composé la table précédente, on peut obtenir ceux de tous les nombres possibles; ainsi, d'après les connaissances qui précèdent, on peut donc construire les tables de logarithmes ordinaires.

Il existe cependant une autre manière d'envisager les logarithmes, dont nous allons parler le plus succinctement possible; pour cela, reprenons les deux suites

$$\div 1 : 10 : 100 : 1000 : 10000 : 100000, \text{ etc.}\ldots$$

$$\div 0 : 1 : 2 : 3 : 4 : 5, \quad \text{etc}\ldots,$$

dont la première est la progression par quotient décuple, et la seconde la progression par différence composée des nombres naturels; les nombres portés à la seconde progression, sont, ainsi qu'il a été dit, les logarithmes de chaque terme correspondant dans la première; mais il reste à déterminer les logarithmes des nombres compris entre 1 et 10, 10 et 100, 100 et 1000, etc.

En insérant un très grand nombre de moyens proportionnels entre les différents termes de la progression décuple et le même nombre de moyens différentiels entre les termes correspondants de la seconde progression, on arrivera, dans la première, à obtenir des termes égaux aux nombres entiers compris entre 1 et 10, 10 et 100, etc., et chacun de ces termes trouvera son logarithme dans le terme correspondant de la seconde.

Il serait donc possible d'obtenir ainsi une table de logarithmes complète, en supprimant, dans la première progression, tous les termes qui ne seraient pas entiers, et dans la seconde ceux qui leur correspondraient, les progressions cessant l'une et l'autre d'exister après cette suppression.

On a vu comment il était possible d'insérer un certain nombre de moyens soit proportionnels, soit différentiels, entre deux nombres donnés (§ VII, n° 12, *p.* 104, et n° 16, *p.* 108); ainsi, cette opération ne saurait embarrasser sérieusement ceux qui auront étudié avec fruit la théorie précédente; c'est pourquoi nous croyons devoir nous abstenir de donner ici les calculs numériques que nous venons d'indiquer sommairement.

Tout ce qui vient d'être dit relativement aux logarithmes étant suffisant, non-seulement pour bien comprendre leur théorie, mais encore pour construire les tables, nous allons maintenant donner l'usage de celles-ci.

Toutes les tables de logarithmes dont on se sert habituellement, se trouvent

précédées ou suivies d'instructions spéciales à leur usage, et qui diffèrent
en général fort peu les unes des autres; presque toujours, quelques instants
d'attention suffiront pour en connaître l'emploi, aussitôt qu'on sera bien
pénétré de ce qui suit. Des tables de logarithmes ordinaires ne pouvant
trouver place ici, nous engageons nos lecteurs à se procurer l'une de celles
de Raynaud, Marie, Callet, etc....

Usage des Tables de Logarithmes des Nombres.

6. — Les tables ordinaires se composent de trois colonnes, dans la première, sont placés les nombres naturels; dans la seconde, leurs logarithmes,
et la troisième qui a pour titre *différences,* renferme précisément la différence
qui existe entre les logarithmes de deux nombres consécutifs.

Quelqu'étendues que soient les tables, elles ne peuvent contenir que les
logarithmes d'une quantité extrêmement limitée de nombres; les plus étendues sont sans contredit celles de Callet, qui s'étendent jusqu'au logarithme
du nombre 108,000. Pour se servir des tables, on a dû s'attacher à résoudre
avec toute la célérité possible les deux questions suivantes :

1° *Un nombre étant donné, trouver son logarithme;*

2° *Un logarithme étant donné, trouver à quel nombre il appartient.*

Nous allons successivement nous occuper de ces deux questions, dont la
seconde n'est que la réciproque de la première.

Si le nombre dont on demande le logarithme, n'excède pas la limite des
tables, on le cherche dans la première colonne, et l'on trouve en regard, dans
la seconde, le logarithme qui lui appartient; c'est en agissant ainsi qu'on
trouvera

$$\log. 1356 = 3.132260, \text{ et } \log. 17739 = 4.248929, \text{ etc...}$$

Un logarithme se compose de deux parties, la première exprimant des
unités entières, et la seconde exprimant une fraction; la partie entière se
nomme *caractéristique,* parce que seule elle suffit pour indiquer à quel ordre
d'unités appartient le logarithme dont elle fait partie; ainsi, 4 étant la caractéristique d'un logarithme, on est à l'avance persuadé que le nombre auquel
il appartient est compris entre 10^4 et 10^5; c'est-à-dire qu'il est infailliblement
composé de cinq chiffres.

On voit qu'en ajoutant 1, 2, 3 unités, etc., à la caractéristique d'un logarithme, on obtient celui d'un nombre 10, 100, 1000, etc., fois plus grand que
celui auquel le premier logarithme appartenait; réciproquement, qu'en retranchant 1, 2, 3 unités, etc., de la caractéristique d'un logarithme, on obtient
celui d'un nombre 10, 100, 1000, etc., fois plus petit que celui auquel appartenait le premier logarithme; les logarithmes des nombres décimaux ne
diffèrent donc de ceux qu'ils exprimeraient en supprimant la virgule, que par
la caractéristique.

7. — Cela posé, proposons-nous de déterminer le logarithme du nombre
294,198,324. Ce nombre étant composé de neuf chiffres, a infailliblement
huit unités à la caractéristique de son logarithme; il ne reste donc plus qu'à
en obtenir la partie décimale.

Mais, d'après ce qui vient d'être dit, cette partie est la même que celle
qui appartient au nombre 2941,98324, dont on a retranché cinq chiffres par
une virgule, c'est-à-dire assez pour que la partie restant à gauche, puisse se
trouver dans les tables.

Mais le logarithme du nombre 2941,98324, se compose de celui du nombre
entier 2941, augmenté d'une partie de la différence qui existe entre les logarithmes de 2941 et 2942; or, celui de 2941 est 0,4684950, abstraction faite
de la caractéristique qui est déjà connue; il ne s'agit donc plus que d'obtenir
la fraction dont il vient d'être parlé; pour y parvenir, on établit la proportion
suivante :

Si pour 1 de différence entre les nombres 2941 et 2942, on a 1477, dix
millièmes de différence entre leurs logarithmes, combien, pour 0.98324 de
différence entre 2941,98324 et 2941, en existe-t-il?

Cette proportion s'écrit ainsi :

$$1 : 1477 :: 0.98324 : x;$$ l'on en tire $x = 1452{,}24548.$

Et le logarithme demandé s'obtient en ajoutant les trois parties qui viennent d'être déterminées, en négligeant toutefois les chiffres décimaux de la
dernière.

1° Caractéristique......................................	8.
2° Logarithme du nombre 2941..................	0.4684950
3° Différence à ajouter.............................	1452
SOMME égale au logarithme demandé.................	8.4686402

On trouvera également, en suivant le même procédé, que le nombre 1532644 a pour logarithme 6.185442.

En général, pour obtenir le logarithme d'un nombre qui excède la limite des tables, il faut en séparer, vers la droite, assez de chiffres pour que la partie restant à gauche s'y trouve contenue; prendre ensuite le logarithme de ce reste, et ajouter à sa caractéristique autant d'unités qu'on a supprimé de chiffres au nombre proposé; on obtient ainsi le logarithme d'un nombre plus petit.

Puis on prend le logarithme du nombre qui suit immédiatement, en augmentant de même sa caractéristique; le logarithme ainsi obtenu, est plus grand que celui du nombre donné.

Alors on établit la proportion : la différence entre les deux nombres consécutifs ou 1, est à la différence de leurs logarithmes, comme celle du nombre proposé au nombre immédiatement plus petit que lui, est à la différence qui doit exister entre leurs logarithmes.

Enfin, en ajoutant cette différence au plus petit logarithme trouvé, on obtient celui demandé.

8. — Un logarithme étant donné, nous allons maintenant nous occuper de chercher le nombre auquel il appartient.

Si la caractéristique du logarithme donné n'excède pas la limite des tables, on y cherche ce logarithme, et il peut se faire qu'il s'y trouve exactement porté; alors on trouve en regard de lui-même, dans la colonne des nombres, celui auquel il appartient; tel est log. 3.461348, qui correspond au nombre 2893.

Mais il peut arriver également que le logarithme proposé n'excédant pas la limite des tables, sa partie décimale s'y trouve comprise entre deux logarithmes consécutifs; tel est log. 3.45936.

En comparant ce logarithme à ceux portés dans les tables, on voit qu'il est compris entre 3.45924 et 3.45939 qui appartiennent aux nombres 2879 et 2880; le nombre que l'on cherche est donc égal au plus petit 2879, augmenté d'une fraction qu'il s'agit de connaître.

Après avoir pris la différence 15 portée aux tables, puis 12, différence qui existe entre le logarithme donné 3.45936, et celui du nombre 2879, qui est 3.45924, on établit la proportion suivante :

Si pour 15 cent millièmes de différence entre les logarithmes des deux nombres, il existe 1 de différence entre ceux-ci, combien pour 12 cent millièmes de différence entre le logarithme donné et celui du nombre 2879, en existera-t-il entre ces deux nombres ?

Et la proportion 15 : 1 :: 12 : x, donnera $x = 0.8$.

On aura donc définitivement

$$\log. 2879.8 = 3.45936.$$

En général, lorsqu'un logarithme n'appartient pas à un nombre entier, on obtient la partie décimale de ce nombre en changeant l'ordre des termes dans la proportion employée pour le cas précédent, c'est-à-dire qu'on établit.

La différence des deux logarithmes consécutifs, est à 1, différence des nombres auxquels ils appartiennent, comme la différence entre le plus petit logarithme et le logarithme proposé, est à celle des nombres auxquels ils appartiennent; le quatrième terme est la fraction qu'il faut ajouter au plus petit des deux nombres.

Soit le logarithme 1.125123 dans lequel la caractéristique est inférieure à celles des logarithmes correspondant aux plus grands nombres portés dans les tables ; pour trouver à quel nombre il appartient, on ajoutera une ou plusieurs unités à sa caractéristique, trois par exemple, et il deviendra 4.125123, qui correspond directement au nombre 13339, dont il faut retrancher trois décimales, et qui par conséquent se réduit à 13.339.

Applications.

9. — Nous avons vu qu'à l'aide des logarithmes, on peut simplifier considérablement les opérations arithmétiques ; que la multiplication devient une simple addition, la division une soustraction, l'élévation aux puissances une simple multiplication, et l'extraction des racines se réduit à une division ; nous allons maintenant voir comment ces opérations peuvent se mettre en pratique.

Proposons-nous pour premier exemple, d'obtenir le quatrième terme de la proportion

$$124 : 74 :: 92 : x.$$

On a d'abord, $x = \dfrac{74 \times 92}{124}$; puis en effectuant l'opération par logarithmes, on la dispose ainsi ,

$$
\begin{array}{ll}
\text{Log. } 74 = & 1.869232 \\
\text{Log. } 92 = & 1.963788 \\
\hline
\text{Somme.....} & 3.833020 \\
- \text{ Log. } 124 & 2.093422 \\
\hline
\text{Reste.......} & 1.739598 = \log. 54.90 ;
\end{array}
$$

d'où l'on peut conclure que x est égal à 54.90.

Soit encore à obtenir le quatrième terme de la proportion suivante :

$$145 : 1240 :: 110 : x,$$

on aura de suite

$$
\begin{array}{ll}
\text{Log. } 1240 = & 3.093422 \\
\text{Log. } 110 = & 2.041393 \\
\hline
\text{Somme.....} & 5.134815 \\
- \text{Log. } 145 & 2.161368 \\
\hline
\text{Reste.......} & 2.973447 = \log. 940.7.
\end{array}
$$

10. — Dans ce qui précède, on a dû, tour à tour, opérer l'addition et la
soustraction des logarithmes ; il existe un moyen fort simple de ramener ces
opérations à une seule addition, en employant les *compléments arithmétiques*.

*On entend par complément arithmétique d'un logarithme, le nombre
qu'il faut lui ajouter pour qu'il soit égal à* 10.

Le complément arithmétique d'un logarithme peut être écrit d'après
l'inspection même de ce logarithme, en retranchant de 10, son premier
chiffre à droite, s'il est significatif, ou le suivant, si ce premier chiffre est
zéro, et tous les autres chiffres de 9 ; ainsi, les logarithmes

$$1.235604... \quad 4.012345... \quad 5.010232$$

ont pour compléments

$$8.764396... \quad 5.987655... \quad 4.989768.$$

Proposons-nous de soustraire de la somme de deux logarithmes quelconques, L et L', celle de deux autres logarithmes l et l', D étant leur différence, nous aurons évidemment

$$D = (L + L') - (l + l') = L + L' + 10 - l + 10 - l' - 20 \, ;$$

$$\text{ou } D = L + L' + \text{comp. } l + \text{comp. } l' - 20.$$

C'est-à-dire qu'en cette circonstance, il faut ajouter aux logarithmes dont on veut soustraire, les compléments arithmétiques de ceux à soustraire, en ayant soin de supprimer à la caractéristique du résultat, autant de dixaines qu'on a pris de compléments dans l'opération dont il s'agit.

Proposons-nous actuellement d'obtenir, à l'aide des compléments arithmétiques, le quatrième terme de la proportion

$$1242 : 806 :: 512 : x ;$$

nous aurons

Log. 806 =	2.906335
Log. 512 =	2.709270
Complément arithmétique, log. 1242	6.905878

$$\text{Somme}\ldots\ldots \quad 12.521483 - 10 = \log. 332.23.$$

11. — On demande la valeur approximative du produit des trois fractions

$$\frac{31}{75}, \ \frac{13}{12}, \ \frac{47}{48},$$

l'on a, d'après ce qui a été enseigné,

$$\text{Log.} \left(\frac{31}{75} \times \frac{13}{12} \times \frac{47}{48} \right)$$

$$= \text{Log. } 31 - \log. 75 + \log. 13 - \log. 12 + \log. 47 - \log. 48.$$

Log. 31 =	1.49136169
Log. 13 =	1.11394335
Log. 47 =	1.67209786
Complément, log. 75 =	8.12493874
idem, Log. 12 =	8.92081875
idem, Log. 48 =	8.31875876

$$\text{Somme}\ldots\ldots \quad 29.64191915 - 30 = -1.64191915.$$

Ainsi, le logarithme du produit des trois fractions est exprimé par le nombre décimal négatif —1.64191915, et l'on est à même de trouver dans les tables le nombre auquel il appartient, avec le degré d'approximation qu'on voudra, en ajoutant autant d'unités à la caractéristique qu'on veut obtenir de chiffres décimaux; en ajoutant 5, par exemple, le logarithme devient 4.64191915, qui se trouve compris entre les logarithmes des nombres 43844 et 43845.

Mais en calculant la partie décimale à ajouter au plus petit, on trouve que le nombre demandé est précisément 43844.90, dont il faut retrancher cinq décimales, et qui devient en conséquence 0.4384490.

12. — On obtient, ainsi qu'il a été démontré, le logarithme des 2ᵉ, 3ᵉ, 4ᵉ, etc., puissances d'un nombre, en multipliant le logarithme de ce nombre par 2, 3, 4, etc.....;

Et l'usage des tables permet de connaître presque immédiatement à quel nombre ce logarithme appartient.

Soit à déterminer la quatrième puissance du nombre 72, on a

$$\text{Log. } 72^4 = 4 . \log. 72 ;$$

et comme

$$\log. 72 = 1.857332 ,$$

il en résulte que

$$4 . \log. 72 = 7.429328 = \log. 26873856.$$

En multipliant par 2, 3, 4, etc., le logarithme du numérateur d'une fraction, et en retranchant du produit ainsi obtenu celui qui résulte du logarithme du dénominateur multiplié par le même nombre; ou, ce qui revient au même, en ajoutant au premier produit le complément arithmétique du second, on parvient à la connaissance du logarithme des 2ᵉ, 3ᵉ, 4ᵉ, etc., puissances de cette fraction.

13. — La division étant le contraire de la multiplication, il suffit de diviser le logarithme d'un nombre par 2, 3; 4, etc., pour obtenir celui de sa racine carrée, cubique, quatrième, etc...; et les tables de logarithmes amènent à la connaissance de cette racine elle-même.

Soit le nombre 25921, dont on se propose d'extraire la racine carrée, on a

$$\text{Log. } \sqrt{25921} = \frac{\log. 25921}{2} ;$$

et comme
$$\text{Log. } 25921 = 4.413752,$$
il en résulte que
$$\frac{\text{Log. } 25921}{2} = \frac{4.413752}{2} = 2.206876 = \text{log. } 161 ;$$

Le nombre 161 est donc la racine carrée demandée.

En divisant le logarithme du numérateur d'une fraction quelconque par 2, 3, 4, etc., et en retranchant de ce quotient celui que l'on obtient en divisant le logarithme du dénominateur par le même nombre, ou en ajoutant au premier quotient le complément arithmétique du second, on aura le logarithme des 2ᵉ, 3ᵉ, 4ᵉ, etc., puissances de la fraction proposée.

Il serait absolument inutile de donner d'autres exemples de ces sortes de calculs ; ceux déjà cités suffisent pour faire concevoir l'application des logarithmes aux questions numériques. Le fréquent usage que l'on aura à faire du calcul logarithmique dans la suite de ce cours, pour la solution des différentes questions pratiques de géométrie, complètera amplement tout ce qui vient d'être dit à ce sujet.

CHAPITRE II.

—

GÉOMÉTRIE.

§ Ier. — **DÉFINITIONS, LIGNES DROITES, ANGLES, PROPRIÉTÉS DONT JOUISSENT LES TRIANGLES, LIGNES PERPENDICULAIRES, OBLIQUES ET PARALLÈLES.**

N° 1er. — La Géométrie est une science qui a pour but la mesure de l'étendue.

L'étendue ayant trois dimensions, longueur, largeur et épaisseur, est ce qu'on appelle *corps*.

Le volume d'un corps est la portion d'étendue qu'il occupe ; et sa séparation d'avec cette étendue illimitée dont il est environné de toutes parts, est ce qu'on appelle sa *surface*.

La surface est donc l'étendue comprise sous deux dimensions seulement, longueur et largeur.

La *ligne* est une longueur sans largeur.

On appelle *point* l'extrémité d'une ligne ou la rencontre de deux lignes ; le point est donc dénué d'étendue.

La ligne droite est la plus courte distance d'un point à un autre point, ou bien encore, l'assemblage d'une suite de points situés sur une même direction, à des distances infiniment petites les unes des autres.

La ligne brisée est composée de lignes droites, et par conséquent change de direction à des distances plus ou moins rapprochées, selon les longueurs respectives des lignes droites qui la composent.

La ligne courbe est celle qui change de direction à chacun de ses points.

La ligne mixte se compose de lignes droites et de lignes courbes.

On appelle *plan* ou *surface plane,* celle sur laquelle une ligne droite peut être appliquée dans tous les sens.

Un *angle* est la partie d'espace autour d'un point, comprise entre deux lignes qui se rencontrent à ce point.

Les deux lignes sont les côtés de l'angle, et leur intersection ou point de rencontre, en est le sommet; les angles sont, comme les autres quantités, susceptibles des opérations arithmétiques.

On indique ordinairement les extrémités d'une ligne par des lettres, et la ligne s'énonce par la réunion de ces lettres; ainsi la ligne AB est celle dont les extrémités sont désignées par les lettres A et B. Fig. 1, pl. I.

L'indication d'un angle se fait en réunissant les lettres indicatives de ses deux côtés, en plaçant au milieu celle du *sommet;* ainsi l'angle formé par les lignes AB et BC, s'énonce l'angle ABC, et cette annotation seule suffit pour indiquer que la rencontre des deux lignes ou le sommet de l'angle, est situé au point B. Fig. 4, pl. I.

Une ligne est perpendiculaire à une autre ligne, lorsqu'elle forme avec celle-ci, en la rencontrant, deux angles adjacents égaux, que l'on désigne alors sous la dénomination d'*angles droits;* tels sont les angles CDF et CDE. Fig. 5, pl. I.

Une ligne est oblique à une autre ligne lorsqu'elle forme avec celle-ci deux angles inégaux; alors, celui qui est le plus petit, et par conséquent moindre qu'un angle droit, s'appelle *angle aigu,* et celui qui est le plus grand s'appelle *angle obtus;* tels sont les angles IKL et IKJ. Fig. 6, pl. I.

Deux lignes quelconques, droites, courbes, etc., sont parallèles lorsqu'à chacun de leurs points, elles sont également distantes, ou si, étant droites, elles ne peuvent se rencontrer à quelque distance qu'elles soient prolongées; telles sont les lignes AB et CD, EFG et HIK. Fig. 7, pl. I.

Une *figure plane* est un plan terminé de toutes parts par des lignes; si ces lignes sont droites, la partie d'étendue qu'elles renferment entr'elles , s'appelle *figure rectiligne* ou *polygone,* et les lignes prises ensemble, en forment le contour ou *périmètre;* telle est la figure ABCDEF.

Le polygone de trois côtés prend la dénomination de *triangle;* les lignes AB, BC et CA, en sont les côtés. Fig. 8, pl. I.

Si les trois côtés sont égaux, il se nomme *triangle équilatéral;* tel est le triangle ABC. Fig. 9, pl. I.

Fig. 10, pl. I.

Si deux seulement de ses côtés sont égaux, on le désigne particulièrement sous le nom de *triangle isocèle;* le côté qui est inégal à chacun des deux autres s'appelle *base.* Fig. 11, pl. I.

Et enfin , si les trois côtés sont inégaux , il prend la dénomination générale de *triangle scalène*.

On le nomme *triangle rectangle*, lorsqu'un de ses angles est droit; alors, le côté opposé à cet angle s'appelle *hypoténuse;* dans le triangle rectangle KLM, la ligne KL est l'hypoténuse.

Le polygône de quatre côtés prend le nom générique de *quadrilatère;* telle est la figure ABCD.

S'il a ses quatre côtés égaux, et qu'en même temps ses quatre angles soient droits, il s'appelle *carré*.

S'il a les angles droits sans avoir ses quatre côtés égaux, on le nomme *rectangle*.

Si ses côtés opposés sont parallèles, on le désigne sous le nom de *parallélogramme*.

Il se nomme *lozange*, si les quatre côtés sont égaux sans que les angles soient droits.

Enfin, si les quatre côtés étant inégaux, deux de ceux-ci seulement sont parallèles, la figure est un *trapèze*.

Le *pentagone* est le polygone de cinq côtés.

L'*hexagone* est le polygone de six côtés , etc...

Un polygone est dit *équilatéral*, et en même temps *équiangle* lorsque tous ses côtés sont égaux entr'eux, et qu'il en est ainsi de ses angles; il se nomme aussi *polygone régulier*.

On appelle *diagonale*, la ligne droite qui joint les sommets de deux angles non adjacents dans un polygone ; telle est la ligne AC.

Axiômes.

1° *D'un point à un autre point, on ne peut mener qu'une seule ligne droite;*

2° *Deux figures, lignes, surfaces ou solides, sont égales, lorsqu'étant placées l'une sur l'autre, elles coïncident parfaitement;*

3° *Deux quantités égales à une troisième, sont égales entr'elles;*

4° *Le tout est plus grand que chacune des parties dont il est composé;*

5° *Le tout est égal à la somme des parties qui le composent.*

Ces trois dernières vérités ayant été souvent sanctionnées dans l'Algèbre, on eût pu se dispenser de les rappeler; mais, comme elles se trouvent d'ordinaire au commencement de tous les traités de géométrie, nous n'avons pas dérogé à une habitude consacrée.

Quant aux différents signes admis en géométrie pour indiquer les opérations à effectuer, ils sont exactement les mêmes que ceux employés en algèbre; c'est pour cette raison que nous nous dispensons de les reproduire.

2. — Théorème. — *Les angles droits sont tous égaux entr'eux.*

Soit la ligne AB, perpendiculaire à CD, et par conséquent, d'après la définition de la perpendiculaire, l'angle ABC = ABD.

Fig. 20, pl. I.

Soit de même la ligne EF perpendiculaire à GH, et pour la même raison l'angle EFG = EFH; je dis que les angles ABC et EFG, sont égaux entr'eux, ainsi que ABD et EFH.

En effet, la ligne AB étant perpendiculaire à CD, la somme des deux angles ABC et ABD, est égale à deux angles droits; en sorte qu'on a l'égalité

$$ABC + ABD = 2 \text{ droits.}$$

La ligne EF étant perpendiculaire sur GH, la somme des deux angles EFG et EFH, est aussi égale à deux angles droits; et l'on a

$$EFG + EFH = 2 \text{ droits.}$$

Les seconds membres de ces égalités étant égaux, il est permis d'établir

$$ABC + ABD = EFG + EFH.$$

Et si l'on considère que les deux quantités qui figurent au premier membre étant égales, on peut les remplacer dans leur ensemble par l'une quelconque d'elles répétée deux fois, par 2ABC, par exemple; la même considération appliquée aux deux quantités qui constituent le second membre, autorise également à les remplacer par 2EFG; en sorte que l'on a

$$2ABC = 2EFG.$$

Puis en divisant chaque membre par 2,

$$ABC = EFG,$$

on eût également démontré que ABD = EFH.

Donc tous les angles droits sont égaux entr'eux.

3. — Théorème. — *Toute ligne droite qui en rencontre une autre, fait avec celle-ci deux angles adjacents, dont la somme est égale à deux angles droits.*

La ligne droite AC rencontrant la droite BD au point C, je dis qu'on a

ACB + ACD = 2 droits.

Imaginons au point C, CE perpendiculaire à BD ; il est évident que l'angle obtus ACB est égal à un angle droit, BCE, augmenté de l'angle aigu ECA ; en sorte qu'on a ACB = 1 droit + ECA.

L'angle aigu ACD est égal à un angle droit ECD diminué de l'angle aigu ECA , ce qui donne ACD = 1 droit — ECA.

Ajoutant, membre à membre, les deux égalités, on obtient

$$ACB + ACD = 1 \text{ droit} + ECA + 1 \text{ droit} - ECA ;$$

puis le second membre se réduisant à 2 droits, à cause de + et — ECA , l'on a définitivement

$$ACB + ACD = 2 \text{ droits},$$

fait qu'il s'agissait de démontrer.

Corollaire I. — *Si l'un quelconque des deux angles est droit, l'autre l'est aussi ;* car alors l'égalité précédente devient

$$ACB + 1 \text{ droit} = 2 \text{ droits} ;$$

puis en retranchant de part et d'autre, 1 droit,

$$ACB = 1 \text{ droit}.$$

Corollaire II. — *Tous les angles formés d'un même côté d'une droite, ayant leur sommet commun sur cette droite, valent ensemble deux angles droits.*

Corollaire III. — *Si la réunion de deux angles adjacents forme deux angles droits, les deux côtés extérieurs feront partie de la même ligne droite.*

Car, s'il en était autrement, et qu'au lieu de suivre la ligne droite BC, prolongée en D, le côté extérieur prît la direction C*m* au-dessus ou celle C*n* au-dessous, dans le premier cas, la somme des angles ACB + AC*m* serait égale à ACB + ACD, ce qui est inadmissible ; et dans le second, on aurait ACB + AC*n* = ACB + ACD, ce qui est également absurde.

Corollaire IV. — *Deux lignes droites qui ont deux points communs, coïncident parfaitement sur tous leurs points, et ne font qu'une seule ligne droite.*

Les points B et C étant communs aux deux lignes, elles se confondent évidemment jusque là. Supposons ensuite, s'il est possible, qu'à partir du point C, l'une d'elles restant sur la direction BD, l'autre prenne une direction autre que celle-ci, telle, par exemple, que C*m* ou C*n*.

Fig. 22, pl. I.

Alors, la ligne BC*m* étant droite, l'angle EC*m* serait droit, ce qui est impossible, puisque l'angle ECD est lui-même réellement droit. La ligne BC prolongée ne peut donc prendre la direction C*m*.

On démontrerait de la même manière, que cette ligne prolongée ne peut se diriger suivant C*n*; donc, elle ne peut se séparer de CD, avec laquelle elle se confond entièrement.

Corollaire V. — *Si deux lignes droites se coupent, les angles opposés au sommet sont égaux.*

Fig. 23, pl. I.

La ligne droite AB étant rencontrée par une autre droite CD, on a (n° 3, p. 127 et 128)
$$CDA + CDB = 2 \text{ droits.}$$

La ligne droite CE, étant rencontrée par une autre droite BD, donne également
$$EDB + CDB = 2 \text{ droits.}$$

Mais ces deux égalités ayant un second membre qui est le même, peuvent se mettre sous la forme
$$CDA + CDB = EDB + CDB,$$

qui devient, en supprimant l'angle CDB, qui est commun aux deux membres,
$$CDA = EDB.$$

On eût démontré de la même manière que l'angle
$$ADE = CDB.$$

Donc si deux lignes droites se rencontrent, les angles opposés au sommet sont égaux.

Scholie. — *La somme des quatre angles formés par deux lignes qui se coupent en un point, et en général, celle de tous les angles formés par différentes lignes droites qui se coupent en un seul point, est toujours égale à quatre angles droits;* car, en considérant l'une quelconque de ces lignes, tous les angles formés au-dessus d'elle valent deux angles droits, et tous ceux formés au-dessous de la même ligne, ont une valeur égale.

4. — Théorème. — *Dans tout triangle, un côté quelconque est plus petit que la somme des deux autres, et plus grand que leur différence.*

Fig. 24, pl. I.

La ligne droite étant la plus courte distance d'un point à un autre, on ne pourra qu'avoir, dans tous les cas imaginables,

$$AB < AC + CB,$$

et si, des deux membres de cette inégalité, on retranche successivement AC, ou CB, elle devient

$$AB - AC < CB, \text{ ou } AB - CB < AC.$$

5. — Théorème. — *Si d'un point pris dans l'intérieur d'un triangle, on mène deux droites aux extrémités d'un même côté, la somme de ces deux lignes sera moindre que la somme des deux autres côtés du triangle.*

Fig. 25, pl. I.

Prolongeons le côté BO jusqu'à ce qu'il rencontre le côté AC, au point I. On a, d'après la proposition qui précède,

$$OC < OI + IC;$$

ou en ajoutant aux deux membres la même quantité BO,

$$OC + BO < OI + IC + BO;$$

ou parce que OI + BO = BI,

$$OC + BO < BI + IC.$$

Mais on a aussi

$$BI < BA + AI;$$

puis en ajoutant IC aux deux membres de l'inégalité,

$$BI + IC < BA + AI + IC;$$

et en observant que

$$AI + IC = AC,$$

l'inégalité devient

$$BI + IC < BA + AC;$$

on aura donc, à plus forte raison,

$$OC + BO < BA + AC;$$

fait qu'il s'agissait de démontrer.

6. — THÉORÈME. — *Deux triangles sont égaux lorsqu'ils ont un côté égal, adjacent à deux angles égaux chacun à chacun.*

Soit l'angle ABC = DEF, ACB = DFE, et le côté BC = EF; nous allons démontrer que les triangles ABC et DEF, dont ces quantités font partie, sont égaux.

Fig. 26, pl. I.

Si l'on place le côté EF sur son égal BC, le point E tombera sur le point B, et le point F sur le point C. Comme l'angle E est égal à l'angle B, le côté ED prendra la direction BA; et puisque l'angle F est égal à l'angle C, le côté FD prendra la direction CA; et comme le point D appartient à la fois à ces deux directions, il sera précisément déterminé par leur rencontre au point A; il existera donc une coïncidence parfaite entre ces deux triangles, et l'on en conclura qu'ils sont égaux.

7. — THÉORÈME. — *Deux triangles sont égaux lorsqu'ils ont un angle égal, compris entre deux côtés égaux chacun à chacun.*

Soit l'angle A égal à l'angle D, le côté AC égal au côté DF, et le côté AB égal à DE; je dis que les triangles ABC et DEF sont égaux. En effet, si l'on place le côté DF sur son égal AC, le point D tombera sur A, et le point F sur C; et puisque l'angle D est égal à l'angle A, le côté DE prendra la direction AB; et comme DE = AB, le point E tombera précisément sur le point B; et les côtés EF et BC ayant alors deux points communs, ne feront plus qu'une seule et même ligne; les deux triangles coïncideront donc l'un avec l'autre, dans toute leur étendue.

Fig. 27, pl. I.

Corollaire. — *De ce que trois choses sont égales dans deux triangles, les trois autres le sont également.*

8. — THÉORÈME. — *Lorsque deux côtés d'un triangle sont égaux aux deux côtés d'un autre, et que l'angle compris entre les deux côtés du premier, est plus grand que celui que comprennent les deux côtés du* *second, le troisième côté du premier triangle est plus grand que le troisième côté du second.*

Après avoir fait l'angle BCO = EDF, porté la longueur DF de C en O, on joindra OB, et le triangle CBO sera égal au triangle DEF, puisqu'il a par construction un angle égal compris entre deux côtés égaux ; le côté BO sera donc égal au côté EF. Il peut arriver que le point O tombe extérieurement au triangle ABC, et c'est le cas actuel, sur le côté AB, ou bien intérieurement au triangle. Nous allons successivement nous occuper de ces trois circonstances.

1° Dans le triangle OIB, on a (n° 4, *p.* 130)

$$OB < OI + IB;$$

et puis le triangle AIC, donne pour la même raison,

$$AC < AI + IC.$$

Si l'on ajoute ces inégalités membre à membre, on obtient

$$AC + OB < AI + IC + OI + IB;$$

ou, ce qui est la même chose,

$$AC + OB < AB + OC.$$

Puis en retranchant d'un côté AC, et de l'autre, son égal OC, on aura enfin,

$$OB < AB.$$

2° Si le point O tombe sur le côté AB, il est évident qu'on aura

$$IB < AB.$$

3° Enfin, si le point O est intérieur au triangle ABC, on a (n° 5, *p.* 130)

$$CO + OB < CA + AB;$$

puis en retranchant d'une part CO, et de l'autre, son égal CA, il reste

$$OB < AB.$$

Réciproquement, *lorsque deux côtés d'un triangle sont égaux à deux côtés d'un autre triangle, mais que le troisième côté du premier est plus grand que le troisième côté du second, l'angle compris entre les deux côtés du premier est plus grand que celui que comprennent les deux côtés du second;* car si ceci n'existait pas, l'angle ACB serait, ou égal à EDF, ou plus petit que EDF ; mais, pour qu'il fût égal à cet angle, il faudrait, d'après ce qui vient d'être démontré, que le côté AB fût égal à FE ; et pour qu'il fût plus petit, que le même côté AB fût plus petit que FE ; or, ni l'un ni l'autre de ces faits n'existent, puisqu'ils sont contraires à la supposition d'où l'on est parti ; donc l'angle ACB est plus grand que l'angle EDF.

Fig. 29 , pl. I.

9. — Théorème. — *Deux triangles sont égaux lorsqu'ils ont les trois côtés égaux chacun à chacun.*

Soient les deux triangles ABC et DEF, dans lesquels on a

Fig. 30, pl. I.

$$AB = DE, \ AC = DF \text{ et } BC = EF.$$

On aura aussi entre les angles, les égalités

$$ACB = DFE, \ ABC = DEF, \ BAC = EDE ;$$

car, s'il en était autrement, et que l'angle ABC, par exemple, fût plus grand ou plus petit que l'angle DEF, il en résulterait en même temps que le côté AC qui lui est opposé, serait plus grand ou plus petit que le côté DF ; mais le côté $AC = DF$; donc l'angle ABC ne peut être différent de l'angle DEF.

Le même raisonnement prouvera que l'angle $A = D$, et que l'angle $C = F$.

Scholie. — *Dans deux triangles égaux, les angles égaux sont opposés aux côtés égaux.*

10. — Théorème. — *Dans un triangle isocèle, les angles opposés aux côtés égaux sont égaux.*

Soit le triangle isocèle ABC; joignons le sommet A au point D, milieu de la base; les deux triangles partiels ABD et ACD sont égaux, puisqu'ils ont leurs trois côtés égaux chacun à chacun, les côtés AB et AC, comme côtés d'un même triangle isocèle, AD commun; et $BD = CD$ par construction ; donc les angles de ces deux triangles sont égaux chacun à chacun; donc enfin, l'angle C est égal à l'angle B.

Fig. 31 , pl. I.

Scholie. — Les deux triangles égaux ABD et ACD, font voir que les deux angles dont le sommet est en A sont égaux entr'eux, et qu'il en est ainsi des deux angles en D, qui sont alors droits (n° 1, *p.* 125).

134 GÉOMÉTRIE.

Donc la ligne menée du sommet d'un triangle isocèle sur le milieu de sa base, est perpendiculaire à celle-ci, et divise en même temps l'angle au sommet en deux parties égales.

Réciproquement, *si dans un triangle deux angles sont égaux, les côtés qui leur sont opposés sont aussi égaux, et par conséquent le triangle est isocèle.*

Soit l'angle ABC égal à l'angle ACB; le côté AC sera égal au côté AB. Car, si le fait énoncé n'existait pas, soit AB > AC, portant alors une longueur BI = AC sur BA, et joignant IC, on aurait deux triangles ABC et IBC, qui seraient égaux, puisque l'angle IBC étant, par hypothèse, égal à l'angle ACB, le côté BC commun et IC = AC.

Mais l'un de ces triangles n'est qu'une partie de l'autre, et par conséquent ne peut lui être égal; on ne peut donc raisonnablement supposer d'inégalité entre les côtés AB et AC; donc enfin, le triangle ABC est isocèle.

11. — THÉORÈME. — *Dans un triangle quelconque, le plus grand côté est opposé au plus grand angle.*

Soit l'angle B > C; il s'agit de démontrer que le côté AC opposé à l'angle B, est plus grand que AB opposé à l'angle C.

Après avoir fait l'angle CBD = C, et arrêté le côté en D, le triangle BCD étant isocèle, on aura

$$BD = DC.$$

Dans le triangle ADB, on a (n° 4, *p.* 130)

$$AB < AD + DB;$$

mais à cause de

$$AD + DB = AD + DC = AC,$$

l'on a

$$AB < AC.$$

Réciproquement, *dans un triangle quelconque, le plus grand angle est opposé au plus grand côté.*

Soit le côté AC > AB, l'angle B sera plus grand que l'angle C; car, s'il en était autrement, d'après ce qui vient d'être démontré, on aurait AB < AC, ou AB = AC, ce qui détruirait la supposition; il faut donc essentiellement que l'angle B soit plus grand que l'angle C.

12. — THÉORÈME. — *Dans tout triangle, la somme des trois angles est égale à deux angles droits.*

Soit, divisé en deux parties égales, au point F, l'un quelconque BC, des côtés du triangle ABC; puis, à ce point, construit les deux angles EFC = DBF et DFB = ECF; les côtés FE et FD étant prolongés l'un et l'autre jusqu'à leurs rencontres avec les côtés AC et AB du triangle proposé, les deux triangles EFC et DBF sont égaux comme ayant un côté égal, FC = BF, adjacent à deux angles égaux chacun à chacun; le troisième angle et les deux autres côtés de l'un, sont donc égaux aux parties correspondantes de l'autre, en sorte que l'on a

$$CEF = FDB, CE = FD \text{ et } EF = DB.$$

Joignez DE, puis faites glisser le triangle DBF sur la ligne BC, de manière à ce que le côté BF soit toujours placé sur celle-ci; lorsque le point B arrivant en F, F tombera sur C, le triangle DBF se confondra avec son égal EFC.

En cet état de choses, les points B et F intimement liés entr'eux par la ligne BF, dont ils sont les extrémités, ont dû se placer, le premier en F, le second en C, de manière à conserver FC = BF; on doit également remarquer que, pendant cette translation rectiligne, le point D a suivi la ligne DE.

Chacun des points de la ligne BF ayant été assujéti à parcourir des espaces égaux à BF ou FC, il en sera ainsi de tous les points appartenant aux droites FD et BD, lesquelles sont invariablement liées à BF, aux points F et B; il en résulte donc que le point D appartenant à la fois à ces deux lignes, a franchi une distance égale à BF ou FC, en sorte que l'on a

$$DE = BF = FC = \frac{BC}{2}.$$

Le triangle DEF est donc égal à FBD, ainsi qu'à CFE, puisqu'ils ont leurs trois côtés égaux chacun à chacun; et l'on a par conséquent entre leurs angles les relations suivantes :

$$DEF = FBD = CFE, EDF = BFD = FCE,$$

et enfin , $$DFE = FDB = CEF.$$

Mais la somme des trois angles dont le sommet est en F, est égale à deux angles droits (n° 3, corollaire II, $p.$ 128); en sorte que l'on a

$$CFE + BFD + DFE = 2 \text{ droits};$$

et comme il en est ainsi de ceux dont le sommet est au point D, on a également

$$EDF + FDB + EDA = 2 \text{ droits};$$

donc $\qquad CFE + BFD + DFE = EDF + FDB + EDA.$

Retranchant d'une part $BFD + DFE$, et de l'autre $EDF + FDB$, il reste $CFE = EDA$, et par suite $= FBD$.

Les angles dont le sommet est en E, donnent

$$DEF + CEF + DEA = 2 \text{ droits};$$

donc on a également

$$DEF + CEF + DEA = CFE + BFD + DFE.$$

Puis retranchant d'une part, $DEF + CEF$, et de l'autre, $CFE + DFE$, il reste

$$DEA = BFD = ECF.$$

Le triangle ADE est donc égal à chacun des trois autres, comme ayant avec ceux-ci un côté égal, DE, adjacent à deux angles égaux ; donc le troisième angle

$$DAE = EFD = FEC = BDF.$$

Les trois angles du triangle ABC étant égaux chacun à chacun, aux trois angles dont le sommet commun est à l'un quelconque des points D, E ou F, et pour chacun de ces points, la réunion de ces trois angles formant deux droits, on en peut conclure que la somme des angles du triangle proposé, est elle-même égale à deux angles droits.

Corollaire I. — *Lorsqu'une ligne, un triangle, et en général une figure quelconque, se meut suivant une ligne droite, tous ses points parcourent des distances égales chacune à cette droite, et conséquemment égales entr'elles.*

Fig. 34, pl. 1.

Corollaire II. — *Les trois lignes qui joignent entr'eux les milieux des côtés d'un triangle, décomposent celui-ci en quatre triangles égaux, dont chacun est par conséquent le quart du triangle total.*

Corollaire III. — De ce que l'on a

$$DE = BF = FC, \quad EF = BD = DA; \quad DF = AE = EC,$$

il s'ensuit que dans tout triangle, la ligne qui joint les milieux de deux côtés quelconques, est toujours égale à la moitié du troisième côté.

Corollaire IV. — Au lieu de joindre D et E par une ligne droite, on eût pu réunir A et F; alors les deux triangles AEF et FDA eussent été égaux entr'eux, comme ayant les trois côtés égaux chacun à chacun; mais en les comparant avec chacun des deux autres triangles CEF et FDB, on s'aperçoit bien vite qu'ils ne peuvent être égaux à ceux-ci, sans que l'on ait AF = FC = FB; et par conséquent, entre les angles, les égalités correspondantes AEF = CEF = FDB = FDA (n° 9, scholie, p. 133); c'est-à-dire que les lignes FE et FD deviennent perpendiculaires sur les milieux de AC et de AB (n° 1, définition, p. 125); et chacun des triangles partiels, ainsi que le triangle total sont alors rectangles ; *la ligne qui joint le milieu de l'hypoténuse d'un triangle rectangle, au sommet de l'angle droit, est donc égale à la moitié de l'hypoténuse.*

Corollaire V. — *Un triangle ne peut avoir qu'un seul angle droit, et à plus forte raison, qu'un seul angle obtus;* car, s'il avait deux angles droits, le troisième angle cesserait d'exister.

Corollaire VI. — *Lorsqu'on connaît deux angles d'un triangle ou leur somme, on détermine le troisième en retranchant cette somme de deux angles droits; ou bien encore, si l'on prolonge un côté quelconque d'un triangle, l'angle formé extérieurement par l'un des côtés et ce prolongement, est égal à la somme des deux autres angles du triangle.*

Corollaire VII. — *Deux lignes qui en rencontrent une troisième, en formant avec celle-ci deux angles droits, ne peuvent se rencontrer;* car, s'il en était autrement, elles formeraient un troisième angle, et constitueraient un triangle qui aurait deux angles droits, ce qui est reconnu impossible.

Corollaire VIII. — *Deux lignes qui en rencontrent une troisième, en formant avec elle deux angles intérieurs dont la somme est moindre que deux angles droits, étant prolongées, se rencontreront,* puisqu'elles sont alors dans les conditions voulues pour former un triangle.

18

Corollaire IX. — *L'égalité de deux angles d'un certain triangle à deux angles d'un autre triangle, entraîne l'égalité du troisième angle.*

Corollaire X. — *Chacun des angles d'un triangle équilatéral est égal au tiers de deux angles droits; ou, ce qui est la même chose, aux deux tiers d'un angle droit.*

Corollaire XI. — *Les deux angles aigus d'un triangle rectangle valent ensemble un angle droit.*

Fig. 58-59, pl. 11.

Scholie. — Soit un polygone ABCDEFG, d'un nombre quelconque de côtés; du sommet de l'un de ses angles pris à volonté, menez aux autres sommets les diagonales AC, AD, etc. Le polygône proposé sera décomposé en autant de triangles partiels qu'il y a de côtés moins deux, car à chaque côté du polygone correspond un triangle élémentaire, à l'exception des deux triangles ABC et AGF qui occupent chacun deux côtés; la somme des angles de chacun de ces triangles étant de deux angles droits, *on peut établir que la somme des angles du polygone est égale à autant de fois deux angles droits, qu'il existe de triangles partiels, c'est-à-dire qu'il a de côtés moins deux :* n étant le nombre des côtés, on exprime généralement la mesure des angles du polygone par la formule $(n - 2)\,2$ droits.

13. — Théorème. — *D'un point donné hors d'une droite, on ne peut abaisser qu'une seule perpendiculaire à cette droite; et si de ce même point on mène sur la droite différentes obliques , 1° la perpendiculaire est plus courte que toute oblique;*
   2° Deux obliques également éloignées du pied de la perpendiculaire sont égales;
   3° De deux obliques inégalement éloignées du pied de la perpendiculaire, celle qui s'en éloigne le plus est la plus longue.

Fig. 40, pl. 11.

Et d'abord, soit CD la perpendiculaire abaissée du point C sur la ligne donnée AB; je dis qu'elle est la seule; car, si l'on supposait qu'il en fût abaissé une seconde CE, on obtiendrait alors un triangle CDE, ayant deux angles droits, ce qui est reconnu impossible; donc il ne peut exister deux perpendiculaires abaissées du même point sur la même ligne; donc CD est la seule perpendiculaire qui puisse être abaissée du point C sur la ligne AB.

Fig. 41, pl. 11.

1° Soit CF une oblique quelconque, je dis qu'elle est plus longue que la perpendiculaire CD, ou que celle-ci est plus courte que l'oblique.

Prolongez la perpendiculaire CD d'une quantité DO égale à elle-même, et joignez FO. Le triangle FDO est égal au triangle FDC, car ils ont un angle droit compris entre deux côtés égaux chacun à chacun ; savoir : OD = CD et DF commun ; donc les côtés OF et CF sont égaux ; mais le triangle OCF donne (n° 4, *p.* 130)

$$OC < OF + FC;$$

donc l'on a aussi

$$\frac{OC}{2} < \frac{OF + FC}{2}, \text{ ou } DC < FC.$$

2° Soit CE une seconde oblique, telle que DE = DF, je dis qu'on aura dans ce cas CE = CF. En effet, les deux triangles rectangles CDE et CDF sont égaux, leurs angles droits se trouvant compris entre côtés égaux ; CE est donc égal à CF. *Fig. 41, pl. II.*

3° Soit enfin AC une troisième oblique, qui s'éloigne plus que CF du pied de la perpendiculaire, joignez AO, le point F étant intérieur au triangle OAC, il donne (n° 5, *p.* 130)

$$OF + FC < OA + AC, \text{ ou } \frac{OF + FC}{2} < \frac{OA + AC}{2},$$

qui, à cause de OF = FC et de OA = AC, se réduit à FC < AC.

Corollaire I. — *La perpendiculaire est la plus courte distance d'un point à une ligne droite,* puisqu'elle est plus courte que les obliques, et que seule elle jouit de cette propriété.

Corollaire II. — *Si l'on élève une perpendiculaire sur le milieu d'une ligne droite, chaque point de la perpendiculaire est également distant des extrémités de cette droite.*

Scholie. — *Un point étant donné sur une ligne droite, on ne saurait élever deux perpendiculaires à cette droite;* car, si la chose était possible, soit DH cette seconde perpendiculaire, l'angle ADH sera alors droit; mais ADC l'est aussi, la partie serait donc égale au tout, ce qui est impossible; donc on ne peut raisonnablement supposer deux perpendiculaires à la ligne AB, au point D. *Fig. 40, pl. II.*

14. — THÉORÈME. — *Deux lignes droites perpendiculaires à une troi-*

sième sont parallèles; c'est-à-dire qu'elles ne peuvent se rencontrer à quel-que distance qu'elles soient prolongées.

Fig. 42, pl. II. Soient AB et CD, deux perpendiculaires à la ligne DE, je dis que ces deux lignes ne peuvent se rencontrer de quelque côté qu'elles soient prolongées; car, si elles se rencontraient en un certain point, O, elles formeraient un triangle avec DE, dont l'angle en O ne peut exister, puisque les angles D et E sont droits; donc ces deux lignes sont parallèles.

Fig. 43, pl. II. Corollaire I. — Par le point D, soit menée la ligne DF coupant les deux parallèles dans une direction autre que DE. La somme des deux angles aigus du triangle rectangle DEF, est égale à un droit (n° 12, corollaire XI, *p.* 138), et l'angle EDB l'est réellement; ainsi l'on a

$$\text{EFD} + \text{EDF} + \text{EDB} = 2 \text{ droits, ou EFD} + \text{FDB} = 2 \text{ droits.}$$

En imaginant au point F une perpendiculaire aux deux parallèles, on démontrerait également que

$$\text{CFD} + \text{ADF} = 2 \text{ droits.}$$

C'est-à-dire que deux parallèles coupées par une sécante, forment avec celle-ci deux angles intérieurs d'un même côté, dont la somme est égale à deux droits.

Corollaire II. — La ligne AB étant droite, et rencontrée par une autre droite DG, on a (n° 3, *p.* 127)

$$\text{ADG} + \text{GDB} = 2 \text{ droits.}$$

Mais on a aussi, d'après le corollaire précédent,

$$\text{CFD} + \text{ADF} = 2 \text{ droits};$$

donc $$\text{CFD} + \text{ADF} = \text{ADG} + \text{GDB}.$$

Fig. 43, pl. II. Retranchant d'une part ADF, et de l'autre son égal GDB, il reste

$$\text{CFD} = \text{ADG};$$

on démontrerait également que

$$\text{GDB} = \text{DFE}.$$

Et qu'enfin les quatre angles aigus

$$\text{GDB, ADF, DFE, CEH,}$$

sont égaux entr'eux, et qu'il en est ainsi des quatre angles obtus

$$ADG, FDB, CFD, EFH.$$

Et l'on peut remarquer qu'en les ajoutant ensemble, deux à deux, on obtient constamment deux angles droits.

Les angles ADF et DFE, se nomment *alternes-internes*.   Fig. 43, pl. II.
Les angles GDB et DFE, s'appellent *internes-externes*.
Les angles ADG et EFH, s'appellent *alternes-externes*.
Les angles ADF et CFH, *intérieurs d'un même côté*.

Corollaire III. — *Si la somme des angles intérieurs d'un même côté est moindre que deux angles droits, les deux lignes cessent d'être parallèles, et prolongées doivent se rencontrer;* car alors elles forment avec la sécante un triangle, puisque les deux angles à la base étant moindres que deux droits, on ne peut nier l'existence du troisième angle qui se trouve sur le prolongement des deux lignes.

15. — Théorème. — *Deux angles qui ont les côtés parallèles et l'ouver-*   Fig. 44, pl. II.
ture dirigée dans le même sens, sont égaux.

Soient les angles ABC et DEF, dont les côtés sont parallèles; je dis que ces angles sont égaux. En effet, prolongez AB jusqu'à sa rencontre avec EF, en O, les angles ABC et BOF sont égaux comme internes-externes; il en est ainsi de BOF et DEF, donc DEF = ABC.

Corollaire. — L'ouverture des angles doit être dans le même sens, car on voit que l'angle DEK a ses côtés parallèles à ABC, sans être pour cela son égal; mais alors les ouvertures sont opposées, et les deux angles réunis forment deux angles droits.

16. — Théorème. — *Deux lignes parallèles comprises entre deux autres parallèles, sont égales.*

Soient AC et BD, deux parallèles comprises entre deux autres parallèles   Fig. 45, pl. II.
AB et CD. Tirez la diagonale AD; les deux triangles ABD et ACD sont égaux ($n° 6$, *p.* 131), car le côté AD étant commun, l'angle BAD = ADC, à cause des parallèles AB et CD; et l'angle CAD est égal à ADB, parce que AC est parallèle à BD, donc AC = BD, et AB = CD.

Fig. 45, pl. II.

Corollaire I. — La ligne AB étant parallèle à CD, et AC l'étant à BD, il s'ensuit que la figure ABDC est un parallélogramme, *et l'on peut conclure que dans un parallélogramme les côtés opposés sont égaux, et qu'il en est ainsi des angles opposés.*

Corollaire II. — Si l'on joint les points C et B, les triangles AOC et BOD sont égaux (n° 6, *p.* 131), car BD = AC, l'angle CAO = BDO et ACO = DBO, comme alternes-internes; donc AO = OD et CO = OB; *donc les diagonales d'un parallélogramme se coupent mutuellement en parties égales.*

§ II. — DES FIGURES RECTILIGNES SEMBLABLES, COMPARAISON DES FIGURES ENTR'ELLES, ÉVALUATION DE LEURS AIRES, LIGNES PROPORTIONNELLES, SIMILITUDE DES TRIANGLES, RAPPORTS DES SURFACES.

1. — Deux figures sont semblables quand elles ont les angles égaux chacun à chacun, et les côtés homologues proportionnels; les côtés homologues sont ceux qui occupent la même position dans les deux figures.

On entend par *aire* ou surface d'une figure, le nombre qui exprime combien de fois celle-ci en contient une autre, prise pour unité ou terme de comparaison.

Deux figures sont équivalentes lorsque leurs aires sont égales.

La hauteur d'un parallélogramme est la perpendiculaire mesurant la plus courte distance comprise entre ses deux côtés, qui se nomment *bases.*

La hauteur d'un triangle est la perpendiculaire abaissée du sommet d'un angle sur le côté qui lui est opposé; un triangle peut avoir trois hauteurs, lorsqu'on prend successivement pour base chacun de ses côtés.

La hauteur d'un trapèze est la perpendiculaire qui mesure la distance de ses deux côtés parallèles.

2. — THÉORÈME. — *Les parallélogrammes de même base et de même hauteur sont équivalents.*

Fig. 46, pl. II.

Soient les parallélogrammes ABCD et ABEF, qui ont une base commune AB, et dont les deux autres bases se trouvent placées sur DE, parallèle à

AB ; je dis que ces deux parallélogrammes sont équivalents. En effet, on a dans le premier AB $=$ DC, et dans le second, AB $=$ FE ; donc DC $=$ FE, et en ajoutant aux deux membres une même quantité, CF, DC $+$ CF $=$ FE $+$ CF, ou DF $=$ CE ; mais on a aussi DA $=$ CB et AF $=$ BE, comme côtés opposés de parallélogrammes.

Les triangles DAF et CBE sont donc égaux, comme ayant les trois côtés égaux chacun à chacun ; or, si de la figure totale ABED, on retranche le triangle DAF, et si de la même figure on supprime son égal CBE, les restes devront être égaux ; mais ces deux restes sont précisément les deux parallélogrammes donnés ; donc ces deux parallélogrammes sont égaux.

Corollaire I. — Si l'un des parallélogrammes est rectangle, la propriété qui vient d'être démontrée n'en existe pas moins, et l'on a comme auparavant

$$\text{ABCD} = \text{ABEF}.$$

C'est-à-dire qu'un parallélogramme quelconque est équivalent à un rectangle de même base et de même hauteur.

Corollaire II. — L'égalité des deux triangles ABC et DCB, obtenue en divisant un parallélogramme quelconque par une de ses diagonales, démontre que *tout triangle est moitié du parallélogramme de même base et de hauteur égale ; et ceci fait encore voir que les triangles de même base et de même hauteur sont équivalents.*

3. — Théorème. — *L'aire d'un carré est égale au produit qui résulte de la multiplication de la longueur de son côté par elle-même.*

Soit un carré ABDC, dont le côté a été divisé en un certain nombre de parties égales, et la division répétée sur les trois autres côtés ; il est clair qu'en joignant les points de division correspondants des côtés opposés, on obtiendra autant de suites de carrés partiels, qu'il y aura de divisions sur un côté, et que chacune de ces suites contiendra séparément autant de carrés élémentaires qu'il y a de divisions sur chaque côté du carré proposé.

Ainsi, dans le cas actuel, le côté du carré ayant été divisé en quatre parties égales, il en résulte quatre suites, composées de chacune quatre carrés égaux ; en sorte que l'aire ABCD peut être exprimée par $4 \times 4 = 16$, l'un des carrés partiels O étant pris pour unité superficielle.

Cette vérité est générale, car quelle que soit la longueur du côté AB, il est toujours possible de le supposer divisé en autant de parties égales qu'on pourra le désirer, et le nombre des divisions élevé au carré donnera, dans tous les cas possibles, l'expression de l'aire demandée; ainsi AB étant le côté d'un carré, $\overline{AB}^2$ exprimera son aire.

Scholie. — *Lorsqu'on veut connaître l'aire d'une figure plane quelconque, on prend pour unité ou terme de comparaison le carré qui a pour côté l'unité linéaire.*

On doit remarquer ici que le passage des longueurs aux surfaces, se faisant par le produit de deux lignes, c'est-à-dire par celui du nombre d'unités linéaires contenues dans l'une, multiplié par le nombre d'unités contenues dans l'autre, donne lieu à une nouvelle espèce d'unités, étrangères à celles des facteurs auxquels elles doivent leur origine, puisqu'elles contiennent une dimension de plus.

On doit généralement concevoir une ligne comme exprimant le nombre d'unités et de parties d'unités linéaires qui sont réellement contenues en elle.

4. — **Théorème.** — *L'aire d'un rectangle est égale au produit de sa base par sa hauteur.*

Fig. 50, pl. II.

Soit ABEF un rectangle quelconque; je dis que sa surface est exprimée par $AB \times BE$. En effet, soit prolongé le côté AB d'une quantité BC = BE, et sur la ligne entière AC = AB + BC, construit le carré ACIG; puis, prolongés le côté EF en D, et le côté BE en H. Le carré total se compose de quatre parties distinctes, savoir : du carré EFGH, construit sur la base du rectangle donné, et qui a pour aire $\overline{AB}^2$ (d'après le théorème précédent), parce que GF = FE = AB; du carré BCDE, construit sur la hauteur du rectangle donné, et qui s'exprime par $\overline{BE}^2$; du rectangle proposé, ABEF; et enfin, d'un autre rectangle, DEHI son égal. Cela posé, il est évident que si du carré total, AGIC, on retranche successivement les carrés EFGH et BCDE, il restera la somme des deux rectangles

$$ABEF + DEHI,$$

ou plus simplement 2ABEF, puisque ces deux rectangles sont égaux; cherchons donc l'aire du carré total, et d'abord observons que

$$AC = AB + BC,$$

et à cause de $BC = BE$, que

$$AC = AB + BE;$$

Effectuons la multiplication de $AB + BE$ par $AB + BE$, nous aurons (ch. I, § III , n° 6, *p.* 53)   Fig. 80, pl. II.

$$\overline{AB}^2 + 2AB \times BE + \overline{BE}^2,$$

qui exprime l'aire du carré total, laquelle devient

$$2AB \times BE,$$

lorsqu'on a retranché successivement les deux carrés ; ce reste contient, ainsi qu'il a été dit, le double du rectangle proposé ; et en le divisant par 2, on obtient définitivement

$$AB \times BE$$

pour l'aire demandée.

Corollaire I. — Soient deux rectangles quelconques

$$ABCD = AB \times CD \text{ et } EFGH = EF \times GH;$$

divisant les deux égalités, membre à membre, on obtient

$$\frac{ABCD}{EFGH} = \frac{AB \times CD}{EF \times GH},$$

qui revient à la proportion

$$ABCD : EFGH :: AB \times CD : EF \times GH.$$

C'est-à-dire que deux rectangles quelconques sont entr'eux comme les produits respectifs de leurs dimensions.

Si l'on a $AB = EF$, la proportion devient

$$ABCD : EFGH :: CD : GH.$$

Donc deux rectangles de même base sont entr'eux comme leurs hauteurs.
Et si l'on a $CD = GH$, il en résulte

$$ABCD : EFGH :: AB : EF.$$

Donc deux rectangles de même hauteur sont entr'eux comme leurs bases.

Corollaire II. — Un parallélogramme quelconque étant équivalent au rectangle de même base et de même hauteur, et ce dernier ayant pour surface le produit de sa base par sa hauteur, on en conclut *que l'aire d'un parallélogramme quelconque est égale au produit de sa base par sa hauteur.*

Corollaire III. — Ainsi que les rectangles, *les parallélogrammes de même base sont entr'eux comme leurs hauteurs, et réciproquement les parallélogrammes de même hauteur sont entr'eux comme leurs bases.*

Corollaire IV. — Tout triangle étant moitié du parallélogramme de même base et de même hauteur, on en déduit *que l'aire d'un triangle est égale au produit de sa base par la moitié de sa hauteur,* et qu'en conséquence, *les triangles de même base sont entr'eux comme leurs hauteurs, et réciproquement.*

Fig. 51, pl. II. Corollaire V. — *L'aire d'un trapèze est égale à sa hauteur, multipliée par la moitié de la somme des deux bases parallèles.* En effet, la diagonale BC divise le trapèze ABDC en deux triangles, ABC et BDC, dont le premier a pour mesure

$$\frac{AB}{2} \times CH,$$

et l'autre,

$$\frac{CD}{2} \times CH;$$

et en ajoutant les deux expressions, on obtient

$$\frac{AB + CD}{2} \times CH.$$

Scholie. — Toutes les surfaces rectilignes peuvent être décomposées en carrés, rectangles, parallélogrammes, triangles et trapèzes, dont la somme équivaut à leur aire; ce qui vient d'être démontré suffit donc pour déterminer l'aire d'une figure rectiligne quelconque.

Fig. 50, pl. II. Corollaire VI. — Nous venons de voir, en cherchant l'expression de l'aire du carré ACIG, que le carré construit sur

$$AB + BE = \overline{AB}^2 + 2AB \times BE + \overline{BE}^2,$$

ce qui démontre *que le carré construit sur la somme de deux lignes, se compose du carré de la première, de deux fois le rectangle ayant l'une pour base, et l'autre pour hauteur; plus enfin, du carré de la seconde.* Ce principe démontré en algèbre, sous un point de vue général, n'est ici spécialement appliqué qu'aux lignes, et ce serait excéder les limites de la géométrie que de prétendre lui donner une plus grande extension.

Corollaire VII. — La ligne AB étant la différence entre les deux lignes AC et BC, faites la même construction que précédemment, et de plus le carré extérieur EFGH, égal à IDLK, ou à $\overline{BC}^2$. *Fig. 52, pl. II.*

Les deux rectangles BCKI et IDFG sont égaux, et ont pour mesure

$$AC \times BC,$$

en sorte qu'ils peuvent être exprimés ensemble par

$$2AC \times BC.$$

Le carré ABDE ou $(AC - BC)^2$ est égal à la figure entière, ou

$$\overline{AC}^2 + \overline{BC}^2,$$

diminuée des deux rectangles dont il vient d'être parlé; en sorte qu'on a

$$(AC - BC)^2 = \overline{AC}^2 + \overline{BC}^2 - 2AC \times BC.$$

C'est-à-dire que le carré construit sur la différence de deux lignes, est égal au carré fait sur la première, plus celui construit sur la seconde, moins deux fois le rectangle qui a la première pour base et la seconde pour hauteur.

On pourrait également se convaincre que le rectangle ayant la somme de deux lignes pour base et leur différence pour hauteur, *est égal à la différence des carrés de ces lignes;* en sorte que l'on a

$$(AB + BC) \times (AB - BC) = \overline{AB}^2 - \overline{BC}^2;$$

ce fait, ainsi que le précédent, peuvent être confirmés à l'aide de la multiplication algébrique, car a et b représentant deux quantités quelconques, nombres, lignes, surfaces, volumes, etc., on a (chap. I, § III, n° 15, *p.* 64)

$$1° \ (a - b)(a - b) = a^2 - 2ab + b^2;$$
$$2° \ (a + b)(a - b) = a^2 - b^2.$$

5. — Théorème. — *Le carré fait sur l'hypoténuse d'un triangle rec-*
tangle, est égal à la somme des carrés formés sur les deux autres
côtés.

Fig. 55, pl. II. Le triangle ABC étant rectangle en C, je dis que le carré ABIH construit
sur l'hypoténuse AB, est égal à la somme ADEC + CBGF des carrés faits
sur les deux autres côtés AC et CB.

Du point C, sommet de l'angle droit, soit abaissée CO, perpendiculaire à
l'hypoténuse AB et prolongée jusqu'au point K, puis menées les diagonales
CH et DB.

L'angle obtus CAH se compose de l'angle CAB, augmenté de l'angle droit
BAH.

L'angle DAB se compose du même angle CAB, augmenté de l'angle droit
DAC; on a donc angle CAH = DAB.

Le côté DA du triangle DAB, est égal au côté AC du triangle CAH, puisque
ces deux lignes sont les côtés d'un même carré, et le côté AB = AH pour
la même raison. Ces deux triangles sont donc égaux, comme ayant un angle
égal compris entre deux côtés égaux chacun à chacun.

Mais le triangle CAH est équivalent à la moitié du rectangle AOKH, puisqu'ils ont même base et même hauteur; et le triangle DAB équivaut à la
moitié du carré ACED, car la ligne ECB étant droite, ils ont même hauteur
et même base.

Le rectangle AOKH double du triangle CAH, est donc équivalent au carré
ACED, double du triangle DAB.

On démontrerait également que le carré BCFG, est équivalent au rectangle
OBIK; et comme la somme de ces deux rectangles est égale au carré ABIH,
on a

$$ABIH = ADEC + BCFG,$$

ou plus simplement,

$$\overline{AB}^2 = \overline{AC}^2 + \overline{BC}^2;$$

résultat qu'il s'agissait d'obtenir.

Corollaire I. — En extrayant la racine carrée des deux membres de cette
égalité, elle devient

$$AB = \sqrt{\overline{AC}^2 + \overline{BC}^2}.$$

C'est-à-dire que dans tout triangle rectangle l'hypoténuse est égale à la racine carrée de la somme des carrés formés sur les deux côtés de l'angle droit.

Corollaire II. — On tire également du résultat précédent,

$$\overline{AC}^2 = \overline{AB}^2 - \overline{BC}^2;$$

puis en prenant la racine carrée des deux membres,

$$AC = \sqrt{\overline{AB}^2 - \overline{BC}^2}.$$

Donc dans un triangle rectangle, l'un quelconque des côtés de l'angle droit, est égal à la racine carrée de la différence des carrés construits sur l'hypoténuse et sur l'autre côté.

Corollaire III. — Si les deux côtés de l'angle droit sont égaux, le triangle rectangle est alors la moitié du carré, dont la diagonale est précisément l'hypoténuse, et l'expression

$$\overline{AB}^2 = \overline{AC}^2 + \overline{BC}^2,$$

devient

$$\overline{AB}^2 = 2\overline{AC}^2.$$

Donc le carré construit sur la diagonale d'un carré, est double de celui fait sur le côté de ce carré.

Corollaire IV. — De la dernière égalité on tire

$$AB = \sqrt{2\overline{AC}^2}.$$

La diagonale est donc égale à la racine carrée de deux fois le carré construit sur le côté.

Soit un carré ABCD, dont le côté est égal à l'unité linéaire, on aura   Fig. 54, pl. II.

$$\overline{AC}^2 = 1^2 + 1^2, \text{ ou } \overline{AC}^2 = 2;$$

puis en prenant la racine carrée des deux membres,

$$AC = \sqrt{2} = 1.4142135623730995, \text{ etc.}\dots$$

Le côté du carré est donc à sa diagonale, comme 1 est à la racine carrée de 2; c'est-à-dire que ces deux quantités sont incommensurables.

Corollaire V. — Soit le même carré ABCD, dont le côté est égal à 1; ses diagonales AB et CD seront égales chacune à la racine carrée de 2. Si l'on imagine que les sommets A et B se rapprochent du point intérieur O , sans cependant s'écarter de la direction AB, les quatre côtés du carré ne changeant pas de longueur, les points C et D s'éloigneront du point O en suivant les directions OG et OH ; enfin, lorsque le point A arrivera en O, et qu'il en sera de même du point B, c'est-à-dire que la diagonale AB sera nulle, celle GH aura obtenu son maximum de grandeur, et sera égale à deux fois le côté du carré ou à 2 ; il est facile de s'apercevoir que le carré proposé se transforme ainsi en une infinité de lozanges dont les angles varient à chaque instant, ainsi que les diagonales, tandis que les côtés sont constamment égaux entr'eux et à ceux du carré générateur. Il est aisé de connaître les limites entre lesquelles sont comprises les diagonales ; la plus grande est toujours comprise entre $\sqrt{2}$ et le nombre 2, et la plus petite, entre $\sqrt{2}$ et 0.

Les deux diagonales d'un lozange étant données, il sera toujours facile de remonter au côté du carré auquel il doit son origine. Car, dans le lozange GEHF, on a, à cause du triangle rectangle EOH,

$$\text{EH} = \sqrt{\overline{\text{EO}}^2 + \overline{\text{OH}}^2} = \text{EH} = \text{AD}.$$

Corollaire VI. — Le rectangle AOKH ayant même base que le carré ABIH, leurs aires seront entr'elles comme les hauteurs ; on aura donc, à cause de la relation existante entre le rectangle AOKH et le carré ADEC ,

$$\overline{\text{AB}}^2 : \overline{\text{AC}}^2 :: \text{AB} : \text{AO}.$$

C'est-à-dire que le carré fait sur l'hypoténuse est au carré fait sur un des côtés de l'angle droit, comme l'hypoténuse entière est au segment adjacent à ce côté.

Corollaire IV. — Les deux rectangles AOKH et OBIK ayant même base, sont entr'eux comme leurs hauteurs, et en observant que ces deux rectangles sont équivalents aux carrés correspondants, par lesquels ils peuvent être remplacés en cette circonstance , on obtient

$$\overline{\text{AC}}^2 : \overline{\text{BC}}^2 :: \text{AO} : \text{OB}.$$

Les aires des carrés construits sur les côtés de l'angle droit d'un triangle rectangle, sont donc entr'elles, comme les segments de l'hypoténuse adjacents à ces côtés.

On entend par *segment* la partie de l'hypoténuse comprise entre le pied de la perpendiculaire et l'un quelconque des côtés de l'angle droit.

6. — THÉORÈME. — *La ligne menée parallèlement à la base d'un triangle divise les deux autres côtés en parties proportionnelles, et réciproquement.*

Soit le triangle ABC, dans lequel la ligne DE est parallèle à BC; je dis qu'on aura   Fig. 56, pl. II.

$$AD : DB :: AE : EC.$$

Joignez BE et DC; les triangles BDE et CED ont même base DE; leurs hauteurs sont aussi égales, puisque les sommets B et C sont situés sur une même parallèle à DE. Ces deux triangles sont donc équivalents.

Les deux triangles ADE et BDE, dont le sommet commun est E, ont même hauteur; ils sont donc entr'eux comme leurs bases, et donnent

$$ADE : BDE :: AD : DB.$$

Les deux triangles ADE et CED, dont le sommet commun se trouve au point D, ont même hauteur, et par conséquent sont entr'eux comme leurs bases; en sorte qu'on a

$$ADE : CED :: AE : EC.$$

Et le triangle BDE étant égal à CED, il s'ensuit que les deux premiers rapports de ces proportions sont les mêmes, et qu'en conséquence les deux autres rapports sont en proportion, ce qui donne

$$AD : DB :: AE : EC.$$

Réciproquement, *si deux côtés d'un triangle sont coupés en parties pro-* *portionnelles par une ligne, cette ligne est parallèle au troisième côté du* *triangle;* car s'il en était autrement, et que la ligne DE ne fût pas parallèle à BC, soit DO cette parallèle, on aura alors la proportion   Fig. 57, pl. II.

$$AD : DB :: AO : OC.$$

Mais, d'après l'énoncé, on a

$$AD : DB :: AE : EC;$$

et ces deux proportions ayant un rapport commun, les deux autres rapports donnent

$$AO : OC :: AE : EC,$$

relation qui ne saurait exister puisque l'inspection de la figure seule démontre que le premier antécédent AO est plus petit que le second antécédent AE,

152   GÉOMETRIE.

tandis que le contraire existe relativement aux conséquents; donc la ligne
supposée DO, ne peut être différente de DE, parallèle à BC.

Corollaire I. — Dans la proportion AD : DB :: AE : EC, le premier antécédent plus son conséquent est à ce premier antécédent, comme le second
antécédent augmenté de son conséquent est à ce second antécédent (chap. I,
§ VII, n° 4, p. 95 et 96). Ainsi l'on a

$$AB : AD :: AC : AE.$$

Le même principe appliqué aux conséquents donnerait la proportion

$$AB : DB :: AC : EC.$$

Corollaire II. — *Si deux lignes droites concourant en un même point,
sont coupées par un nombre quelconque de parallèles, ces droites sont
coupées proportionnellement;* en sorte qu'on a

$$AB : GH :: BC : HI :: CD : IJ :: DE : JK :: EF : KL.$$

En effet, le point de concours étant en R, le triangle RBH donne, à cause
de la parallèle AG,

$$RB : RH : AB : GH;$$

et le triangle RCI donne

$$RB : RH :: BC : HI;$$

et l'on a, à cause du rapport commun, la proportion suivante entre les seconds
rapports :

$$AB : GH :: BC : HI.$$

On démontrerait de même que

$$BC : HI :: CD : IJ;$$

et en continuant ainsi, on obtiendrait la suite de rapports qui viennent d'être
énoncés plus haut.

Les lignes RF et RL sont donc divisées proportionnellement par les parallèles,

$$AG, BH, CI, DJ, etc…$$

Scholie. — Si les parties RG, GH, HI, IJ, etc., sont égales entr'elles, les
parties correspondantes RA, AB, BC, CD, etc., le seront aussi; on divisera donc
une ligne donnée RF, en tant de parties égales que l'on voudra, en formant à
l'une des extrémités R de cette ligne, un angle quelconque, FRL; puis en
portant de R en L autant de longueurs que l'on veut obtenir de divisions

égales; puis en joignant la dernière division L à l'autre extrémité de la ligne donnée, et enfin, en menant par tous les autres points des parallèles à LF, lesquelles diviseront la ligne donnée.

7. — THÉORÈME. — *Toute ligne qui divise en deux parties égales l'angle au sommet d'un triangle quelconque, divise sa base en deux segments proportionnels aux deux côtés adjacents.*

Soit la ligne BD qui divise en deux également l'angle ABC, je dis qu'on a   Fig. 59, pl. II.
$$AD : DC :: AB : BC.$$

Par le point C, imaginez CO, parallèle à BD, se terminant à sa rencontre avec le côté AB, prolongé en O. La ligne BD étant parallèle à la base OC, le triangle AOC donne (§ II, n° 6, p. 151)
$$AD : DC :: AB : BO.$$

Les deux lignes BD et OC étant parallèles, l'angle ABD = BOC (§ I, n° 15, p. 141); mais ABD = DBC = BCO (§ I, n° 14, coroll. II, p. 141); donc BOC = BCO; donc le triangle BCO est isocèle; donc enfin, OB = BC ; et en mettant dans la proportion déjà obtenue, BC à la place de son égal OB, elle devient
$$AD : DC :: AB : BC.$$

8. — THÉORÈME. — *Deux triangles qui sont équiangles ont les côtés homologues proportionnels, et sont par conséquent semblables.*

Si dans les deux triangles AEB et BDC, on a entre les angles les relations suivantes :   Fig. 60, pl. II.
$$EAB = DBC, \quad AEB = BDC \text{ et } EBA = DCB,$$
je dis que les côtés homologues sont proportionnels, c'est-à-dire que l'on a
$$AB : BC :: AE : BD :: BE : CD.$$

Après avoir disposé les deux triangles de manière à ce que le point B, se trouvant commun, le côté BC soit sur la ligne AB prolongée, et que les deux autres côtés pris dans l'un quelconque des triangles, occupent des directions parallèles à leurs homologues dans l'autre, prolongez chacun des côtés AE et CD jusqu'à leur rencontre en F,

Les lignes AF et BD, ainsi que EB et FC étant parallèles, la figure BDFE est un parallélogramme, et l'on a BD = EF, puis BE = DF.

Si maintenant on considère le triangle ACF, on a, BE étant parallèle à sa base CF,
$$AB : BC :: AE : EF,$$

154 GÉOMÉTRIE.

ou bien en remplaçant EF par BD,

$$AB : BC :: AE : BD.$$

Le même triangle ACF donne, parce que la ligne BD est parallèle à AF,

$$AB : BC : FD : DC,$$

et en remplaçant FD par BE,

$$AB : BC :: BE : DC.$$

Les deux premiers rapports de ces proportions étant les mêmes, les deux seconds rapports sont en proportion, et l'on a

$$AE : BD :: BE : DC.$$

Donc les triangles équiangles ont leurs côtés homologues proportionnels.

Fig. 61, pl. II.

Réciproquement, *si deux triangles ont les côtés homologues proportionnels, ils sont aussi équiangles, et par conséquent semblables.*

Supposons qu'on ait entre les deux triangles ABC et DEF, cette relation

$$AB : DE :: AC : DF :: BC : EF;$$

je dis qu'il existe entre les angles correspondants les égalités suivantes, savoir :

$$CAB = FDE, ACB = DFE \text{ et } CBA = FED;$$

faisons au point D, l'angle EDG = BAC, au point E l'angle DEG = ABC; le troisième angle DGE sera nécessairement égal au troisième ACB (§ 1, n° 12, corol. IX, *p.* 138); les deux triangles ABC et DEG sont donc équiangles, et fournissent, d'après ce qui vient d'être dit,

$$AB : DE :: AC : DG;$$

mais cette proportion ayant les trois premiers termes egaux aux trois premiers termes de celle supposée, il en résulte que les quatrièmes termes ne peuvent qu'être égaux; ainsi DG = DF; on démontrerait également que GE = FE; donc les deux triangles DFE et DGE, qui ont les trois côtés égaux, sont égaux; donc leurs angles sont égaux chacun à chacun, et à ceux du triangle ABC.

Scholie. — Dans deux triangles semblables, les côtés homologues sont opposés aux angles égaux et réciproquement; ces relations sont tellement liées entr'elles, que l'existence de l'une est essentiellement dépendante de l'autre, de telle sorte que les côtés ne peuvent être proportionnels, sans que les angles qui leur sont opposés soient égaux, et que les angles ne sauraient être égaux, sans entraîner la proportionnalité des côtés qui leur sont opposés.

9. — THÉORÈME. — *Deux triangles qui ont un angle égal, compris entre côtés proportionnels, sont semblables.*

Si dans les triangles ABC et DEF, on a l'angle BAC = EDF, que de plus   Fig. 62, pl. II.
on ait la proportion

$$AB : DE :: AC : DF,$$

je dis que ces deux triangles sont semblables.

En effet, prenez AG = DE; puis par le point G, menez GH parallèle à BC, les triangles AGH et ABC sont équiangles; et l'on a la proportion

$$AB : AG :: AC : AH.$$

Mais en comparant cette dernière proportion à celle admise dans l'hypothèse d'où l'on est parti, on voit que les antécédents de chaque rapport sont respectivement égaux, et qu'il en est de même des conséquents des premiers rapports, puisque par construction AG = DE; et on en conclut que AH = DF.

Donc le triangle AGH est égal au triangle DEF (§ I, n°7, *p.* 131), et comme le premier est semblable au triangle ABC, il en est de même du second.

10. — THÉORÈME. — *Deux triangles qui ont les côtés homologues parallèles, ou qui les ont perpendiculaires, sont semblables.*

Dans le premier cas, les angles du triangle ABC sont égaux, chacun à   Fig. 63, pl. II.
chacun, à ceux du triangle DEF, car ils ont les côtés parallèles et les ouvertures dirigées dans le même sens (§ I, n° 15, *p.* 141).

Dans le second cas, on observera que la somme des quatre angles du qua-   Fig. 64, pl. II.
drilatère BDIE, est égale à quatre angles droits (§ I, n° 12, scholie, *p.* 138);
et que ID et IE étant perpendiculaires sur AB et BC, on a

$$DBE + DIE = 2 \text{ droits};$$

et comme on a également

$$DIH + DIE = 2 \text{ droits} (§ I, n° 3, p. 127);$$

il s'ensuit que DIH = DBE; on prouverait également que BAC = HGI, et que ACB = GHI; donc les triangles ABC et IGH sont équiangles, et par conséquent semblables.

11. — THÉORÈME. — *La perpendiculaire abaissée de l'angle droit d'un triangle rectangle sur l'hypoténuse, le divise en deux triangles semblables entr'eux et au triangle total;*

Chaque côté du triangle total est moyen proportionnel entre l'hypoténuse entière et le segment adjacent ;

Et enfin, la perpendiculaire est moyenne proportionnelle entre les deux segments de l'hypoténuse.

Fig. 65. pl. II.

Les triangles rectangles BAC et BDA ont l'angle en B commun ; donc l'angle aigu BAD = BCA (§ 1, n° 12, coroll. IX , *p.* 138), et ils sont équiangles et semblables.

Le triangle ABD et le triangle ACD ayant les angles BAD et ACD égaux, ont nécessairement leur troisième angle égal, de part et d'autre, et sont également semblables.

Les triangles ABD et CBA donnent, les deux premiers termes étant pris dans le triangle ABD,

$$BD : AB :: AB : AC.$$

Les triangles CDA et CAB donnent, par la même raison,

$$CD : CA :: CA : CB.$$

Donc chaque côté de l'angle droit est moyen proportionnel entre l'hypoténuse et le côté qui lui est adjacent.

Les triangles semblables ABD et CAD fournissent

$$BD : AD :: AD : DC.$$

Donc la perpendiculaire est moyenne proportionnelle entre les deux segments de l'hypoténuse.

12. — **Théorème.** — *La surface moyenne proportionnelle entre les aires de deux parallélogrammes semblables, est égale à l'aire d'un troisième parallélogramme ayant pour base celle de l'un quelconque des parallélogrammes donnés, et pour hauteur, la hauteur de l'autre.*

Fig. 66 , pl. II.

Soient les deux parallélogrammes ABDC et EFGC qui donnent la proportion

$$CG : CD :: EO : BP;$$

je dis qu'on a en même temps,

$$ABDC : EHDC :: EHDC : EFGC,$$

après avoir prolongés les côtés EF jusqu'en H, et GF en I.

Les deux parallélogrammes EFGC et EHDC ont même hauteur EO, ils Fig. 66, pl. II.
sont donc entr'eux comme leurs bases (§ II, n° 4, corol. III, p. 146) et donnent la proportion

$$\text{EFGC : EHDC :: CG : CD.}$$

Les deux parallélogrammes EHDC et ABDC ont même base CD, ils sont
donc entr'eux comme leurs hauteurs, et donnent en conséquence

$$\text{EHDC : ABDC :: EO : BP.}$$

Mais par hypotèse,

$$\text{CG : CD :: EO : BP,}$$

ce qui permet d'établir

$$\text{EHDC : ABDC :: CG : CD,}$$

puis enfin, en combinant cette dernière proportion avec la première,

$$\text{EFGC : EHDC :: EHDC : ABDC.}$$

Le parallélogramme EHDC, est donc moyen proportionnel entre les deux
parallélogrammes proposés; et ainsi que cela avait été avancé, ce dernier est
construit sur la base du second et la hauteur du premier.

  On démontrerait de la même manière que

$$\text{EFGC : AIGC :: AIGC : ABDC.}$$

Corollaire I. — *La surface moyenne proportionnelle entre les aires de
deux carrés est un rectangle, ayant pour base le côté de l'un quelconque
des carrés donnés, et pour hauteur celui de l'autre;* car, soit A le côté d'un
carré, a celui d'un autre, x représentant la moyenne proportionnelle entre
leurs surfaces, on a, d'après ce qui vient d'être démontré,

$$A^2 : x :: x : a^2;$$

d'où $x^2 = A^2 \times a^2$, et en extrayant la racine carrée des deux membres,

$$x = \sqrt{A^2 \times a^2} = A \times a.$$

Corollaire II. — Si l'on divise tous les termes de l'une quelconque des pro- Fig. 66, pl. II.
portions précédentes par 2, de la première par exemple, elle deviendra

$$\frac{\text{EFGC}}{2} : \frac{\text{EHDC}}{2} :: \frac{\text{EHDC}}{2} : \frac{\text{ABDC}}{2}.$$

Mais chacun des termes représentant un triangle de même base et de même hauteur que le parallélogramme dont il fait partie, peut être remplacé par ce triangle lui-même, et la proportion devient

$$EGC : EDC :: EDC : ADC.$$

C'est-à-dire que la moyenne proportionnelle entre les aires de deux triangles semblables est égale à celle d'un troisième triangle, ayant pour base celle de l'un quelconque des triangles donnés, et pour hauteur la hauteur de l'autre.

13. — Théorème. — *Lorsque deux triangles ont un angle égal, leurs aires sont entr'elles comme celle des rectangles construits sur les côtés qui comprennent cet angle.*

Fig. 67, pl. II.

Les deux triangles ABC et ADE, ayant l'angle A égal, peuvent être disposés comme la figure les représente, et je dis qu'ils donnent

$$ABC : ADE :: AB \times AC : AD \times AE.$$

Car, si l'on joint BE, les deux triangles ABE et ADE ont même hauteur puisqu'ils ont leur sommet commun au point E; ils sont donc entr'eux comme leurs bases (§ II, n° 4, corollaire IV, p. 146), et donnent

$$ABE : ADE :: AB : AD.$$

Les deux triangles ABC et ABE qui ont leur sommet commun en B, donnent par la même raison,

$$ABC : ABE :: AC : AE.$$

Multipliant terme à terme ces deux proportions, on obtient

$$ABE \times ABC : ADE \times ABE :: AB \times AC : AD \times AE.$$

Les deux premiers termes du premier rapport ayant le facteur commun ABE, il est permis de le supprimer, et l'on a enfin

$$ABC : ADE :: AB \times AC : AD \times AE.$$

14. — Théorème. — *Deux triangles semblables sont entr'eux comme les carrés des côtés homologues.*

Fig. 68, pl. II.

Les deux triangles ABC et ADE étant semblables, peuvent être placés de manière à ce que l'angle A soit commun, et la base DE de l'un, parallèle à celle BC de l'autre, les deux angles en A étant égaux, ces deux triangles sont entr'eux comme les rectangles construits sur les côtés qui les comprennent, et l'on a (n° 13, $p.$ 158)

$$ABC : ADE :: AB \times AC : AD \times AE;$$

puis à cause de la similitude des mêmes triangles, on a la proportion

$$AB : AD :: AC : AE,$$

qui devient

$$AB \times AC : AD :: \overline{AC}^2 : AE,$$

en multipliant les antécédents par AC.

Multipliant ensuite les conséquents par AE, on obtient le nouveau résultat

$$AB \times AC : AD \times AE :: \overline{AC}^2 : \overline{AE}^2.$$

Mais cette dernière proportion ayant son premier rapport égal au second rapport de la première, on peut le remplacer par le premier rapport de celle-ci, en sorte que la dernière proportion devient

$$ABC : ADE :: \overline{AC}^2 : \overline{AE}^2; \text{ donc, etc....}$$

15. — THÉORÈME. — *Les périmètres des polygones semblables sont entr'eux comme les côtés homologues, et leurs aires sont entr'elles comme les carrés de ces mêmes côtés.*

D'après la définition des figures semblables, on a

Fig. 69, pl. II.

$$AB : ab :: BC : bc,$$
$$CD : cd :: DE : de,$$
$$EF : ef :: FA : fa.$$

Puis en observant que, dans une suite de rapports égaux, la somme d'un certain nombre d'antécédents est à celle d'un pareil nombre de conséquents, comme un antécédent est à son conséquent (ch. I, § VII, n° 5, $p.$ 98), on aura

$$AB + BC + CD + DE + EF + FA : ab + bc + cd + de + ef + fa :: AB : ab.$$

Les périmètres sont donc entr'eux comme les côtés homologues.

Si maintenant on joint l'un quelconque des angles du premier polygone, à ses autres sommets par les diagonales AC, AD, AE, et que l'on répète la même opération dans le polygone semblable *abcdef*, ils seront ainsi, l'un et l'autre,

divisés en un nombre égal de triangles semblables et semblablement placés;
semblables, car le triangle ABC par exemple, comparé au triangle abc, présente l'angle $B = b$, compris l'un et l'autre entre côtés proportionnels; donc le côté AC est proportionnel au côté ac, et l'angle $BCA = bca$.

Le triangle ACD est aussi semblable au triangle acd, car si des angles $BCD = bcd$ on retranche les deux angles $BCA = bca$, il reste $ACD = acd$; et comme les côtés CD et cd sont proportionnels, les deux triangles ont un angle égal compris entre côtés proportionnels; et sont semblables (n° 9, p. 135). On pourrait, en continuant ainsi, démontrer que les autres triangles qui composent le polygone ABCDEF, sont semblables à leurs correspondants dans le polygone $abcdef$. Cela posé, nous allons passer à la seconde partie de la démonstration.

Fig. 69, pl. II.

Les triangles ABC et abc étant semblables donnent (n° 14, p. 158),

$$ABC : abc :: \overline{AC}^2 : \overline{ac}^2;$$

puis ACD et acd donnent de même

$$ACD : acd :: \overline{AC}^2 : \overline{ac}^2;$$

mais à cause du rapport commun, l'on a

$$ABC : abc :: ACD : acd.$$

On démontrerait de même que

$$ADE : ade :: AEF : aef.$$

Et de cette suite de rapports égaux, on pourra déduire que la somme des antécédents est à la somme des conséquents, comme un antécédent ABC est à son conséquent abc, ou comme $\overline{AC}^2 : \overline{ac}^2$; c'est-à-dire qu'on aura définitivement

$$ABC + ACD + ADE + AEF : abc + acd + ade + aef : \overline{AC}^2 : \overline{ac}^2.$$

Or, la somme des triangles formant le premier terme, n'est autre chose que l'aire du premier polygone; la somme de ceux qui composent le second terme est précisément l'aire du second; *on peut donc conclure que les aires des polygones semblables, sont entr'elles comme les carrés des côtés homologues.*

Corollaire. — ***Deux polygones semblables sont composés d'un nombre***

égal de triangles aussi semblables chacun à chacun, et semblablement placés dans l'une et l'autre figure.

Scholie. — La similitude des triangles dont se composent séparément   Fig. 69, pl. II.
deux polygones semblables, entraîne la proportionnalité des diagonales correspondantes dans l'une et l'autre figure; ainsi, on a démontré que AC est proportionnelle à *ac*, AD à *ad*, et ainsi des autres. *Il résulte de ceci, que deux lignes semblablement placées sur deux figures semblables, sont proportionnelles.* Ce principe est essentiellement utile dans la pratique de la Géométrie, et plus particulièrement pour la vérification des plans. Nous aurons occasion de le rappeler en temps opportun.

§ III. — DES LIGNES COURBES EN GÉNÉRAL, ÉVALUATION DES AIRES QU'ELLES RENFERMENT.

Considérations et Définitions générales, la Circonférence du cercle, Mesure des angles, l'Ellipse, la Parabole et l'Hyperbole.

1. — Un point matériel qui reçoit une impulsion instantanée, suivant une direction quelconque, la suit immédiatement; mais si, en même temps, une autre cause agissant aux mêmes instants que la précédente et dans une direction différente, vient communiquer au même point un second mouvement, il ne suit alors aucune des directions rectilignes qui lui étaient séparément réservées, mais bien une nouvelle ligne qui dépend à la fois de l'une et de l'autre, et dont les parties les plus rapprochées occupent successivement des directions différentes; cette génération mécanique des lignes courbes indique assez que leur nombre est illimité.

On se bornera toutefois à l'étude de celles dont les définitions bien comprises ont permis, jusqu'à ce jour une étude approfondie, et qui se trouvent communément employées dans les arts. Quant à celles qui n'ont été considérées que sous le point de vue scientifique, et qui se trouvent sans application directe dans les arts qui nous occupent, nous avons pensé que l'étude de leurs propriétés ne saurait faire partie de cet ouvrage, qui est spécial.

La ligne courbe est donc celle qui change de direction pour chacun de ses points (§ I, Définition , *p.* 124).

On appelle *arc,* une portion déterminée d'une courbe quelconque.

Corde ou *sous-tendante,* la ligne droite qui joint les extrémités d'un arc.

On entend par *centre* un point intérieur à une courbe, et qui divise en deux parties égales toutes les cordes qui passent par ce point.

Toute droite passant par le centre et se terminant , de part et d'autre, à la courbe, s'appelle *diamètre.*

L'*axe* d'une courbe est la ligne droite qui divise en deux parties égales toutes les cordes qui lui sont perpendiculaires.

Une ligne qui n'a qu'un point commun avec une courbe, s'appelle une *tangente,* et le point commun, *point de contact.*

On entend par *ordonnée,* toute perpendiculaire abaissée d'un point quelconque de la courbe, sur une ligne prise dans son plan ; c'est ordinairement sur un axe.

On appelle *abscisse* la partie de l'axe comprise entre le pied de l'ordonnée et le sommet de la courbe.

L'abscisse et l'ordonnée s'appellent d'un nom commun , les *coordonnées.*

La *normale* à une courbe, est la perpendiculaire à la tangente, élevée au point de contact.

On appelle *sécante,* une ligne qui coupe une courbe en plusieurs points.

Deux courbes sont semblables, lorsqu'il est possible de construire dans l'une et dans l'autre, un polygone semblable, de manière cependant à ce que les sommets soient respectivement placés sur la courbe ; les deux polygones sont dits *inscrits à la courbe.*

Un polygone dont tous les côtés sont des tangentes à une courbe, est *circonscrit* à cette courbe.

De la Circonférence du Cercle.

Fig. 70, pl. III. **2.** —· La circonférence du cercle est une courbe (tracée sur un plan) dont tous les points sont également éloignés de son centre.

Le *cercle* est l'aire ou surface renfermée par la circonférence.

On appelle *rayon,* la ligne qui joint le centre à un point quelconque de la circonférence ; le nombre des rayons est donc illimité, et ils sont tous égaux.

Le *diamètre* étant la droite qui passe par le centre et se termine dans les deux sens à la circonférence, il s'ensuit que cette courbe a une infinité de diamètres qui sont tous égaux entr'eux et doubles du rayon.

On entend par *segment,* une portion de cercle comprise entre un arc quelconque et la corde par laquelle il est sous-tendu.

Un *secteur* est la partie du cercle comprise entre un arc et les deux rayons qui partent de ses deux extrémités.

Un angle formé par deux cordes et qui a son sommet sur la circonférence, s'appelle *angle inscrit.*

3. — Théorème. — *Tout diamètre divise le cercle et sa circonférence en deux parties égales, et toute corde est plus courte qu'un diamètre.*

1.° Soit ADBE, un cercle dont le diamètre est AB; je dis que la partie ADB est égale à celle AEB, car, cette dernière étant appliquée sur la première, la ligne AB ne cessant pas d'être commune, il ne peut qu'y avoir une coïncidence parfaite sur tous les autres points de la courbe, sans quoi il y aurait sur l'une ou l'autre partie, des points qui se trouveraient inégalement éloignés du centre, ce qui n'est pas admissible.

Fig. 71, pl. III.

2° Joignez les extrémités A et D d'une corde quelconque AD, au centre C, le triangle ADC donne $AD < AC + CD$ (§ I, n° 4, *p.* 130), et comme la somme des rayons $AC + CD$ est précisément égale au diamètre, il en résulte que généralement toute corde est moindre qu'un diamètre.

Scholie. — Une droite ne peut rencontrer une circonférence en plus de deux points, car si elle la rencontrait en trois, par exemple, on pourrait imaginer la jonction de chacun de ces points au centre, et d'après la définition de la circonférence. Ces trois lignes de jonction seraient trois rayons, et par conséquent égales; mais comme il ne peut exister trois lignes égales menées d'un point sur la même droite (§ I, n° 13, *p.* 138), on ne peut supposer qu'une ligne rencontre la circonférence en plus de deux points.

On peut remarquer que si la distance du centre à une ligne droite, est plus grande que le rayon de la circonférence, celle-ci ne peut être rencontrée par cette droite; et que si cette même distance est égale ou plus petite, la ligne touche ou coupe la circonférence.

4. — Théorème. — *Les arcs égaux d'une même circonférence, sont* *sous-tendus par des cordes égales; et de deux arcs inégaux, le plus grand est sous-tendu par la plus grande corde.*

1° Soit l'arc AOB = *aob;* je dis que la corde AB est égale à la corde *ab;* en effet, après avoir divisé en deux parties égales l'arc A*Ia*, et tiré le diamètre ICK, supposons que le demi-cercle IABK tourne sur le diamètre IK pour venir s'appliquer sur son égal I*ab*K : les deux arcs se confondront pour n'en plus former qu'un seul, et le point A tombera sur le point *a*, à cause de la division de l'arc A*Ia;* mais le point B tombera aussi en *b*, parce que AOB = *aob*, et alors la corde AB se confondra avec *ab*, car il ne peut exister qu'une seule ligne droite entre ces deux points; donc les deux cordes sont égales.

2° Supposons maintenant que l'arc AOBD soit plus grand que *aob;* je dis qu'on a également AD > *ab*.

Car, après avoir fait l'arc AOB = *aob*, joignez AC, BC, DC, puis comparez les deux triangles ABC et ADC, les deux côtés AC et BC de l'un sont égaux aux deux côtés AC et CD de l'autre, comme rayons d'une même circonférence; mais l'angle ACB compris entre les deux côtés du premier, est plus petit que l'angle ACD, compris entre les deux côtés de l'autre; donc le troisième côté AB, est plus petit que le troisième côté AD (§ I, n° 8 , *p.* 131 et 132); *donc de deux arcs inégaux, le plus grand est sous-tendu par la plus grande corde.*

Corollaire. — Deux circonférences égales pouvant être superposées exactement, la propriété qui vient d'être démontrée pour des arcs appartenant à la même circonférence, est généralement applicable aux circonférences égales.

Scholie. — On doit remarquer que la même corde sous-tend, à la fois, deux arcs, et que la propriété qui vient d'être démontrée, n'est réellement applicable, lorsqu'il s'agit d'arcs dépendants du même cercle, qu'autant que les arcs comparés ne dépassent pas en grandeur la demi-circonférence.

La réciproque de cette démonstration est également vraie.

5. — Théorème. — *Tout rayon perpendiculaire à une corde, divise cette corde et l'arc qu'elle sous-tend, chacun en deux parties égales.*

Soit la corde AB, sur laquelle on a abaissé la perpendiculaire CD; je dis qu'on a AD = BD; en effet, joignez AC et BC, le triangle ACB est isoscèle, puisque AC = BC, comme rayons d'un même cercle ; donc la perpendiculaire abaissée sur la base, la divise en deux parties égales (§ I, n° 10, scholie, p. 134), et AD = DB ; donc la corde AB est divisée en deux parties égales.

La ligne CDE étant perpendiculaire sur le milieu de AB, un point quelconque de cette perpendiculaire est également éloigné des extrémités (§ I, n° 13, corollaire II, p. 139) ; ainsi, le point E jouit de cette propriété, et l'on a AE = EB ; mais ces deux cordes étant égales d'après la réciproque de la proposition précédente, les arcs qu'elles sous-tendent sont aussi égaux ; donc la perpendiculaire CD prolongée divise la corde et l'arc qu'elle sous-tend en deux parties égales.

Corollaire. — La perpendiculaire élevée sur le milieu d'une corde, passe par le centre de la circonférence ; ceci donne le moyen de trouver le centre d'un cercle donné ; car il suffit de prendre trois points à volonté sur sa circonférence, de les joindre par des lignes droites, pour qu'on obtienne ainsi deux cordes qui jouissent de la propriété qui vient d'être démontrée ; ainsi, le centre devant se trouver sur l'une et l'autre des perpendiculaires élevées sur le milieu de chacune d'elles, sera déterminé par leur rencontre.

Ce même principe s'applique à la solution de cette question : *Déterminer le centre de la circonférence passant par trois points donnés*, A, B, F.

Si les trois points étaient en ligne droite, la solution deviendrait impossible, parce qu'alors les deux perpendiculaires CD et CE, l'étant à une même ligne ABF, seraient parallèles (§ I, n° 14, p. 139 et 140), et le point C ne pourrait plus être déterminé par la rencontre de ces deux lignes, qui n'existe réellement pas.

Fig. 74, pl. III.

Scholie. — Toutes les cordes DE, FG, AB, KM, etc., perpendiculaires à un diamètre OP, sont divisées en deux parties égales ; donc tout diamètre peut être considéré comme un axe de la circonférence.

Fig. 75, pl. III.

6. — Théorème. — *Deux cordes égales appartenant à la même circonférence, sont également éloignées du centre ; et de deux cordes inégales, la plus éloignée est la plus courte.*

Supposons la corde AB égale en longueur à DE ; je dis qu'on aura également CF = CG, ces deux dernières lignes étant respectivement perpendiculaires à AB et à DE.

Fig. 76, pl. III.

Joignons AC et CD ; les deux triangles rectangles ACF et DCG sont égaux, parce que d'abord les hypoténuses AC et DC sont égales comme rayons d'un même cercle, et qu'ensuite le côté AF = DG comme moitié de deux cordes égales; donc CF = CG ; *donc deux cordes égales sont également éloignées du centre.*

Soit maintenant la corde HD plus grande que AB; je dis qu'on a CI < CF.

En effet, d'après cette supposition, l'arc AB est plus petit que l'arc DH ; soit prise sur ce dernier, une portion DE = AB, puis abaissées les perpendiculaires CG et CI; l'oblique CK est plus longue que la perpendiculaire CI (§ 1, n° 13, *p.* 138); donc, à plus forte raison, CI est plus courte que CG ; mais CG = CF, donc CI est plus courte que CF, *donc de deux cordes inégales la plus petite est la plus éloignée du centre.*

7.— THÉORÈME.— *Toute ligne perpendiculaire à l'extrémité d'un rayon, est une tangente à la circonférence, et le rayon prolongé est une normale.*

Fig. 77, pl. III.

Car la ligne droite AB étant perpendiculaire à l'extrémité de CD, ne peut avoir que le seul point D commun avec la circonférence; tout autre que celui-ci I, étant le pied d'une oblique plus longue que CD, lequel est nécessairement extérieur à la courbe.

La ligne CD étant perpendiculaire à AB, il en sera de même de son prolongement DE, qui est alors une normale.

Scholie. — Un point étant donné sur une circonférence, on ne peut lui mener qu'une seule tangente; car s'il était possible d'en admettre plusieurs, elles cesseraient, à l'exception d'une seule, d'être perpendiculaires à l'extrémité du rayon; car il n'en est qu'une qui puisse jouir de cette propriété.

Il serait également absurde de supposer plus d'une normale à un point de la circonférence, parce qu'il n'est possible d'élever qu'une seule perpendiculaire à une ligne par un point donné sur cette ligne.

8. — THÉORÈME. — *Dans la même circonférence ou dans des circonférences égales, les angles égaux dont le sommet est au centre, interceptent sur la courbe, des arcs égaux.*

Fig. 78, pl. III.

Soient deux circonférences égales, dans lesquelles les angles au centre ACB et ECF sont égaux; je dis qu'on a également *arc* ADB = *arc* EGF.

En effet, joignez AB et EF, les deux triangles CAB et CEF sont égaux, car ils ont l'angle C égal compris entre côtés égaux, puisque ceux-ci sont les rayons de circonférences égales; donc AB = EF; mais on a vu que des cordes égales sous-tendent des arcs égaux ; donc *arc* ADB = *arc* EGF.

Réciproquement, *si les arcs sont égaux, les angles le sont aussi;* car l'égalité des arcs entraîne celle des cordes, puis celle des deux triangles, et enfin celle des angles eux-mêmes.

Corollaire I. — *Un angle dont le sommet est au centre de la circonférence peut être évalué par l'arc, intercepté ou compris entre ses côtés.* Pour s'en convaincre, il suffit d'acquérir la certitude que l'angle et l'arc interceptés sont proportionnels.

Soit l'angle ACB; imaginez l'arc intercepté, divisé en un nombre quel-conque d'arcs égaux entr'eux, puis la jonction de chaque point de division au centre; non-seulement les cordes par lesquelles sont sous-tendus les arcs partiels, sont égales entr'elles, mais encore les angles partiels ACa, aCb, bCc, cCd, etc..., le sont également.

Fig. 79, pl. III.

En sorte que si l'arc AB est divisé en un certain nombre d'arcs égaux, l'angle ACB est divisé en un nombre pareil d'angles aussi égaux entr'eux; si l'on exprime par 1 l'arc élémentaire $Aa = ab$, etc...., et qu'il y ait un nombre de division égal à n, on aura l'angle $ACB = 1 \times n = n$.

Corollaire II. — L'angle droit a pour mesure le quart de la circonférence, car si l'on imagine deux diamètres se croisant à angles droits, ils formeront au centre quatre angles droits, dont la mesure est la circonférence entière ou le quart de celle-ci pour chacun d'eux.

Fig. 80, pl. III.

Scholie. — L'évaluation des angles rapportée aux arcs circulaires, est extrê-mement avantageuse, en ce qu'il est plus facile de comparer entr'eux des arcs décrits avec des rayons égaux, que des espaces angulaires infinis, dont les relations ne peuvent être saisies que très difficilement sans cette méthode.

La comparaison qui vient d'être établie entre un angle et l'arc intercepté, existe également entre les secteurs et les arcs qui leur correspondent; et l'on peut dire qu'en général, *deux angles quelconques ou deux secteurs, sont entr'eux comme les arcs interceptés.*

9. — THÉORÈME. — *Un angle inscrit a pour mesure la moitié de l'arc compris entre ses côtés.*

Il peut arriver trois cas, 1° l'angle peut être formé par un diamètre et une

Fig. 81, pl. III.

corde; 2° par deux cordes qui comprennent entr'elles le centre; 3° par deux cordes qui ne le comprennent pas.

1° Si l'angle est formé par le diamètre CB et la corde CA, joignez AO; l'angle AOB étant extérieur au triangle AOC, on a (§ I, n° 12, coroll. VI, *p*. 137)

$$AOB = OAC + ACO.$$

Mais le triangle AOC est isoscèle, et donne

$$OAC = ACO;$$

donc
$$AOB = 2ACO = 2ACB;$$
et l'on en tire

$$\frac{AOB}{2} = ACB.$$

Or, l'angle au centre AOB a pour mesure l'arc AB compris entre ses côtés; donc ACB a pour mesure la moitié du même arc, ou $\frac{AB}{2}$.

Fig. 81, pl. III.

2° Si l'angle proposé est formé par deux cordes AC et CD qui comprennent entr'elles le centre, je dis qu'il aura également pour mesure la moitié de l'arc compris entre ses côtés, ou $\frac{ABD}{2}$.

En effet, l'angle ACD se compose de ACB + BCD; mais chacun de ces deux angles, d'après ce qui vient d'être démontré, a pour mesure la moitié de l'arc compris entre ses côtés; c'est-à-dire que ACB a pour mesure $\frac{AB}{2}$, et que BCD a $\frac{BD}{2}$; donc ACB + BCD ou ACD, est mesuré par $\frac{AB + BD}{2}$, ou par $\frac{ABD}{2}$.

Fig. 81, pl. III.

3° Enfin, si l'angle est formé par deux cordes, EC et AC, qui ne comprennent pas entr'elles le centre, on observera que l'angle ECA est égal à l'angle ECB — ACB, et que ces deux derniers ayant pour mesure, l'un $\frac{AB + AE}{2}$, et l'autre seulement $\frac{AB}{2}$, l'angle proposé ECA a pour mesure

$$\frac{AB + AE}{2} - \frac{AB}{2} = \frac{AE}{2}.$$

On peut donc conclure qu'en général, tout angle inscrit à la circonférence, a pour mesure la moitié de l'arc compris entre ses côtés.

Corollaire. — *Un angle formé par une tangente et une corde, a pour* `Fig. 82, pl. III.`
mesure la moitié de l'arc compris entre ses côtés. Au point B menez le
diamètre BD; l'angle droit ABD a pour mesure la moitié de l'arc BED qui
est une demi-circonférence; mais l'angle DBC formé par un diamètre et une
corde, a pour mesure la moitié de l'arc DC; donc ABD + DBC ou ABC, a
pour mesure

$$\frac{BED}{2} + \frac{DC}{2} = \frac{BEDC}{2}.$$

Donc un angle formé par une tangente et par une corde, a pour mesure
la moitié de l'arc compris entre ses côtés.

Scholie. — Tout angle inscrit dont les côtés se terminent aux extrémités `Fig. 83, pl. III.`
d'un diamètre, a pour mesure la moitié de la demi-circonférence, c'est-à-dire
le quart de la circonférence entière; cet angle est donc droit, et les triangles
tels que ADB, AEB, etc., sont rectangles, en D, E, etc., et donnent en conséquence, les lignes DO et EI étant perpendiculaires à la base (§ II, n° 11,
p. 156),

$$AO : OD :: OD : OB \text{ et } BI : EI :: EI : AI.$$

Donc la perpendiculaire abaissée d'un point quelconque de la circonfé-
rence sur un diamètre, est moyenne proportionnelle entre les deux
segments de ce diamètre.

10. — Théorème. — *Tout polygone régulier peut être inscrit dans la* `Fig. 84, pl. III.`
circonférence.

Soit le polygone régulier ABCDEF; je dis qu'il peut être inscrit dans une
circonférence.

En effet, du milieu des côtés AB et BC, élevez les perpendiculaires IO et
KO, dont la rencontre O détermine le centre de la circonférence passant par
les trois points A, B, C. Il s'agit maintenant de prouver que les autres
sommets du polygone, tels que D, E, F, doivent se trouver sur cette même
circonférence; ou, ce qui est la même chose, qu'ils sont aussi éloignés du
point O que les points A, B, C par lesquels on est assuré qu'elle passe déjà.

Joignez AO, BO, CO, DO, etc.; les triangles OAB et OBC ont leurs angles
en O égaux, puisqu'ayant leur sommet au centre, ils interceptent sur la circonférence des arcs égaux; la somme des deux autres angles de chaque triangle est donc égale, et l'on a

$$OAB + ABO = OBC + BCO, \text{ ou } 2OBC = 2ABO,$$

ces deux triangles étant isoscèles.

La ligne droite OB divise donc l'angle ABC en deux parties égales, et comme on a OBC = OCB, il en résulte que OCB est aussi moitié de l'angle BCD du polygone ou de tout autre angle de celui-ci, puisque ce polygone est équiangle.

Ceci posé, si l'on applique le triangle OBC sur le triangle ODC, le côté OC étant commun, les points O et C resteront dans leurs positions respectives. et les deux angles en C étant égaux, le côté CB prendra la direction CD; et comme, d'après la définition du polygone, BC = CD, le point B tombera en D, et les côtés BC et CD se confondront, ainsi que OB et OD. On démontrerait également que OD = OE = OF. Les sommets des angles du polygone proposé sont donc tous également éloignés du point intérieur O; donc ils appartiennent à la même circonférence.

Fig. 84, pl. III.

Corollaire I.— Les angles au centre AOB, BOC, COD, etc., sont tous égaux entr'eux ; leur nombre est égal à celui des côtés du polygone inscrit, et leur somme équivalente à quatre angles droits; il en résulte qu'un seul de ces angles est égal à quatre angles droits divisés par le nombre des côtés du polygone. Par exemple, l'angle au centre de l'hexagone régulier est égal à quatre angles droits divisés par 6 ou aux $\frac{2}{3}$ d'un angle droit; et en général, l'angle au centre d'un polygone régulier inscrit de n côtés, peut être exprimé par $\frac{4}{n}$, ou les quatre $n^{ièmes}$ d'un angle droit.

Fig. 85 pl. III.

Corollaire II. — Les deux diamètres AB et DE, étant menés perpendiculairement l'un à l'autre, si l'on joint leurs extrémités AD, DB, BE et EA, on forme le carré inscrit ADBE , car les angles droits formés autour du point C étant égaux, ainsi que les rayons CA, CD, CB, CE, on a

$$AD = DB = BE = EA;$$

et de plus, les quatre angles ADB, DBE, BEA et EAD sont droits; puisqu'ils ont pour mesure chacun le quart de la circonférence.

Le triangle DCB étant rectangle et isoscèle, donne (§ II, n° 5, coroll. IV, p. 149)

$$DB : DC :: \sqrt{2} : 1.$$

Le côté du carré inscrit est donc au rayon de la circonférence, comme la racine carrée de 2 *est à* 1, ou comme

$$1.4142135623730950488016887242097\ldots : 1.$$

Corollaire III. — Soit l'angle au centre ACB, égal aux deux tiers d'un angle droit; cet angle intercepte entre ses côtés le sixième de la circonférence; joignez AB, et vous aurez le côté de l'hexagone régulier inscrit. La somme des angles de ce polygone étant de (6 — 2) 2 angles droits, ou de huit angles droits, chaque angle du polygone sera de $\dfrac{8}{6}$, ou $\dfrac{4}{3}$ d'angle droit, et comme les rayons CA, CB divisent en deux parties égales deux de ses angles, il en résulte que chacun des angles CAB et ABC est de $\dfrac{4}{3}$ divisé par 2, ou de $\dfrac{2}{3}$ d'angle droit; le triangle CAB est donc équiangle, et par conséquent équilatéral, donc AB = AC = CB; *donc le côté de l'hexagone régulier inscrit est égal au rayon.*

Fig. 86, pl. III.

Corollaire IV. — Si l'on joint deux à deux les angles ou sommets de l'hexagone, on inscrira à la circonférence le triangle équilatéral; la figure ABEC est un losange, puisque ses quatre côtés sont égaux entr'eux et parallèles deux à deux; les diagonales se coupant à angles droits, les quatre triangles rectangles fournissent

Fig. 86, pl. III.

$$\overline{CE}^2 = \overline{OC}^2 + \overline{OE}^2;$$

puis
$$\overline{BE}^2 = \overline{BO}^2 + \overline{OE}^2;$$

et en ajoutant, membre à membre, en observant que OC = BO,

$$\overline{CE}^2 + \overline{BE}^2 = 2\overline{OC}^2 + 2\overline{OE}^2,$$

on a de même,
$$\overline{AC}^2 = \overline{OC}^2 + \overline{AO}^2;$$

puis
$$\overline{AB}^2 = \overline{OB}^2 + \overline{AO}^2,$$

ajoutant, membre à membre, en remarquant toujours que OC = BO et que AO = OE,

$$\overline{AC}^2 + \overline{AB}^2 = 2\overline{OC}^2 + 2\overline{OE}^2.$$

Puis ajoutant cette dernière égalité avec celle déjà obtenue par la réunion des deux précédentes,

$$\overline{CE}^2 + \overline{BE}^2 + \overline{AC}^2 + \overline{AB}^2 = 4\overline{OC}^2 + 4\overline{OE}^2.$$

Mais $\overline{AOE}^2$ et $\overline{AOC}^2$ sont les carrés des diagonales; on peut donc conclure *que, dans un losange, la somme des carrés formés sur les diagonales, est égale à celle des carrés formés sur les côtés.*

Fig. 86, pl. III.

Les côtés CE, BE, AC, AB étant égaux entr'eux et au rayon de la circonférence, l'expression précédente devient

$$\overline{AE}^2 + \overline{BC}^2 = 4\overline{BC}^2;$$

puis en retranchant $\overline{BC}^2$ de chaque membre, $\overline{AE}^2 = 3\overline{BC}^2$, qui peut se mettre sous la forme de

$$\overline{AE}^2 \times 1 = \overline{BC}^2 \times 3, \text{ ou } \overline{AE}^2 : \overline{BC}^2 :: 3 : 1;$$

et en extrayant les racines,

$$AE : BC :: \sqrt{3} : 1.$$

Donc le côté du triangle équilatéral inscrit est au rayon, comme la racine carrée de 3 est à 1.

Fig. 87, pl. III.

Corollaire V. — L'angle au centre du décagone étant $\dfrac{4}{10}$ ou $\dfrac{2}{5}$ d'un angle droit, et celui de l'hexagone de $\dfrac{2}{3}$; ces deux angles sont entr'eux comme $\dfrac{2}{5}$ est à $\dfrac{2}{3}$, ou comme $\dfrac{6}{15}$ est à $\dfrac{10}{15}$; ou enfin, comme 6 est à 10; et les angles au centre étant entr'eux comme les arcs interceptés par leurs côtés, on voit qu'en divisant en dix parties égales l'arc correspondant au sixième de la circonférence, sous-tendu par le côté de l'hexagone; et qu'en joignant la sixième division au point de départ, la ligne de jonction AB est le côté du décagone régulier inscrit.

L'angle au centre du décagone étant de $\dfrac{2}{5}$; la somme des angles de ce polygone est de $(10 - 2)\,2$, ou de 16 angles droits, un de ses angles est par conséquent exprimé par la fraction $\dfrac{8}{5}$, et comme les rayons CA et CB, etc., divisent chacun de ses angles en deux parties égales, il s'ensuit que chacun des angles à la base du triangle isoscèle CAB, est de $\dfrac{4}{5}$, c'est-à-dire double de celui au sommet. Cela posé, du point B comme centre, et avec un rayon égal à AB, coupez AC en D, puis joignez DB.

Fig. 87, pl. III.

Le triangle BAD est isoscèle, par conséquent l'angle ADB = DAB, et comme celui-ci est de $\dfrac{4}{5}$, si de deux angles droits ou $\dfrac{10}{5}$, on retranche la somme des angles A et D, qui est de $\dfrac{8}{5}$, on obtiendra le troisième angle B, lequel est de $\dfrac{2}{5}$, et comme l'angle total ABC, est de $\dfrac{4}{5}$, la ligne BD le divise en deux parties égales; l'angle DBC est donc aussi de $\dfrac{2}{5}$, et par conséquent égal à DCB; donc le triangle DCB est isoscèle, et DC = DB.

Le triangle partiel BAD, d'après ce qui vient d'être démontré, est équiangle avec CAB; ces deux triangles sont donc semblables et donnent les deux proportions suivantes :

$$\text{CAB} : \text{BAD} :: \text{AB} : \text{AD}$$

$$\text{CAB} : \text{BAD} :: \text{AC} : \text{AB};$$

qui, à cause des deux premiers rapports qui sont égaux, peuvent se réduire à celle-ci

$$\text{AC} : \text{AB} :: \text{AB} : \text{AD}.$$

Mais AB = BD = DC, et AB est plus grand que AD, puisque dans le triangle ADC il est opposé à un plus grand angle.

On peut donc conclure qu'en divisant le rayon de la circonférence en deux parties, telles que la plus grande soit moyenne proportionnelle entre le rayon entier et la plus petite, la plus grande de ces parties est le côté du décagone régulier inscrit.

On désigne cette opération par division d'une ligne en moyenne et extrême raison.

Corollaire VI. — Soient BA et AE, deux côtés contigus du décagone régulier inscrit; joignez EB, et vous obtiendrez celui du pentagone dont l'angle au centre est de $\dfrac{4}{5}$, ou $\dfrac{12}{15}$ d'un angle droit; nous avons vu que ceux du décagone et de l'hexagone sont entr'eux comme 6 est à 10; celui du pentagone est au premier dans le rapport de 12 à 6; et au second, dans celui de 12 à 10. Fig. 88, pl. III.

La figure ABDE est un losange puisque les deux triangles EAD et BAD sont égaux, et que, de plus, les diagonales BE et AD se coupent à angles droits.

La somme des carrés construits sur les diagonales est donc égale à celle des carrés construits sur les quatre côtés, en sorte qu'on 'a (n° 10, corol. IV, *p.* 172) Fig. 88, pl. III.

$$\overline{\text{BE}}^2 + \overline{\text{AD}}^2 = 4\overline{\text{AB}}^2;$$

puis retranchant de part et d'autre $\overline{AD}^2$,

$$\overline{BE}^2 = 4\overline{AB}^2 - \overline{AD}^2.$$

mais le second membre de cette égalité étant la différence de deux carrés, peut se mettre sous la forme de

$$(2AB + AD) \times (2AB - AD); \text{ (ch. I, § III, n° 15, } p.\ 64),$$

et l'égalité précédente devient

$$\overline{BE}^2 = (2AB + AD) \times (2AB - AD),$$

qui revient évidemment à la proportion continue,

$$2AB + AD \cdot BE :: BE : 2AB - AD.$$

C'est-à-dire qu'après avoir divisé le rayon en moyenne et extrême raison, et 1° ajouté la plus petite partie au double de la plus grande; 2° retranché la plus petite partie du double de la plus grande; 3° pris une moyenne proportionnelle entre la somme et la différence ainsi obtenues, cette moyenne est le côté du pentagone régulier inscrit.

Fig. 89, pl. III.

Corollaire VII. — Soient EF le côté du carré inscrit au cercle, et CD le rayon qui divise ce côté et le quart de la circonférence chacun en deux parties égales; joignez DE et DF, vous obtiendrez deux côtés de l'octogone régulier inscrit; du point F comme centre et avec le rayon FG = DF, déterminez sur le rayon CD le point G; puis enfin, menez GE. On a (n° 10, corollaire II, *p.* 170)

$$EF : CD :: \sqrt{2} : 1;$$

et l'on en tire

$$EF = CD\sqrt{2};$$

d'où

$$\frac{EF}{2} = \frac{CD\sqrt{2}}{2} = IF = IE,$$

et par conséquent,

$$2\overline{IF}^2 \text{ ou } \overline{EF}^2 = 2\overline{CD}^2.$$

Mais (n° 9, scholie, *p.* 169) ID : IF :: IF : IK; puis en mettant à la place de IF sa valeur, et en observant que IK = 2CD — ID,

$$ID : \frac{CD\sqrt{2}}{2} :: \frac{CD\sqrt{2}}{2} : 2CD - ID;$$

égalant le produit des extrêmes à celui des moyens, l'on a

$$2CD \times ID - \overline{ID}^2 = \frac{\overline{2CD}^2}{4},$$

ou bien en changeant tous les signes,

$$\overline{ID}^2 - 2CD \times ID = - \frac{\overline{2CD}^2}{4},$$

équation de laquelle on tire (chap. I, § V, n° 3, *p.* 73)

$$ID = CD \pm \sqrt{- \frac{\overline{2CD}^2}{4} + \overline{CD}^2} = CD \pm \sqrt{\frac{CD^2}{2}};$$

et par suite

$$2ID = 2CD \pm 2\sqrt{\frac{CD^2}{2}};$$

et enfin, en prenant le signe —, + correspondant à la valeur de IK,

$$4\overline{ID}^2 \text{ ou } \overline{DG}^2 = 4\overline{CD}^2 - 8CD\sqrt{\frac{CD^2}{2}} + \frac{4\overline{CD}^2}{2} = 6\overline{CD}^2 - 8CD\sqrt{\frac{CD^2}{2}}.$$

La figure DFGE étant un losange, donne (n° 10, corollaire IV, *p.* 172)

$$4\overline{DF}^2 = \overline{EF}^2 + \overline{DG}^2;$$

ou bien en remplaçant EF et DG par leurs valeurs,

$$4\overline{DF}^2 = 2\overline{CD}^2 + 6\overline{CD}^2 - 8CD\sqrt{\frac{CD^2}{2}},$$

qui revient à

$$4\overline{DF}^2 = 8\overline{CD}^2 - 8CD\sqrt{\frac{CD^2}{2}};$$

ou en supprimant le facteur commun 4,

$$\overline{DF}^2 = 2\overline{CD}^2 - 2CD\sqrt{\frac{CD^2}{2}};$$

d'où l'on tire enfin,

$$DF = \sqrt{2\overline{CD}^2 - 2CD\sqrt{\frac{CD^2}{2}}}.$$

Pour plus de simplicité on peut supposer le rayon CD = R , alors la formule devient

$$DF = \sqrt{2R^2 - 2R \sqrt{\frac{R^2}{2}}}.$$

Telle est l'expression du côté de l'octogone régulier inscrit, déterminé en fonction du rayon.

Scholie. — Un polygone régulier d'un nombre quelconque de côtés étant inscrit à une circonférence, on peut, par la division des arcs que sous-tendent ses côtés, inscrire à la même circonférence les polygones réguliers d'un nombre de côtés doubles, et trouver l'expression de leurs côtés ; ainsi, le triangle peut servir à inscrire les polygones de 6, 12, 24, 48, etc., côtés.

Le carré, ceux de 8, 16, 32, 64, etc...

Le pentagone, ceux de 10, 20, 40, 80, etc...

11. — Problème. — *Étant donné un polygone régulier inscrit d'un certain nombre de côtés, circonscrire à la même circonférence un polygone semblable.*

Fig. 90, pl. III.

Au point T milieu de l'arc ATB, menez la tangente aTb, qui sera parallèle au côté AB, puisque ce sont deux perpendiculaires à la même ligne TO ; faites la même opération au milieu de chacun des arcs BTC, CTD, etc... L'ensemble de ces différentes tangentes constituera le polygone demandé.

Les rencontres des différentes tangentes aTb, bTc, cTd, etc.., aura toujours lieu sur la direction des rayons OA, OB, OC, etc., prolongés ; car les triangles rectangles OTb et ObT étant égaux, l'arc TbT est divisé en deux parties égales.

Si l'on eût donné le polygone circonscrit, et qu'il eût fallu inscrire à la circonférence un polygone régulier d'un même nombre de côtés, semblable au premier, on eut alors joint les sommets a, b, c, d, etc., au centre, puis réuni par des lignes droites les points de rencontre A, B, C, etc., de ces droites avec la circonférence, et l'ensemble des lignes de jonction eût constitué le polygone demandé.

Fig. 90, pl. III.

12. — Théorème. — *L'aire d'un polygone régulier est égale à son périmètre multiplié par le rayon du cercle inscrit.*

Soit le polygone régulier $abcdefgh$. Ce polygone peut être décomposé en autant de triangles qu'il a de côtés, en joignant ses angles au centre du cercle inscrit et en même temps du polygone lui-même; chacun de ces triangles a pour mesure sa base multipliée par la moitié de sa hauteur ($\S$ II, n° 4, corol. IV, *p.* 146), et l'aire du polygone entier est égale à la somme des triangles partiels qui le composent; c'est-à-dire à

$$ab \times \frac{TO}{2} + bc \times \frac{TO}{2} + cd \times \frac{TO}{2} + de \times \frac{TO}{2} + etc...,$$

qui peut se mettre sous la forme plus simple,

$$(ab + bc + cd + de + ...) \times \frac{TO}{2}.$$

Mais $ab + bc + cd + de +$ etc..., n'est autre chose que la somme des côtés du polygone ou son périmètre; et $\dfrac{TO}{2}$ est la moitié du rayon du cercle inscrit ; *donc l'aire d'un polygone régulier est égale à son périmètre multiplié par la moitié du rayon du cercle inscrit.*

Corollaire I. — *L'aire du cercle est égale à sa circonférence multipliée par la moitié du rayon;* car un cercle peut être considéré comme étant un polygone régulier, composé d'un très grand nombre de côtés, d'autant plus petits que le nombre en est plus grand; ce polygone se confond enfin avec les cercles inscrits et circonscrits lorsqu'on suppose le nombre de ses côtés infini; mais l'aire d'un polygone régulier est égale à son périmètre multiplié par la moitié du rayon du cercle inscrit; donc il en est de même du cercle, et son aire est en conséquence égale à sa circonférence multipliée par la moitié du rayon; ainsi, C représentant la circonférence dont le rayon est R , l'aire du cercle s'exprime par $C \times \dfrac{R}{2}$.

Corollaire II. — *L'aire d'un secteur est égale à son arc multiplié par la moitié du rayon.*

Corollaire III. — Les circonférences des cercles pouvant être considérées comme des polygones d'un nombre infini de côtés, il s'ensuit :

1° *Que les circonférences sont entr'elles comme leurs rayons;*

2° *Que les cercles sont entr'eux comme les carrés de ces mêmes rayons;*

3° *Que les arcs semblables sont comme leurs rayons;*

4° *Que les secteurs semblables sont entr'eux comme les carrés de ces mêmes rayons.*

Corollaire IV. — Désignant par π la circonférence dont le diamètre est 1, en observant que les circonférences sont entr'elles comme leurs rayons, ou bien comme leurs diamètres, R étant le rayon d'une circonférence quelconque, on a

$$1 : \pi :: 2R : CirR,$$

et l'on on en tire

$$CirR = 2\pi R;$$

puis, si l'on multiplie les deux membres de l'égalité par $\dfrac{R}{2}$ elle devient

$$CirR \times \frac{R}{2} = \pi R^2.$$

Donc 1° la circonférence est égale au double produit du rayon multiplié par le rapport de la circonférence au diamètre;

2° La surface du cercle est égale au produit du carré de son rayon par le rapport de la circonférence au diamètre.

Corollaire V. — Plusieurs géomètres se sont sérieusement occupés de la recherche du rapport de la circonférence au diamètre; mais comme il ne peut exister de mesure commune, et par conséquent de rapport exact entre deux quantités hétérogènes, telles qu'une circonférence qui est une ligne courbe et son diamètre qui est une ligne droite, on n'a dû, dans les différentes recherches qui ont eu lieu, obtenir que des résultats approximatifs en considérant la circonférence comme un polygone d'un très grand nombre de côtés, dont on a déterminé le périmètre; mais on a poussé si loin cette approximation, qu'elle équivaut à la vérité même; on se sert ordinairement de la valeur

$$\pi = 3.14159265358979323846264338327\,9\ldots,\ \text{etc.},$$

de laquelle on prend le nombre de décimales que l'on souhaite, selon le degré d'approximation auquel on veut parvenir. On emploiera souvent cette valeur dans les chapitres suivants.

Corollaire VI. — L'aire du cercle est égale à celle d'un rectangle ayant une base égale en longueur à sa circonférence, et une hauteur égale à la moitié du rayon; ou bien encore à celle d'un triangle ayant pour base la circonférence, et pour hauteur son rayon; il suit de là que, *pour obtenir une*

moyenne proportionnelle entre deux cercles, il suffit de multiplier la circon-
férence de l'un par la moitié du rayon de l'autre, parce qu'ils peuvent être
regardés tous les deux comme des aires rectangulaires, et que la moyenne
proportionnelle entre deux surfaces de ce genre, est un troisième rectangle
ayant la base de l'un et la hauteur de l'autre ($ II, n° 12, *p.* 156).

Scholie. — Connaissant le diamètre d'un cercle, on peut se proposer de
rectifier sa circonférence, c'est-à-dire de déterminer la longueur de celle-ci;
soit à rectifier la circonférence du cercle dont le diamètre est 5,22, par
exemple, les diamètres étant entr'eux comme les circonférences auxquelles
ils appartiennent, on établit

$$1 : 3.1415\ldots :: 5.22 : x, \text{ ou } x = \frac{3.1415\ldots \times 5.22}{1};$$

et l'on en tire

$$x = 16.398630.$$

Mais le premier terme de la proportion étant égal à l'unité, on voit qu'il a
suffi de multiplier le diamètre donné 5.22, par 3.1415, valeur de π prise dans
ce cas avec quatre décimales seulement, ce qui en a fourni six au résultat.

En général, pour rectifier une circonférence dont le diamètre est connu,
multipliez celui-ci par 3.1415..., et retranchez du produit le nombre de
décimales qui se trouvent comprises dans les facteurs; le résultat indique
la longueur développée de la circonférence.

Réciproquement, la longueur de la circonférence étant donnée, on peut se
proposer de déterminer son diamètre; la développée d'une circonférence
étant de 16.398630, pour connaître son diamètre, on établit la proportion
suivante :

$$3.1415\ldots : 1 :: 16.398630 : x;$$

d'où l'on tire

$$x = \frac{16.398630 \times 1}{3.1415\ldots} = 5.22.$$

En général, pour trouver le diamètre d'un cercle dont la circonférence
est connue, divisez la longueur de la circonférence donnée par 3.1415...,
le quotient exprimera la longueur du diamètre demandé.

On peut aussi rectifier la circonférence au moyen de la formule

$$CirR = 2\pi R.$$

En effet, soit R $= 2.61$, on a

$$Cir\text{R} = 2 \times 3.1415\ldots \times 2.61 = 16.398630.$$

Enfin la formule

$$Cir\text{R} \times \frac{\text{R}}{2} = \pi\text{R}^2,$$

fait connaître l'aire circulaire dont on connait le diamètre ou le rayon.

On demande, par exemple, quelle est la surface du cercle dont le rayon est 12 ; elle est exprimée par

$$3.1415\ldots \times 12^2 = 3.1415\ldots \times 144 = 452.3760.$$

Ces formules très simples et d'une facile application sont fort souvent employées.

De l'Ellipse.

13. — L'ellipse est une courbe plane telle, que la somme des deux distances de l'un quelconque de ses points à deux points fixes qui lui sont intérieurs, est toujours constante et égale à une ligne donnée.

Fig. 91 , pl. III.   Les deux points F et *f* jouissant de cette propriété, s'appellent *foyers*.

On appelle *rayons vecteurs* les lignes qui joignent un point quelconque de la courbe aux foyers ; telles sont les lignes CF, C*f* et EF, E*f*.

L'*angle vecteur* est celui formé par deux rayons vecteurs ; tel est FE*f* ; l'angle adjacent *f*EK s'appelle *angle vecteur externe*.

On entend par bissectrice d'un angle, la droite qui le divise en deux parties égales.

14. — THÉORÈME. — *Le centre de l'ellipse est situé sur le milieu de la ligne droite qui joint ses deux foyers.*

Fig. 92, pl. III.   Soit C un point appartenant à l'ellipse dont F et *f* sont les foyers ; joignez CF et C*f* ; puis, par le point F, menez FD parallèle à C*f*, et par *f* la ligne *f*D, parallèle à CF ; la figure CFD*f* est un parallélogramme, et les côtés opposés sont égaux, en sorte que

$$\text{FC} + \text{C}f = \text{FD} + \text{D}f ;$$

donc le point D est un des points de la courbe.

Mais les deux diagonales FO*f* et DOC, se coupent mutuellement en deux parties égales (§ I, n° 16, corollaire II, *p.* 142), en sorte que FO = O*f*, et le point O est le centre de l'ellipse, puisque la corde COD s'y trouve coupée en deux parties égales. La même démonstration eût pu être appliquée à tout autre point dépendant de la courbe; *on peut donc conclure que le centre de l'ellipse est situé sur le milieu de la ligne droite qui réunit ses deux foyers.*

15. — THÉORÈME. — *L'ellipse a pour axes la droite qui joint ses deux foyers et la perpendiculaire élevée sur le milieu de cette ligne.*

Soient F*f* la ligne de jonction des deux foyers et CD la perpendiculaire élevée sur le milieu de celle-ci. Le point E appartenant à la courbe, abaissez EQ perpendiculaire à F*f*, et prolongez cette perpendiculaire d'une longueur QG = QE; le point G est aussi un des points de la courbe, car le triangle *f*EG étant isoscèle, donne E*f* = G*f*; mais le triangle FEG aussi isoscèle, donne également FE = FG ; et en ajoutant membre à membre,

Fig. 93 , pl. III.

$$FE + Ef = FG + Gf.$$

Mais la corde EG est perpendiculaire à F*f*, et divisée en deux parties égales par celle-ci; et on eût pu démontrer que ce fait existe à l'égard de toute autre corde; F*f* est donc un axe de l'ellipse.

Du point E abaissez EI perpendiculaire à CD, et prolongez-la d'une longueur IE' = IE, je dis que E' est aussi un point de la courbe.

En effet, abaissez E'Q' perpendiculaire à F*f*, et prolongez-la d'une quantité égale à elle-même en G', puis joignez FE', FG', E'*f* et G'*f*.

La figure QEE'Q' est un rectangle; on a donc E'Q' = EQ; la ligne *f*F étant divisée en deux parties égales au point O, on a

$$OQ' + Q'F = OQ + Qf;$$

retranchant d'une part OQ', et de l'autre son égal OQ , il reste Q'F = Q*f*; donc

$$Q'Q + Qf = Q'Q + Q'F;$$

ou, ce qui est la même chose,

$$FQ = fQ';$$

les deux triangles rectangles E'Q'*f* et EQF sont donc égaux comme ayant les côtés de l'angle droit égaux chacun à chacun; donc E'*f* = EF.

Les triangles rectangles FQ'E' et *f*QE sont aussi égaux par la même raison, et l'on a E'F = E*f*; ajoutant membre à membre, avec l'égalité précédente, on a enfin

$$E'f + E'F = EF + Ef;$$

donc le point E' appartient aussi à l'ellipse; donc enfin, la droite CD qui divise en deux parties égales la corde E'E ; et en général toutes celles qui lui sont perpendiculaires, telles que G'G, est un second axe.

Corollaire. — *Les axes des ellipses semblables sont proportionnels;* c'est une conséquence de la définition des courbes semblables.

Scholie. — L'ellipse a donc deux axes qui se coupent mutuellement en parties égales, et à angles droits au centre; celui qui passe par les foyers se nomme le *grand axe*, et l'autre le *petit axe;* leurs extrémités ou les points où ils rencontrent la courbe, se nomment les *sommets de l'ellipse.*

La partie du grand axe comprise entre les deux foyers, se nomme *excentricité.*

16. — THÉORÈME. — *La somme des rayons vecteurs d'un point quelconque de l'ellipse est égale au grand axe.*

Fig. 94, pl. III. D'après la définition, la somme des rayons vecteurs d'un point quelconque de la courbe étant toujours la même, la somme de ces rayons pris à un certain point, est égale à celle des mêmes rayons pris à un autre point, et si l'on applique ce principe aux points A et E, F et *f* étant les foyers, on aura l'égalité

$$FE + Ef = AF + Af.$$

Mais on a

$$AF + FO = Bf + fO;$$

retranchant d'une part FO, et de l'autre *f*O, il reste AF = B*f*, et l'égalité précédente devient

$$FE + Ef = Bf + Af, \text{ ou } FE + Ef = AB.$$

Donc la somme des rayons vecteurs d'une ellipse, pris à un point quelconque de la courbe, est égale au grand axe.

Corollaire I. — *La somme des distances d'un point quelconque aux deux foyers, est plus grande ou plus petite que le grand axe, selon que ce point est extérieur ou intérieur à la courbe.*

Corollaire II.— Si l'on considère la somme des rayons vecteurs pris à l'une des extrémités du petit axe, on a

$$FD + Df = AB;$$

et comme dans ce cas, $FD = Df$ (§ I, n° 13, p. 138), il s'ensuit que $2FD = AB$, puis $FD = \dfrac{AB}{2}$; *donc la distance d'un foyer au sommet du petit axe, est égale au demi-grand axe.*

17. — Théorème. — *La bissectrice de l'angle vecteur externe d'un point quelconque de l'ellipse, est tangente à ce point.*

Soit E un point quelconque de la courbe, F et f les foyers; joignez Ef et EF; puis prolongez cette dernière en G, d'une distance $EG = Ef$; joignez Gf : le triangle EGf est isoscèle, et jouit en conséquence de cette propriété, que la perpendiculaire Tm élevée sur le milieu de sa base, divise l'angle au sommet en deux parties égales; la ligne Tm a donc le point E commun avec la courbe; il reste à démontrer qu'il est le seul, et pour cela il suffit de prouver que tout autre point m de la ligne Tm, est extérieur à l'ellipse.

En effet, joignez mF, $m f$ et mG; dans le triangle FmG on a (§ I, n° 4, p. 130) $Fm + mG > FG$, ou AB; et comme $mG = mf$, à cause du triangle isoscèle mGf, l'on a définitivement

$$Fm + mf > AB.$$

Donc le point m *et généralement tous ceux de la bissectrice* Tm, *autres que le point* E, *sont extérieurs à la courbe; donc cette ligne est tangente au point* E.

Corollaire I. —Joignez OT, les deux triangles fGF et fTO sont semblables, puisque l'angle f étant commun, le côté Of est moitié de Ff et fT moitié de fG; donc le troisième côté OT, est moitié de FG ou de son égale AB; *donc les pieds des perpendiculaires abaissées des foyers de l'ellipse sur ses différentes tangentes, sont situés sur la circonférence du cercle qui a pour diamètre le grand axe de cette courbe.*

Fig. 95, pl. III.

Corollaire II. — En élevant au point de contact E, XY perpendiculaire à la tangente mT, on obtient la normale.

L'angle droit TEX $=$ TE$f + f$EX, et l'angle droit XE$m = m$EF $+$ FEX; donc

$$TEf + fEX = mEF + FEX.$$

Retranchant d'une part TE$f =$ TEG, et de l'autre mEF $=$ TEG, il reste

$$fEX = FEX.$$

Donc la normale à un point de l'ellipse, est la bissectrice de l'angle vecteur formé à ce point de la courbe.

Fig. 96, pl. III.

18. — PROBLÈME. — *Les axes d'une ellipse étant donnés, décrire cette courbe.*

La propriété fondamentale de l'ellipse conduit à un procédé fort simple pour la décrire par un mouvement continu; on commence par déterminer, sur une surface plane, les deux foyers en décrivant des points C ou D comme centres, et avec un rayon CF égal au demi-grand axe des arcs de circonférence coupant l'axe AB aux deux points F et f.

La position des foyers ainsi déterminée, on fixe sur chacun d'eux une pointe ou aiguille le plus déliée possible; puis y arrêtant les deux extrémités d'un cordon inextensible, et égal en longueur au grand axe, on fait glisser le long du cordon, et en ayant soin qu'il soit toujours également tendu, un style ou crayon qui trace la courbe; il est aisé de voir que, pendant cette opération mécanique, la longueur du fil se décompose successivement en deux parties, variables de l'une à l'autre, dont la somme est constamment égale au grand axe.

Fig. 97, pl. III.

On peut aussi décrire l'ellipse par points; alors on commence, comme précédemment, par déterminer la position des foyers; puis prenant une partie quelconque Ba du grand axe excédant sa moitié, des points F et f comme centres, on décrit les arcs a'; prenant ensuite la partie Aa qui reste du grand axe, pour rayon, et des points f et F, on coupe les premiers arcs décrits aux quatre points a' qui appartiennent évidemment à la courbe.

Une opération semblable, faite à l'égard des parties Bb et Ab du grand axe, détermine les quatre points b', et en continuant ainsi, on obtiendra la suite de points c', d', e', etc., qui peuvent être aussi rapprochés les uns des autres qu'on le désirera, puisqu'il suffit alors d'établir les distances Oa, ab, bc, etc.,

de plus en plus petites. La réunion de tous les points obtenus par ces différentes intersections, constitue l'ellipse elle-même; car il est aisé de s'assurer
que pour chacun d'eux la somme des rayons vecteurs est égale au grand axe;
c'est-à-dire que l'on a

$$Fa' + a'f = AB, \ Fc' + c'f = AB, \ etc...$$

Donc la courbe ainsi décrite est une ellipse.

Il existe enfin une troisième méthode de décrire l'ellipse; elle est basée sur
ce que les perpendiculaires abaissées des foyers sur les diverses tangentes à la
courbe, ont leurs pieds situés sur la circonférence de cercle, décrite sur le
grand axe pris pour diamètre (n° 17, Coroll. I, *p.* 183); elle consiste à décrire,
du milieu du grand axe comme centre, et avec un rayon égal à la moitié de
celui-ci, une circonférence de cercle ADB sur laquelle on prend arbitrairement
différents points, tels que *a, b, c, d;* puis joignant chacun de ces points à l'un
des foyers, on élève, au point de jonction, des perpendiculaires à ces lignes;
ces perpendiculaires sont des tangentes à l'ellipse demandée, qui s'obtiendra
immédiatement en traçant une courbe tangente à toutes celles-ci. On voit que
plus il y aura de tangentes, et plus le polygone formé par ces différentes
lignes approchera de l'ellipse elle-même, et qu'en conséquence, plus les points
A, *d, c, b, a,* seront rapprochés les uns des autres, et plus l'opération sera
rigoureuse.

19. — PROBLÈME. — *Un point étant donné hors de l'ellipse, mener une
droite tangente à cette courbe.*

Soit T le point donné; de ce point comme centre et avec un rayon T*f* égal
à la distance du point donné au foyer *f,* décrivez l'arc de circonférence X'*f*X;
et de l'autre foyer comme centre, avec un rayon égal au grand axe, décrivez
l'arc XX', coupant le premier aux deux points X et X'; joignez XF et X'F,
puis joignez les points I et I', où ces lignes coupent l'ellipse, au point donné
T; IT et I'T sont deux tangentes à la courbe; car on a par construction *f*T =
TX; et le point I appartenant à la courbe, la somme de ses rayons vecteurs
est égale au grand axe AB ou à son égale FX; en sorte qu'on a

$$FI + I f = FI + IX,$$

et retranchant de part et d'autre FI, il reste IX = I*f*.

Les deux triangles I*f*T et IXT sont donc égaux, comme ayant les trois
côtés égaux chacun à chacun; donc l'angle XIT = TI*f*; donc l'angle vecteur
externe XI*f* est divisé en deux parties égales par la ligne TI; donc celle-ci

est tangente à l'ellipse ; on démontrerait également que la droite TI′ est bissectrice de l'angle vecteur externe *f*I′X′, et qu'en conséquence elle est aussi tangente au point I′.

20. — Théorème. — *Si l'on décrit une circonférence sur le grand axe d'une ellipse, pris comme diamètre; qu'on abaisse ensuite de différents points de la circonférence des perpendiculaires ou ordonnées au grand axe, les ordonnées de l'ellipse sont proportionnelles à celles correspondantes du cercle dans le rapport du petit axe au grand axe.*

Fig. 100, pl. IV. Soit GQ la perpendiculaire abaissée d'un point quelconque G, de la circonférence, sur le grand axe AB, RQ la portion de cette perpendiculaire comprise dans l'ellipse ; joignez GO, puis abaissez des points G et R, GH et RP perpendiculaires à O*d*; abaissez ensuite des points *d* et D, *d*K et DM perpendiculaires à GO ; et tracez enfin les droites *d*G et DL; d'après la similitude des triangles *d*HI et DPN, le côté *d*H est proportionnel à son homologue DP; de ce que les triangles rectangles HGO et PLO sont semblables, il en résulte également la proportionnalité des côtés HG et PL, et par suite la similitude des triangles rectangles HG*d* et PLD, dont l'angle droit est compris entre côtés proportionnels ; les hypoténuses *d*G et DL sont donc proportionnelles et de plus parallèles entr'elles ; d'où il résulte

$$dO : GO :: DO : LO.$$

Mais les deux premiers termes de cette proportion étant égaux, il en doit être ainsi des seconds, et l'on a DO = LO.

Dans le triangle GQO, la droite LR étant parallèle à la base, on peut établir RQ : GQ :: LO : GO ; puis enfin, en remplaçant LO par son égale DO et GO par OB, on en déduit

$$RQ : GQ :: DO : OB;$$

et comme le même fait peut être démontré pour chacun des points de la circonférence, il en résulte généralement

$$Fa' : Fa :: mb' : mb :: nc' : nc :: OD : Od.$$

Corollaire I. — Comme toute perpendiculaire abaissée d'un point de la circonférence sur un diamètre, est moyenne proportionnelle entre les deux segments de ce diamètre (§ III, n° 9, Scholie, *p.* 169), on a

$$\overline{Fa}^2 = AF \times BF, \ \overline{mb}^2 = Am \times Bm, \ \overline{nc}^2 = An \times Bn,$$

et enfin,

$$\overline{d\mathrm{O}}^{2} = \mathrm{AO} \times \mathrm{BO}.$$

Si l'on élève au carré chacun des termes des rapports précédents, ils deviennent

$$\overline{\mathrm{F}a'}^{2} : \overline{\mathrm{F}a}^{2} :: \overline{mb'}^{2} : \overline{mb}^{2} :: \overline{nc'}^{2} : \overline{nc}^{2} :: \overline{\mathrm{OD}}^{2} : \overline{\mathrm{O}d}^{2};$$

puis mettant à la place de $\overline{\mathrm{F}a}^{2}$, $\overline{mb}^{2}$, $\overline{nc}^{2}$ et $\overline{d\mathrm{O}}^{2}$ leurs valeurs,

$$\overline{\mathrm{F}a'}^{2} : \mathrm{AF} \times \mathrm{BF} :: \overline{mb'}^{2} : \mathrm{A}m \times \mathrm{B}m :: \overline{nc'}^{2} : \mathrm{A}n \times \mathrm{B}n :: \overline{\mathrm{OD}}^{2} : \mathrm{AO} \times \mathrm{BO},$$

ou comme

$$\overline{\mathrm{OD}}^{2} : \overline{\mathrm{AO}}^{2}, \text{ puisque } \mathrm{AO} = \mathrm{BO}.$$

C'est-à-dire que le carré d'une ordonnée quelconque est au rectangle des abscisses qui lui correspondent, comme le carré d'une autre ordonnée est au rectangle des abscisses correspondantes à cette dernière, ou comme le carré de la moitié du petit axe est au carré de la moitié du grand; et que les carrés de deux ordonnées quelconques sont entr'eux comme les rectangles des abscisses qui leur correspondent.

Corollaire II. — Menez au point D, $\mathrm{D}a$ perpendiculaire à DO; puis au foyer F, $\mathrm{F}a$ perpendiculaire au grand axe, la figure $\mathrm{D}a\mathrm{FO}$ est un rectangle; et en conséquence $a\mathrm{F} = \mathrm{DO}$, et de plus la diagonale $a\mathrm{O} = \mathrm{FD} = \mathrm{AO}$; donc le point a est situé sur la circonférence décrite sur AB comme diamètre, et l'on a, en observant que $a\mathrm{F} = \mathrm{DO}$, et que $d\mathrm{O} = \mathrm{AO} = \mathrm{OB}$, Fig. 100, pl. IV.

$$a'\mathrm{F} : a\mathrm{F} :: \mathrm{DO} : d\mathrm{O}, \text{ ou } a'\mathrm{F} : \mathrm{DO} :: \mathrm{DO} : \mathrm{AO}, \text{ ou } \mathrm{OB};$$

puis en multipliant tous les termes par 2, la proportion devient

$$2a'\mathrm{F} \text{ ou } a'a'' : 2\mathrm{DO} \text{ ou } \mathrm{DE} :: \mathrm{DE} : \mathrm{AB}.$$

Donc, dans une ellipse, le petit axe est une moyenne proportionnelle entre la double ordonnée prise à l'un des foyers et le grand axe; cette double ordonnée se nomme paramètre de l'ellipse.

Scholie. — Si l'on établit un rapprochement entre les différentes propriétés de l'ellipse et celles de la circonférence du cercle, on voit que cette dernière est entièrement déterminée aussitôt que son rayon est connu, tandis que pour décrire la première, bien que l'on connaisse le grand axe, il faut encore avoir à sa disposition ou le petit axe ou le paramètre, car alors on peut déterminer les foyers, puis construire la courbe d'après l'une des méthodes enseignées.

Si l'on avait pour données le grand axe et le paramètre, on trouverait le petit axe en cherchant une moyenne proportionnelle entre ces deux lignes, puis on déterminerait les foyers en décrivant de l'un des sommets du petit axe, et avec une distance égale à la moitié du grand, deux arcs de circonférence qui couperaient ce dernier aux deux foyers, et il ne resterait plus alors qu'à tracer la courbe par l'un des moyens connus.

La proportion qui existe entre les différents points de l'ellipse et ceux de la circonférence décrite sur son grand axe pris pour diamètre, fait voir *que les or-données de l'ellipse sont à celles de la circonférence, comme le grand axe est au petit axe, que par conséquent il suffit de diminuer proportionnellement les dernières pour obtenir les premières.* On peut donc employer ce principe pour décrire la courbe.

Fig. 100, pl. IV.

Enfin, cette propriété qu'ont les différents rayons OG, de la circonférence décrite sur le grand axe, d'être coupés par les parallèles correspondantes RP, suivant des points L, qui sont toujours situés sur la circonférence décrite avec le petit axe pris pour diamètre, donne encore un moyen de tracer la courbe lorsque ses axes sont connus; car dans ce cas, après avoir décrit les deux circonférences, il suffit d'abaisser des perpendiculaires des différents points de la première, sur le grand axe; de joindre ces mêmes points au centre, puis de mener par les points où ces rayons coupent la seconde circonférence, des parallèles au grand axe; les différentes intersections des perpendiculaires avec les parallèles, seront autant de points de la courbe.

On voit également que la circonférence du cercle n'est autre chose qu'une ellipse dont les deux axes sont égaux, ou dont la distance des sommets du petit axe au foyer unique et qui est alors le centre, est précisément égale à la moitié du grand axe; dans ce cas tout particulier, le paramètre est égal au diamètre ou à chacun des axes.

21. — THÉORÈME. — *Lorsqu'un cercle est coupé par deux diamètres perpendiculaires entr'eux, l'aplatissement de sa circonférence suivant un de ces diamètres, occasionne un allongement dans le sens de l'autre, et la courbe qui résulte de cette transformation est une ellipse.*

Fig. 101, pl. IV.

La circonférence ACBD étant aplatie dans le sens CD, de manière à ce que les points A, C, B et D aient pris position en A', C', B' et D', je dis que la nouvelle courbe qui passe par ces différents points est une ellipse.

En effet, à l'instant où les points C et D abandonnent leurs positions respectives pour occuper successivement les différents points des rayons CO et DO, la nouvelle courbe excède, à droite et à gauche, la circonférence avec laquelle elle se confondait d'abord, pour ne plus avoir avec elle que les quatre points communs x, y, x' et y' variables de positions, selon le degré d'aplatissement, mais néanmoins assujétis à conserver dans leur ensemble une disposition symétrique les uns à l'égard des autres, à mesure qu'ils s'approchent du diamètre AB; il est évident que chacune des intersections mobiles x, y, x' et y' parcourt en même temps les différents points des deux courbes, et que les points x et y sont toujours situés sur une ligne xy, parallèle à AB, à des distances xI et yI égales entr'elles ; qu'il en est de même des points x' et y', ainsi que des points x et x', y et y' considérés par rapport au diamètre CD, car il n'existe aucune raison plausible qui puisse déterminer une inclinaison quelconque d'un côté plutôt que de l'autre.

Ceci étant admis et toutes choses parvenues dans les positions indiquées par la figure, prenez une longueur $C'F = C'f = OB' = OA'$; puis indifféremment des points C' ou D' décrivez deux arcs de circonférence coupant en F et f le diamètre AB prolongé dans l'un et l'autre sens, s'il est nécessaire; enfin, joignez xy, xF, yf, xf et yF.

Les triangles rectangles xIK et yIK sont égaux puisque xI $= y$I, que le côté IK est commun, et que les deux angles situés en I sont droits; on a donc xK $= y$K.

Les deux obliques C'F et C'f étant égales, sont également éloignées du pied de la perpendiculaire ($\S$ I, n° 13, p. 138), et l'on a OF $=$ Of; les deux triangles rectangles FOK et fOK ont donc les côtés de l'angle droit égaux chacun à chacun, et sont par conséquent égaux; ainsi fK $=$ FK.

Ajoutant cette égalité, membre à membre, avec la précédente, on a

$$x\text{K} + f\text{K} = y\text{K} + \text{FK}, \text{ ou } fx = \text{F}y.$$

Les triangles FKx et fKy sont égaux comme ayant un angle égal compris entre deux côtés égaux; donc F$x = fy$.

Ajoutant enfin, membre à membre, cette dernière égalité avec la précédente, on obtient

$$\text{F}x + fx = \text{F}y + fy;$$

les points x et y appartiennent donc à une ellipse dont les foyers sont F et f; et l'on démontrerait également qu'il en est ainsi des points correspondants x' et y'; mais F et f sont également les foyers de l'ellipse à laquelle appartiennent les quatre points A', C', B' et D'; donc ces huit points appartiennent à la même courbe, et cette courbe est elliptique.

Scholie. — Il est à remarquer que les points x et y, toujours situés sur la circonférence, occupent en même temps le point de l'ellipse le plus éloigné de la corde qui sous-tend le quart de la courbe, et que ces mêmes points sont constamment placés sur le milieu de la tangente CT, parallèle à la corde, laquelle est aussi divisée en deux parties égales par le rayon yO, qui se trouve ainsi facile à déterminer pour tous les cas possibles.

22. — Théorème. — *L'aire de l'ellipse est à celle du cercle décrit sur son grand axe, comme le petit axe est au grand axe.*

Fig. 102, pl. IV. Soit ACO un quart d'ellipse, et ADO le quart correspondant du cercle décrit sur son grand axe; après avoir divisé le demi-grand axe AO en un très grand nombre de parties égales, on mènera, par les points de division des parallèles au demi-petit axe CO, lesquelles seront prolongées jusqu'à la circonférence. Ces parallèles étant infiniment rapprochées les unes des autres, les portions de l'ellipse, ainsi que celles de la circonférence qu'elles comprennent entr'elles, pourront être regardées comme droites; et si l'on imagine, par les points i, k, l, m, n, milieux des arcs interceptés, des parallèles à DO, ces lignes pourront être considérées comme les véritables hauteurs des rectangles élémentaires composant les aires elliptique et circulaire; car en imaginant, aux mêmes points i, k, l, etc., des parallèles au grand axe, les petits triangles retranchés de ces rectangles sont remplacés par des triangles égaux. Soient H, H′, H″, H‴, H^{IV}, etc., les hauteurs respectives des rectangles appartenant au cercle, et h, h', h'', h''', h^{IV}, etc., celles des rectangles correspondants dépendants de l'ellipse.

Les deux rectangles dont la base commune est Aa, sont entr'eux comme leurs hauteurs ($\S$ II, n° 4, Corollaire I, p. 145); ainsi l'on a

$$\text{A}a \times h^{\text{v}} : \text{A}a \times \text{H}^{\text{v}} :: h^{\text{v}} : \text{H}^{\text{v}};$$

mais (n° 20, p. 186) $h^{\text{v}} : \text{H}^{\text{v}} :: \text{OC} : \text{OD};$

donc $$\text{A}a \times h^{\text{v}} : \text{A}a \times \text{H}^{\text{v}} :: \text{OC} : \text{OD};$$

et l'on obtiendra de la même manière,

$$ab \times h^{\text{IV}} : ab \times \text{H}^{\text{IV}} :: \text{OC} : \text{OD}$$
$$bc \times h''' : bc \times \text{H}''' :: \text{OC} : \text{OD}$$
$$cd \times h'' : cd \times \text{H}'' :: \text{OC} : \text{OD}$$
$$de \times h' : de \times \text{H}' :: \text{OC} : \text{OD}$$
$$e\text{O} \times h \;.\; e\text{O} \times \text{H} :: \text{OC} : \text{OD}.$$

L'égalité des seconds rapports de ces différentes proportions permet Fig. 102, pl. IV.
d'établir

$$eO \times h : eO \times H :: de \times h' : de \times H' :: cd \times h'' : cd \times H'' :: bc \times h''' :$$
$$bc \times H''' :: ab \times h^{iv} : ab \times H^{iv} :: Aa \times h^v : Aa \times H^v :: OC : OD.$$

Mais la somme d'un certain nombre d'antécédents est à la somme d'un pareil nombre de conséquents, comme un antécédent est à son conséquent; on a donc

$$eO \times h + de \times h' + cd \times h'' + bc \times h''' + ab \times h^{iv} + Aa \times h^v : eO \times H$$
$$+ de \times H' + cd \times H'' + bc \times H''' + ab \times H^{iv} + Aa \times H^v :: OC : OD.$$

Or, le premier terme de cette proportion se compose des rectangles élémentaires qui composent le quart d'ellipse CAO; et le second, des rectangles correspondants qui constituent le quart de cercle DAO; et il eût été facile de faire entrer dans ces deux mêmes termes le quart d'ellipse CBO et le quart de cercle DBO; on en peut donc conclure que

$$aire \ ACBO : aire \ ADBO :: OC : OD;$$

puis en doublant tous les termes,

$$2ACBO : 2ADBO :: 2OC : 2OD.$$

Donc enfin l'aire de l'ellipse est à celle du cercle décrit sur son grand axe pris pour diamètre, comme le petit axe est au grand axe.

On démontrerait de la même manière que l'aire de l'ellipse est à celle du cercle décrit sur son petit axe, comme le grand axe est au petit axe.

Corollaire I. — Soit E l'aire d'une ellipse quelconque, A son grand axe, C l'aire du cercle décrit sur ce grand axe, et a son petit axe.

Prenons une moyenne proportionnelle m entre ces deux axes, en sorte qu'on ait $A : m :: m : a$. On sait que, dans une proportion continue, le carré du premier terme est au carré du second, comme le premier est au dernier; ainsi $A^2 : m^2 :: A : a$. Mais deux cercles quelconques étant entr'eux comme les carrés de leurs diamètres ou de leurs rayons (n° 12, Corollaire III, *p.* 177), on a aussi

$$A^2 : m^2 :: C : c; \ donc \ A : a :: C : c.$$

L'aire du cercle décrit sur le grand axe d'une ellipse étant à l'aire de celle-ci, comme le grand axe est au petit axe, on a $A : a :: C : E$; donc

$$C : c :: C : E.$$

Or, dans cette dernière proportion, les deux antécédents étant égaux, il en doit être ainsi des conséquents; on peut donc conclure que $c = E$. *Donc la surface de l'ellipse est moyenne proportionnelle entre celles des cercles décrits sur ses deux axes pris pour diamètres.*

Corollaire II. — Soit E l'aire d'une ellipse, A et B ses deux axes, *e* une seconde ellipse, *a* et *b* ses deux axes ; si, au lieu des ellipses, on considère les cercles équivalents, c'est-à-dire ceux dont les diamètres sont moyens proportionnels entre les axes respectifs de chacune d'elles, et que l'on représente par M et *m* ces diamètres, on aura

$$A : M :: M : B, \text{ et } a : m :: m : b;$$

puis $$M^2 = A \times B, \text{ et } m^2 = a \times b;$$

puis, en divisant membre à membre, $\dfrac{M^2}{m^2} = \dfrac{A \times B}{a \times b}$.

qui revient à $$M^2 : m^2 :: A \times B : a \times b.$$

Mais $M^2 : m^2 :: E : e$, car les surfaces E et *e* peuvent être considérées comme les cercles dont M et *m* sont les diamètres ; et si l'on fait le rapprochement de cette proportion avec la précédente, les premiers rapports étant les mêmes, on formera la proportion suivante avec les seconds :

$$E : e :: A \times B : a \times b.$$

Donc deux ellipses sont entr'elles comme les rectangles construits sur leurs axes, ou comme les produits de leurs axes respectifs.

Scholie. — L'ellipse jouit d'un grand nombre d'autres propriétés; on s'est borné à ne démontrer ici que les plus intéressantes, et celles surtout qui peuvent servir au lecteur intelligent et studieux à découvrir de lui-même les autres propriété de cette courbe.

De la Parabole.

23. — La *parabole* est une ligne courbe plane infinie, dont chaque point est également distant d'un point fixe et d'une droite donnée de position.

Le point fixe se nomme *foyer*.

La ligne droite donnée de position se nomme *directrice*.

On appelle *paramètre* le double de la perpendiculaire abaissée du foyer sur la directrice.

Toute droite joignant un point quelconque de la courbe au foyer, est un *rayon vecteur*.

24. — Théorème.— *La parabole a pour axe la perpendiculaire abaissée du foyer sur la directrice.*

Soit $xaOa'x'$ une parabole, mm' sa directrice et F son foyer; je dis que la perpendiculaire FA prolongée indéfiniment dans le sens FB, est l'axe de la courbe. En effet, en un point quelconque a, de celle-ci menez la corde aa', perpendiculaire à AB; puis des points a' et a, abaissez an et $a'n'$ perpendiculaires à la directrice, joignez a'F et aF. D'après la définition de la courbe, on a $na = a$F, et $n'a' = a'$F. Mais $n'a' = na$ comme parallèles comprises entre parallèles; donc aF $= a'$F, et le triangle Faa' est isoscèle; donc la perpendiculaire FI divise sa base en deux parties égales; de sorte que aI $= a'$I; donc la corde aa', ou toute autre bb', cc', etc., est divisée en deux parties égales par la ligne AB; donc cette dernière est l'axe de la parabole.

Fig. 103, pl. IV.

Corollaire I. — Si des points u et u', où la corde passant par le foyer rencontre la courbe, on abaisse sur la directrice les perpendiculaires ur et $u'r'$, on aura $ru = u$F, et $r'u' = u'$F; mais comme on a aussi, à cause des parallèles comprises entre parallèles,

$$ru = r'u' = \text{AF},$$

on en conclura $uu' = 2$AF. *Donc la corde élevée au foyer, perpendiculairement à l'axe de la parabole, est égale à son paramètre.*

Corollaire II. — Toute droite parallèle à l'axe AB, ne peut rencontrer la courbe qu'en un seul point, où elle forme avec le rayon vecteur de ce point, un angle intérieur qui se nomme *angle vecteur;* l'angle adjacent s'appelle *angle vecteur externe.*

Corollaire III. — *Tout point intérieur à la parabole est moins éloigné du foyer que de la directrice, et tout point extérieur est plus éloigné du foyer que de la directrice.* En effet, I étant un point intérieur, le triangle IaF donne (§ I, n° 4, p. 130) IF $<$ Ia + aF, ou IF $<$ Ia + am, parce que aF $=$ am, d'après la définition de la courbe, ou enfin, IF $<$ Im; *donc tout point intérieur à la parabole est moins éloigné du foyer que de la directrice.*

Fig. 104, pl. IV.

25

En second lieu, soit e un point extérieur à la courbe; je dis que l'on a $eF > em$. En effet, le triangle eFa donne $eF > Fa — ae$ (§ I, n° 4, p. 130), ou à cause de $Fa = am$, $eF > em$; donc tout point extérieur à la parabole est plus éloigné du foyer que de la directrice.

25. — THÉORÈME. — *La bissectrice de l'angle vecteur externe d'un point quelconque de la parabole, est tangente à ce point.*

Soit E un point quelconque de la courbe, dont F est le foyer et mn la directrice; joignez EF, du point E abaissez la perpendiculaire Em, et joignez mF, sur le milieu de laquelle vous élèverez la perpendiculaire IT, qui divisera en deux parties égales l'angle au sommet E du triangle mEF; cette dernière ligne sera tangente à la parabole, car elle n'a avec celle-ci que le point E de commun. En effet, soit un point t pris arbitrairement sur IT, je dis que ce point est extérieur à la parabole. Joignez tm et tF, puis du point t abaissez tu perpendiculaire à la directrice; dans le triangle isoscèle tmF, on a tF $= tm$, mais l'oblique tm est plus longue que la perpendiculaire tu, et l'on a $tm > tu$, ou tF $> tu$; donc le point E est plus éloigné du foyer que de la directrice; donc il est extérieur à la parabole. On démontrerait également qu'il en est ainsi de tout autre point de la ligne IT, autre que le point E ; donc cette ligne est tangente à la courbe.

Corollaire I. — Si l'on imagine, au sommet O, la tangente OI, cette ligne est parallèle à la directrice, perpendiculaire à l'axe AB, passe par le point I, et l'on a

$$AF = 2OF, \text{ et } mF = 2IF.$$

Donc les pieds des perpendiculaires abaissées du foyer de la parabole sur ses différentes tangentes, sont situés sur la tangente menée au sommet de la courbe.

Corollaire II. — Si, au point de contact E, on trace YZ perpendiculaire à la tangente, on obtiendra la normale à la parabole pour ce point; l'angle droit

$$TEZ = TEX + XEZ ;$$

de même l'angle droit

$$IEZ = IEF + FEZ ;$$

donc

$$TEX + XEZ = IEF + FEZ ;$$

retranchant d'une part TEX $= m$XF, et de l'autre son égal IEF, il reste

$$XEZ = FEZ.$$

Donc la normale à un point de la parabole, est la bissectrice de l'angle vecteur formé à ce point de la courbe.

26.— Pʀᴏʙʟᴇ̀ᴍᴇ.— *Le foyer et la directrice d'une parabole étant donnés, décrire cette courbe.*

Soient Aa la directrice et F le foyer; ayez une équerre ou triangle rectangle abc, fixez au sommet de l'angle aigu c, l'extrémité d'un cordon inextensible, égal en longueur au côté bc de l'angle droit; l'autre extrémité du fil étant fixée au foyer, faites glisser l'autre côté de l'angle droit sur la directrice, de manière à ce qu'il se confonde avec elle; et pendant ce mouvement, tenez, au moyen d'un style, crayon, etc., une partie mc', nc'', Oc''', etc., du fil, constamment appliquée sur le côté bc du triangle rectangle; pendant ce mouvement continu, le crayon ou style décrira une parabole, ainsi qu'il est aisé de s'en convaincre.

Fig. 106, pl. IV.

En effet, puisque le cordon F$c = bc$, le point c appartient à la courbe; et si l'on suppose que le triangle rectangle soit parvenu en $a'b'c'$, on aura $b'c'$, ou $b'm + mc' = mc' + m$F; et en retranchant mc', $b'm = m$F.

De même, le triangle mobile se trouvant en $a''b''c''$, on a $b''n + nc'' = nc'' + Fn$; et en retranchant, de part et d'autre, nc'', on a $b''n = Fn$; donc la courbe ainsi décrite est une parabole.

Fig. 107, pl. IV.

La propriété fondamentale de la parabole fournit un autre moyen de la décrire; aux points a, b, c, d, e, f, g, pris arbitrairement sur l'axe, élevez des deux côtés de celui-ci des perpendiculaires, telles que cc', cc''; puis prenant une longueur Fc' ou Fc'' égale à cA, du foyer comme centre, coupez, au moyen d'un arc de cercle, la perpendiculaire $c'cc''$ aux points c' et c'': il est clair que l'on aura F$c' = c'm$ et F$c'' = m'c''$, et les points c' et c'' appartiendront à la parabole. En répétant une opération analogue pour chaque perpendiculaire, on déterminera autant de points de la courbe qu'on le désirera.

Fig. 108, pl. IV.

Enfin, on peut, au moyen de ses tangentes, décrire la parabole; pour cela, sur le milieu de AF, distance de la directrice au foyer, élevez OP perpendiculaire à l'axe; joignez le foyer à différents points m, n, o, etc., pris arbitrairement sur la perpendiculaire OP; puis à l'extrémité des lignes de jonction Fo, Fn, Fm, etc., élevez des perpendiculaires qui devront être autant de tangentes à la courbe demandée : on obtiendra ainsi une ligne brisée circonscrite à la parabole, et qui en différera d'autant moins, qu'on aura obtenu un plus grand nombre de côtés; on pourra ensuite arrondir les angles, et l'on obtiendra ainsi une courbe parabolique.

27. — PROBLÈME. — *Un point étant donné hors de la parabole, mener une droite tangente à cette courbe.*

Fig. 109, pl. IV.

Du point donné T et avec le rayon TF, décrivez une circonférence qui rencontre la directrice en deux points m et n; tirez les droites mG et nE, parallèles à l'axe de la courbe, qu'elles couperont aux points G et E : TG et TE seront les tangentes issues du point T. En effet, FT $=$ Tn par construction, FE $= n$E, parce que le point E appartient à la parabole; et enfin, le côté TE est commun aux deux triangles ETF et ETn : donc ces deux triangles sont égaux; ce qui entraîne l'égalité des angles FET et nET; donc l'angle vecteur externe FEn est divisé en deux parties égales par la ligne ET; donc cette dernière est tangente à la parabole au point E. On prouverait de même que TO est la tangente du point G.

Fig. 109, pl. IV.

Scholie. — Si l'on se proposait de mener une tangente parallèle à une ligne donnée de position XY, il faudrait du foyer abaisser sur cette ligne une perpendiculaire FZ; puis du point m, où cette perpendiculaire rencontre la directrice, mener mG parallèle à l'axe, laquelle couperait la courbe en un point G; traçant ensuite GT parallèle à XY, on aurait évidemment la tangente demandée, ce qui pourrait du reste se prouver par une démonstration analogue à la précédente.

28. — THÉORÈME. — *Dans la parabole, la sous-tangente est toujours double de l'abscisse qui correspond à l'ordonnée abaissée du point de contact.*

Fig. 110, pl IV.

Soit la droite TC tangente au point C et rencontrant l'axe AB prolongé au point T; je dis que l'on a DT$=$ 2OD. Du point de contact C, abaissez CD perpendiculaire à l'axe, et CE perpendiculaire à la directrice; puis joignez CF, FE et ET. La ligne TC est perpendiculaire sur le milieu de EF; le triangle isocèle CFE donne CF $=$ CE, et par la même raison, le triangle TFE donne TF $=$ TE. Mais EC étant parallèle à TF, il en résulte que l'angle CEF $=$ EFT; et par suite, CFE $=$ FET; donc ces deux triangles sont égaux comme ayant un côté égal adjacent à deux angles égaux chacun à chacun; on a donc EC $=$ TF, ou TF $=$ AD, parce que EC $=$ AD.

Mais TF $=$ TO $+$ OF, et AD $=$ OD $+$ AO, on a donc

$$TO + OF = OD + AO;$$

retranchant d'une part OF, et de l'autre son égale AO , on obtient TO = OD ; donc le point O est au milieu de la ligne DT, et l'on a DT = 2OD ; *donc enfin, dans la parabole, la sous-tangente est double de l'abscisse qui correspond à l'ordonnée abaissée du point de contact.*

Corollaire I. — Par un point C donné sur la parabole , on peut mener une tangente à cette courbe en abaissant sur l'axe l'ordonnée CD, puis en portant de D en T, une longueur DT égale à la double abscisse OD, la ligne de jonction TC est la tangente demandée.

Fig. 110, pl. IV.

Corollaire II. — Le triangle rectangle TDC donne (§ II, n° 5, *p.* 148)

Fig. 110 , pl. IV.

$$\overline{TC}^2 = \overline{CD}^2 + \overline{TD}^2 ;$$

ou à cause de TD = 2OD ,

$$\overline{TC}^2 = \overline{CD}^2 + 4\overline{OD}^2 ;$$

et l'on en tire

$$TC = \sqrt{\overline{CD}^2 + 4\overline{OD}^2}.$$

C'est-à-dire qu'on obtient la longueur d'une tangente menée à un point quelconque de la parabole en ajoutant au carré de l'ordonnée qui appartient à ce point, quatre fois le carré de l'abscisse correspondante, et en extrayant la racine carrée du résultat.

Corollaire III. — Si l'on élève au point de contact C la normale CI , elle rencontrera l'axe AB quelque part en I ; et si l'on compare le triangle rectangle CDI au triangle EAF, on s'apercevra bien vite qu'ils sont égaux. En effet, DC = EA comme parallèles comprises entre parallèles ; et il en est ainsi de CI et de EF ; de plus, l'angle ICD = FEA comme ayant les côtés parallèles et l'ouverture dirigée dans le même sens ; donc

Fig. 110, pl. IV.

$$ID = AF = mP = PF = \frac{PP'}{2},$$

ou la moitié du paramètre ; et l'on en conclut *que, dans la parabole, la sous-normale est égale à la moitié du paramètre.*

29. — Théorème. — *Dans la parabole, les carrés des ordonnées sont entr'eux comme les abscisses qui leur correspondent.*

Fig. 111, pl. IV.

Soit une portion de parabole ODELK, ayant pour axe OB, et pour ordonnées DC et EB; je dis qu'on a

$$\overline{DC}^2 : \overline{EB}^2 :: OC : OB.$$

Imaginons la figure parabolique placée sur une surface plane horizontale, de manière à ce que sa double corde EBL, se trouvant tout entière dans le plan, l'axe BO soit fixé dans une position verticale; imaginons en même temps décrit du point B, et avec un rayon égal à BE ou BL, un cercle passant nécessairement par les points L et E, puis au point C un second cercle décrit avec le rayon CD, et parallèle au premier, c'est-à-dire horizontalement placé; imaginons de plus que la parabole s'incline graduellement dans le sens OT, en tournant sur la corde EL comme charnière, entraînant avec elle le cercle IDK, lequel, pendant cette révolution, conserve sa position horizontale en tournant lui-même, selon le diamètre DK : il arrivera un instant où le point O, sommet de la courbe proposée, et les points I et T extrémités des diamètres des deux cercles perpendiculaires à DK et EL, se trouveront situés sur une même ligne OIT, et c'est précisément ce que représente la figure. Cela posé, les triangles semblables OCI et OBT donnent

$$OC : OB :: CI : BT;$$

mais CI et BT étant perpendiculaires sur les diamètres DK et EL, on a

$$CI : BT :: DC \times CK : EB \times BL,$$

ou
$$CI : BT :: \overline{DC}^2 : \overline{EB}^2;$$

et en faisant le rapprochement de cette dernière proportion avec la première, on obtient, en supprimant le rapport commun,

$$\overline{DC}^2 : \overline{EB}^2 :: OC : OB.$$

Donc, dans la parabole, les carrés des ordonnées sont entr'eux comme les abscisses qui leur correspondent.

Fig. 111, pl. IV.

Corollaire I. — Soit F le foyer de la parabole, FP l'ordonnée prise à ce point, on a

$$\overline{FP}^2 : \overline{CK}^2 :: OF : OC;$$

mais (n° 24, Coroll. 1, *p.* 193) $OF = \dfrac{FP}{2}$,

et la proportion devient

$$\overline{FP}^2 : \overline{CK}^2 :: \frac{FP}{2} : OC.$$

On en tire, en faisant le produit des extrêmes et celui des moyens,

$$\overline{FP}^2 \times OC = \frac{\overline{CK}^2 \times FP}{2};$$

puis, en divisant les deux membres par FP, l'expression devient

$$FP \times OC = \frac{\overline{CK}^2}{2},$$

ou $$2FP \times OC = \overline{CK}^2;$$

mais cette dernière égalité revient évidemment à la proportion

$$2FP : CK :: CK : OC;$$

et 2FP est le paramètre de la courbe; *donc le paramètre de la parabole est une troisième proportionnelle entre une abscisse quelconque et l'ordonnée qui lui correspond.*

Corollaire II. — Le paramètre étant une grandeur constante, qui est toujours une troisième proportionnelle à une abscisse quelconque et à l'ordonnée qui lui correspond, *on en peut conclure que le carré d'une ordonnée quelconque à la parabole est toujours égal au produit du paramètre, par l'abscisse correspondante à cette ordonnée; et qu'une ordonnée quelconque est égale à la racine carrée du produit de l'abscisse qui lui correspond, multipliée par le paramètre.*

Corollaire III. — On peut, à l'aide du paramètre de la parabole, construire cette courbe pour cela; prenez une ligne indéfinie dont vous déterminerez l'origine; divisez cette ligne en un très grand nombre de parties égales ou inégales, cela est indifférent; élevez à chaque point de division une perpendiculaire prolongée au-dessus et au-dessous de la ligne prise pour directrice; donnez ensuite à chaque perpendiculaire une hauteur moyenne proportionnelle entre la distance de son pied à l'origine et le paramètre donné; faites ensuite passer une courbe par les extrémités des perpendiculaires : cette courbe sera la parabole demandée.

Fig. 112, pl. IV.

                     GEOMÉTRIE.

Fig. 112, pl. IV.

Corollaire IV. — Après avoir obtenu les différentes hauteurs à attribuer à chaque ordonnée, ainsi qu'il vient d'être dit, on peut se proposer de rectifier la courbe; pour cela, l'on observera que

$$Br - dq = e'r, \ dq - cp = d'q, \ cp - bo = c'p, \ bo - an = b'o,$$
$$an - Fm = a'n, \ \text{etc.};$$

et l'on connaîtra ainsi les côtés de l'angle droit des petits triangles

$$e'rq, \ d'qp, \ c'po, \ b'on, \ \text{etc}\ldots,$$

ce qui permettra d'établir pour chacun d'eux ($\S$ II, n° 5, $p.$ 148),

$$\overline{qr}^2 = \overline{e'r}^2 + \overline{e'q}^2, \ \text{d'où} \ qr = \sqrt{\overline{e'r}^2 + \overline{e'q}^2},$$

$$\overline{pq}^2 = \overline{d'p}^2 + \overline{d'q}^2 \ldots\ldots \ pq = \sqrt{\overline{d'p}^2 + \overline{d'q}^2},$$

$$\overline{op}^2 = \overline{c'o}^2 + \overline{c'p}^2 \ldots\ldots \ op = \sqrt{\overline{c'o}^2 + \overline{c'p}^2},$$

$$\overline{on}^2 = \overline{b'n}^2 + \overline{b'o}^2 \ldots\ldots \ on = \sqrt{\overline{b'n}^2 + \overline{b'o}^2}, \ \text{etc}\ldots$$

et l'on en conclura enfin que la portion de courbe

$$qr + pq + op + on +, \ \text{etc}\ldots =$$

$$\sqrt{\overline{e'r}^2 + \overline{e'q}^2} + \sqrt{\overline{d'p}^2 + \overline{d'q}^2} + \sqrt{\overline{c'o}^2 + \overline{c'p}^2} + \sqrt{\overline{b'n}^2 + \overline{b'o}^2} +, \ \text{etc}\ldots;$$

et l'approximation sera d'autant plus rigoureuse, que les points m, n, o, p, etc., seront plus rapprochés les uns des autres; car alors, et ainsi qu'on le suppose dans l'opération, les petites portions de courbes mn, no, op, pq, etc..., pourront être considérées comme des lignes droites, puisqu'elles n'en différeront que d'une manière insensible. On pourra, dans les calculs numériques, obtenir autant de décimales qu'on le jugera convenable. Cette rectification de la parabole, bien que laborieuse, peut être néanmoins pratiquée en employant le calcul logarithmique. Les personnes qui ne sont pas étrangères au calcul intégral, préféreront peut-être y avoir recours.

et alors elles se serviront de la formule

$$\int dx\, (1 + 4p^2x^2)^{\frac{1}{2}} = \frac{1}{2}\, x\, (1 + 4p^2x^2)^{\frac{1}{2}} + \frac{1}{2p}\, l$$
$$(2px + \sqrt{1 + 4p^2x^2}) + \text{const.},$$

qui est l'expression d'un arc quelconque de la parabole.

Scholie. — La méthode qui vient d'être donnée pour la rectification de et parabole peut également être appliquée à la circonférence, à l'ellipse, la en général à toutes les courbes dont on connaît les relations qui existent entre les abscisses et les ordonnées; mais ces deux premières courbes pouvant être rectifiées avec approximation directement, il serait superflu de leur appliquer cette dernière méthode.

30. — Théorème.— *L'aire d'un segment parabolique est égale aux deux tiers du rectangle construit sur la double ordonnée lui servant de base, et l'abscisse correspondante.*

Soit le segment parabolique COD dans lequel on a inscrit le triangle COD. Divisez l'abscisse OB en deux parties égales au point P, puis menez KPL parallèle à la base du triangle; ensuite, par le milieu K du côté OC où cette parallèle le rencontre, menez HKR parallèle à l'axe, et par conséquent perpendiculaire à la directrice; au point T où cette parallèle rencontre la courbe, menez TM parallèle à la corde OC; je dis d'abord que TM est tangente au point T. En effet, joignez TF, RF, puis menez EO tangente au sommet; les triangles QOF et QER sont égaux, car le côté ER = OA = OF; de plus, l'angle ERQ = OFQ, à cause des parallèles OF et ER; et enfin, les angles dont les sommets sont en O et en E, sont droits; on a donc

$$OQ = QE = \frac{EO}{2}, \text{ et } RQ = QF;$$

mais, d'après la nature de la courbe, on a TF=TR; les triangles TFQ et TRQ sont donc égaux comme ayant les trois côtés égaux chacun à chacun; donc l'angle FTQ = RTQ; donc la ligne MQT est bissectrice de l'angle vecteur externe RTF; donc elle est tangente au point T, et par conséquent OM = ON, fait qui est aussi une conséquence de la similitude des triangles MOQ et MNT.

Fig. 115, pl IV.

Le triangle ONI est égal au triangle MOQ, car les angles en O et en N étant droits, l'angle NOI = OMQ à cause des parallèles OC et MT, le côté ON = OM, d'après ce qui vient d'être dit ; on a donc IN = OQ = IT, à cause des parallèles OQ et IT comprises entre parallèles.

Les triangles KIT et OIN sont égaux parce qu'étant rectangles en T et en N, on a, d'après ce qui vient d'être dit, IN = IT et NO = OM = TK, à cause des parallèles MT et OK.

Le triangle OTC se compose de deux triangles partiels qui ont une base commune TK ; le premier OTK a même base et même hauteur que le rectangle TKPN ; donc il est moitié de celui-ci (§ II, n° 2, Corollaire II, $p.$ 143) ; le second, CTK, a aussi même base que le rectangle TKPN, et aussi même hauteur puisque CH = HB = KP ; donc il est aussi équivalent à la moitié de ce rectangle, et l'on en peut conclure que le triangle total CTO est équivalent au rectangle total TKPN.

Mais le rectangle TKPN se compose de deux parties distinctes, le trapèze IKPN et le triangle KIT ; le triangle OKP se compose également du trapèze IKPN et du triangle OIN, et comme OIN = KIT, il s'ensuit que le rectangle TKPN est équivalent au triangle OKP ; mais celui-ci est, par construction, égal au quart du triangle OCB, donc $OTC = \dfrac{OCB}{4}$.

On pourrait agir de la même manière à l'égard du triangle OT'D, et l'on prouverait qu'il est égal au quart du triangle OBD.

On peut donc conclure que l'aire du triangle total OCD est quatre fois plus grande que la somme des deux triangles CTO et DT'O.

Si l'on inscrivait un triangle au segment OT, on prouverait que ce triangle n'est que le quart de OTK, de même que celui inscrit dans le segment TC, serait le quart du triangle TCK ; et l'on pourrait agir de la même manière relativement aux nouveaux segments, qui diminueraient progressivement. Il est inutile d'observer que la même opération devrait avoir lieu à l'égard des segments OT' et T'D ; il est clair qu'en inscrivant successivement des triangles à mesure que se formeraient de nouveaux segments, on parviendrait à exprimer l'aire du segment parabolique par la somme de tous ces triangles, qui forment une progression décroissante dont la raison est $\dfrac{1}{4}$; en effet, la mesure du premier triangle OCD est $\dfrac{CD \times OB}{2}$; celle des seconds triangles est $\dfrac{CD \times OB}{8}$, et celles de ceux qui viennent ensuite

$$\frac{CD \times OB}{32}, \quad \frac{CD \times OB}{128}, \text{ etc...;}$$

en sorte qu'on a la suite infinie

$$\div \frac{CD \times OB}{2} : \frac{CD \times OB}{8} : \frac{CD \times OB}{32} : \frac{CD \times OB}{128}, \text{ etc...}$$

Mais nous avons démontré en algèbre que la somme des termes d'une progression infinie par quotient, est égale au premier terme divisé par 1, moins la raison; appliquons donc à celle qui nous occupe la formule (ch. I, §VII, n°15, p. 107)

$$S = \frac{a}{1 - q}, \text{ nous aurons } a = \frac{CD \times OB}{2}, \quad q = \frac{1}{4},$$

Et l'expression de l'aire du segment parabolique deviendra en l'appelant S.

$$S = \frac{\dfrac{CD \times OB}{2}}{1 - \dfrac{1}{4}} = \frac{CD \times OB}{2} \times \frac{4}{3} = \frac{4CD \times OB}{6} = \frac{4}{6} CD \times OB$$

$$= \frac{2}{3} CD \times OB.$$

Donc l'aire d'un segment parabolique est égale aux deux tiers du rectangle construit sur sa corde et la portion d'axe comprise entre cette corde et le sommet de la courbe; ou, ce qui est la même chose, au rectangle construit sur la double ordonnée lui servant de base, et l'abscisse correspondante.

Corollaire I.— Le triangle OCD étant la moitié du rectangle CDUV, et l'aire parabolique en étant les deux tiers, *on en peut conclure que l'aire du triangle inscrit est à celle du segment parabolique comme* $\dfrac{1}{2}$ *est à* $\dfrac{2}{3}$; *ou, ce qui est la même chose, comme 3 est à 4,* propriété qui permet de construire un triangle équivalent en surface au segment dont il s'agit.   Fig. 113, pl. IV.

Corollaire II. — La ligne TH parallèle à l'axe OB, se nomme, ainsi que celui-ci, *diamètre de la parabole; et l'on peut alors remarquer qu'une corde quelconque coupée en deux parties égales par un diamètre, est nécessairement parallèle à la tangente menée au sommet de ce diamètre.*   Fig. 115, pl. IV.

Scholie. — Les cordes parallèles à la tangente menée au sommet d'un diamètre quelconque, se nomment généralement *ordonnées à ce diamètre,* et les parties du diamètre interceptées entre les ordonnées et le sommet, se nomment les *abscisses,* et d'un nom commun, les unes et les autres s'appellent *coordonnées.* Les coordonnées d'un diamètre quelconque jouissent des mêmes propriétés que celles du diamètre passant par le foyer ou axe; c'est-à-dire que généralement *les carrés des ordonnées à un diamètre quelconque sont en-tr'eux comme les abscisses qui leur correspondent.*

L'abondance des matières que doit renfermer ce Cours, a imposé la loi rigoureuse de n'y comprendre que les connaissances absolument essentielles; on a donc été contraint de négliger les autres propriétés de la parabole, qui offrent du reste peu d'intérêt.

De l'Hyperbole.

31. — L'*hyperbole* est une ligne courbe plane, composée de deux branches infinies, telle que la différence des distances de chacun de ses points à deux points fixes, est constamment la même, et égale à une ligne donnée.

Fig. 114, pl. V.

Les points fixes F et f se nomment les *foyers.*

Les distances FI et fI d'un point quelconque de la courbe aux foyers, se nomment *rayons vecteurs.*

32. — THÉORÈME. — *Le centre de l'hyperbole est situé sur le milieu de la ligne droite qui joint ses deux foyers.*

Fig. 114, pl. V.

Soit I un point appartenant à l'hyperbole dont les foyers sont F et f; menez les rayons vecteurs IF et If, par le point F, FK, parallèle If; et par le foyer f, fK, parallèle à IF. La figure IFKf est un parallélogramme; ainsi les côtés opposés sont égaux, et fournissent

$$ FI - f I = f K - KF. $$

Donc le point K appartient à la même hyperbole que le point I.

Les diagonales d'un parallélogramme se coupent mutuellement en parties égales : ainsi le point O se trouve situé sur le milieu de Ff, et il est le centre

de la courbe, car la corde IOK s'y trouve coupée en deux parties égales; et il
en serait ainsi de toute autre qu'elle; *donc le centre de l'hyperbole est situé
sur le milieu de la droite qui joint ses deux foyers, et par conséquent ces
derniers sont également éloignés du centre.*

33. — THÉORÈME. — *L'hyperbole a pour axes la ligne qui joint ses deux
foyers et la perpendiculaire élevée sur le milieu de cette ligne.*

Soient Ff la ligne qui réunit les deux foyers, et xy la perpendiculaire élevée
sur le milieu O de celle-ci; le point B appartenant à l'hyperbole, abaissez BQ
perpendiculaire sur uV, et prolongez-la d'une longueur QC égale à elle-même,
le point C sera aussi un des points de la courbe. En effet, le triangle fBC est
isoscèle, et donne fB $= f$C; mais le triangle FBC étant aussi isoscèle, donne
FB $=$ FC; et en retranchant membre à membre, on a

$$FB - fB = FC - fC;$$

or, la corde BC est perpendiculaire à uV et divisée en deux parties égales au
point Q; et l'on pourrait également démontrer qu'il en est ainsi de toute autre
corde telle que AD; on peut donc conclure que uV est un axe de l'hyperbole.

Soit maintenant abaissée BR perpendiculaire sur xy, et prolongée de manière à ce que AR $=$ BR; je dis que le point A est également un des points
de l'hyperbole; abaissez AQ′ perpendiculaire à uV, et prolongez-la en D, de
façon à avoir AQ′ $=$ DQ′; joignez FA, fA, FD, fD, et enfin DC.

La figure ABQQ′ est un rectangle, et l'on a AQ′ $=$ BQ. La ligne Q′Q étant
divisée en deux parties égales au point O, on a

$$OF + FQ' = Of + fQ;$$

et comme Ff est aussi divisée en deux parties égales au point O, il en résulte
OF $=$ Of; en retranchant cette dernière égalité de la première, il vient

$$OF + FQ' - OF = Of + fQ - Of,$$

et par conséquent FQ′ $= f$Q. Les triangles rectangles AQ′f et BQF sont donc
égaux, et l'on a Af $=$ BF; les triangles rectangles AFQ′ et BfQ sont aussi
égaux, et donnent AF $=$ Bf; retranchant cette dernière égalité de la précédente, on obtient

$$Af - AF = BF - Bf;$$

donc le point A appartient à la même hyperbole que le point B; *donc la droite* xy *qui divise en deux parties égales la corde* AB, *ou toute autre, telle que* CD, *est un second axe de l'hyperbole.*

Scholie. — L'hyperbole a donc deux axes qui se coupent à angles droits au centre de la courbe, et dont le premier détermine les deux sommets; toute ligne parallèle au premier axe rencontre la courbe en un seul point où elle forme avec le rayon vecteur de ce point un angle intérieur qui s'appelle *angle vecteur;* son adjacent est *l'angle vecteur externe.*

34· — Théorème. — *La différence des rayons vecteurs d'un point quelconque de l'hyperbole, est égale à la partie du premier axe comprise entre les deux sommets de la courbe.*

Fig. 114, pl. V.D'après la définition de l'hyperbole, la différence des rayons vecteurs du point C, doit être égale à celle des rayons vecteurs de l'un des sommets A ou B, de B par exemple, et l'on a

$$FC — Cf = FB — Bf;$$

mais comme $Bf = AF$, il s'ensuit que

$$FB — Bf = AB;$$

donc $FC — Cf = AB.$

Corollaire. — *La différence des distances d'un point quelconque aux deux foyers de l'hyperbole, est plus grande ou plus petite que la partie du premier axe comprise entre les deux sommets, selon que ce point est intérieur ou extérieur à la courbe.*

35. — Théorème. — *La bissectrice de l'angle vecteur externe d'un point quelconque de l'hyperbole est tangente à ce point.*

Fig. 116, pl. V.Joignez le point donné T, pris sur la courbe, à l'un et l'autre foyer; prenez ensuite une longueur TC égale à Tf, et joignez $Cf;$ la ligne Tm élevée perpendiculairement sur le milieu de Cf, est la bissectrice de l'angle vecteur externe FTf, et je dis qu'elle est la tangente au point T : d'abord elle est bissectrice de l'angle, parce qu'étant perpendiculaire sur le milieu de la base du triangle isoscèle TCf, elle en divise nécessairement l'angle au sommet en deux parties égales; et elle est tangente à la courbe, parce qu'elle ne saurait avoir d'autre point que T, commun avec celle-ci. En effet, soit t un autre point quelconque dépendant de la ligne droite T*m*, nous allons démontrer qu'il ne saurait en même temps appartenir à l'hyperbole ; joignez *t*C, *t*F et *tf*.

Le triangle FC*t* donne (§ I, n° 4, *p.* 130) *t*F — *t*C $<$ FC, ou AB, car FC = FT — T*f*, et T*f* = TC. Mais le triangle *t*C*f* est isoscèle, et par conséquent on a *t*C = *tf*; donc   *t*F — *tf* $<$ AB;

Donc le point t, et en général tout point dépendant de la bissectrice T*m*, *autre que le point* T, *est extérieur à la courbe; donc cette ligne est tangente à l'hyperbole au point* T.

Corollaire I. — Joignez O*m*, le triangle O*mf* est semblable au triangle FC*f*, parce qu'ils ont l'angle en *f* commun, que le côté O*f* du premier est moitié de F*f*, son homologue dans le second, et que le côté *fm* est aussi moitié de *f*C; on en conclura donc que le troisième côté O*m* est moitié de son homologue FC, ou ce qui est la même chose, de son égale AB; *on peut donc tirer cette conséquence, que les pieds des perpendiculaires abaissées des foyers de l'hyperbole sur ses différentes tangentes, sont situés sur la circonférence qui a pour diamètre la partie du premier axe comprise entre les deux sommets, et par conséquent pour centre celui de l'hyperbole.*

Fig. 116, pl. V.

Corollaire II. — La ligne TE étant perpendiculaire à la tangente, au point T, est normale à ce point.

Fig. 116, pl. V.

L'angle droit ET*m* = ET*f* + *f*T*m*; mais l'angle droit ET*t* = *t*TK + KTE ;

donc   ET*f* + *f*T*m* = *t*TK + KTE ;
mais l'angle

$$fTm = mTC = tTK ;$$

retranchant donc d'une part *f*T*m*, et de l'autre son égale *t*TK, il reste

$$ETf = KTE.$$

Donc la normale pour un point quelconque de l'hyperbole, est la bissectrice de l'angle vecteur formé à ce point de la courbe.

Corollaire III. — De l'un des foyers, F par exemple, menez F*y* et F*x* tangentes à la circonférence décrite sur le premier axe; tirez ensuite les lignes O*x* et O*y*, passant par les points de contact; je dis que les branches de l'hyperbole seront comprises, l'une dans l'angle UOV, et l'autre dans l'angle *y*O*x*.

Fig. 116, pl. V.

En effet, soit U un point quelconque pris sur la tangente U$o$$x$; par le foyer f menez FP parallèle à VOy, rencontrant la tangente Fy prolongée en P; joignez PU, UF et Uf; dans le triangle UPF, un côté quelconque étant plus grand que la différence des deux autres (§ I, n° 4, p. 130), on a FP $>$ FU — UP; mais à cause du triangle isoscèle UPf, on a Uf = UP, et parce que les lignes Fx et Pf sont parallèles, PF = $x$$n$ = AB. L'inégalité précédente devient donc

$$AB > FU — Uf,$$

et l'on en peut conclure que le point U est extérieur à la branche hyperbolique, et qu'il en serait ainsi de tout autre point de la ligne UOx. Les mêmes faits pouvant être démontrés à l'égard de la ligne VOy, il en résulte que les deux branches de la courbe ne peuvent sortir des angles yOx et UOV.

Scholie. — Les droites infinies UOx et VOy, se nomment *asymptotes*; ces lignes ont la propriété de se rapprocher continuellement des branches hyperboliques, sans pouvoir jamais les rencontrer mathématiquement à quelques distances qu'elles soient prolongées les unes et les autres; lorsque les axes d'une hyperbole sont égaux, elle prend la dénomination d'*hyperbole équilatère*.

36. — THÉORÈME. — *Le premier axe et les foyers de l'hyperbole étant donnés, décrire la courbe.*

Fig. 117, pl. V. Soient AB l'axe donné, F et f les deux foyers, le tout étant sur une surface plane, prenez une règle FC, fixez à l'une de ses extrémités C, un fil ou cordon inextensible, dont l'autre extrémité f soit arrêtée à l'un des foyers, de manière à ce que la longueur de la règle diminuée de celle du cordon, soit précisément égale au premier axe; ainsi, l'extrémité F de la règle étant posée sur l'autre foyer et le fil fC parfaitement tendu, on a

$$FC — fC = AB,$$

et par conséquent le point C appartient à l'hyperbole; si maintenant on fait tourner la règle FC autour du foyer F, sans que son extrémité abandonne ce point, l'angle CFB diminuera et le fil Cf cessera d'être tendu, à mesure que la règle FC′ s'approchera de AB; si pendant ce mouvement on appuie le long de la règle et en y tenant appliquée une partie du fil dC′, un crayon ou style, il est clair que les différents points déterminés par celui-ci dans les diverses positions qu'il prendra, appartiendront à une hyperbole; car, dans tous les cas possibles, on aura

$$FC — fC = AB,$$

puisque $\qquad$ $C'd + df = f\text{C}, \ C''e + ef = Cf,$ etc.,

et que par conséquent

$$\text{F}d - df = \text{AB}, \text{ et } \text{F}e - ef = \text{AB}.$$

Cette méthode de tracer l'hyperbole par un mouvement continu, est une application immédiate de sa définition.

On peut encore, en se reposant sur la propriété fondamentale de l'hyper- Fig. 117, pl. V.
bole, obtenir autant de points qu'on le désirera appartenant à cette courbe ; pour cela, prenez une longueur quelconque BG plus grande que le premier axe BA, et du point f comme centre décrivez les deux arcs de cercle a et a'; prenez ensuite une longueur GA, égale à BG — AB, et du point F comme centre, décrivez de nouveaux arcs coupant les premiers aux points a et a', qui appartiendront à la courbe.

Il est clair que, par cette opération qui peut être répétée aussi souvent qu'on le jugera convenable, et en variant les ouvertures de compas, on parviendra à déterminer autant de points qu'on voudra, lesquels appartiendront tous à l'hyperbole.

Ce qui vient d'être dit relativement à l'une des branches hyperboliques, s'applique également à l'autre; et en joignant avec soin les différents points ainsi obtenus, on déterminera la courbe elle-même qui sera décrite, d'autant plus rigoureusement, que les points obtenus seront plus rapprochés les uns des autres.

On peut aussi décrire l'hyperbole à l'aide de ses tangentes. Fig. 118, pl. V.

Soit AB le premier axe, F et f les foyers; du point O comme centre et avec un rayon $\text{OA} = \dfrac{\text{AB}}{2}$, décrivez une circonférence; joignez différents points de celle-ci à l'un des foyers f, et à ces différents points C, D, E, C', D', etc., élevez des perpendiculaires aux lignes Cf, Df, Ef, etc.., et $C'f, D'f, E'f$, etc... Ces perpendiculaires formeront entr'elles une ligne brisée circonscrivant une des branches de l'hyperbole; on obtiendra très approximativement la courbe elle-même en arrondissant les différents angles de la ligne brisée. Cette même opération répétée à l'égard de l'autre foyer, donnera la construction de l'autre branche hyperbolique. La courbe entière se trouvera donc ainsi déterminée.

37. — PROBLÈME. — *Un point hors de la courbe étant donné, mener une tangente à l'hyperbole.*

27

Du point donné T comme centre, et avec un rayon égal à Tf, décrivez une circonférence de cercle, puis du foyer F comme centre, et avec un rayon Fa, égal à l'axe AB, décrivez une seconde circonférence coupant la première aux points a et b; joignez aF que vous prolongerez jusqu'à sa rencontre avec la courbe en a'; joignez aussi Fb que vous prolongerez jusqu'à sa rencontre avec l'autre branche en b'; joignez enfin a'T et b'T, ces deux lignes seront les tangentes demandées.

Car, si l'on joint $a'f$, aT et Tf, le point a' appartenant à l'hyperbole, on a

$$a'f, - a'F = AB;$$

et l'on en tire

$$a'f, = AB + a'F;$$

mais par construction aF $=$ AB ; donc

$$a'f, = aF + a'F = aa'.$$

Les deux triangles fa'T et aa'T sont donc égaux comme ayant les trois côtés égaux chacun à chacun, $aa' = a'f$, d'après ce qui vient d'être démontré, aT$=$Tf comme rayon de la même circonférence, et a'T est commun. Il en est donc ainsi de leurs angles, et l'on en peut conclure que l'angle aa'T est égal à l'angle faT; donc la ligne a'T est bissectrice de l'angle vecteur externe $aa'f$; donc elle est tangente à l'hyperbole au point a'; et l'on démontrerait de la même manière que b'T est tangente au point b'.

. S'il s'agissait de déterminer les tangentes parallèles à une droite donnée de position MN, on abaisserait du foyer f sur cette droite, la perpendiculaire fa; prenant ensuite un rayon égal à AB, et du point F comme centre, on décrirait une circonférence coupant la perpendiculaire aux points a et c; puis joignant aF et Fc prolongées l'une et l'autre à leur rencontre avec les branches de la courbe aux points a' et c', il ne resterait plus qu'à mener par ces derniers a'T et c''T parallèles à la ligne donnée, lesquelles seraient les tangentes demandées, ainsi que cela vient d'être démontré.

Corollaire I. — Pour obtenir les normales aux points a', b', c', il suffit d'élever à ces points les perpendiculaires aux tangentes; ces différentes perpendiculaires sont les normales demandées.

§ IV. — DES SOLIDES A SURFACES PLANES, DÉFINITIONS, PROPRIÉTÉS PARTICULIÈRES, ÉVALUATIONS ET RAPPORT DES VOLUMES, MESURE DE LEURS SURFACES.

1. — Une droite est perpendiculaire à un plan lorsqu'elle est perpendiculaire à toutes les droites qui se rencontrent à son pied dans ce plan.

On entend par *pied de la perpendiculaire*, le point où elle rencontre le plan.

Une droite est parallèle à un plan, lorsqu'elle ne peut rencontrer ce plan, bien qu'ils soient prolongés indéfiniment l'un et l'autre dans les deux sens.

Deux plans sont parallèles, lorsqu'ils ne sont susceptibles de se rencontrer, quelque prolongés qu'ils puissent être.

L'intersection de deux plans qui se coupent, ou l'assemblage des points qui se trouvent communs à deux surfaces planes, est évidemment une ligne droite; car s'il en était autrement, ces surfaces cesseraient d'être planes.

L'inclinaison mutuelle de deux plans qui se rencontrent, se mesure au moyen de l'angle formé par les deux perpendiculaires à l'intersection commune, élevées au même point et respectivement placées dans chaque plan.

L'angle formé par deux plans se nomme *angle dièdre;* un angle dièdre peut être aigu, droit ou obtus; s'il est droit, les deux plans sont perpendiculaires l'un à l'autre.

Un *angle solide* est la partie d'espace angulaire comprise entre plusieurs plans se coupant deux à deux, et dont les intersections se réunissent toutes à un même point, qui se nomme le *sommet;* il faut donc au moins trois angles plans pour former un angle solide.

On appelle *polyèdre* un corps terminé par des surfaces planes, qui sont elles-mêmes limitées par des lignes droites.

Le *tétraèdre* est le polyèdre compris sous quatre faces;

L'*hexaèdre,* celui qui en a six;

L'*octaèdre,* celui qui en a huit;

Le *dodécaèdre,* celui qui en a douze;

L'*icosaèdre,* celui qui en a vingt, etc...

La ligne suivant laquelle se rencontrent deux faces adjacentes d'un polyèdre, se nomme *arête,* ou simplement *côté du polyèdre.*

On dit qu'un polyèdre est régulier, lorsque toutes ses faces sont des polygones réguliers égaux (le nombre des polyèdres réguliers n'est que de cinq).

Le *prisme* est un polyèdre dont les faces latérales sont des parallélogrammes, et qui se termine aux deux bouts par des polygones égaux, situés sur deux plans parallèles ; ces deux derniers polygones sont les bases du prisme; les parallélogrammes en constituent la surface latérale. La hauteur d'un prisme est la perpendiculaire abaissée d'un point de la base supérieure sur le plan de la base inférieure, ou la plus courte distance comprise entre ses deux bases.

Un prisme peut être *triangulaire, quadrangulaire, pentagonal, hexagonal*, etc..., selon que ses bases sont des triangles, des quadrilatères, des pentagones, etc. Dans tous les cas, on dit qu'il est droit, lorsque ses arêtes sont perpendiculaires au plan des bases; s'il en est autrement, le prisme est oblique.

Le prisme ayant pour bases deux parallélogrammes, prend le nom de *parallélipipède;* il est dit rectangle lorsque toutes ses faces sont des rectangles.

Fig. 120, pl. VI.

Le parallélipipède rectangle compris sous six carrés égaux, ou hexaèdre régulier prend la dénomination de *cube.*

La pyramide est un polyèdre à base polygonale, dont les faces latérales sont des triangles ayant un sommet commun, et dont les bases respectives sont les côtés du polygone servant de base au solide. Le sommet commun des triangles où se réunissent les arêtes, se nomme *sommet de la pyramide;* la hauteur d'une pyramide est la perpendiculaire abaissée de son sommet sur le plan de sa base, prolongé s'il est nécessaire; elle peut être triangulaire, quadrangulaire, etc...

La pyramide est régulière lorsque la perpendiculaire abaissée du sommet tombe au centre de sa base, qui doit alors être un polygone régulier.

La ligne droite joignant les sommets de deux angles solides non adjacents, dans un polyèdre quelconque, se nomme *diagonale.*

Deux polyèdres sont égaux lorsque les polygones qui forment les faces de l'un d'eux, sont respectivement égaux chacun à chacun à ceux formant les faces correspondantes de l'autre; ils peuvent, en conséquence, être équivalents sans être égaux ; car leurs volumes respectifs sont susceptibles d'occuper séparément des parties d'espaces équivalentes, sans que ces parties aient pour cela des formes identiques.

2. — Théorème. — *Dans un parallélipipède quelconque, les parallélogrammes opposés sont égaux et situés sur des plans parallèles.*

Car la figure EFGH étant un parallélogramme, le côté FG est égal et parallèle à EH. La figure ADFE étant un parallélogramme, le côté DF est égal et
parallèle à AE. Le parallélogramme ABCD donne également DC égal et parallèle à AB; enfin, le parallélogramme BCGH fournit GC $=$ BH; donc le
parallélogramme ABHE est égal et parallèle à son opposé DCGF; et l'on
démontrerait qu'il en est ainsi à l'égard des autres faces opposées du parallélipipède BF.

Scholie. — Trois droites AB, AD et AE qui se réunissent en un point commun **A**, étant données de longueurs et de positions, on peut, à l'aide de ces
trois lignes, construire le parallélipipède BF, en menant à l'extrémité de
chaque droite un plan parallèle à celui passant par les deux autres lignes.

3. — Théorème. — *Tout parallélipipède peut être décomposé en deux
prismes triangulaires égaux.*

Par les arêtes opposées BG et DE, imaginez un plan BGED; je dis que
les deux prismes triangulaires BDCGEF et ADBGEH qui résultent de la division du solide total par ce plan, sont égaux.

En effet, le parallélogramme ABCD est divisé en deux triangles égaux par
la diagonale BD, par conséquent ABD $=$ CBD; et par la même raison, HGE
$=$ FEG; mais, d'après la nature du parallélipipède, le parallélogramme
ADEH est égal à son opposé CBGF, et par le même fait, on a aussi CDEF
$=$ ABGH; donc ces deux prismes ont leurs faces correspondantes égales chacune à chacune, donc ils sont égaux; donc enfin, tout parallélipipède peut
être décomposé en deux prismes triangulaires égaux.

Corollaire. — Si par les arêtes opposées AH et CF, on imagine également
un plan ACFH, il rencontrera le premier suivant la ligne oo''; si de plus on
imagine les diagonales BE et DG, puis AF et CH, il est aisé de voir qu'elles
rencontreront la droite oo'' à son milieu, et que là, elles se coupent mutuellement en parties égales (§ I, n° 16, Corollaire II, p. 142). *Les quatre diagonales d'un parallélipipède se coupent donc mutuellement en parties égales.*

4. — Théorème. — *Lorsque deux parallélipipèdes ont une base commune et que leurs autres bases sont situées dans un même plan, et de plus
comprises entre les mêmes parallèles, ils sont équivalents.*

Soient les deux parallélipipèdes ABCDEFGH et EFGHIJKL, ayant une
base commune EFGH, et dont les autres bases se trouvent comprises entre les
deux parallèles AK et DJ, placées elles-mêmes dans un même plan, je dis que
ces deux parallélipipèdes sont égaux. En effet, à cause des parallèles DE et
CF, IE et JF, le triangle IDE est égal au triangle JCF, et l'on a DI $=$ CJ. Par
la même raison, le triangle LAH est égal au triangle KBG, donc LA $=$ KB;
et par conséquent, le parallélogramme ADLI est égal au parallélogramme
KBCJ; on a, du reste, par la nature du parallélipipède AF, ADEH $=$ BCFG;
et d'après celle du parallélipipède LF, EHLI $=$ FGKJ; donc les prismes
triangulaires DEIAHL et CFJBGK, ont les faces correspondantes égales
chacune à chacune; donc ils sont égaux.

Cela posé, si du solide total exprimé par la figure entière, on retranche
successivement chacun de ces deux prismes, les restes devront être égaux;
or, de la première soustraction il résulte le prisme EFGHIJKL; et de la
seconde on obtient le prisme ABCDEFGH; donc ces deux derniers solides
sont équivalents.

5. — Théorème. — *Deux parallélipipèdes de même base et de même
hauteur sont équivalents entr'eux.*

Soient les deux parallélipipèdes ABCDPOMN et ABCDEFGH qui ont la
base commune ABCD; ces deux solides ayant même hauteur d'après l'énoncé
de la proposition, leurs bases supérieures EFGH et MNOP sont situées dans
un même plan. Cela posé, si l'on imagine prolongés les deux côtés EF et GH
du parallélogramme EFGH, et en même temps, les côtés PM et NO du parallélogramme MNOP, ces quatre lignes détermineront par leurs intersections
un nouveau parallélogramme IJKL, aussi situé dans le même plan que les deux
autres. Si l'on imagine un troisième parallélipipède ayant pour base inférieure
la base commune ABCD, et pour base supérieure IJKL, ce nouveau solide
sera équivalent à chacun des deux premiers, car il a la base inférieure
commune avec ceux-ci, et jouit, à l'égard de chacun d'eux, de la propriété
énoncée et démontrée dans la proposition qui précède. On en peut donc conclure que les deux parallélipipèdes dont il s'agit étant équivalents séparément
à un troisième, sont équivalents entr'eux.

Corollaire I. — *Tout parallélipipède oblique peut être transformé en un
parallélipipède droit équivalent, c'est-à-dire en un parallélipipède dans
lequel les arêtes soient perpendiculaires aux plans des bases.*

Corollaire II. — *Tout parallélipipède droit dont les faces latérales sont des rectangles, et les bases des parallélogrammes, peut être transforméen un parallélipipède rectangle,* c'est-à-dire dont les bases soient aussi des rectangles.

En effet, au point A élevez AI perpendiculaire à AB, terminée en I où elle rencontre le côté DC prolongé; au point B élevez aussi BK perpendiculaire à AB; enfin, aux deux points K et I, élevez KL et IM perpendiculaires au plan de la base, le parallélipipède rectangle ABKIFLME est équivalent au parallélipipède à bases parallélogrammiques ABCDEFGH, car ils peuvent être l'un et l'autre considérés comme ayant la base commune ABFE et la même hauteur AI ou BK.

Scholie. — En faisant subir les transformations indiquées dans les deux corollaires qui précèdent à un parallélipipède quelconque, on le ramènera toujours à avoir des faces rectangulaires.

6. — THÉORÈME. — *Deux parallélipipèdes rectangles qui ont même base sont entr'eux comme leurs hauteurs.*

Soient les deux parallélipipèdes rectangles ABCDEFGH et ABCDIKLM qui ont même base ABCD. Si leurs hauteurs BF et BK sont des nombres entiers, il est aisé de reconnaître l'existence du rapport indiqué à l'énoncé de la proposition; car supposons, par exemple, que ces deux hauteurs soient entr'elles comme 2 est à 5, c'est-à-dire que BF contenant 2 unités linéaires, BK en contienne 5; portez l'unité linéaire de B en O, en F, en n, en m, en K; puis, par les points de division, menez des plans parallèles à la base commune, le premier parallélipipède se trouvera décomposé en deux parallélipipèdes égaux, tandis que le second en contiendra cinq, et les deux solides sont entr'eux, dans ce cas particulier, comme 2 est à 5; et en général, si BF exprime le nombre d'unités linéaires contenues dans la hauteur de l'un des parallélipipèdes, BK exprimant en même temps la hauteur de l'autre, ils seront entr'eux comme BF est à BK, BF et BK étant des nombres entiers; dans le cas contraire, je dis que la proportion n'en existe pas moins, et qu'on a toujours

$$\text{Parall. AG : parall. AL :: BF : BK;}$$

car si le fait n'existe pas, supposons pour un instant qu'on ait

$$\text{Parall. AG : parall. AL :: B}x\text{ : BK,}$$

Fig. 124, pl. VI.

Fig. 125, pl. VI.

et divisons l'arête BK en un nombre de parties égales, tel qu'un point de division y, tombe entre x et F; puis par le point y, imaginons un plan parallèle à la base commune. Le parallélipipède ainsi déterminé pourra, d'après ce qui vient d'être dit, être comparé au parallélipipède AL, puisque leurs hauteurs sont exprimées par des nombres entiers, et ils donneront la proportion

$$P : parall. \; AL :: By : BK,$$

en appelant P le parallélipipède qui a By pour hauteur. Si l'on compare cette proportion à la précédente, on voit que les conséquents de l'une étant égaux à ceux de l'autre, leurs antécédents doivent former proportion et donner

$$Parall. \; AG : P :: Bx : By;$$

mais parallélipipède AG est plus petit que P, et Bx au contraire est plus grand que By. La proposition est donc fausse, et il est absurde de supposer le troisième terme de la proportion plus grand que BK. On démontrerait de la même manière qu'il ne saurait être plus petit; on est donc forcé de conclure qu'il est précisément égal à BK, que la proportion

$$Parall. \; AG : parall. \; AL :: BF : BK, \text{ est exacte,}$$

et qu'enfin deux parallélipidèdes rectangles qui ont même base sont entr'eux comme leurs hauteurs.

Fig. 126, pl. VI.

Corollaire I. — Soit le parallélipipède rectangle ABCDEFGH; prenez une longueur AI égale à l'unité linéaire, et par le point I menez un plan parallèle à la base; vous déterminerez ainsi le parallélipipède ABCDIJKL, ayant même base que le parallélipipède donné, et dont la hauteur est égale à 1. La surface de la base commune ABCD est égale à $AB \times BC$, ou à $IJ \times JK$. C'est-à-dire que l'une ou l'autre de ces deux expressions indique le nombre des unités superficielles contenues dans l'une quelconque de ces deux bases, quelle que soit du reste la nature de ce nombre, qui peut être entier, fractionnaire ou fraction.

On peut concevoir le solide ABCDIJKD comme composé d'autant de petits cubes partiels et parties de ceux-ci, que l'une des bases ABCD ou IJKL contient d'unités superficielles, et chacun de ces cubes *abcdefgh* contiendra évidemment trois éléments, savoir : l'unité linéaire, l'unité superficielle et l'unité de volume. Le volume total ou la solidité du parallélipipède ABCDIJKL pourra donc être exprimé par $AB \times BC$. D'après ce qui vient d'être démontré, le parallélipipède AK et le parallélipipède AG, ayant une base commune, sont entr'eux comme leurs hauteurs, et l'on a la proportion

$$\mathrm{AB} \times \mathrm{BC} : parall.\ \mathrm{AG} :: 1 : \mathrm{AE};$$

d'où l'on tire

$$Parall.\ \mathrm{AG} = \frac{\mathrm{AB} \times \mathrm{BC} \times \mathrm{AE}}{1} = \mathrm{AB} \times \mathrm{BC} \times \mathrm{AE}.$$

C'est-à-dire que le volume d'un parallélipipède rectangle est égal au produit de sa base par sa hauteur.

Corollaire II. — Soient P et p deux parallélipipèdes rectangles, A, B, H les dimensions du premier, a, b, h celles du second, on aura

$$\mathrm{P} = \mathrm{A} \times \mathrm{B} \times \mathrm{H},\ \text{et}\ p = a \times b \times h,$$

ou en divisant la première expression par la seconde,

$$\frac{\mathrm{P}}{p} = \frac{\mathrm{A} \times \mathrm{B} \times \mathrm{H}}{a \times b \times h},$$

qui revient à

$$\mathrm{P} : p :: \mathrm{A} \times \mathrm{B} \times \mathrm{H} : a \times b \times h.$$

C'est-à-dire que deux parallélipipèdes rectangles quelconques sont entr'eux comme les produits de leurs trois dimensions.

Si l'on fait $\mathrm{A} = a$ et $\mathrm{B} = b$, l'expression devient

$$\frac{\mathrm{P}}{p} = \frac{\mathrm{H}}{h}\ \text{ou}\ \mathrm{P} : p :: \mathrm{H} : h;$$

et l'on retombe sur cette vérité déjà démontrée *que deux parallélipipèdes rectangles de même base sont entr'eux comme leurs hauteurs.*

Enfin, si dans la même expression on fait $\mathrm{H} = h$, on obtient

$$\frac{\mathrm{P}}{p} = \frac{\mathrm{A} \times \mathrm{B}}{a \times b},\ \text{ou}\ \mathrm{P} : p :: \mathrm{A} \times \mathrm{B} : a \times b.$$

Donc deux parallélipipèdes rectangles de même hauteur sont entr'eux comme leurs bases.

Corollaire III. — Un parallélipipède quelconque pouvant être transformé en un parallélipipède rectangle équivalent, et le volume de celui-ci étant égal au produit de sa base par sa hauteur, *on en peut conclure que le volume d'un parallélipipède quelconque est égal au produit de sa base par sa hauteur.*

Corollaire IV. — Un parallélipipède quelconque pouvant être divisé en deux prismes triangulaires égaux, le volume du parallélipipède étant $A \times B \times H$, celui du prisme triangulaire moitié sera

$$\frac{A \times B \times H}{2} = \frac{A \times B}{2} \times H\ ;$$

mais $\frac{A \times B}{2}$ est précisément la base du prisme lui-même ; *donc le volume d'un prisme triangulaire est égal au produit de sa base par sa hauteur.*

Corollaire V. — Un prisme polygonal quelconque pouvant toujours être décomposé en un certain nombre de prismes triangulaires en imaginant des plans passant par ses arêtes opposées, et le volume de chacun de ceux-ci étant égal au produit de sa base par sa hauteur, on en conclura que le volume du prisme total est égal à la somme des bases des prismes triangulaires partiels, ou à la sienne propre, multipliée par la hauteur commune ; *c'est-à-dire que le volume d'un prisme quelconque est égal au produit de sa base par sa hauteur.*

Scholie. — Enfin la comparaison des prismes entr'eux établira *que deux prismes de même base sont entr'eux comme leurs hauteurs, et réciproquement, que deux prismes de même hauteur sont entr'eux comme leurs bases.*

7. — Théorème. — *Tout plan mené parallèlement à la base d'une pyramide, coupe celle-ci suivant un polygone semblable à sa base, et divise ses arêtes et sa hauteur en parties proportionnelles.*

Fig. 127, pl. VI. Soit $abcde$ la section faite par un plan parallèle à la base $ABCDE$; les côtés ab et AB sont parallèles, car si ces deux lignes étaient susceptibles de se rencontrer, les deux plans dans lesquels elles sont tout entières, cesseraient d'être parallèles, ce qui est inadmissible. On démontrerait également que bc est parallèle à BC, CD à cd, etc... Or, le parallélisme des côtés entraîne l'égalité des angles, et l'on a

$$abc = ABC,\ bcd = BCD,\ \text{etc...}$$

Les deux polygones $abcde$, $ABCDE$ ont donc les angles égaux chacun à chacun, les côtés homologues proportionnels, et sont par conséquent semblables.

La ligne *ab* étant parallèle à AB, les triangles SAB, S*ab* sont semblables et donnent la proportion

$$\text{SA} : \text{S}a :: \text{SB} : \text{S}b;$$

les triangles semblables SBC et S*bc* donnent également

$$\text{SB} : \text{S}b :: \text{SC} : \text{S}c;$$

SCD et S*cd* fournissent

$$\text{SC} : \text{S}c :: \text{SD} : \text{S}d, \text{ etc...,}$$

et l'on en conclut cette suite de rapports :

$$\text{SA} : \text{S}a :: \text{SB} : \text{S}b :: \text{SC} : \text{S}c :: \text{SD} : \text{S}d :: \text{etc...} :: \text{SI} : \text{S}i.$$

Donc les arêtes sont divisées proportionnellement par le plan mené parallèlement à la base de la pyramide.

Scholie. — Les pyramides SABCDE et S*abcde* sont dites *semblables;* on entend par *pyramides semblables* celles qui, ayant pour bases des polygones semblables, ont en même temps pour faces latérales des triangles semblables chacun à chacun, ce qui entraîne nécessairement l'égalité des angles solides aux sommets *et* la proportionnalité des arêtes correspondantes.

Fig. 127, pl. VI.

8. — Théorème. — *Le volume d'une pyramide triangulaire, et par suite d'une pyramide quelconque, est égal au tiers du produit de sa base par sa hauteur.*

Fig. 128, pl. VI.

Divisez les arêtes de la pyramide triangulaire SABC, chacune en deux parties égales aux points D, E, F, G, H, I, et joignez deux à deux les points de division; chaque face triangulaire de la pyramide se trouvera ainsi décomposée en quatre triangles égaux; et si l'on considère le triangle ABC formant la base, on verra que chacun des triangles BGH et CHI résultant de cette construction, valent séparément le quart de la base totale, tandis que le parallélogramme AGHI, composé de deux triangles partiels, vaut seul la moitié de cette même base.

Le triangle formant la face latérale SBC étant aussi divisé en quatre triangles égaux, on a SEF = EFH, et en conséquence SE = FH, SF = EH et EF commun.

Si de la pyramide SABC on retranche les deux pyramides semblables EGBH et FIHC, dont les bases sont chacune le quart de celle de la pyramide

totale, et la hauteur moitié de la hauteur de celle-ci, il restera le solide
SAGHEF.

Fig. 128, 129, 130,
pl. VI.

Soient maintenant prolongés les plans des triangles EGH et FIH jusqu'à
leur rencontre, suivant la ligne droite HK, et celui du triangle DEF jusqu'à ce
qu'il rencontre ces derniers prolongés suivant les lignes EK et FK. Le solide
AGHIEKFD est un parallélipipède, puisqu'il se trouve compris entre six parallélogrammes égaux et parallèles deux à deux; et en le comparant au solide
SAGHEF, on voit qu'il a de moins que celui-ci la pyramide triangulaire SDEF;
mais aussi qu'il a été augmenté de la pyramide triangulaire HKFE; je dis que
ces deux pyramides sont égales, et qu'en conséquence le solide SAGHEF et
le parallélipipède AGHIEKFD sont équivalents.

En effet, la figure DEKF étant un parallélogramme, le triangle DEF est
égal au triangle KFE, et en conséquence DE $=$ KF, DF $=$ KE, et FE
est commun. Les triangles SDE et HKF sont égaux, puisque DE $=$ FK,
SE $=$ FH et SD $=$ AD $=$ EG $=$ HK. Les triangles SDF et HKE sont aussi
égaux, puisque DF $=$ EK, SD $=$ HK et SF $=$ EH; par conséquent, toutes les
faces de la pyramide triangulaire SDEF sont égales chacune à chacune aux
faces correspondantes de la pyramide triangulaire HKFE; donc le parallélipipède AGHIEKFD dont la base est moitié de celle ABC, et la hauteur aussi
moitié de la hauteur de la pyramide SABC, est équivalent au solide SAGHEF.

On peut donc conclure que le volume d'une pyramide triangulaire est égal à
ceux réunis de deux pyramides aussi triangulaires ayant pour base chacune le
quart de celle de la pyramide proposée, et pour hauteur la moitié de la hauteur
de la même pyramide; et d'un parallélipipède ayant pour base la moitié de la base
totale, et pour hauteur également la moitié de celle de la pyramide proposée.
Cela posé, nous allons démontrer *que le volume de la pyramide triangulaire
est égal au tiers du produit de sa base par sa hauteur.*

Soit B la base d'une pyramide triangulaire quelconque, et H sa hauteur.
D'après ce qui vient d'être dit, elle peut être décomposée en un parallélipipède
dont la base est $\dfrac{B}{2}$, la hauteur $\dfrac{H}{2}$, dont le volume peut être exprimé par
$\dfrac{BH}{4}$; et en deux pyramides partielles ayant chacune pour base $\dfrac{B}{4}$, et pour
hauteur $\dfrac{H}{2}$, lesquelles peuvent elles-mêmes être décomposées en chacune un parallélipipède exprimé par $\dfrac{B}{8} \times \dfrac{H}{4}$, ou $\dfrac{BH}{32}$, et les deux ensemble par $\dfrac{BH}{16}$;

et en deux pyramides partielles ayant pour base $\dfrac{B}{16}$ et pour hauteur $\dfrac{H}{4}$;
il est aisé de voir qu'en subdivisant de nouveau chacune de ces quatre pyramides en quatre parallélipipèdes et en huit pyramides égales, on obtiendra
l'expression de la solidité des parallélipipèdes, qui est de $\dfrac{BH}{64}$, et qu'on pourra
subdiviser de nouveau les huit pyramides, et agir de la sorte jusqu'à l'infini,
c'est-à-dire jusqu'à ce que la somme des parallélipipèdes consécutifs puisse
être considérée comme le volume de la pyramide elle-même. Mais on a trouvé
pour le volume du premier parallépipède $\dfrac{BH}{4}$, pour celui des deux suivants
$\dfrac{BH}{16}$, pour les autres $\dfrac{BH}{64}$, etc..., et pour peu que l'on considère ces différents résultats partiels, on voit que le second se compose du premier multiplié
par $\dfrac{1}{4}$, le troisième, du second multiplié par la même fraction $\dfrac{1}{4}$, et ainsi
des autres; on a donc la progression décroissante

$$\div \ \dfrac{BH}{4} \ : \ \dfrac{BH}{16} \ : \ \dfrac{BH}{64} \ : \ \dfrac{BH}{256}, \text{ etc...,}$$

dans laquelle la raison est un quart.

Or, S représentant la somme de tous les termes d'une progression décroissante a le premier terme, et q la raison. Nous avons vu en algèbre qu'on
avait $S = \dfrac{a}{1 - q}$; appelons donc V le volume de la pyramide totale, et
appliquons cette dernière formule à la progression proposée, nous aurons

$$V = \dfrac{\dfrac{BH}{4}}{1 - \dfrac{1}{4}} = \dfrac{\dfrac{BH}{4}}{\dfrac{3}{4}} = \dfrac{BH}{4} \times \dfrac{4}{3} = \dfrac{4BH}{12} = \dfrac{BH}{3}.$$

De là on peut conclure *que le volume d'une pyramide triangulaire est
égal au tiers du produit de sa base par sa hauteur.*

Corollaire I. — Si l'on divise la base d'une pyramide quelconque en triangles au moyen des diagonales, puis, que par chacune de celles-ci et par le
sommet de la pyramide, on imagine des plans coupants, on décomposera la
pyramide polygonale en un certain nombre de pyramides triangulaires ayant
chacune pour mesure le produit de sa base par le tiers de sa hauteur; et la

somme de ces produits partiels exprimera le volume de la pyramide totale, qui deviendra alors la somme des bases partielles ou la base totale, multipliée par le tiers de la hauteur commune. *Le volume d'une pyramide quelconque est donc égal au tiers du produit de sa base par sa hauteur.*

Corollaire II. — *Le volume d'une pyramide quelconque est toujours égal au tiers de celui d'un prisme ou d'un parallélipipède de même base et de même hauteur.*

Corollaire III. — *Deux pyramides quelconques ayant des bases équivalentes et des hauteurs égales, ont des volumes équivalents.*

Corollaire IV. — Soient V le volume d'une pyramide quelconque, B sa base, H sa hauteur, v celui d'une seconde pyramide ayant pour base b et pour hauteur h; on a

$$V = \frac{BH}{3}, \ \text{et} \ v = \frac{bh}{3};$$

et en divisant terme à terme,

$$\frac{V}{v} = \frac{BH}{bh}, \ \text{ou} \ V : v :: BH : bh.$$

Donc les volumes de deux pyramides sont entr'eux comme les produits des bases par les hauteurs.

Et si l'on suppose B $= b$, l'expression devient

$$\frac{V}{v} = \frac{H}{h}, \ \text{où} \ V : v :: H : h.$$

C'est-à-dire que les volumes de deux pyramides de mêmes bases sont entr'eux comme les hauteurs.

Si l'on fait H $= h$, il en résultera

$$V : v :: B : b;$$

et alors on pourra conclure que deux pyramides de même hauteur ont des volumes proportionnels à leurs bases.

Scholie. — Un polyèdre quelconque peut toujours être décomposé en un certain nombre de pyramides, dont la somme constitue son volume.

On pourra donc, par cette décomposition, possible de plusieurs manières, et qui dépendent de la sagacité de celui qui opère, parvenir à l'évaluation du volume d'un polyèdre quelconque.

9. — THÉORÈME. — *Deux pyramides semblables sont entr'elles comme les cubes ou troisièmes puissances de leurs côtés ou arêtes homologues.*

Les deux pyramides SABCDE et S*abcde* étant semblables, peuvent être disposées de manière à ce qu'elles aient le sommet S commun ; alors la base S*abcde* sera dans un plan parallèle à SABCDE ; abaissez la perpendiculaire SO sur le plan de la base, et soit *o* le point où elle rencontre le plan *abcde ;* joignez OC et *oc ;* les triangles semblables S*oc* et SOC donnent la proportion

$$\text{SO} : \text{S}o :: \text{SC} : \text{S}c,$$

ou en divisant les deux termes du premier rapport par 3, ce qui ne l'altère en rien

$$\frac{\text{SO}}{3} : \frac{\text{S}o}{3} :: \text{SC} : \text{S}c :: \text{BC} : bc.$$

La base *abcde* étant une section parallèle à la base ABCDE, ces deux polygones sont semblables, et leurs surfaces sont en conséquence comme les carrés des côtés homologues (§ II, n° 15, *p.* 159) ; en sorte qu'on a

$$Surf. \text{ ABCDE} : surf. \ abcde :: \overline{\text{BC}}^2 : \overline{bc}^2.$$

Multipliant terme à terme cette dernière proportion avec la précédente, il en résulte

$$Surf. \text{ ABCDE} \times \frac{\text{SO}}{3} : surf. \ abcde \times \frac{\text{S}o}{3} :: \overline{\text{BC}}^3 : \overline{bc}^3.$$

Mais les deux premiers termes de cette proportion expriment les volumes des deux pyramides proposées ; *donc les volumes de deux pyramides semblables, sont entr'eux comme les cubes ou troisièmes puissances des côtés homologues.*

Corollaire. — Deux polyèdres semblables pouvant être décomposés chacun en un même nombre de pyramides semblables, qui sont entr'elles comme les cubes des arêtes homologues, et ces arêtes étant les mêmes que celles des polyèdres dont elles font partie, il en résulte que les sommes des pyramides élémentaires de l'un des polyèdres, ou le volume de celui-ci, est à la somme des pyramides composant le volume de l'autre, dans le rapport des cubes des côtés homologues ; *donc deux polyèdres semblables sont entr'eux comme les cubes ou troisièmes puissances des côtés homologues.*

10. — Théorème. — *Le volume d'un tronc de pyramide triangulaire à bases parallèles, est égal aux volumes réunis de trois pyramides ayant pour hauteur commune celle du tronc, et dont les bases sont 1° la base inférieure du tronc, 2° sa base supérieure, 3° une moyenne proportionnelle entre ses deux bases.*

Menons par les points b, A, C un plan qui retranchera du solide total la pyramide triangulaire bABC, dont la base est la base inférieure du tronc, et dont la hauteur est aussi la sienne, puisque le sommet est en b.

Imaginons ensuite le plan abC qui retranche la pyramide triangulaire Cabc, dont la base est la base supérieure du tronc et la hauteur la même que celle de celui-ci, puisque le sommet est au point C.

Enfin, il reste la pyramide triangulaire baAC dont le sommet est en b, et qui a pour base aAC. Si par le point b on mène bn parallèle à l'arête aA, puis que l'on joigne nC, on pourra concevoir une pyramide nCaA, dont le sommet est en n, qui a pour base aAC, et qui est par conséquent équivalente à la précédente, puisqu'ayant même base, leurs sommets sont situés sur une même parallèle; on peut donc remplacer la pyramide baAC par son équivalente nCaA; or, celle-ci peut être considérée comme ayant son sommet au point a, et par conséquent comme ayant pour hauteur la hauteur du tronc, tandis que sa base AnC est une moyenne proportionnelle entre les triangles ABC et abc, puisqu'elle est un troisième triangle qui a pour base la base du premier et pour hauteur celle du second ($\S$ II, n° 12, Corollaire II, *p.* 158). On peut donc conclure que le volume du tronc est égal à ceux réunis des trois pyramides désignées à l'énoncé, et peut en conséquence être exprimé par

$$V = (B + \sqrt{Bb} + b) \times \frac{H}{3}.$$

H étant sa hauteur, B sa base inférieure et b sa base supérieure.

Scholie. — Une pyramide quelconque peut être transformée en une pyramide triangulaire équivalente, et il en est de même à l'égard du tronc résultant d'une section parallèle à sa base; ainsi ce qui vient d'être démontré à l'égard du tronc de pyramide triangulaire, s'étend généralement à celui de toute pyramide, pourvu néanmoins que la section soit parallèle à la base; ainsi on peut admettre généralement *que le volume d'un tronc de pyramide quelconque à bases parallèles est égal aux volumes réunis de trois pyramides ayant pour hauteur commune celle du tronc, et dont les bases sont :*

1° *La base inférieure du tronc;*

2° *Sa base supérieure;*

3° *Une moyenne proportionnelle entre ses deux bases.*

La recherche d'une moyenne proportionnelle entre les surfaces des deux bases, surtout dans le cas où l'on serait dépourvu de tables de logarithmes, étant une opération assez compliquée par elle-même, peut être simplifiée lorsque ces bases seront des triangles ou des parallélogrammes semblables. En effet, il suffira alors, pour avoir la moyenne proportionnelle demandée, de chercher l'aire d'une troisième figure, ayant pour base celle de l'une quelconque des deux bases, et pour hauteur la hauteur de l'autre (§ II, n° 12).

11. — Tʜᴇ́ᴏʀᴇ̀ᴍᴇ. — *Le volume d'un tronc de prisme triangulaire terminé par une section inclinée à sa base, est égal à la somme de trois pyramides ayant pour base commune celle du prisme lui-même, et dont les sommets sont situés aux extrémités supérieures de chaque arête.*

Par les points F, A et C, je fais passer un plan qui retranche du tronc la pyramide triangulaire FABC qui a pour base ABC, et pour sommet le point F, extrémité de l'arête BF; par les points F, E et C, j'imagine également un plan divisant la pyramide quadrangulaire FACDE en deux pyramides triangulaires FACE et FCDE.

La pyramide FACE dont le sommet est au point F, est équivalente à la pyramide BACE dont le sommet est en B, car elles ont même base et même hauteur, puisque les sommets sont situés sur une même parallèle à la base. Mais cette dernière pyramide BACE, peut être regardée comme ayant pour base ABC, et pour sommet le point E; il ne reste donc plus qu'à considérer la pyramide FCDE; cette dernière peut être considérée comme ayant pour sommet le point E, et pour base CFD; par conséquent, elle est équivalente à la pyramide AFCD, qui a même base et même hauteur; enfin cette dernière pyramide est équivalente à la pyramide ABCD, puisqu'elles ont même base ACD, et que leurs sommets F et B se trouvent sur la même ligne parallèle à la base.

La pyramide FCDE qui est équivalente à la pyramide AFCD, l'est aussi, pour cette raison, à ABCD; mais cette dernière peut être considérée comme ayant pour base ABC, et pour sommet le point D, extrémité de l'arête CD;

Fig. 155, pl. IV.

29

donc le volume d'un tronc de prisme triangulaire, terminé par une section inclinée à sa base, est égal à la somme de trois pyramides ayant pour base commune celle du prisme lui-même, et pour sommets les extrémités supérieures de ses arêtes.

Scholie.— Si le prisme est droit, ses arêtes étant perpendiculaires à la base, chacune d'elles sera la vraie hauteur de chaque pyramide. Soient B la base du tronc H, H', H'' les hauteurs respectives de ses arêtes; son volume sera exprimé par

$$V = \frac{B \times H}{3} + \frac{B \times H'}{3} + \frac{B \times H''}{3} = \frac{BH + BH' + BH''}{3}.$$

Si l'on suppose $H = H' = H''$, ce qui établit les deux bases du tronc parallèles, ou plutôt ce qui le ramène à la forme d'un prisme ordinaire, l'expression devient

$$V = \frac{3BH}{3},$$

ce **qui signifie** *que le volume d'un prisme triangulaire est égal à trois pyramides de même base et de même hauteur;* enfin, si l'on divise les deux termes par 3, on obtient

$$V = BH;$$

fait qui confirme cette vérité déjà démontrée, que le volume d'un prisme est égal au produit de sa base par sa hauteur.

La surface extérieure d'un parallélipipède ou celle d'un prisme quelconque, se compose de la somme des surfaces des différents parallélogrammes formant ses faces latérales, et chacune de ces surfaces particulières s'obtient en multipliant sa base par sa hauteur; mais la somme de toutes ces surfaces n'est autre chose que la somme de toutes leurs bases, ou le périmètre de la base du solide, et leur hauteur, celle du même solide; *donc la surface d'un prisme quelconque est égale au périmètre de sa base, multiplié par sa hauteur;* il est bien entendu que les bases n'y sont pas comprises.

Un raisonnement analogue démontrerait que la surface extérieure d'une pyramide régulière quelconque, sans y comprendre sa base, est égale au périmètre de la base, multiplié par la perpendiculaire abaissée du sommet sur le milieu de l'un des côtés de cette base.

§ V. — DES SOLIDES A SURFACES COURBES, LEURS GÉNÉRATIONS, ÉVA-
LUATIONS ET RAPPORTS DES VOLUMES, MESURE ET RAPPORTS DES
SURFACES CONVEXES.

1. — Si l'on conçoit qu'une courbe plane quelconque tourne autour d'une
ligne droite prise dans son plan, chacun des points de la courbe décrira une
circonférence ayant son centre sur cette droite; et la ligne courbe, dans sa
révolution, décrira un solide; les solides ainsi décrits s'appellent *solides de
révolution*, et leurs enveloppes ou surfaces extérieures se nomment *surfaces
de révolution*.

Parmi les solides de révolution, on distingue la *sphère* qui est terminée en
tous sens par une surface courbe, dont tous les points sont également distants
d'un point intérieur qui s'appelle *centre;* et cette définition seule fait déjà
comprendre que la sphère est produite par la révolution d'une demi-circonférence tournant autour de l'un de ses diamètres. (Le *diamètre* et le
rayon du cercle générateur sont aussi diamètre et rayon de la sphère);

L'*ellipsoïde* qui est produit par la révolution d'une demi-ellipse tournant
autour de l'un de ses axes;

Le *paraboloïde* qui est engendré par la révolution d'un arc parabolique
autour de son axe;

L'*hyperboloïde* qui résulte de la révolution de l'arc hyperbolique autour
de son premier axe.

Un solide terminé en tous sens par une surface courbe, est donc engendré
par le mouvement d'une ligne courbe tournant autour d'une droite considérée comme axe et prise dans le plan de la courbe génératrice. Il résulte
de cette génération des solides, qu'il en existe autant qu'il y a de courbes
particulières, c'est-à-dire que le nombre en est infini. Nous avons dû spécialement nous attacher à l'étude de ceux dont nous aurons à faire l'application
dans la suite.

Si l'on conçoit qu'une ligne droite se meuve parallèlement à une autre
droite fixe, tandis que l'une de ses extrémités soit assujétie à suivre le contour
d'une courbe aussi donnée de forme et de position, la surface ainsi décrite
est *cylindrique*, et le solide qu'elle renferme est un *cylindre*.

Un cylindre peut être circulaire, elliptique, etc., suivant que la courbe conductrice est une circonférence, une ellipse, etc...

Un cylindre circulaire peut aussi être engendré par un rectangle tournant sur un de ses côtés pris pour axe; pendant la révolution, l'autre côté engendre la surface convexe, tandis que les deux bouts décrivent les bases du cylindre.

On appelle *base d'un cylindre* l'espace superficiel renfermé par la courbe conductrice.

Si une droite, sans s'écarter d'un point donné, est cependant assujétie à parcourir, à l'une de ses extrémités, le contour d'une ligne courbe plane, cette ligne décrira une surface conique, et l'espace renfermé par cette surface est un *cône*.

Le point donné est le sommet du cône.

Ainsi que le cylindre, le cône peut être circulaire, elliptique, etc., selon que sa base est un cercle, une ellipse, etc.

Un cône circulaire droit peut être engendré par un triangle rectangle tournant autour d'un des côtés de l'angle droit; l'hypoténuse décrit la surface convexe tandis que l'autre côté de l'angle droit en décrit la base; l'hypoténuse prend alors le nom de *côté* ou *apothème du cône*.

On peut inscrire ou circonscrire à la base d'un cylindre, un polygone d'un certain nombre de côtés, puis construire sur ce polygone un prisme égal en hauteur au cylindre et suivant son inclinaison; le prisme est alors inscrit ou circonscrit au cylindre.

De même, la pyramide peut être inscrite ou circonscrite au cône.

2. — Théorème. — *Le volume d'un cylindre quelconque est égal au produit de sa base par sa hauteur.*

Car, quelle que soit la nature de la courbe formant le contour de sa base, on peut la supposer divisée en portions assez petites *ab, bc, cd,* etc..., pour qu'elles puissent être, sans différence sensible, considérées comme autant de petites lignes droites; puis imaginer sur cette base polygonale un prisme qui se trouvera confondu avec le cylindre lui-même, si le nombre de ces faces est très grand, et dont le volume ne saurait différer que d'une quantité infiniment petite de celui du cylindre lui-même; or, le volume de ce prisme étant égal au produit de sa base par sa hauteur, celui du cylindre aura aussi la même expression; *donc la solidité ou volume d'un cylindre est égal au produit de sa base par sa hauteur.*

Corollaire. — Soient B la base d'un cylindre, H sa hauteur, b la base d'un second cylindre, h sa hauteur; V représentant le volume du premier, v celui du second, on aura

$$V = B \times H, \text{ et } v = b \times h;$$

et en divisant membre à membre,

$$\frac{V}{v} = \frac{B \times H}{b \times h},$$

qui revient à la proportion

$$V : v :: B \times H : b \times h.$$

Les volumes de deux cylindres sont donc entr'eux comme les produits des bases par les hauteurs.

Si l'on fait $B = b$, on aura

$$\frac{V}{v} = \frac{H}{h}, \text{ ou } V : v :: H : h.$$

C'est-à-dire que les volumes de deux cylindres de même base sont entr'eux comme les hauteurs.

Dans le cas où l'on aurait $H = h$, il en résulterait

$$\frac{V}{v} = \frac{B}{b}, \text{ où } V : v :: B : b.$$

Donc les volumes de deux cylindres de même hauteur sont entr'eux comme les bases.

Scholie. — Dans le cas du cylindre circulaire, R étant le rayon de la base et H la hauteur, l'aire de la base est exprimée par πR^2, et l'on a

$$V = \pi R^2 H.$$

Si le cylindre est elliptique, soient A le demi-grand axe de la base, a son demi-petit axe, πA^2 exprime le cercle décrit sur le grand axe comme diamètre, πa^2 celui du cercle décrit sur son petit axe aussi pris comme diamètre; mais la surface de l'ellipse étant moyenne proportionnelle entre ces deux cercles (§ III, n° 22, Corollaire I, $p.$ 192), la base du cylindre sera

$$\sqrt{\pi A^2 \times \pi a^2},$$

et sa hauteur étant H, on aura

$$V = H \sqrt{\pi A^2 \times \pi a^2},$$

$$\text{ou } V = H \sqrt{\pi^2 A^2 a^2} = \pi H A a;$$

telle est l'expression générale du volume d'un cylindre à base elliptique.

Si l'on avait à obtenir le volume d'un demi-cylindre, d'un quart de cylindre, ou de toute autre fraction, il suffirait de diviser le résultat par 2, 3, etc... C'est ainsi qu'on obtient le cube du vide des arches.

3. — Théorème. — *La surface convexe d'un cylindre quelconque est égale au contour de sa base multiplié par sa hauteur.*

Fig. 134, pl. VI.

Nous supposerons toujours le contour de la base du cylindre BB' divisé en un nombre infini de parties, *ab, bc, cd,* etc..., et sur le polygone ainsi déterminé, nous supposerons également construit le prisme de même hauteur que le cylindre donné, lequel ne saurait différer de celui-ci, soit par sa surface convexe, soit par son volume, que d'une quantité inappréciable. Cela posé, la surface convexe du cylindre se compose évidemment de la somme des aires des rectangles ou parallélogrammes,

$$aba'b', \; bcb'c', \; cdc'd', \text{ etc...,}$$

et en ajoutant ces différents résultats qui peuvent se mettre sous la forme

$$(ab + bc + cd + de + ...) \times H,$$

on obtient évidemment la surface dont il s'agit; mais la somme des lignes *ab, bc, cd, de,* etc..., constitue le contour de la base du cylindre; *la surface convexe d'un cylindre quelconque est donc égale au contour de sa base multiplié par sa hauteur.*

Corollaire. — Soient S la surface convexe d'un cylindre, C le contour de sa base, H sa hauteur, et *s* celle d'un second cylindre ayant *c* pour contour et *h* pour hauteur; d'après ce qui vient d'être dit, on aura

$$S = C \times H, \; s = c \times h,$$

et en divisant membre à membre,

$$\frac{S}{s} = \frac{C \times H}{c \times h}, \text{ ou } S : s :: C \times H : c \times h.$$

Ainsi les surfaces convexes de deux cylindres sont entr'elles comme les produits des contours des bases par les hauteurs qui leur correspondent.

Si l'on suppose $C = c$, il en résulte

$$\frac{S}{s} = \frac{H}{h}, \text{ ou } S : s :: H : h.$$

Donc les surfaces convexes de deux cylindres dont le contour des bases est le même, sont entr'elles comme les hauteurs des cylindres qu'elles enveloppent; et en faisant $H = h$, on démontrerait que lorsque deux cylindres ont des hauteurs égales, leurs surfaces convexes sont entr'elles comme les contours de leurs bases.

Scholie. — Dans le cas particulier où la base du cylindre est un cercle, appelons R son rayon, sa circonférence sera alors exprimée par $2\pi R$, et l'on aura

$$S = 2\pi RH.$$

Si l'on ne voulait obtenir qu'une certaine partie de la surface cylindrique, il suffirait de prendre une partie du résultat total.

Dans la construction des voûtes, on rencontre souvent l'application de ce principe, lorsqu'il s'agit d'obtenir la surface intérieure ou parement vu de l'intrados. On l'emploie également pour déterminer la surface convexe ou parement vu des avant et arrière-becs des piles d'un pont en maçonnerie, lorsqu'elles sont des portions de cylindres.

4. — THÉORÈME. — *Le volume d'un cône est égal au produit de sa base par sa hauteur.*

En divisant le contour de la base du cône en parties infiniment petites ab, bc, cd, de, ef, fg, telles enfin que chacune d'elles puisse être considérée comme droite; et en joignant chaque point de division au sommet S, on verra que le cône est une pyramide dont les arêtes sont infiniment rapprochées; or, le volume de celle-ci étant égal au produit de sa base par le tiers de sa hauteur, *on en conclura que le volume du cône lui-même est égal au produit de sa base par le tiers de sa hauteur.*

Fig. 155, pl. VI.

Corollaire I. — *Le volume d'un cône est le tiers de celui d'un cylindre de même base et de même hauteur.*

Corollaire II.—Soient V le volume d'un cône, B sa base, H sa hauteur, v le volume d'un second cône dont b est la base et h la hauteur; on aura, d'après la démonstration précédente,

$$V = \frac{B \times H}{3}, \text{ et } v = \frac{b \times h}{3},$$

puis divisant les deux égalités membre à membre.

$$\frac{V}{v} = \frac{\dfrac{B \times H}{3}}{\dfrac{b \times h}{3}} = \frac{B \times H}{b \times h},$$

ce qui revient à

$$V : v :: B \times H : b \times h.$$

Donc les volumes de deux cônes sont entr'eux comme les produits des bases par les hauteurs.

Si les bases sont égales, la proportion devient

$$V : v :: H : h,$$

ce qui fait voir que deux cônes de même base sont entr'eux comme leurs hauteurs.

Et si l'on suppose $H = h$, la même proportion se changera en

$$V : v :: B : b.$$

Donc les volumes de deux cônes ayant même hauteur, sont entr'eux comme les bases.

Scholie. — Soit R le rayon de la base d'un cône circulaire, et H sa hauteur, l'aire de la base sera exprimée par πR^2, et le volume par

$$\pi R^2 \times \frac{H}{3} = \frac{\pi R^2 H}{3}.$$

Soit maintenant un cône à base elliptique, A le demi-grand axe de la base, et a le demi-petit axe; πA^2 est l'aire du cercle décrit sur le grand axe, πa^2 celle du cercle décrit sur le petit axe, et $\sqrt{\pi^2 A^2 a^2} = \pi A a$, exprime la surface de la base du cône proposé, dont le volume devient alors

$$\pi A a \times \frac{H}{3} = \frac{\pi H A a}{3}.$$

5. — THÉORÈME. — *La surface convexe d'un cône droit est égale à la circonférence de sa base multipliée par la moitié de son côté.*

En effet, la surface convexe du cône est égale à la somme des aires des triangles Sab, Sbc, Scd, Sde, etc..., et chacun de ceux-ci a pour mesure,   Fig. 135, pl. VI.

$$ab \times \frac{Sa}{2}, \ bc \times \frac{Sa}{2}, \ cd \times \frac{Sa}{2}, \ \text{etc...},$$

car tous les côtés Sa, Sb, Sc, Sd sont égaux entr'eux; cette surface est donc égale à

$$(ab + bc + cd + ...) \times \frac{Sa}{2};$$

mais $ab + bc + cd +$, etc., n'est autre chose que le contour de la base; *donc la surface convexe d'un cône droit est égale au périmètre de sa base multiplié par la moitié de son côté.*

Scholie. — Appelons d le côté ou apothème d'un cône circulaire droit, dont R est le rayon de la base; 2πR sera la circonférence de cette base, et la surface convexe du solide deviendra alors

$$\frac{2\pi Rd}{2} = \pi Rd.$$

Cette formule ne saurait être applicable à la mesure de la surface convexe d'un cône oblique, ni à celle d'un cône à base elliptique, ce dernier même fût-il droit; car, dans l'un et l'autre cas, le côté ou apothème varie pour chacun des points qui composent une moitié de la courbe. Il est à remarquer que l'autre moitié n'est qu'une répétition de celle-ci, et amène par conséquent la même longueur pour chaque côté correspondant que l'on pourrait considérer dans la première moitié.

6. — THÉORÈME. — *Le volume d'un tronc de cône est égal à ceux de trois cônes ayant chacun pour hauteur celle du tronc, et pour bases, le premier sa base inférieure, le second sa base supérieure, et le troisième une moyenne proportionnelle entre ses deux bases.*

En effet, les deux bases du tronc de cône peuvent être considérées comme   Fig. 156, pl. VI.
deux polygones semblables d'un grand nombre de côtés, dont les sommets correspondants soient réunis par des lignes droites formant les arêtes d'une

pyramide tronquée qui se confondra avec le tronc de cône lui-même aussitôt que le nombre des faces latérales deviendra infini; le volume du tronc de cône peut donc être assimilé à celui du tronc de pyramide de base équivalente et de même hauteur; ainsi, B étant la base inférieure d'un tronc de cône, b sa base supérieure et H sa hauteur, on aura

$$V = (B + \sqrt{\overline{Bb}} + b) \times \frac{H}{3}.$$

Scholie. — Soient H la hauteur d'un tronc de cône à bases circulaires, R le rayon de sa base inférieure, r celui de sa base supérieure; la première de ces bases sera πR^2, la seconde πr^2, et leur moyenne proportionnelle $\pi R r$; en sorte qu'on aura

$$V = \frac{\pi H}{3} (R^2 + R r + r^2).$$

Soient maintenant A et a les deux demi-axes de la base inférieure d'un tronc de cône elliptique, A' et a' les deux demi-axes de sa base supérieure, et toujours H sa hauteur. L'aire de la base inférieure sera $\pi A a$, celle de la base supérieure $\pi A' a'$, et leur moyenne proportionnelle

$$\pi \sqrt{AaA'a'};$$

enfin, l'expression du volume sera

$$V = \frac{\pi H}{3} (Aa + \sqrt{\overline{AaA'a'}} + A'a').$$

7. — Théorème. — *La surface convexe d'un tronc de cône à bases parallèles est égale à son côté multiplié par la demi-somme des contours de ses deux bases.*

Fig. 156, pl. VI.

En effet, si l'on considère les faces latérales infiniment petites, $aba'b'$, $bcb'c'$, $cdc'd'$, $dcd'c'$, etc., qui composent la surface convexe du cône tronqué, on verra que l'aire de chacun de ces trapèzes est égale à la demi-somme des bases parallèles, multipliée par la hauteur commune mn, c'est-à-dire qu'on a $\frac{ab + a'b'}{2} \times mn$, pour l'aire du premier, $\frac{bc + b'c'}{2} \times mn$, pour le second, $\frac{cd + c'd'}{2} \times mn$, pour le troisième, et ainsi des autres; et la somme de toutes ces expressions sera la surface convexe dont il s'agit; mais

$$\left(\frac{ab + a'b' + bc + b'c' + cd + c'd' +, \text{etc...}}{2}\right) mn,$$

n'est autre chose que la demi-somme des contours des deux bases, multipliée par le côté; *donc la surface d'un tronc de cône est égale à son côté multiplié par la demi-somme des contours de ses bases.*

Scholie. — Soient d le côté du tronc de cône à base circulaire, R le rayon de là base inférieure, r celui de la base supérieure; on aura alors pour les deux circonférences 2πR et $2\pi r$, et la surface convexe proposée sera exprimée par

$$\frac{2\pi\text{R} + 2\pi r}{2} \times d = \pi\text{R}rd.$$

8. — Théorème. — *La surface de la sphère est égale à son diamètre multiplié par la circonférence d'un grand cercle.*

Soit AB le diamètre autour duquel le demi-cercle ACDB fait une révolution pour engendrer la sphère ACDBG; tandis que le demi-cercle engendre le solide, la demi-circonférence en détermine la surface; et si l'on imagine son arc divisé en un très grand nombre de parties infiniment petites qui puissent être considérées comme autant de petites tangentes se confondant avec l'arc lui-même, chacune de ces tangentes décrira pendant le mouvement la surface d'un cône tronqué; et l'ensemble de toutes ces surfaces réunies formera celle de la sphère.   Fig. 137, pl. VI.

Cela posé, soient CD l'une des tangentes dont il vient d'être parlé, F le point de contact situé au milieu de cette ligne infiniment petite; des points C, F et D, abaissez les perpendiculaires CH, FP et DT sur le diamètre AB; puis du point C, CS perpendiculaire à DT; il est clair que pendant que CD décrira la surface convexe du cône tronqué dont CS ou TH est la hauteur, les perpendiculaires CH et DT en décriront les bases, dont elles sont les rayons; la ligne FP décrira ainsi une circonférence qui est égale à la demi-somme des deux, dont CH et DT sont les rayons; et par conséquent, la surface de révolution décrite par CD est égale à CD $\times$ *circ.* FP; joignez le point F au point O, centre de la sphère; les deux triangles CSD et FPO sont équiangles, et par conséquent semblables, car ils ont les côtés perpendiculaires chacun à chacun; ils donnent

$$\text{CD} : \text{CS, ou HT} :: \text{FO} : \text{FP};$$

mais les rayons FO et FP sont entr'eux comme les circonférences auxquelles ils appartiennent; ainsi l'on a

$$FO : FP :: circ.\ FO : circ.\ FP;$$

et ces deux proportions ayant un rapport commun, permettent d'établir

$$CD : HT :: circ.\ FO : circ.\ FP;$$

d'où l'on tire

$$CD \times circ.\ FP = HT \times circ.\ FO.$$

Mais nous avons déjà vu que $CD \times circ.$ FP, exprime la surface convexe du cône tronqué, engendrée par la ligne CD; donc $HT \times circ.$ FO, ou la hauteur du cône tronqué multipliée par la circonférence d'un grand cercle de la sphère, exprime également la même surface.

Comme cette démonstration est applicable à tous les autres petits cônes tronqués dont les surfaces convexes enveloppent la sphère, et que la somme de toutes les hauteurs de ces cônes est égale au diamètre AB, on peut conclure que la surface totale de ces cônes tronqués ou celle de la sphère elle-même, *est égale à son diamètre multiplié par la circonférence d'un grand cercle.*

Fig. 158, pl. VI.

Corollaire I. — Si l'on circonscrit à la sphère un cylindre GHCD, il aura pour base un des grands cercles de la sphère, et pour hauteur précisément son diamètre; sa surface convexe sera donc

$$Circ.\ BC,\ ou\ circ.\ OE \times AB;$$

mais la sphère aussi a pour surface

$$Circ.\ OE \times AB.$$

Donc la surface de la sphère est égale à la surface convexe du cylindre qui lui est circonscrit.

Corollaire II. — Pour obtenir la surface d'un des grands cercles de la sphère, on multiplie sa circonférence par la moitié du rayon ou le quart de son diamètre; et pour avoir celle de la sphère, il faut multiplier la même circonférence par le diamètre entier. *La surface de la sphère est donc quatre fois plus grande qu'un de ses grands cercles, ou, ce qui est la même chose, égale à quatre grands cercles.*

Corollaire III. — La surface convexe du cylindre étant égale à celle de la sphère, et celle-ci étant équivalente à quatre grands cercles, il s'ensuit que la surface convexe du cylindre est elle-même égale à celles de quatre grands cercles; et si l'on observe que chacune des bases du cylindre circonscrit est aussi un grand cercle, on en conclura que la surface totale du cylindre circonscrit est égale à six grands cercles de la sphère; qu'en conséquence *la surface du cylindre est à celle de la sphère, comme* 6 : 4 *ou comme* 3 : 2.

Corollaire IV. — D'après la démonstration qui précède, la surface convexe de la zône sphérique CDC'D'C''D'', est égale à celle d'un rectangle ayant pour base la circonférence d'un grand cercle de la sphère, et pour hauteur la partie OH du diamètre, ou axe AB, comprise entre les deux cercles servant de bases à la zône.

Car la surface convexe de cette zône ne saurait être différente de la somme des surfaces des petits cônes tronqués qui la composent; et l'on obtient directement la surface totale de ceux-ci, en multipliant la circonférence de l'un des grands cercles de la sphère, par la partie de l'axe qui exprime leur hauteur totale.

Par un raisonnement semblable, la surface convexe de la calotte sphérique CC'C''A sera déterminée en multipliant la circonférence d'un grand cercle de la sphère par la partie de l'axe AH, exprimant la hauteur de cette calotte.

Corollaire V.— Soient S et s les surfaces de deux sphères, C et c les circonférences de leurs grands cercles, dont D et d sont les diamètres respectifs; on aura, d'après ce qui vient d'être dit, S = CD et $s = cd$; et en divisant membre à membre,

$$\frac{S}{s} = \frac{CD}{cd} ;$$

mais les circonférences de deux cercles étant entr'elles comme leurs diamètres, on a aussi la proportion

$$C : c :: D : d, \text{ ou } \frac{C}{c} = \frac{D}{d},$$

et par conséquent

$$\frac{CD}{cd} = \frac{D^2}{d^2} \text{ et } \frac{S}{s} = \frac{D^2}{d^2}, \text{ ou } S : s : D^2 : d^2.$$

Donc les surfaces de deux sphères sont entr'elles comme les carrés de leurs diamètres, ou comme ceux de leurs rayons, puisque les diamètres sont entr'eux comme les rayons.

Scholie. — Soit R le rayon d'une sphère, sa surface sera exprimée par $4\pi R^2$, et celle du cylindre qui lui est circonscrit sera de $6\pi R^2$.

Soit également R le rayon de la sphère, et h la hauteur d'une zône quelconque, $2\pi R$ étant alors la circonférence d'un grand cercle, la surface de la zône est de $2\pi Rh$.

9. — Théorème. — *Le volume de la sphère est égal à sa surface multipliée par le tiers du rayon, ou bien aux surfaces réunies de quatre grands cercles multipliées par le tiers du rayon.*

Fig. 140, pl. VI. Imaginons la surface de la sphère divisée en un très grand nombre de petites parties égales, telles que abc, assez petites pour pouvoir être considérées séparément comme planes; et de chacun des angles de ces surfaces élémentaires, concevons des rayons aO, bO, CO, il en résultera de petites pyramides partielles dont la hauteur commune sera le rayon de la sphère, dont les bases constitueront dans leur ensemble sa surface entière, et dont les volumes réunis formeront aussi le volume de ce solide; mais on obtient le volume d'une pyramide en multipliant sa base par le tiers de sa hauteur; par conséquent, on déterminera celui de toutes les pyramides partielles qui composent la sphère, en multipliant la somme de leurs bases ou la surface de la sphère, par le tiers de la hauteur commune, c'est-à-dire par le tiers du rayon; *donc le volume de la sphère est égal à sa surface multipliée par le tiers du rayon ou le sixième du diamètre.*

Corollaire I. — *La sphère est donc équivalente à une pyramide, ou bien encore à un cône qui aurait une base équivalente à la surface sphérique, et dont la hauteur serait précisément le rayon de la sphère.*

Corollaire II. — Appelons V le volume d'une sphère, C la circonférence d'un de ses grands cercles, D son diamètre; soient également v le volume d'une seconde sphère, c la circonférence de son grand cercle, et d son diamètre.

D'après ce qui vient d'être démontré, on a

$$V = CD \times \frac{D}{6} = \frac{CD^2}{6}, \text{ et } v = cd \times \frac{d}{6} = \frac{cd^2}{6};$$

et en divisant membre à membre,

$$\frac{V}{v} = \frac{CD^2}{cd^2}.$$

Mais les circonférences étant entr'elles comme leurs diamètres, on a

$$C : c :: D : d, \text{ ou } \frac{C}{c} = \frac{D}{d} ;$$

il est donc facultatif de remplacer $\frac{C}{c}$ par $\frac{D}{d}$ dans l'expression précédente, qui devient alors

$$\frac{V}{v} = \frac{D^3}{d^3}, \text{ ou } V : v :: D^3 : d^3.$$

Donc les volumes de deux sphères sont entr'eux comme les cubes de leurs diamètres, ou comme les cubes de leurs rayons.

Corollaire III. — On à vu que la base du cylindre circonscrit à la sphère est un de ses grands cercles, et que la hauteur de ce même cylindre en est le diamètre; soient V le volume de la sphère, V′ celui du cylindre qui lui est circonscrit, C la circonférence de l'un des grands cercles de la sphère, et D son diamètre. L'aire de la base cylindrique est égale à sa circonférence multipliée par le quart du diamètre, c'est-à-dire qu'elle est exprimée par $\frac{CD}{4}$, et l'on a alors

$$V' = \frac{CD}{4} \times D = \frac{CD^2}{4} ;$$

Le volume de la sphère est $\frac{CD^2}{6}$, en sorte qu'on a

$$V = \frac{CD^2}{6} ;$$

puis en divisant les deux égalités l'une par l'autre, membre à membre,

$$\frac{V}{V'} = \frac{\frac{CD^2}{6}}{\frac{CD^2}{4}}, \text{ ou } \frac{V}{V'} = \frac{CD^2}{6} \times \frac{4}{CD^2} = \frac{4CD^2}{6CD^2}.$$

Enfin, en supprimant le facteur CD^2 qui est commun aux deux termes de la fraction, il vient

$$\frac{V}{V'} = \frac{4}{6} = \frac{2}{3},$$

qui peut se mettre sous la forme

$$V : V' :: 2 : 3.$$

C'est-à-dire que le volume de la sphère est à celui du cylindre qui lui est circonscrit, comme deux est à trois.

Corollaire IV. — On a déjà démontré que la surface de la sphère est à celle du cylindre circonscrit comme deux est à trois; on en peut donc conclure *que le volume de la sphère est au volume du cylindre qui lui est circonscrit, comme la surface de la sphère est à celle du cylindre.*

Fig. 141, pl. VI.

Corollaire V. — Le secteur sphérique OCDEFA qui a pour base la calotte AFCDE, a pour mesure cette base multipliée par le tiers du rayon AO, car il est, comme la sphère entière dont il fait partie, susceptible de décomposition en solides pyramidaux qui ont pour hauteur commune le rayon lui-même, tandis que leurs bases réunies constituent la calotte servant de base au secteur sphérique; on peut donc conclure *que le volume d'un secteur sphérique est égal à la surface de la calotte qui lui sert de base, multipliée par le tiers du rayon de la sphère dont il fait partie.*

Scholie. — Soit R le rayon d'une sphère, sa surface sera alors exprimée par $4\pi R^2$; et l'on obtiendra son volume en multipliant cette expression par le tiers du rayon, de sorte que

$$4\pi R^2 \times \frac{R}{3} = \frac{4\pi R^3}{3},$$

exprime d'une manière générale le volume de la sphère.

On peut également exprimer le volume de la sphère en fonction de son diamètre; en effet, soit D ce diamètre; la surface d'un grand cercle sera

$$\pi D \times \frac{D}{4} = \frac{\pi D^2}{4},$$

πD^2 exprime donc quatre grands cercles, ou la surface de la sphère, et son volume est

$$\pi D^2 \times \frac{D}{6} = \frac{\pi D^3}{6} = \frac{1}{6}\pi D^3.$$

10. — Théorème. — *Le volume de l'ellipsoïde de révolution est égal au cercle décrit sur le petit axe comme diamètre, multiplié par les deux tiers du grand axe.*

Fig. 142, pl. VI.

L'ellipsoïde ACBD étant produit par la révolution de la demi-ellipse ADB, tournant autour du grand axe AB; le demi-ellipsoïde DAC est produit pendant le même mouvement par le quart d'ellipse A*def*D. Si l'on imagine en même temps que le demi-cercle A*g*B fasse la même révolution, il décrira une sphère; et l'arc AJI*hg* correspondra à la moitié de cette sphère. Cela posé, le volume de la sphère étant connu, nous allons déterminer le rapport du volume de la sphère à celui de l'ellipsoïde, afin de déterminer ensuite ce dernier.

Soit divisé l'arc circulaire A*g* en un très grand nombre de parties égales, telles qu'elles puissent être considérées comme droites, puis des points de division soient abaissées les perpendiculaires *hc*, I*b*, J*a*, au grand axe, elles rencontreront la courbe elliptique aux points correspondants *f*, *e*, *d;* il est à remarquer que les points *g*, *h*, *i*, pris sur la circonférence, sont tellement rapprochés les uns des autres, que deux ordonnées consécutives, telles que *hc* et *ib* peuvent être considérées comme étant égales. La même observation peut être faite à l'égard des ordonnées elliptiques.

Pendant la révolution des arcs circulaires et elliptiques autour de l'axe commun, les rectangles O*ghc*, OD*fc*, *chib* et *cfeb*, etc..., décriront des cylindres circulaires, dont O*g*, C*h*, *bi*, etc...., et OD, *cf*, *be*, etc., sont les rayons des bases, et *oc*, *cb*, *ba*, etc..., les hauteurs. La somme des volumes de la première série de cylindres constitue la moitié du volume de la sphère, tandis que la réunion des seconds n'est autre que la moitié du volume de l'ellipsoïde de révolution dont il s'agit.

Le cylindre formé par la révolution de A*ad*, et celui produit par A*aJ* ayant même hauteur, sont entr'eux comme leurs bases, *cerc. ad* et *cerc. aJ*; mais ces deux cercles étant entr'eux dans le rapport des carrés de leurs rayons, $\overline{ad}^2$ et $\overline{aJ}^2$; et enfin, $\overline{aJ}^2$ et $\overline{ad}^2$ étant entr'eux comme $\overline{Og}^2 : \overline{OD}^2$ (§ III, n° 20, *p.* 186), il en résulte que

$$\text{Cylindre AJ} : \text{cylindre Ad} :: \overline{Og}^2 : \overline{OD}^2.$$

On démontrera de la même manière que

$$\text{Cylindre ai} : \text{cylindre ae} :: \overline{Og}^2 : \overline{OD}^2,$$
$$\text{Cylindre bh} : \text{cylindre bf} :: \overline{Og}^2 : \overline{OD}^2,$$
$$\text{Cylindre cg} : \text{cylindre cD} :: \overline{Og}^2 : \overline{OD}^2.$$

Mais de cette suite de rapports égaux, on peut conclure

$$\text{Cyl. AJ} + \text{cyl. ai} + \text{cyl. bh} + \text{cyl. cg} : \text{cyl. Ad} + \text{cyl. ae} + \text{cyl. bf} + \text{cyl. cD} :: \overline{Og}^2 : \overline{OD}^2.$$

La somme des cylindres composant le premier terme est égale à la moitié du volume de la sphère ; la somme de ceux qui composent le second est la moitié du volume de l'ellipsoïde ; et en appellant V et V' ces deux volumes, on aura la proportion

$$V : V' :: \overline{Og}^2 : \overline{OD}^2;$$

d'où l'on tirera

$$V' = \frac{V \times \overline{OD}^2}{\overline{Og}^2}.$$

Soient C le cercle dont Og est le rayon, et c celui qui a pour rayon OD, on a

$$c : C :: \overline{OD}^2 : \overline{Og}^2, \text{ ou } \frac{c}{C} = \frac{\overline{OD}^2}{Og^2}.$$

On peut donc, dans l'expression précédente, mettre à la place de $\frac{\overline{OD}^2}{Og^2}$, sa valeur $\frac{c}{C}$; elle deviendra

$$V' = \frac{V \times c}{C}.$$

V étant le volume de la sphère dont AB est le diamètre, et ce volume étant les deux tiers de celui du cylindre circonscrit à la sphère, ou de $C \times \frac{2}{3} AB$, on aura

$$V = C \times \frac{2AB}{3},$$

et par suite

$$V' = C \times \frac{2AB}{3} \times \frac{c}{C} = \frac{2}{3} AB \times c;$$

d'où l'on voit que le volume de l'ellipsoïde de révolution, est égal au cercle décrit sur le petit axe comme diamètre, multiplié par les deux tiers du grand axe.

Scholie. — Soient A le grand axe d'une ellipse, a son petit axe ; le cercle décrit sur ce dernier sera $\pi \frac{a^2}{4}$, et le volume de l'ellipsoïde deviendra

$$\pi \frac{a^2}{4} \times \frac{2A}{3} = \frac{2\pi a^2 A}{12} = \frac{\pi a^2 A}{6}.$$

Fig. 143, pl. VI.

Dans le cas où l'on prendrait pour axe de révolution le petit axe de l'ellipse génératrice, le solide décrit serait tel que toute section faite suivant cet axe, serait une ellipse égale à celle qui a produit le solide par sa révolution ; le solide ainsi engendré est susceptible d'évaluation tout aussi bien que le précédent ; il suffit de le comparer à la sphère décrite sur la moitié du grand axe pris pour rayon , et puis d'abaisser les ordonnées sur le petit axe au lieu de les abaisser sur le grand ; l'opération étant continuée comme dans le cas précédent, on obtiendra alors pour l'expression du volume ainsi engendré $\dfrac{\pi A^2 a}{6}$.

Ainsi, le volume de l'ellipsoïde de révolution est généralement égal au produit du carré de l'axe de révolution par l'axe fixe, multiplié par le sixième du rapport de la circonférence au diamètre.

11. — Théorème. — *Le volume du paraboloïde est égal à la moitié du cylindre de même base et de même hauteur.*

Soit l'arc parabolique AC faisant une révolution autour de l'axe AB ; celui-ci ayant été divisé en un très grand nombre de parties égales aux points d, e, f, g, par ces points élevez les ordonnées dK, eJ, fI, gH ; les petits arcs interceptés entre celles-ci peuvent être considérés comme des lignes droites, et pendant la révolution de l'arc parabolique autour de son axe, les rectangles BCHg, gHIf, fIJe, eJKd, dKC, engendreront des cylindres circulaires dont les hauteurs Bg, gf, fe, ed, dA sont égales, et dont les rayons des bases sont les différentes ordonnées BC, gH, fI, eJ, dK. La somme de tous ces cylindres constitue, du reste, le volume du paraboloïde proposé.

Fig. 144, pl. VI.

On sait que, dans la parabole, les carrés des ordonnées sont entr'eux comme les abscisses correspondantes ($\S$ III, n° **29**, p. **197**) ; ainsi,

$$\overline{d\text{K}}^2 : \overline{e\text{J}}^2 :: d\text{A} : e\text{A}, \text{ ou} :: 1 : 2,$$

l'intervalle compris entre chaque division étant pris pour unité.

Mais les cylindres décrits AdK et deJK ont même hauteur ; ils sont donc entr'eux comme leurs bases, et par conséquent comme les carrés de leurs rayons ; ainsi,

$$\text{Cylindre A}d\text{K} : \text{cylindre } de\text{JK} :: \overline{d\text{K}}^2 : \overline{e\text{J}}^2 ;$$

donc en faisant le rapprochement de ces deux proportions, on établira

$$\text{Cylindre A}d\text{K} : \text{cylindre } de\text{JK} :: 1 : 2 ;$$

on démontrerait ainsi que

$$\text{Cylindre A}d\text{K} : \text{cylindre } ef\text{IJ} :: 1 : 3,$$

$$\textit{Cylindre } \text{A}d\text{K} : \textit{cylindre } fg\text{HI} :: 1 : 4,$$

$$\textit{Cylindre } \text{A}d\text{K} : \textit{cylindre } g\text{BCH} :: 1 : 5, \textit{ etc...}$$

On voit donc que le cylindre situé à l'origine de la courbe étant exprimé par 1, les suivants valent 2, 3, 4, 5, 6, 7, etc., et qu'en conséquence, ces différents cylindres forment la progression arithmétique des nombres naturels $\div$ 0 . 1 . 2 . 3 . 4 . 5, etc., dont la somme est égale au volume du paraboloïde proposé.

On sait que, dans une pareille suite, la somme d'un certain nombre de termes est égale à la somme des extrêmes, multipliée par la moitié du nombre des termes (chap. I, § VII, n° 12, *p.* 104); et dans ce cas particulier, le premier terme étant 0, et le dernier le cylindre produit par le rectangle gBCH, la somme de tous les termes, ou le volume du paraboloïde, sera égale à ce dernier cylindre multiplié par la moitié du nombre des termes, ou ce qui est la même chose, par la moitié de AB; mais le cylindre gBCH, répété autant de fois qu'il y a d'unités dans AB, est le volume du cylindre produit par la révolution du rectangle ABCD; donc le volume du paraboloïde est moitié de ce cylindre lui-même; d'où l'on voit *que le volume du paraboloïde est égal à la moitié du cylindre de même base et de même hauteur.*

Scholie. — Soient V le volume d'un paraboloïde, R le rayon de sa base, H sa hauteur; la surface de la base sera πR^2, et l'on aura

$$V = \frac{\pi R^2 H}{2}.$$

Fig. 145, pl. VI.

12. — Après avoir tiré les asymptotes MN et PO aux deux branches hyperboliques, la tangente EBD, au sommet de la courbe, et les lignes DH et EG parallèles au premier axe, l'hyperboloïde produit par un arc quelconque BI de l'hyperbole, tel que IBK tournant autour du premier axe, *est égal au volume du cône tronqué produit par la révolution du trapèze* BLPD, *diminué de celui du cylindre engendré par la révolution du rectangle* DBLH *autour du même axe;* cette vérité se démontre d'une manière analogue à celle employée à l'égard de l'ellipsoïde et du paraboloïde. Nous avons cru pouvoir nous dispenser de donner cette démonstration qui ne serait, pour ainsi dire, qu'une répétition inutile. Enfin, nous terminerons la cubature des solides de révolution par la proposition suivante, remarquable par l'extension dont elle est susceptible.

13. — Théorème. — *Lorsqu'une figure plane quelconque ayant un centre, fait une révolution autour d'une droite fixe de position, l'aire du solide ainsi engendré est égale au contour de la figure génératrice, multiplié par la circonférence que décrit son centre pendant la révolution; et le volume de ce solide est égal à l'aire génératrice, multipliée par la même circonférence.*

Soit la figure plane dont le centre est O, tournant autour de l'axe MN; prenez sur la courbe deux points a et c, tellement rapprochés l'un de l'autre, que la partie ac puisse être considérée comme une droite; joignez aO et cO, prolongés jusqu'à ce qu'ils rencontrent la courbe en sens opposé, c'est-à-dire en b et en d; ces deux diamètres seront coupés en parties égales au point O; de plus, les petites portions élémentaires de la courbe, ac et db, seront égales entr'elles, et leurs milieux, x et z, se trouveront aux extrémités d'un même diamètre xOz. Cela posé, abaissez les perpendiculaires à l'axe, ah, xv, cg, OI, df, zy et be, qui seront les rayons respectifs des cercles décrits par les différents points a, x, c, O, d, z, b, pendant la révolution de la figure entière; pendant ce mouvement, les trapèzes $ahgc$ et $dfeb$ décriront des cônes tronqués, dont ac et bd engendreront les surfaces convexes; or, la surface qu'engendre ac, s'exprime par $ac \times 2\pi \times xv$, tandis que celle produite par bd est égale à $bd \times 2\pi \times zy$; et en faisant la somme des deux expressions, on obtient

$$ac \times 2\pi \times xv + bd \times 2\pi \times zy,$$

ou, en observant que $bd = ac$,

$$ac \times 2\pi \times xv + ac \times 2\pi \times zy;$$

et en mettant en évidence le facteur commun $ac \times 2\pi$, l'expression devient

$$ac \times 2\pi \, (xv + zy);$$

cette expression se composant de deux facteurs, on voit qu'elle ne changera pas de valeur, si l'on double le premier, pourvu qu'en même temps on divise le second par 2; faisant donc subir cette transformation permise, en observant toujours que $ac = bd$, on a

$$(ac + bd) \, 2\pi \left(\frac{xv + zy}{2} \right);$$

mais $\dfrac{xv + zy}{2} = \text{OI}$, on a donc

$$(ac + bd) \, 2\pi\text{OI};$$

et en observant que $2\pi\text{OI}$ est la circonférence décrite avec OI pris pour rayon, on en conclura que les aires engendrées par les portions de courbe, ac et bd, sont égales à leur somme, multipliée par la circonférence que décrit le centre O; or, il serait aisé de démontrer de la même manière qu'il en est ainsi des autres parties infiniment petites constituant le contour de la figure dont O est le centre; *donc la réunion de toutes ces parties ou la courbe entière, multipliée par circ. OI, sera l'expression de l'aire décrite par la figure entière tournant autour de* MN *pris pour axe.*

Fig. 146, pl. VI. En second lieu, tandis que le trapèze *acgh* décrit un tronc de cône en faisant sa révolution autour de MN, le trapèze *a'c'gh* en décrit un second, tel que la différence de son volume avec celui du précédent, est précisément le volume décrit par la figure *acc'a'*, pendant qu'a lieu le mouvement commun; mais, quelle que soit la figure génératrice, elle pourra toujours et sans que cela puisse altérer le volume qu'elle doit décrire, être fixée par sa position, de façon à ce que les différents trapèzes correspondants, *a'c'gh* et *dbef* soient égaux, et qu'en conséquence les volumes qu'ils produisent par leur révolution conservent eux-mêmes cette relation d'égalité. Cela posé, au lieu de considérer les trapèzes *acgh* et *a'c'gh*, nous considérerons *acgh* et *dbef*, ce qui revient absolument au même.

Les volumes des cônes tronqués décrits par les trapèzes *acgh* et *dbef*, ont pour mesures

$$\pi \times \overline{xv}^2 \times hg, \text{ et } \pi \times \overline{zy}^2 \times fe;$$

et si l'on retranche le second résultat du premier, il vient

$$\pi \times \overline{xv}^2 \times hg - \pi \times zy^2 \times fe, \text{ ou } \pi \times \overline{xv}^2 \times hg - \pi \times zy \times gh,$$

en observant que *fe* peut être remplacé par son égal *hg*.

On peut ensuite mettre le facteur commun $\pi \times hg$ en évidence, et l'expression devient

$$\pi \times hg \, (\overline{xv}^2 - zy)^2;$$

expression qui peut être transformée en

$$2\pi \left(\frac{xv + zy}{2} \right) (xv - zy) \times hg.$$

Mais $\dfrac{xv + zy}{2}$ étant égal à OI,

$$2\pi \left(\frac{xv + zy}{2} \right),$$

exprime la circonférence dont OI est le rayon, et l'expression devient

Circ. OI $(xv \times hg - zy \times hg)$, ou *Circ.* OI $(xv \times hg - zy \times fe)$;

et on en conclut que la somme de toutes les différences semblables à celle-ci,
c'est-à-dire le volume engendré par la surface ADBC, se mesure par *circ*. OI,
multipliée par l'aire totale ADBNM, diminuée de l'aire partielle ACBNM;
c'est-à-dire à

$$\textit{Circ. OI} \times \textit{aire } \text{ADBC}.$$

*Donc lorsqu'une courbe plane quelconque ayant un centre, fait une
révolution autour d'une droite fixe, l'aire du solide engendré est égal au
contour de la figure génératrice, multiplié par la circonférence que décrit
son centre; et le volume de ce solide est égal à l'aire génératrice, multipliée par la même circonférence.*

Scholie. — Soit R le rayon d'une circonférence dont le centre se trouve à
une distance D de la ligne autour de laquelle elle opère sa révolution; la circonférence génératrice sera $2\pi R$; la circonférence décrite par le centre $2\pi D$ et
la surface annulaire engendrée, sera exprimée par

$$2\pi R \times 2\pi D = 4\pi^2 RD,$$

le volume de l'anneau décrit étant exprimé par

$$\pi R^2 \times 2\pi D = 2\pi^2 R^2 D.$$

Dans ce cas particulier, le volume du solide engendré est à sa surface comme
$2\pi^2 R^2 D$ est à $4\pi^2 RD$, ou en divisant les deux termes du rapport par $2\pi^2 RD$,
comme R est à 2.

Soient 2A et 2a les axes d'une ellipse, D la distance de son centre à l'axe
de rotation; πAa est l'aire génératrice, et le volume de l'anneau engendré
est égal à

$$\pi Aa \times 2\pi D = 2\pi^2 \times AaD = 2\pi^2 AaD.$$

CHAPITRE III.

TRIGONOMÉTRIE RECTILIGNE.

§ Ier. — INTRODUCTION, FORMULES RELATIVES AUX LIGNES TRIGONO-MÉTRIQUES.

N° 1er. — La *Trigonométrie* a pour but la résolution des triangles, c'est-à-dire qu'elle apprend à déterminer leurs angles et leurs côtés.

Des six parties qui composent un triangle rectiligne, la connaissance de trois suffit pour déterminer les trois autres, pourvu néanmoins que parmi ces trois données se trouve un côté; car, dans le cas contraire, c'est-à-dire dans celui où les trois angles étant connus, il s'agirait de déterminer les trois côtés, il est aisé de voir que les côtés de tous les triangles semblables satisferaient à la question, qui deviendrait alors indéterminée. On peut se proposer de résoudre les questions suivantes :

1° *Connaissant deux angles d'un triangle rectiligne quelconque, soit proposé de déterminer le troisième.*

Fig. 147, pl. VII. Sur une ligne droite BE prise à volonté, faites l'angle ACB = ACB, puis l'angle ACD = BAC, l'angle restant DCE est égal au troisième angle du triangle ABC; car, dans le triangle ABC, on a

$$ACB + BAC + ABC = 2 \text{ droits}.$$

Mais les trois angles formés autour du point C et d'un même côté de la droite BE, sont aussi égaux ensemble à deux angles droits; ainsi l'on a également

$$ACB + ACD + DCE = 2 \text{ droits};$$

donc $$ACB + BAC + ABC = ACB + ACD + DCE.$$

Retranchant d'une part ACB + BAC, et de l'autre ACB + ACD, il reste

$$ABC = DCE.$$

Ceci revient évidemment à retrancher la somme des deux angles donnés de deux angles droits, et le reste exprime l'angle demandé.

2° *Etant donnés deux côtés d'un triangle, et l'angle qu'ils comprennent entr'eux, déterminer le troisième côté et les deux autres angles.*

Sur une ligne indéfinie BC, faites l'angle ABC égal à l'angle donné B, faites ensuite BA égal au côté donné AB, puis BC égal à l'autre côté BC; joignez enfin AC, et le triangle ABC contiendra les quantités données et celles qu'il s'agissait de déterminer.

Fig. 148, pl. VII.

3° *Etant donnés un côté et deux angles, déterminer le troisième angle et les deux autres côtés.*

Si les deux angles ne sont pas adjacents au côté donné, on commencera par déterminer le troisième angle d'après le problème n° 1er, puis il ne restera plus qu'à construire le triangle, connaissant un côté et les deux angles adjacents; pour cela, sur une ligne indéfinie portez une longueur BC égale au côté donné; puis à chacun des points B et C, faites un angle égal respectivement à chacun des angles connus; les lignes CA et BA détermineront par leur rencontre l'angle demandé, tandis que AB et AC seront les côtés que l'on cherche.

Fig. 148, pl. VII.

4° *Les trois côtés d'un triangle étant donnés, déterminer ses trois angles.*

Tracez BC égale en longueur à l'un des côtés, puis du point B comme centre, avec un rayon égal à l'un des deux autres, décrivez un arc de circonférence; enfin, du point C comme centre avec un rayon égal au troisième côté, décrivez un second arc coupant le premier au point A; le triangle ABC contiendra les trois côtés donnés et les trois angles demandés.

Fig. 148, pl. VII.

Dans le cas où deux des côtés donnés seraient moins grands que le troisième, la section des arcs deviendrait alors impossible, et par conséquent le triangle ne saurait exister; c'est une vérité déjà démontrée. (Ch. II, § I, n° 4, p. 130.)

5° *Etant donnés deux côtés d'un triangle et l'angle opposé à l'un d'eux, résoudre le triangle.*

Faites l'angle ABC égal à l'angle donné B, puis sur l'un des côtés portez une longueur BA = AB; enfin, du point A comme centre, et avec un rayon AC = CA, coupez le côté BC en quelque point C qui sera le troisième sommet

Fig. 149, pl. VII.

du triangle demandé, c'est-à-dire de celui dont les éléments satisfont à l'énoncé du problème.

Fig. 149, pl. VII. On remarque que si l'angle donné B est aigu, et qu'en même temps le côté AC se trouve plus petit que AB, l'arc décrit du centre A′ coupe le côté BC en deux points C et C′; et qu'en conséquence les deux triangles A′BC et A′BC′ satisfont à la question, susceptible de deux solutions dans ce cas particulier, et que la solution deviendrait tout-à-fait impossible si le rayon de la circonférence était moindre que la perpendiculaire A′x.

Les cinq questions qui viennent d'être résolues graphiquement, renferment toutes les cas que présente la résolution des triangles rectilignes; mais cette méthode ne saurait être satisfaisante que dans le cas où une approximation peu rigoureuse serait suffisante, et dans celui où l'on opérerait sur des figures de peu d'étendue.

Les méthodes trigonométriques, exemptes de toute construction mécanique, se rattachent aux lois invariables du calcul, et présentent l'avantage de fournir au géomètre des résultats rigoureux, quelle que soit du reste l'étendue qu'embrasse son génie; c'est à l'étude de cette ingénieuse théorie que nous allons maintenant nous livrer.

2. — Nous avons déjà vu comment les arcs circulaires peuvent servir de mesure aux angles rectilignes, entre les côtés desquels ils sont interceptés; il nous reste encore à dire comment on évalue ces arcs eux-mêmes.

La circonférence du cercle se divise en 360 parties, que l'on nomme *degrés,* le degré en 60 *minutes,* et la minute en 60 *secondes;* en sorte qu'un angle de 26 degrés 20 minutes et 30 secondes s'écrit 26° 20′ 30″.

Ces division et subdivision de la circonférence étant assujéties aux nombres complexes, ont dû recevoir des modifications, d'après l'adoption du système nouveau des poids et mesures; c'est en effet ce qui a eu lieu; mais les géomètres munis d'instruments à l'ancienne division, n'ont point encore généralement adopté ce système qui nécessite la reconfection de nouveaux instruments, sans offrir d'avantage réel.

Les savants à qui nous devons notre nouveau système, ont pris l'angle droit pour unité, et ils l'ont divisé en 100 parties, qu'ils ont appelées *grades;* le grade en 100 *minutes,* la minute en 100 *secondes,* etc... Pour exprimer 35 grades 18 minutes et 55 secondes, on écrit, dans ce système,

$$35^g\ 18'\ 55''.$$

La conversion des anciennes divisions de la circonférence en nouvelles, et réciproquement, celles des nouvelles en anciennes, n'offre aucune difficulté, car on peut établir les comparaisons suivantes entre les unités appartenant à chaque système :

$$9° = 10^g,$$
$$3' = 5',$$
$$3'' = 5'';$$

d'où l'on conclura

$$9° \times 3 \times 3 = 10^g \times 5 \times 5;$$

et par suite, 81 *est à* 250 *comme le nombre des divisions nouvelles est à celui qui exprime le nombre correspondant des divisions anciennes et réciproquement.* Telles sont les proportions qui peuvent servir au passage immédiat de l'un à l'autre système. Nous allons supposer, dans ce qui suit, la circonférence divisée en 360 parties.

On entend par *complément* d'un angle ou d'un arc, ce qui reste en retranchant la valeur de cet angle ou de cet arc d'un angle droit, ou ce qui est la même chose, de 90°, puisque 90° est le quart de 360° qui exprime la circonférence entière, ou quatre angles droits ; le complément de tout angle plus grand qu'un angle droit, est négatif.

On entend par *supplément* d'un angle ou d'un arc, ce qui reste en retranchant cet angle ou cet arc de deux angles droits, ou de 180° ; la somme des trois angles d'un triangle étant de deux angles droits, *il s'ensuit que dans un triangle quelconque, un angle est toujours le supplément de la somme des deux autres.*

Le *sinus* d'un arc est la perpendiculaire abaissée de l'une de ses extrémités sur le rayon qui passe par l'autre extrémité ; ainsi, EF est le sinus de l'arc AE ou celui de l'angle ACE ; on le désigne par *sin* AE ou *sin* C.

La portion AD de la perpendiculaire élevée à l'extrémité du rayon CA, et se terminant au rayon CE prolongé, est la *tangente* de l'arc AE ou de l'angle ACE ; on l'indique par *tang* AE ou *tang* C.

La ligne DC comprise entre l'extrémité de la tangente et le centre, est la *sécante* du même arc ou du même angle, et s'exprime par *séc* AE ou *séc* C.

L'arc AEH étant égal au quart de la circonférence, l'arc EH est le complément de l'arc AE, et il a pour sinus, tangente et sécante, les lignes EG, HD et DC ; on les appelle *cosinus*, *cotangente* et *cosécante* de l'arc AE ou de l'angle C, et on les exprime par *cos* C, *cot* C, *coséc* C ; en général,

Fig. 150, pl. VII.

on appelle *cosinus, cotangente et cosécante d'un angle ou d'un arc, les sinus, tangente et sécante de son complément.*

La figure EFCG étant un rectangle, la ligne EG est égale à FC; *donc le cosinus d'un angle ou d'un arc, est égal à la distance du pied de son sinus au centre.* On voit de même que le sinus et le cosinus d'un angle quelconque sont les mêmes que le sinus et le cosinus de son supplément, seulement le cosinus du supplément est négatif.

3. — Théorème. — *Le sinus d'un arc ou d'un angle quelconque est toujours moitié de la corde qui sous-tend un arc double.*

Fig. 150, pl. VII.

Car en prolongeant le sinus EF jusqu'à ce qu'il rencontre la circonférence en E′, la corde EE′ est divisée en deux parties égales par le rayon AC, qui lui est perpendiculaire, et l'on a

$$EF = \frac{EE'}{2}, \ \text{ou} \ sin \ C = \frac{EE'}{2}.$$

Corollaire. — Le côté de l'hexagone régulier ou la corde qui sous-tend le sixième de la circonférence, c'est-à-dire l'arc de 60°, est égal au rayon du cercle; ainsi,

$$sin \ 30^{\circ} = \frac{R}{2};$$

R représentant le rayon de la circonférence.

Scholie. — Etant donnés le rayon et le sinus d'un angle, on peut tracer graphiquement l'angle double de celui-ci; car, après avoir décrit un arc de circonférence avec le rayon donné, il suffit d'en prendre une portion correspondante à une corde double du sinus donné, et de joindre les extrémités de cet arc au centre du cercle; ce moyen est souvent employé pour la préparation des feuilles de plan, ainsi que nous le dirons plus tard.

4. — Théorème. — *Le carré du sinus d'un arc, augmenté du carré de son cosinus, est égal au carré du rayon.*

Fig. 150, pl. VII.

Car, *a* représentant l'angle donné, on a

$$EF = sin \ a, \ FC = cos \ a \ \text{et} \ EC = R;$$

mais le triangle rectangle EFC donne

$$\overline{EF}^2 + \overline{FC}^2 = \overline{EC}^2;$$

donc en général,

$$sin^2 \ a + cos^2 \ a = R^2.$$

Si de cette équation on tire la valeur de *sin a*, on trouve

$$sin\ a = \pm \sqrt{R^2 - cos^2\ a};$$

et si au contraire on détermine la valeur de *cos a*, l'expression devient

$$cos\ a = \sqrt{R^2 - sin^2\ a}.$$

Telles sont les relations qui existent entre le rayon d'un arc, son sinus et son cosinus; connaissant deux de ces quantités, on voit qu'il est aisé de déterminer la troisième.

Les triangles CFE et CAD donnent la proportion

$$CF : FE :: CA : AD,$$

ou *cos a* : *sin a* :: R : *tang a;*

et l'on en tire

$$tang\ a = \frac{R sin\ a}{cos\ a}.$$

Les mêmes triangles fournissent aussi

$$CF : CE :: CA : CD,$$

ou bien, ce qui est la même chose,

$$cos\ a : R :: R : séc\ a;$$

et l'on tire

$$séc\ a = \frac{R^2}{cos\ a}.$$

Les triangles semblables CFE et CHD donnent également

$$EF : FC :: CH : HD,$$

c'est-à-dire que

$$sin\ a : cos\ a :: R : cot\ a;$$

et l'on en tire

$$cot\ a = \frac{R\ cos\ a}{sin\ a}.$$

Les deux mêmes triangles donnent aussi

$$EF : CE :: CH : CD,$$

et par suite,

$$sin\ a : R :: R : coséc\ a;$$

puis enfin,

$$coséc\ a = \frac{R^2}{sin\ a}.$$

Telles sont les formules qui donnent la faculté, connaissant le sinus et le cosinus d'un arc, de déterminer les tangente, sécante, cotangente et cosécante du même arc.

Le triangle rectangle CAD donne

$$\overline{CA}^2 + \overline{AD}^2 = \overline{DC}^2, \text{ ou } R^2 + tang^2\, a = séc^2\, a;$$

ce qui fait voir que le carré de la sécante est égal au carré de la tangente, augmenté du carré du rayon.

Le triangle rectangle CHD donne également $\overline{CH}^2 + \overline{DH}^2 = \overline{CD}^2$ ou

$$R^2 + cot^2\, a = coséc^2\, a;$$

le carré de la cosécante est donc égal au carré de la cotangente, augmenté de celui du rayon.

5. — *Étant donnés les sinus et cosinus de deux arcs, on peut se proposer de déterminer les sinus et cosinus de la somme ou de la différence de ces mêmes arcs.*

Fig. 151, pl. VII. Désignons par a et b deux arcs AB et BC, pris sur le quart de circonférence ABG, dont le rayon est OB; AB étant plus grand que BC, on aura

$$Arc\ ABC = (a + b);$$

et si l'on porte BC, de B en C', on aura

$$Arc\ AC' = (a - b).$$

Imaginons la corde CC' et le rayon BO qui est nécessairement perpendiculaire sur son milieu; puis enfin, les perpendiculaires C'Q', BP, CQ, on aura

$$BP = sin\ a,\ PO = cos\ a,\ CI = sin\ b,\ OI = cos\ b,\ CQ = sin\ (a + b),$$
$$OQ = cos\ (a + b),\ C'Q' = sin\ (a - b),\ OQ' = cos\ (a - b).$$

Cela posé, par le point I menons IL perpendiculaire à OA et IH parallèle à la même ligne, on a d'abord

$$CQ = sin\ (a + b) = HQ + CH = IL + CH,$$

et puis

$$OQ = cos\ (a + b) = OL - LQ = OL - IH.$$

Imaginons C'H' parallèle à OA; les deux triangles IC'H' et CIH sont égaux comme ayant un côté égal adjacent à deux angles égaux chacun à chacun, et donnent en conséquence

$$IH' = CH, C'H' = IH = Q'L;$$

on a donc

$$C'Q' = sin\ (a - b) = H'L = IL - IH' = IL - CH;$$

et puis

$$OQ' = cos\ (a - b) = OL + LQ' = OL + IH.$$

La question se réduit donc à déterminer les quatre lignes IL, OL, CH, IH.
Les triangles semblables OBP et OIL donnent les proportions

$$IL : BP :: OI : OB,$$

$$OL : OP :: OI : OB,$$

qui reviennent à

$$IL : sin\ a :: cos\ b : R,$$

$$et\ OL : cos\ a :: cos\ b : R;$$

d'où l'on tire

$$IL = \frac{sin\ a\ cos\ b}{R}, \text{ et } OL = \frac{cos\ a\ cos\ b}{R}.$$

Les triangles OBP et CIH sont aussi semblables puisqu'ils ont leurs côtés
perpendiculaires, et donnent en conséquence les proportions

$$CH : OP :: CI : OB,$$

$$IH : BP :: CI : OB;$$

qui sont la même chose que

$$CH : cos\ a :: sin\ b : R,$$

$$et\ IH : sin\ a :: sin\ b : R;$$

on en tire

$$CH = \frac{cos\ a\ sin\ b}{R}, \text{ et } IH = \frac{sin\ a\ sin\ b}{R}.$$

Substituant les valeurs de IL, CH, OL, IH, dans les expressions de
$sin\ (a + b)$, $cos\ (a + b)$, $sin\ (a - b)$ et $cos\ (a - b)$, elles deviennent

$$sin\ (a \pm b) = \frac{sin\ a\ cos\ b \pm sin\ b\ cos\ a}{R},$$

$$cos\ (a \pm b) = \frac{cos\ a\ cos\ b \pm sin\ a\ sin\ b}{R}.$$

Telles sont les formules qui servent à déterminer les sinus et cosinus de la somme et de la différence de deux arcs ; bien qu'elles n'aient été obtenues que pour des arcs plus petits que le quart de la circonférence, et dont la réunion même est moindre que cette quantité, elles sont généralement applicables à des arcs quelconques.

6. — Si dans les deux dernières expressions, on suppose $a = b$, et que l'on admette en même temps le rayon égal à l'unité, ce qui n'altère en rien la généralité des résultats, ces formules deviennent

$$sin\ 2a = 2\ sin\ a\ cos\ a,$$

$$cos\ 2a = cos^2\ a - sin^2\ a;$$

expressions qui déterminent le sinus et le cosinus du double d'un arc, connaissant le sinus et le cosinus de cet arc.

Supposons maintenant $b = 2a$, les mêmes expressions deviennent

$$sin\ 3a = sin\ a\ cos\ 2a + sin\ 2a\ cos\ a,$$

$$cos\ 3a = cos\ a\ cos\ 2a - sin\ a\ sin\ 2a;$$

puis mettant à la place de $sin\ 2a$ et $cos\ 2a$, leurs valeurs respectives, on a

$$sin\ 3a = sin\ a\ (cos^2\ a - sin^2\ a) + 2\ sin\ a\ cos^2\ a,$$

$$cos\ 3a = cos\ a\ (cos^2\ a - sin^2\ a) - 2\ cos\ a\ sin^2\ a;$$

effectuant les multiplications indiquées,

$$sin\ 3a = sin\ a\ cos^2\ a - sin^3\ a + 2\ sin\ a\ cos^2\ a,$$

$$cos\ 3a = cos^3\ a - cos\ a\ sin^2\ a - 2\ cos\ a\ sin^2\ a;$$

réduisant les termes semblables, ces deux expressions se réduisent définitivement à

$$sin\ 3a = 3\ sin\ a\ cos^2\ a - sin^3\ a,$$

$$cos\ 3a = cos^3\ a - 3\ cos\ a\ sin^2\ a$$

Ces deux dernières formules déterminent le sinus et le cosinus du triple d'un arc, lorsqu'on connaît le sinus et le cosinus de cet arc.

En faisant $b = 3a$, remplaçant $sin\ 3a$ et $cos\ 3a$ par leurs valeurs, et réduisant les termes semblables, on obtiendrait

$$sin\ 4a = 4\ sin\ a\ cos^3\ a - 4\ cos\ a\ sin^3\ a,$$

$$cos\ 4a = cos^4\ a - 6\ cos^2\ a\ sin^2 a + sin^4\ a;$$

et en continuant de la même manière, on obtiendra successivement le sinus et le cosinus d'un arc cinq fois, six fois, m fois plus grand que l'arc simple dont le sinus et le cosinus sont donnés.

7. — *Réciproquement, les sinus et cosinus d'un arc étant donnés, on peut se proposer de déterminer les sinus et cosinus de l'arc moitié de celui-ci;* alors il suffit de mettre dans les formules $\dfrac{a}{2}$ à la place de a, et l'on obtient

$$\sin a = \frac{2 \sin \frac{1}{2} a \cos \frac{1}{2} a,}{\mathrm{R}},$$

$$\cos a = \frac{\cos^2 \frac{1}{2} a - \sin^2 \frac{1}{2} a}{\mathrm{R}};$$

Puis en faisant passer R dans le premier membre de la dernière de ces expressions, elle devient

$$\cos^2 \frac{1}{2} a - \sin^2 \frac{1}{2} a = \mathrm{R} \cos a;$$

mais le carré du cosinus, augmenté de celui du sinus, est égal au carré du rayon ; on a donc en même temps

$$\cos^2 \frac{1}{2} a + \sin^2 \frac{1}{2} a = \mathrm{R}^2;$$

et si l'on remarque que R^2 étant la somme de deux quantités, $R \cos a$ est leur différence (chap. I, § II, n° 3, pag. 21), il en résulte que

$$\cos^2 \frac{1}{2} a = \frac{1}{2} \mathrm{R}^2 + \frac{1}{2} \mathrm{R} \cos a,$$

et que

$$\sin^2 \frac{1}{2} a = \frac{1}{2} \mathrm{R}^2 - \frac{1}{2} \mathrm{R} \cos a;$$

et qu'enfin, en extrayant les racines carrées de chaque membre, on obtient définitivement

$$\sin \frac{a}{2} = \sqrt{\frac{\mathrm{R}^2 - \mathrm{R} \cos a}{2}},$$

$$\cos \frac{a}{2} = \sqrt{\frac{\mathrm{R}^2 + \mathrm{R} \cos a}{2}},$$

formules dans lesquelles on peut, sans inconvénient, supposer le rayon égal à un, et qui deviennent alors

$$sin\ \frac{a}{2} = \sqrt{\frac{1 - cos\ a}{2}},$$

et

$$cos\ \frac{a}{2} = \sqrt{\frac{1 + cos\ a}{2}}.$$

Le rayon étant toujours égal à l'unité, on a (n° 4, page 252)

$$cos^2\ a + sin^2\ a = 1,$$

et l'on en tire

$$cos\ a = \sqrt{1 - sin^2\ a};$$

en substituant cette valeur de cosinus a dans la formule

$$sin\ 3a = 3\ sin\ a\ cos^2\ a - sin^3\ a;$$

et en mettant a et $\frac{a}{3}$ au lieu de $3a$ et de a, on obtiendra une équation du troisième degré qui, traitée par la méthode enseignée en algèbre, après toutefois y avoir remplacé l'arc a par sa valeur numérique exprimée en partie du rayon, fera connaître le sinus du tiers d'un arc donné lorsqu'on connaîtra le sinus de cet arc lui-même; par un procédé analogue on déterminerait celui du $\frac{1}{4}$, du $\frac{1}{5}$, etc., d'un arc donné.

On peut voir aisément qu'à l'aide de ces formules, connaissant le sinus d'un arc et son rayon, que l'on peut du reste supposer égal à l'unité, le cosinus de ce même arc se trouve d'abord déterminé par la relation

$$sin^2\ a + cos^2\ a = 1,$$

qui donne

$$cos\ a = \sqrt{1 - sin^2\ a};$$

et que par suite les sinus et cosinus des arcs multiples de celui-ci, peuvent également être déterminés d'une manière rigoureuse.

8.—On peut aussi remarquer que la longueur d'un arc diffère d'autant moins de son sinus, que l'arc est plus petit; en effet, l'arc d'une minute par exemple, ne diffère que mathématiquement de son sinus, et peut être indifféremment pris pour celui-ci; il suffit donc de pouvoir déterminer numériquement le sinus d'une minute, pour obtenir ensuite les sinus et les cosinus de tous les arcs

imaginables, au moyen desquels il sera facile d'obtenir les autres lignes trigonométriques correspondantes, et par conséquent de composer une table
contenant les sinus, tangentes, sécantes, cosinus, cotangentes et cosécantes
de tous les arcs compris dans le quart de circonférence, et calculés de minute
en minute ; n'ayant d'autre but que celui de faire comprendre aux lecteurs la
construction de ces tables importantes, nous nous bornerons à développer le
moyen à employer pour déterminer avec autant d'approximation qu'on le désirera, l'arc d'une minute, qui, nous le répétons, peut être pris pour son sinus.

On a vu que le diamètre du cercle étant 1, sa circonférence est de

$$3.1415926535897932384626433832795,0, \text{etc...};$$

mais si l'on suppose le rayon égal à l'unité, le diamètre sera 2, et la circonférence deviendra alors

$$6.2831853071795864969252867665590, \text{etc...};$$

et comme l'arc d'une minute n'est que la $21600^{\text{ème}}$ partie de la circonférence
entière, on aura

$$Arc\ 1' = \frac{6.2831853071795864969252867665590,0, \text{etc...}}{21600} = sin\ 1',$$

à très peu près.

9. — En ajoutant membre à membre les deux équations

$$sin\ (a+b) = sin\ a\ cos\ b + sin\ b\ cos\ a$$
$$\text{et} \qquad sin\ (a-b) = sin\ a\ cos\ b - sin\ b\ cos\ a,$$

on obtient

$$sin\ (a+b) + sin\ (a-b) = 2\ sin\ a\ cos\ b$$

puis en les retranchant dans le même ordre, on a

$$sin\ (a+b) - sin\ (a-b) = 2\ sin\ b\ cos\ a ;$$

et en divisant le premier de ces résultats par le second, on parvient à la nouvelle expression

$$\frac{sin\ (a+b) + sin\ (a-b)}{sin\ (a+b) - sin\ (a-b)} = \frac{2\ sin\ a\ cos\ b}{2\ sin\ b\ cos\ a} = \frac{2\ sin\ a}{cos\ a} \times \frac{cos\ b}{2\ sin\ b} = \frac{sin\ a}{cos\ a} \times \frac{cos\ b}{sin\ b}$$

Mais $\dfrac{sin\ a}{cos\ a} = tang\ a$, et $\dfrac{cos\ b}{sin\ b} = cot\ b = \dfrac{1}{tang\ b}$, le rayon étant égal à 1;

substituant donc ces valeurs de $\dfrac{sin\ a}{cos\ a}$ et de $\dfrac{cos\ b}{sin\ b}$ dans l'expression précé-dente,

elle devient $\dfrac{sin\ (a+b) + sin\ (a-b)}{sin\ (a+b) - sin\ (a-b)} = tang\ a \times \dfrac{1}{tang\ b} = \dfrac{tang\ a}{tang\ b}$;

et si l'on observe (chap. I, § II, n° 3, pag. 21), que $a = \dfrac{1}{2}(a+b) +$

$\dfrac{1}{2}(a-b)$, et que $b = \dfrac{1}{2}(a+b) - \dfrac{1}{2}(a-b)$, il en résulte que

$$\frac{sin\ (a+b) + sin\ (a-b)}{sin\ (a+b) - sin\ (a-b)} = \frac{tang\ [(a+b)+(a-b)]}{2} \div \frac{tang\ [(a+b)-(a-b)]}{2}$$

ou que

$$sin\ (a+b) + sin\ (a-b) : sin\ (a+b) - sin\ (a-b) ::$$

$$\frac{tang\ [(a+b(+(a-b)]}{2} : \frac{tang\ [(a+b)-(a-b)]}{2};$$

et comme les quantités $(a+b)$ et $(a-b)$ représentent séparément des arcs dépendants de a et de b auxquels sont généralement applicables les formules d'où l'on est parti, *on peut conclure que la somme des sinus de deux arcs quelconques est à la différence de ces mêmes sinus, comme la tangente de la demi-somme de ces arcs, est à la tangente de leur demi-différence.*

10. — Avant de terminer ces notions sur les lignes trigonométriques, il est bien d'entrer dans quelques détails sur les formules qui servent à trouver l'expression de la tangente de la somme ou de la différence de deux arcs, lorsqu'on connaît les tangentes de ces arcs; pour cela prenons la formule

$$tang\ a = \frac{R\ sin\ a}{cos\ a},$$

dans laquelle, pour simplifier les calculs, nous supposerons $R = 1$, et qui devient alors

$$tang\ a = \frac{sin\ a}{cos\ a};$$

substituant dans cette formule, à la place de l'arc a, l'arc $(a \pm b)$, elle se transforme en

$$tang\ (a \pm b) = \frac{sin\ (a \pm b)}{cos\ (a \pm b)};$$

puis remplaçant dans cette dernière expression, $sin\ (a \pm b)$ et $cos\ (a \pm b)$ par leurs valeurs respectives, on a

$$tang\ (a \pm b) = \frac{sin\ a\ cos\ b \pm sin\ b\ cos\ a}{cos\ a\ cos\ b \mp sin\ a\ sin\ b};$$

Pour ne voir figurer dans cette expression que des tangentes, on peut diviser le numérateur et le dénominateur par $cos\ a\ cos\ b$, et l'expression se transforme de nouveau en

$$tang\ (a \pm b) = \frac{\dfrac{sin\ a}{cos\ a} \pm \dfrac{sin\ b}{cos\ b}}{1 \pm \dfrac{sin\ a\ sin\ b}{cos\ a\ cos\ b}};$$

En observant que $\dfrac{sin\ a}{cos\ a} = tang\ a$, et que $\dfrac{sin\ b}{cos\ b} = tang\ b$, la formule devient

$$tang\ (a \pm b) = \frac{tang\ a \pm tang\ b}{1 \pm tang\ a\ tang\ b}.$$

Si le rayon n'était pas égal à l'unité, la formule deviendrait

$$tang\ (a \pm b) = \frac{R^2\ (tang\ a \pm tang\ b)}{R^2 \mp tang\ a\ tang\ b}.$$

On peut obtenir l'expression de la tangente du double d'un arc donné en fonction de la tangente de cet arc; pour cela il suffit de supposer $b = a$ dans la formule

$$tang\ (a + b) = \frac{tang\ a + tang\ b}{1 - tang\ a\ tang\ b};$$

laquelle devient

$$tang\ 2a = \frac{2\ tang\ a}{1 - tang^2\ a}.$$

On peut également remplacer $2a$ par a seulement et a par $\dfrac{a}{2}$, et l'on obtient

$$tang\ a = \frac{2\ tang\ \frac{1}{2}\ a}{1 - tang^2\ \frac{1}{2}\ a},$$

qui peut, en réduisant au même dénominateur et en divisant tous les termes par $tang\ a$, se mettre sous la forme

$$Tang^2\ \frac{1}{2}\ a + \frac{2}{tang\ a}\ tang\ \frac{1}{2}a - 1 = 0,$$

équation du second degré susceptible de deux solutions, qui donne par sa résolution

$$tang\ \frac{1}{2}\ a = - \frac{1}{tang\ a} \pm \sqrt{1 + \frac{1}{tang^2\ a}}.$$

Telle est l'expression de la tangente d'un arc moitié d'un arc donné, déterminée en fonction de la tangente de cet arc.

Si, dans la formule

$$tang\ (a + b) = \frac{tang\ a + tang\ b}{1 - tang\ a\ tang\ b},$$

on fait $b = 2a$, l'expression devient

$$tang\ 3a = \frac{tang\ a + tang\ 2a}{1 - tang\ a\ tang\ 2a};$$

puis en mettant à la place de $tang\ 2a$ sa valeur,

$$tang\ 3a = \frac{tang\ a + \dfrac{2\ tang\ a}{1 - tang^2\ a}}{1 - tang\ a \times \dfrac{2\ tang\ a}{1 - tang^2\ a}} = \frac{\dfrac{tang\ a - tang^3\ a + 2\ tang\ a}{1 - tang^2\ a}}{\dfrac{1 - tang^2\ a - 2\ tang^2\ a}{1 - tang^2\ a}},$$

ou en supprimant les dénominateurs des deux termes, ce qui n'altère en rien la valeur de l'expression,

$$tang\ 3a = \frac{tang\ a - tang^3\ a + 2\ tang\ a}{1 - tang^2\ a - 2\ tang^2\ a};$$

puis enfin, en réduisant dans le numérateur et le dénominateur les termes semblables,

$$tang\ 3a = \frac{3\ tang\ a - tang^3\ a}{1 - 3\ tang^2\ a}.$$

Dans le cas où le rayon ne serait pas égal à l'unité, l'expression deviendrait

$$tang\ 3a = \frac{3R^2\ tang\ a - tang^3\ a}{R^2 - 3\ tang^2\ a}.$$

Telle est la formule qui exprime la tangente de l'arc triple d'un arc donné, ne connaissant autre chose que le rayon et la tangente de cet arc; il est évident que, par un procédé semblable, on déterminerait les tangentes quadruples, quintuples, etc., du même arc, en fonction de sa tangente et de son rayon, ou de sa tangente seulement si le rayon est égal à l'unité.

On pourrait également, en opérant d'une manière analogue à celle employée pour déterminer l'expression de $tang\ \frac{1}{2}a$, obtenir les tangentes du tiers, du quart, du cinquième, etc., de l'arc donné, toujours en fonction de sa tangente.

11. Connaissant les valeurs numériques des sinus et cosinus de l'arc d'une minute, il sera aisé d'obtenir celles des sinus et cosinus de 2′, 3′, 4′, 5′, etc., en admettant $a = 1'$, et successivement $b = 2'$, 3′, 4′, etc., jusqu'à 60′, et par suite jusqu'à 5400′ ou 90° formant le quadrant circulaire, et en substituant ces différentes valeurs de a et de b dans les formules

$$sin\ 2a = 2\ sin\ a\ cos\ a,$$

$$cos\ 2a = cos^2\ a - sin^2\ a,$$

$$sin\ (a + b) = sin\ a\ cos\ b + sin\ b\ cos\ a,$$

et
$$cos\ (a + b) = cos\ a\ cos\ b - sin\ a\ sin\ b.$$

Quant à la détermination des autres lignes trigonométriques, elle dépend essentiellement des formules

$$tang\ a = \frac{sin\ a}{cos\ a}, \quad cotang\ a = \frac{1}{tang\ a}, \quad séc\ a = \frac{1}{cos\ a},$$

et
$$coséc\ a = \frac{1}{sin\ a}.$$

Comme l'emploi du calcul logarithmique simplifie considérablement les opérations mathématiques, on a dû s'attacher à disposer les tables trigonométriques de la manière la plus avantageuse aux calculateurs, et on a alors jugé convenable de substituer aux sinus, tangentes, sécantes, cosinus, cotangentes et cosécantes naturels, leurs logarithmes obtenus avec un grand nombre de décimales, afin qu'il soit possible, dans la pratique, d'obtenir toute l'approximation désirable.

Toutes les tables trigonométriques étant précédées ou suivies d'une instruction relative à leur disposition et à leur emploi, qui, sans différer essentiellement, ne sont cependant pas toujours les mêmes, les lecteurs voudront bien se reporter à l'explication qui accompagne celles dont ils sont munis, et ils ne manqueront pas d'en saisir promptement l'usage.

§ II. — RÉSOLUTION DES TRIANGLES RECTANGLES ET APPLICATION DES TABLES TRIGONOMÉTRIQUES.

1. — THÉORÈME. — *Dans tout triangle rectangle, le rayon des tables est au sinus d'un des angles aigus, comme l'hypoténuse est au côté opposé à cet angle, ou le rayon des tables est au sinus de l'un des angles aigus, comme l'hypoténuse est au côté de l'angle droit adjacent à cet angle.*

Fig. 152, pl. VII. Soit le triangle ABC, rectangle en A, nous appellerons A, B et C ses trois angles, et a, b, c, les côtés qui leur sont respectivement opposés; A est donc l'angle droit et a l'hypoténuse.

Du sommet B comme centre, et avec un rayon égal à celui sur lequel les tables sont calculées, décrivez l'arc de circonférence GD, du point D abaissez la perpendiculaire DE; DE et BE seront les sinus et cosinus de l'angle B.

Les triangles semblables ABC et EBD donnent les proportions

$$BD : DE :: BC : CA, \text{ ou } R : sin\ B :: a : b,$$

$$BD : BE :: BC : BA, \text{ ou } R : cos\ B :: a : c;$$

ce qui démontre la certitude des deux parties du principe ci-dessus énoncé.

Le triangle étant rectangle, on a $B = 90° — C$, et alors

$$Sin\ B = cos\ C, \text{ et } cos\ B = sin\ C.$$

Les deux proportions peuvent donc devenir

$$R : \cos C :: a : b, \text{ et } R : \sin C :: a : c ;$$

ce qui démontre que le même principe s'applique également à l'angle C.

2. — Théorème. — *Dans tout triangle rectangle, le rayon des tables est à la tangente de l'un des angles aigus, comme le côté de l'angle droit adjacent à cet angle, est au côté qui lui est opposé.*

Soit menée au point G la tangente GH de l'angle aigu B; les triangles BGH et BAC sont semblables et donnent

Fig. 152, pl. VII.

$$BG : GH :: BA : AC, \text{ ou } R : tang. \; B :: c : b,$$

fait qu'il s'agissait de démontrer.

Ces deux principes comprennent seuls la résolution de tous les cas possibles, relatifs aux triangles rectangles; on va les appliquer successivement à des exemples numériques plus propres à initier les personnes peu habituées aux calculs, que les raisonnements généraux qui n'entraînent pas avec eux la même évidence.

3. — 1er CAS. — *On connaît l'hypoténuse a et l'angle aigu B, il s'agit de déterminer l'autre angle aigu C et les côtés b et c.*

On a d'abord (§ I, n° 1, pag. 249).

$$C = 90° — B;$$

puis les proportions

$$R : \sin B :: a : b,$$

$$\text{et } R : \cos B :: a : c,$$

donnent

$$b = \frac{a \; \sin B}{R}, \text{ et } C = \frac{a \; \cos B}{R} ;$$

et si l'on applique à ces deux formules le calcul logarithmique, elles deviennent

$$Log. \; b = log. \; a + log. \; \sin B — 10,$$

le rayon des tables étant $10^{10} = 10,000,000,000$;

$$\text{et } Log. \; c = log. \; a + log. \; \cos B — 10.$$

34

Soit par exemple l'hypoténuse $a = 541$ mètres 8 décimètres, et l'angle $B = 35° 06'$; on disposera ainsi les calculs,

$$\text{Log. nombre } 541.8 = 2.733839$$
$$\text{Log. } sin\ 35°\ 06' = 9.759672$$

$$\text{Somme}\quad 12.493511 - 10 = \text{Log. } b;$$

d'où $b = 311$ mètres 5 décimètres.

En second lieu, log. nombre $541.8 = 2.733839$
Log. $cos\ 35° 06' =$ log. $sin\ 54° 54' = 9.912833$

$$\text{Somme diminuée de } 10 = 2.646672 = \text{log. } c;$$

d'où $c = 443$ mètres 3 décimètres.

Dans la pratique, les géomètres ont le soin de simplifier encore ces opérations; pour cela, ils écrivent d'abord le logarithme de l'hypoténuse, donné par les tables des nombres, puis cherchant dans les tables trigonométriques le sinus de l'angle aigu connu, ils écrivent le logarithme de ce sinus au-dessous de celui de l'hypoténuse; comme à la même page des tables se trouve en regard de ce sinus, celui de son complément ou son cosinus, ils en prennent le logarithme qui s'écrit au-dessus de celui de l'hypoténuse; la somme des deux premiers logarithmes faite de bas en haut, donne l'un des logarithmes que l'on cherche, et celle des deux derniers, faite de haut en bas, donne l'autre. Dans l'exemple qui nous occupe, on procèderait de la manière suivante :

$$2.646672\quad \text{somme des deux premiers,}$$
$$\text{diminuée de } 10.$$

Log. $cosin\ 35° 06' = 9.912833$
Log. nombre $541.8 = 2.733839$
Log. $sin\ 35° 06' = 9.759672$

$$\text{Somme des deux derniers}\quad 2.493511$$

Ce premier cas de la résolution des triangles rectangles trouve son application directe dans les calculs d'une triangulation, lorsqu'après avoir résolu les différents triangles obliquangles qui la composent, on veut rattacher, d'une manière invariable, chacun des sommets de ces triangles à deux droites fixes infinies, données de position, lesquelles se coupent à angle droit suivant un des principaux points de la triangulation; les deux droites fixes sont ordinairement la méridienne du lieu et sa perpendiculaire; et les calculs dont il

s'agit sont désignés par *calculs des distances à la méridienne et à sa perpen-*
diculaire.

4. — 2ᵉ CAS. — *On connaît un des côtés de l'angle droit* b, *et l'un des*
angles aigus B, *on demande de déterminer* C, a *et* c.

On aura d'abord

$$C = 90° — B;$$

puis les proportions

$$R : sin\ B :: a : b, \text{ et } R : tang\ B :: C : b,$$

donneront

$$a = \frac{bR}{sin\ B}, \text{ et } C = \frac{bR}{tang\ B}.$$

Et en appliquant le calcul des logarithmes,

$$Log.\ a = log.\ b + 10 — log.\ sin\ B,$$
$$Log.\ C = log.\ b + 10 — log.\ tang\ B.$$

Appliquons maintenant ces deux formules à la résolution d'un exemple
numérique; soit le côté $b = 245$ mètres, et l'angle $B = 22°\ 10'$, on aura, en
employant les compléments arithmétiques,

Complément arithmétique, *sin* 22° 10′ =   0.423311
Logarithme du nombre 245.......   2.389166
Logarithme du rayon   10.000000

Logarithme de $a = $ 2.812477, d'où $a = 649.4$.

On voit par cet exemple, qu'il suffit de faire la somme du complément
arithmétique de log. *sin* 22° 10′, avec le logarithme du nombre 245, l'emploi
du complément arithmétique déterminant la soustraction d'une dixaine à la
somme, laquelle dixaine représente précisément le logarithme du rayon.

En second lieu, on a

Compl. arithmétique, log. *tang* 22° 10′ =   0.389964
Logarithme de 245.....   2.389166

Log. c =   2.779130, d'où $c = 601^m\ 4^{déc.}$

Quant à l'angle C, on l'obtiendra en retranchant de 90°. l'angle donné
$B = 22°\ 10'$; on aura donc

$$C = 90° — 22°\ 10' = 67°\ 50'.$$

5. — 3ᵉ CAS. — *On connaît l'hypoténuse a et l'un des côtés de l'angle droit b, on demande les deux angles aigus B et C, puis le troisième côté c.*

La proportion R : *sin* B :: *a* : *b*, donnera

$$\sin B = \frac{b\text{R}}{a},$$

qui revient à

$$\text{Log. } sin B = \log. \, b + 10 - \log. \, a;$$

lorsqu'on aura l'expression numérique de logarithme *sin* B, on cherchera dans les tables trigonométriques à quel angle elle correspond; celui-ci sera précisément l'angle B; puis on aura pour déterminer C, la relation

$$C = 90° - B.$$

Pour connaître le côté C, on établira

$$R : cos B :: a : c,$$

qui fournira

$$c = \frac{a \; cos \; B}{R};$$

puis
$$\text{Log. } c = \log. \, a + \log. \, cos B - 10.$$

On pourrait aussi obtenir directement le côté c, en se rappelant la relation

$$a^2 = b^2 + c^2,$$

qui fournit

$$c^2 = a^2 - b^2 \text{ et } c = \sqrt{a^2 - b^2}, \text{ ou } c = \sqrt{(a+b)(a-b)};$$

d'où l'on tirerait enfin,

$$\text{Log. } c = \frac{1}{2} \left[(\log. \, a + b) + (\log. \, a - b) \right].$$

Si cette dernière formule dont l'application ne saurait embarrasser les personnes même les moins exercées au calcul logarithmique, n'est pas employée pour obtenir directement l'un des côtés, elle pourra du moins l'être avec avantage comme moyen de vérification.

6. — 4ᵉ CAS. — *On connaît les deux côtés de l'angle droit b et c, on demande les deux angles aigus B et C, et l'hypoténuse a.*

On a d'abord la proportion

$$R : tang B :: c : b,$$

et l'on en tire

$$tang\ B = \frac{b\mathrm{R}}{c}, \text{ ou log. } tang\ B = \text{log. } b + 10 - \text{log. } c;$$

expression qui donne le logarithme de la tangente de l'angle B, lequel se trouvera, dans les tables, en regard de l'angle auquel cette tangente appartient.

On obtiendra ensuite l'angle C, en retranchant l'angle trouvé B de 90°; ainsi,

$$C = 90° - B.$$

Enfin de la proportion

$$R : sin\ B :: a : b,$$

on tirera

$$a = \frac{b\mathrm{R}}{sin\ B}, \text{ ou log. } a = \text{log. } b + 10 - \text{log. } sin\ B.$$

On parviendrait également au même résultat en employant la proportion

$$R : cos\ B :: a : c,$$

qui donnerait

$$a = \frac{c\mathrm{R}}{cos\ B}, \text{ ou log. } a = \text{log. } c + 10 - \text{log. } cos\ B.$$

Les quatre cas qui viennent d'être démontrés renferment la résolution complète des triangles rectangles; les commençants devront se familiariser avec les deux principes desquels ils se déduisent, et surtout se rendre familier l'usage des tables de logarithmes soit des nombres naturels, soit des lignes trigonométriques; tables qui offrent au praticien le double avantage de calculer avec célérité et surtout avec exactitude.

§ III. — RÉSOLUTION DES TRIANGLES QUELCONQUES ET APPLICATION DES TABLES TRIGONOMÉTRIQUES.

1. — THÉORÈME. — *Dans tout triangle rectiligne les sinus de deux angles sont entr'eux comme les côtés qui leur sont opposés.*

Soit ABC un triangle quelconque; abaissez de l'un de ses angles B, sur le côté opposé prolongé s'il en est besoin, la perpendiculaire BD.　　Fig. 155, pl. VII.

Les deux triangles rectangles ABD et BDC donnent les proportions

$$R : sin\ A :: c : BD,$$

$$R : sin\ C :: a : BD;$$

tirant la valeur de BD dans l'une et l'autre proportion, on a

$$BD = \frac{c\ sin\ A}{R},\ \text{et}\ BD = \frac{a\ sin\ C}{R},$$

ce qui permet d'établir

$$\frac{c\ sin\ A}{R} = \frac{a\ sin\ C}{R},$$

ou en multipliant les deux membres par R, ce qui se fait en supprimant le dénominateur commun,

$$c\ sin\ A = a\ sin\ C;$$

expression qui peut se mettre sous la forme nouvelle,

$$sin\ A : sin\ C :: a : c.$$

Fig. 155, pl. VII.   Si l'angle C est obtus, l'angle BCD entre alors dans la proportion, et si l'on observe qu'un angle a toujours un sinus égal à celui de son supplément, on verra que $sin\ BCA = sin\ BCD$, et la proportion n'en existera pas moins.

Si, au lieu d'abaisser la perpendiculaire du point B sur AC, on l'eût abaissée de C ou de A, sur leur côté opposé, on eût de même obtenu

$$Sin\ A : sin\ B :: a : b,$$

$$Sin\ B : sin\ C :: b : c.$$

Donc le principe ci-dessus énoncé est véritable.

2. — Théorème. — *Dans un triangle quelconque, le carré d'un côté est égal à la somme des carrés des deux autres, diminuée du double produit de ces deux côtés par le cosinus de l'angle opposé au premier côté.*

Fig. 155, pl. VII.   On a vu en géométrie que

$$\overline{AB}^2 = \overline{BC}^2 + \overline{AC}^2 - 2AC \times CD;$$

ou d'après les notations admises que

$$c^2 = a^2 + b^2 - 2b \times CD.$$

Mais en supposant le rayon égal à l'unité, on a dans le triangle rectangle BDC,

$$CD = a \cos C;$$

substituant donc à la place de CD sa valeur $a \cos C$, dans l'expression précédente, elle devient

$$c^2 = a^2 + b^2 - 2b \times a \cos C,$$

qui peut se mettre sous la forme

$$c^2 = a^2 + b^2 - 2ab \times \cos C;$$

on aurait également

$$b^2 = a^2 + c^2 - 2ac \times \cos B, \text{ et } a^2 = b^2 + c^2 - 2bc \times \cos A.$$

Il serait aisé de démontrer que le fait existe également lorsque l'angle C est obtus; c'est une conséquence de l'égalité des sinus de deux angles suppléments l'un de l'autre. Ces deux principes établis, nous allons passer successivement à la discussion des différents cas que renferme la résolution des triangles obliquangles.

3. — 1ᵉʳ CAS. — *On connaît un côté a et deux angles A et B, on demande l'autre angle C, et les deux côtés b et c.*

On aura d'abord

$$C = 180° - (A + B) \text{ pour déterminer l'angle inconnu.}$$

Les côtés s'obtiendront par les proportions

$$Sin \ A : sin \ B :: a : b,$$

$$Sin \ A : sin \ C :: a : c,$$

qui donnent

$$b = \frac{a \ sin \ B}{sin \ A}, \text{ et } c = \frac{a \ sin \ C}{sin \ A};$$

ou en appliquant le calcul par logarithme,

$$Log. \ b = \log. \ a + \log. \ sin \ B - \log. \ sin \ A,$$

$$Log. \ c = \log. \ a + \log. \ sin \ C - \log. \ sin \ A.$$

Ces deux dernières formules font connaître les logarithmes de b et c, puis à l'aide des tables des nombres, on trouve en regard de ces logarithmes, la longueur du côté correspondant.

Soit $a = 1042$ mètres 8 décimètres, $A = 53°\ 45'$, $B = 86°\ 40'$, on aura

$$C = 180° - (53°\ 45' + 86°\ 40') = 39°\ 35'.$$

Quant aux calculs relatifs aux côtés, on les ordonne de la manière suivante :

Complément arithmétique, $sin\ 53°\ 45' =$	0.093425
Logarithme du côté 1042.8.............. $=$	3.018201
Logarithme, $sin\ 86°\ 40'$.................. $=$	9.999265
Logarithme $b =$	3.110891
Complément arithmétique, $sin\ 53°\ 45' =$	0.093425
Logarithme du côté 1042.8.............. $=$	3.018201
Logarithme, $sin\ 39°\ 35'$.................. $=$	9.804276
Logarithme $c =$	2.915902

Et les tables donnent $b = 1290$ mètres 9 décimètres, et $c = 824$ mètres.

4. — 2ᵉ CAS. — *On connaît deux côtés* a *et* b, *et l'angle* A *opposé à l'un d'eux*, *il s'agit de déterminer l'autre côté* c *et les deux autres angles* B *et* C.

On aura l'angle B par la proportion

$$sin\ A : sin\ B :: a : b,$$

qui donne

$$sin\ B = \frac{b\ sin\ A}{a}, \text{ ou log. } sin\ B = \text{log. } b + \text{log. } sin\ A - \text{log. } a$$

et connaissant les deux angles A et B, on aura le troisième

$$C = 180° - (A + B);$$

puis enfin, pour déterminer c, on se servira de la proportion

$$sin\ C : sin\ A :: c : a;$$

d'où l'on tirera

$$c = \frac{a\ sin\ C}{sin\ A}, \text{ ou log. } c = \text{log. } a + \text{log. } sin\ C - \text{log. } sin\ A.$$

5. — 3ᵉ CAS. — *On connaît deux côtés* a *et* b, *et l'angle* C *qu'ils comprennent entr'eux; il s'agit de déterminer les deux autres angles* A *et* B, *ainsi que le troisième côté* c.

Dans la proportion

$$sin\ A : sin\ B :: a : b,$$

on peut établir que la somme des deux premiers termes est à leur différence, comme celle des deux seconds est à leur différence (chap. I, § VII, nᵒ 4, pag. 96); c'est-à-dire que

$$sin\ A + sin\ B : sin\ A - sin\ B :: a + b : a - b.$$

Mais on a aussi (§ I, nᵒ 9, pag. 260)

$$sin\ A + sin\ B : sin\ A - sin\ B :: tang\ \frac{1}{2}\ (A + B) : tang\ \frac{1}{2}(A - B).$$

Les deux premiers termes étant les mêmes dans chacune de ces proportions, leurs seconds rapports forment également proportion, et l'on a

$$a + b : a - b :: tang\ \frac{1}{2}\ (A + B) : tang\ \frac{1}{2}\ (A - B),$$

proportion qui peut s'énoncer ainsi :

Dans tout triangle, la somme des deux côtés qui comprennent entr'eux un certain angle, est à la différence de ces mêmes côtés, comme la tangente de la demi-somme des angles opposés à ces côtés, est à la tangente de la demi-différence de ces mêmes angles.

Il sera toujours facile de connaître la somme des angles A et B, et par suite leur demi-somme, car on a évidemment

$$A + B = 180° - C.$$

Il suffira donc de déterminer le quatrième terme , $tang\ \frac{1}{2}\ (A - B)$, et les tables trigonométriques feront connaître $\dfrac{(A - B)}{2}$, et par conséquent l'angle $(A - B)$.

On a vu que, connaissant la somme et la différence de deux quantités quelconques, on pouvait connaître immédiatement ces deux quantités elles-mêmes; savoir : la plus grande, en ajoutant ensemble la demi-somme et la demi-différence; et la plus petite, en retranchant la demi-différence de la demi-somme.

Ainsi, après avoir obtenu la valeur de A — B, le plus grand angle sera exprimé par

$$\frac{180° - C}{2} + \frac{A - B}{2} \, ;$$

et le plus petit par

$$\frac{180° - C}{2} - \frac{A - B}{2}.$$

L'opération étant terminée, on devra s'assurer si la réunion des deux angles obtenus avec l'angle donné, fait justement 180°, ainsi que cela doit être:

$$C + \left(\frac{180° - C}{2} + \frac{A - B}{2} \right)° + \left(\frac{180° - C}{2} - \frac{A - B}{2} \right)° = 180°.$$

La formule logarithmique qui donne $tang \, \frac{1}{2} (A - B)$ est

$$\text{Log. } tang \, \frac{1}{2} (A - B) = \log. (a - b) + \log. \, cotang \, \frac{1}{2} C - \log. (a + b),$$

en observant toutefois que $tang \, \frac{1}{2} (A + B) = cot \, \frac{1}{2} C$.

Enfin, lorsqu'on sera ainsi parvenu à la connaissance des trois angles, on pourra obtenir le côté inconnu c, en employant indifféremment l'une ou l'autre des proportions

$$sin \, C : sin \, A :: c : a, \text{ ou } sin \, C : sin \, B :: c : b,$$

qui donneront

$$\text{Log. } c = \log. a + \log. \, sin \, C - \log. \, sin \, A,$$
$$\text{Log. } c = \log. b + \log. \, sin \, C - \log. \, sin \, B.$$

Si l'on emploie en même temps les deux proportions, on devra obtenir le même résultat; c'est un moyen sûr de vérifier l'opération. Appliquons ce qui vient d'être dit à la résolution d'un cas particulier; et soit par exemple,

$a = 797^m \, 4^{\text{décim}} \, b = 557^m \, 8^{\text{décim}}$, et C $= 87° \, 09'$, on demande A, B et c.

Voilà le type des opérations :

$$
\begin{array}{rr}
a = \quad 797.4 & 797.4 \\
b = \quad 557.8 & 557.8 \\
\hline
a + b = 1355.2 \quad a - b = & 239.6
\end{array}
$$

Comp. log. 1355.2 =   6.867997
          Log. 239.6 =   2.379487
Log. *cotang* 43˙ 34' 30″ =   0.024678
____

SOMME..... 9.269162 = log. *tang* 10˙ 31' 30'

D'où A = 46˙ 25' 30″ + 10° 31' 30″ = 56° 57',
et B = 46˙ 25' 30″ — 10° 31' 30″ = 35° 54' ;
et l'on a 87° 09' + 56° 57' + 35° 54' = 180°.

Puis enfin, on déterminera le côté c en opérant de la manière suivante :

Comp. log. *sin* 56°57' = 0.076655   Comp. log. *sin* 35° 54' = 0.231827
    Log. *sin* 87° 09' = 9.999463   Log. *sin* 87° 09' = 9.999463
    Log. 797.4   = 2.901676   Log. 657.8 = 2.746478
    _______________   _______________

Logarithme c = 2.977794   Logarithme c = 2.977768

Ces deux derniers logarithmes correspondent dans les tables au nombre 950.1 ; leur différence 0.000026 n'influe pas sensiblement sur la longueur du côté c, qui peut être considérée comme étant de 950 mètres 1 décimètre ; et les deux calculs qui ont amené à ce résultat permettent de n'élever aucun doute sur l'exactitude de l'opération. Dans le cas où ces deux derniers logarithmes différeraient de manière à présenter dans les tables une différence marquée entre les nombres auxquels ils correspondent, ou plutôt s'ils correspondaient à deux nombres différents, ce serait une preuve incontestable qu'il y aurait eu quelque erreur de commise, et l'on devrait alors vérifier les calculs afin d'y remédier.

La recherche des deux angles d'un triangle lorsqu'on connaît le troisième et les deux côtés qui le comprennent ent'reux, peut ainsi se résumer : *on établit la proportion ; la somme des deux côtés donnés est à leur différence, comme la cotangente de la moitié de l'angle qu'ils comprennent entr'eux, est à la tangente d'un angle qu'il faut ajouter au complément de la moitié de l'angle compris, pour obtenir le plus grand des deux angles inconnus, ou qu'il faut retrancher de ce même complément, pour avoir le plus petit de ces deux angles.*

6. — *4ᵉ* CAS. — *On connaît les trois côtés a, b, c, on demande les trois angles A, B, C.*

Si l'on se reporte au principe nᵒ 2, page 271, et que l'on tire les valeurs de *cos* A ,*cos* B, *cos* C, de chacune des expressions dont ces trois quantités font partie, on aura

$$\text{Cos } A = \frac{b^2 + c^2 - a^2}{2\,b\,c}, \text{ } cos \text{ } B = \frac{a^2 + c^2 - b^2}{2\,a\,c}, \text{ et } cos \text{ } C = \frac{a^2 + b^2 - c^2}{2\,a\,b},$$

formules qui déterminent les angles A, B, C, au moyen de leur cosinus; mais ces expressions n'étant pas susceptibles d'être calculées à l'aide des logarithmes, on a dû leur faire subir des transformations nécessaires, pour parvenir à ce but.

Si l'on ajoute 1 aux deux membres de la première égalité, par exemple, elle devient

$$1 + cos \text{ } A = 1 + \frac{b^2 + c^2 - a^2}{2\,b\,c} = \frac{(b+c)^2 - a^2}{2\,b\,c}$$

$$= \frac{(b+c+a)(b+c-a)}{2\,b\,c};$$

Mais si l'on se rappelle la formule $cos \frac{1}{2} A = \sqrt{\frac{1 + cos A}{2}}$ (§ I, nᵒ 7, p. 258,

et que l'on y mette pour $1 + cos$ A, sa valeur $\dfrac{(b+c+a)(b+c-a)}{2\,b\,c}$

elle deviendra

$$cos \text{ } \frac{1}{2} A = \sqrt{\frac{\dfrac{(b+c+a)(b+c-a)}{2\,b\,c}}{2}} = \sqrt{\frac{(b+c+a)(b+c-a)}{4\,b\,c}};$$

On peut admettre pour plus de simplicité $a + b + c = 2\,p$, d'où l'on tire $b + c - a = 2\,p - 2\,a$, et alors l'expression devient

$$cos \frac{1}{2} A = \sqrt{\frac{2\,p\,(2\,p - 2\,a)}{4\,b\,c}},$$

ou en divisant les deux termes du second membre par 4, qui est un facteur commun,

$$cos \frac{1}{2} A = \sqrt{\frac{p\,(p - a)}{b\,c}};$$

et en opérant de la même manière relativement aux expressions

$$\cos B = \frac{a^2 + c^2 - b^2}{2\,a\,c}, \text{ et } \cos C = \frac{a^2 + b^2 - c^2}{2\,a\,b}, \text{ on obtiendrait}$$

$$\cos \frac{1}{2} B = \sqrt{\frac{p\,(p - b)}{a\,c}}, \text{ et } \cos \frac{1}{2} C = \sqrt{\frac{p\,(p - c)}{a\,b}}$$

Ces trois formules déterminent les angles A, B, C, à l'aide des cosinus de leurs moitiés, et peuvent être calculées aisément par logarithmes; en effet, elles deviennent

$$\text{Log. } \cos \frac{1}{2} A = \frac{\text{Log. } p + \log. (p - a) - \log. b - \log. c}{2}$$

$$\text{Log. } \cos \frac{1}{2} B = \frac{\text{Log. } p + \log. (p - b) - \log. a - \log. c}{2}$$

$$\text{Log. } \cos \frac{1}{2} C = \frac{\text{Log. } p + \log. (p - c) - \log. a - \log. b}{2},$$

qui, en employant les compléments arithmétiques, peuvent être transformées en

$$\text{Log. } \cos \frac{1}{2} A = \frac{\text{Log. } p + \log. (p - a) + \text{comp. } \log. b + \text{comp. } \log. c}{2}$$

$$\text{Log. } \cos \frac{1}{2} B = \frac{\text{Log. } p + \log. (p - b) + \text{comp. } \log. a + \text{comp. } \log. c}{2}$$

$$\text{Log. } \cos \frac{1}{2} C = \frac{\text{Log. } p + \log. (p - c) + \text{comp. } \log. a + \text{comp. } \log. b}{2}$$

C'est-à-dire que, lorsqu'on connaît les trois côtés d'un triangle, pour déterminer un angle quelconque, il faut faire la somme des trois côtés, en prendre la moitié; de cette demi-somme retrancher le côté opposé à l'angle demandé : on obtiendra ainsi un reste; ajouter au logarithme de ce reste celui de la demi-somme des trois côtés, et les compléments arithmétiques de ceux des deux côtés qui comprennent le même angle; ajouter ensemble ces quatre logarithmes et prendre la moitié de leur somme, qui sera le logarithme du cosinus de la moitié de l'angle proposé.

Qu'il s'agisse, par exemple, de déterminer les angles A, B, C, lorsqu'on connait la longueur des trois côtés, savoir : $a = 1828$ mètres, $b = 1331$ mètres et 8 décimètres C $= 924$ mètres 2 décimètres.

On disposera ainsi les calculs :

1828.0	Log. 2042=	3.310056	2042.0	Log. 2042=	3.310056
1331.8	Log. 214=	2.330414	1331.8	Log.710.2=	2.851381
924.2	Comp.log.1331.8=	6.875561	710.2	Comp.log. 1828=	6.738024
4084.0	Comp.log. 924.2=	7.034234		Comp.log.924.2=	7.034234
2042.0	Somme...	19.550265		Somme....	19.933695
1828	Log. $cos \frac{1}{2} A =$	9.775132		Log. $cos \frac{1}{2} B =$	9.966847
214	$\frac{1}{2} A = 53° 26'$, d'où A $= 106° 52'$			$\frac{1}{2} B = 22° 06'$, d'où B $= 44° 12'$	

2042.0	Log. 2042 =	3.310056
924.2	Log. 1117.8 =	3.048364
	Comp. log. 1331.8 —	6.875561
1117.8	Comp. log. 1828 =	6.738024
	Somme.........	19.972005
	Log. $cos \frac{1}{2} C =$	9.986002

$$\frac{1}{2} C = 14° 28', \text{ d'où } C = 28° 56'.$$

Pour vérifier si ces valeurs en degrés et minutes, obtenues pour les angles A, B, C, sont exactes, on les réunit, et leur somme doit être équivalente à deux angles droits, ou à 180°; et c'est, en effet, ce qui a lieu dans le cas qui nous occupe, car on a $106° 52' + 44° 12' + 28° 56' = 180°$.

7. — On peut également parvenir à la connaissance des angles A, B, C, à l'aide des sinus de leurs moitiés; en effet, reprenons la formule

$$cos A = \frac{b^2 + c^2 - a^2}{2\,b\,c},$$

et retranchons chacun de ses membres de l'unité, nous obtiendrons

$$1 - cos A = 1 - \frac{b^2 + c^2 - a^2}{2\,b\,c};$$

ou bien en réduisant le second membre au même dénominateur, et en effectuant la soustraction indiquée,

$$1 - \cos A = \frac{2\,b\,c - b^2 - c^2 + a^2}{2\,b\,c} = \frac{a^2 - (b - c)^2}{2\,b\,c} \;;$$

et en observant que $a^2 - (b - c)^2$ peut se mettre sous la forme de $(a + b - c)(a - b + c)$, on en conclura

$$1 - \cos A = \frac{(a + b - c)(a - b + c)}{2\,b\,c} \;;$$

Qu'on se rappelle la formule $\sin \frac{1}{2} A = \sqrt{\dfrac{1 - \cos A}{2}}$, (§ 1, n° 7, pag. 258) et qu'on y remplace $1 - \cos A$ par la valeur qui lui est attribuée dansl' expression précédente, elle deviendra

$$\sin \frac{1}{2} A = \sqrt{\dfrac{\dfrac{(a + b - c)(a - b + c)}{2\,b\,c}}{2}} = \sqrt{\dfrac{(a + b - c)(a - b + c)}{4\,b\,c}} \;;$$

Supposons ensuite, comme précédemment, que $a + b + c = 2\,p$, ce qui fournit les deux égalités $a + b - c = 2\,p - 2\,c$, et $a + c - b = 2\,p - 2\,b$:

L'expression devient $\sin \frac{1}{2} A = \sqrt{\dfrac{(2\,p - 2\,c)(2\,p - 2\,b)}{4\,b\,c}}$, puis en supprimant aux deux termes le facteur commun 4, on a définitivement

$$\sin \frac{1}{2} A = \sqrt{\dfrac{(p - c)(p - b)}{b\,c}} \;;$$

on exprimerait de la même manière les valeurs de $\sin \frac{1}{2} B$, et $\sin \frac{1}{2} C$, par des formules susceptibles du calcul logarithmique; en effet, on a

$$\text{Log. } \sin \frac{1}{2} A = \frac{\log. (p - c) + \log. (p - b) - \log. b - \log. c}{2} \;;$$

ou bien, en employant les compléments arithmétiques

$$\text{Log. } sin\frac{1}{2}A = \frac{\text{Log. } (p-c) + \log. (p-b) + \text{comp. log. } b + \text{comp. log. } c}{2}$$

C'est-à-dire que, connaissant les trois côtés d'un triangle, pour obtenir un angle quelconque, faites la somme des trois côtés; prenez-en la moitié, de laquelle vous retrancherez successivement les deux côtés qui comprennent l'angle demandé: vous aurez deux restes; ajoutez aux logarithmes de ces deux restes les compléments arithmétiques des deux côtés qui comprennent l'angle demandé, la demi-somme de ces quatre logarithmes sera le logarithme du sinus de la moitié de l'angle cherché.

Cette dernière formule, ainsi que la précédente, est également avantageuse pour la solution du cas dont il s'agit; il faut seulement observer que, malgré l'emploi des deux compléments arithmétiques dans l'une et dans l'autre, le résultat, sans soustraction de dixaines, est la vraie valeur de log. $cos \frac{1}{2} A$, et de log. $sin \frac{1}{2} A$; c'est-à-dire celle qui correspond au rayon des tables, fait qui se démontrerait aisément. On observera donc qu'il ne doit être rien retranché au résultat, duquel on doit prendre la moitié.

CHAPITRE IV.

APPLICATION DE L'ALGÈBRE

A DIFFÉRENTES QUESTIONS DE GÉOMÉTRIE.

§ 1ᵉʳ. — LIEUX GÉOMÉTRIQUES, LEUR CONSTRUCTION.

Nᵒ 1ᵉʳ. — Les lignes, les surfaces et les volumes étant susceptibles d'augmentation et de diminution, sont des quantités qui peuvent, en conséquence, être soumises aux opérations algébriques; il n'est pas une construction géométrique qui ne puisse être exprimée algébriquement, et réciproquement aucune expression algébrique, qui ne soit la traduction d'une construction géométrique.

On appelle en général *lieu géométrique*, l'étendue particulière, ligne, surface ou volume, qu'exprime une quantité algébrique quelconque; ainsi, construire le lieu géométrique d'une expression algébrique, c'est évaluer sa grandeur numérique. Quelle que soit l'espèce d'étendue que l'on considère, on peut toujours l'exprimer numériquement, en prenant pour unité ou terme de comparaison une droite quelconque de longueur connue; ainsi, a représentant le nombre de fois qu'une ligne prise pour unité est contenue dans une autre ligne qu'il s'agit d'évaluer, a exprime cette dernière ligne.

Si a et b expriment séparément les nombres d'unités linéaires contenues dans la base et la hauteur d'un rectangle, $a \times b$, ou ab exprime son aire; de même que a étant le côté d'un carré, $a \times a$ ou a^2 est sa surface.

a, b, c, représentant les nombres d'unités contenues séparément dans les trois dimensions d'un parallélipipède, son volume s'exprime par $a \times b \times c$, ou par abc.

En général, une quantité isolée a, indique une ligne; le produit de deux quantités ab représente une surface; et enfin celui de trois quantités, tel que abc, exprime un solide ou volume.

On voit donc, d'après ce qui vient d'être dit, que, pour construire les lieux géométriques des quantités algébriques a, ab, abc, il suffit,

Fig. 154, pl VII.

1° Pour la première, de tracer une ligne droite AB $= a$;

2° Pour la seconde, de construire un rectangle ABCD, dont la base CD $= a$, et la hauteur DB $= b$;

Fig. 155, pl VII

3° Enfin, pour abc, de construire un parallélipipède ABCDEFGH, dont la hauteur HA $= a$, la largeur HG $= b$, et l'épaisseur GF $= c$.

2. — Toute expression algébrique à une seule dimension a pour lieu géométrique une ligne droite; telles sont les expression $\dfrac{a^2}{b}$, $\dfrac{ab}{d}$, $\dfrac{ad^3}{c^3}$, etc....

En effet, la quantité $\dfrac{a^2}{b}$ par exemple, peut être mise sous la forme de $x = \dfrac{a^2}{b}$; x, représentant le lieu géométrique de cette expression, on pourra alors la mettre sous la forme $x : a :: a : b$, ce qui fait voir que la ligne a est une moyenne proportionnelle entre la ligne entière x et l'autre ligne b; x ou $\dfrac{a^2}{b}$ est donc une ligne droite; on aurait de même $x = \dfrac{ab}{d}$, et l'on en conclurait $y : a :: b : d$; y serait alors un ligne quatrième proportionnelle aux trois lignes a, b, d; les lieux d'une seule dimension se nomment *lieux du premier ordre*; dans la résolution des questions géométriques, on ramène, autant que possible, la construction des autres lieux à celle de lieux du premier ordre, opération toujours facile, lorsque la solution a pour but la recherche d'une certaine ligne.

3. — La construction des lieux du premier ordre se réduit à cinq cas, dont nous allons successivement nous occuper, en désignant par x le lieu cherché, et par a, b, c, d les droites données dont il dépend essentiellement: ces cinq cas se présentent sous les formes suivantes :

$$1° \quad x = a - b + c - d.$$

$$2° \quad x = \dfrac{ab}{c}$$

$$3^\circ \quad x = \sqrt{ab}$$

$$4^\circ \quad x = \sqrt{a^2 + b^2}$$

$$5^\circ \quad x = \sqrt{a^2 - b^2}$$

1° S'il s'agit de construire le lieu géométrique $x = a - b + c - d$, on commencera par réunir d'une part toutes les quantités positives, et de l'autre toutes celles qui sont négatives, et alors l'expression deviendra

$$x = (a + c) - (b + d);$$

c'est-à-dire qu'elle exprimera la différence entre la somme des droites positives a et c, et celle des droites négatives b et d; on voit donc qu'il suffira de prendre sur une droite infinie AV, une longueur AB, égale à la somme des droites positives a et b; puis d'en retrancher une autre droite AD, égale à la somme des lignes négatives b et d; la différence BD qui existera entre ces deux longueurs, sera évidemment le lieu géométrique demandé; la même marche serait suivie dans le cas où la quantité algébrique à construire serait composée d'un plus grand nombre de lignes liées entr'elles par les signes $+$ et $-$. Fig. 150, pl. VII.

2° Si l'on avait à construire le lieu géométrique $x = \dfrac{ab}{c}$, on en déduirait Fig. 150, pl. VII.
d'abord la proportion $x : a :: b : c$; ce qui démontre que x est une quatrième proportionnelle aux droites données a, b, c; pour l'obtenir on formera avec deux droites quelconques infinies un angle à volonté XAY; puis prenant sur AX, et à partir du sommet A, deux longueurs AB $= c$ et AC $= a$; et sur AY, AD $= b$, on joindra BD, puis enfin par le point C, on mènera CE parallèle à BD, AE sera le lieu géométrique demandé; car les triangles semblables ABD et ACE donnent la proportion AB : AC :: AD : AE, ou $c : a :: b :$ AE d'où l'on tire

$$AE = \frac{ab}{c}.$$

On parviendra au même but en employant la construction suivante :

Sur une ligne infinie AY, prenez une longueur AD $= c$, puis une autre Fig. 150, pl. VII.
AE $= a$; du point D tracez une droite dans une direction quelconque DB, égale en longueur à b; par les points A et B menez AX, puis par le point E,

EC parallèle à DB; EC sera le lieu géométrique demandé; en effet, les deux triangles semblables donnent

$$AD : AE :: DB : EC, \text{ ou } c : a :: b : EC;$$

$$\text{donc } EC = \frac{ab}{c}.$$

On aura à choisir l'une ou l'autre de ces deux constructions, qui sont également bonnes, puisqu'elles tendent au même but en présentant le même avantage.

3° Soit maintenant à construire le lieu $x = \sqrt{ab}$; en élevant les deux membres au carré, on a $x^2 = ab$, et l'on en déduit ensuite la proportion.

$$a : x :: x : b.$$

Fig. 157, p. VII. x est donc une moyenne proportionnelle entre a et b. Que l'on se rappelle cette propriété de la circonférence du cercle, que la perpendiculaire abaissée de l'un quelconque de ses points sur un diamètre, est moyenne proportionnelle entre les deux segments de ce diamètre; alors, après avoir tracé une ligne droite, AD égale en longueur à $a + b$, on décrira sur cette ligne prise pour diamètre, la demi-circonférence ACD; la perpendiculaire CB sera le lieu géométrique demandé; car, si l'on a par construction AB $= a$, et BD $= b$, la propriété connue dont jouit la circonférence donne

$$AB : BC :: BC : BD, \text{ ou } a : BC :: BC : b;$$

et l'on en tire $\overline{BC}^2 = ab$; d'où

$$BC = \sqrt{ab}.$$

Fig. 157, pl. VII.   On peut encore construire ce lieu géométrique de la manière suivante : faites AD $= a$ et sur cette ligne, prise pour diamètre, décrivez une demi-circonférence; puis après avoir pris AB $= b$, élevez au point B la perpendiculaire BC, et joignez CA, qui sera le lieu demandé; en effet, les deux triangles rectangles ABC, et ACD, sont semblables et donnent la proportion : AB, pris dans le petit triangle, est à AC, pris dans le grand,

comme AC, pris dans le petit, est à son homologue AD, pris dans le grand ;
c'est-à-dire :

$$b : AC :: AC : a \text{ d'où } \overline{AC}^2 = ab ;$$

$$\text{et par suite } AC = \sqrt{ab}.$$

4° Il est aisé de voir que le lieu géométrique correspondant à $x = \sqrt{a^2 + b^2}$ est l'hypoténuse d'un triangle rectangle dont les côtés de l'angle droit sont respectivement égaux à a et à b ; car x représentant l'hypoténuse d'un tel triangle, on a, d'après cette propriété si connue (chap. II, § II, n° 5, pag. 148),

$$x^2 = a^2 + b^2, \text{ d'où l'on tire } x = \sqrt{a^2 + b^2}$$

Il suffit donc, pour opérer la construction demandée, de faire un angle droit ACD, puis portant sur la direction CD une longueur égale à a, et sur celle CA une seconde distance égale à b, l'hypoténuse AD sera le lieu géométrique cherché.

5° Enfin, pour construire $\sqrt{a^2 - b^2}$, sur la ligne AD $= a$, considérée comme diamètre, décrivez une demi-circonférence ; puis portez AC $= b$, de A en C, la ligne CD est le lieu demandé ; car le triangle rectangle ACD donne $\overline{AD}^2 = \overline{AC}^2 + \overline{CD}^2$, d'où $\overline{CD}^2 = \overline{AD}^2 - \overline{AC}^2$, ou ce qui est la même chose, $\overline{CD} = a^2 - b^2$, donc CD $= \sqrt{a^2 - b^2}$.

Mais on a vu en algèbre que l'expression $a^2 - b^2$ peut être mise sous la forme de $(a + b)(a - b)$; donc CD $= \sqrt{(a + b)(a - b)}$ et est une moyenne proportionnelle entre les lignes $a + b$, et $a - b$; cette construction peut s'obtenir au moyen du procédé n° 3, qui vient d'être précédemment démontré.

Les cinq cas dont il vient d'être parlé renferment les constructions de toutes les expressions algébriques même les plus compliquées. Nous allons en faire l'application à la résolution de quelques questions.

§ II. — SOLUTION DE QUELQUES PROBLÈMES.

N° 1er. — La règle indiquée en algèbre pour mettre en équation un problème est également applicable aux questions de géométrie, à quelques modifications près.

Pour résoudre une question géométrique, tracez d'abord une figure représentant les conditions de la question; observez ensuite minutieusement les rapports qui existent entre les différentes parties de l'énoncé, et même avec d'autres lignes arbitraires dont les propriétés soient connues et qui peuvent être introduites dans la figure afin de mieux saisir les différentes relations qui existent entre ses parties; exprimez enfin par des signes généraux les différentes relations que vous pourrez saisir; faites sur ces quantités, et à l'aide des signes adoptés, toutes les opérations qu'il serait nécessaire d'effectuer, si, connaissant la valeur des inconnues, vous aviez pour but de vous assurer qu'elles satisfont à l'énoncé du problème; c'est ainsi que vous parviendrez à le mettre en équations, sur lesquelles il ne restera plus qu'à opérer algébriquement pour obtenir les formules qui déterminent d'une manière générale les inconnues: formules qui sont susceptibles, ainsi que cela a déjà été dit, de se construire géométriquement, à l'aide des principes démontrés au commencement de ce chapitre; ceci posé, nous allons nous livrer à la solution de plusieurs questions importantes.

2. — **Problème.** — *Une droite étant donnée de longueur et de position, ainsi que les perpendiculaires élevées à chacune de ses extrémités et se terminant à une seconde droite non parallèle à la première, déterminer le point de concours de ces deux droites.*

Fig. 158, pl. VII.

Soient AR et CO, les deux droites proposées, AC et RO, les perpendiculaires élevées aux extrémités A et R de la première; supposons $AR = a$, $AC = p$, $RO = p'$, et $DR = x$; il s'agit de déterminer le point D, où les deux lignes AR et CO doivent se rencontrer étant suffisamment prolongées l'une et l'autre : par le point O, imaginons OE parallèle à AR; la figure AROE étant un rectangle, le côté AE est égal à son opposé RO; et par conséquent, on a $EC = AC - RO = p - p'$; par la même raison, on a $OE = AR = a$.

Les deux triangles ORD et OEC étant semblables, donnent la proportion

$$DR : RO :: OE : EC, \text{ où } x : p' :: a : p - p'.$$

qui donne $x\,(p - p') = ap'$, d'où $x = \dfrac{ap'}{p - p'}$.

Telle est l'expression de la position du point D, par rapport au point donné R; *on voit alors que la distance du point R au point D est égale au produit de la ligne donnée par la plus courte perpendiculaire, divisé par la différence des deux perpendiculaires;* la construction géométrique répond à la recherche d'une quatrième proportionnelle à trois lignes données; pour déterminer le point D, par rapport au point A, il suffit d'ajouter a à l'expression déjà trouvée, qui

devient $\dfrac{ap'}{p-p'}$, $+ a = \dfrac{ap' + ap - ap'}{p-p'} = \dfrac{ap}{p-p'}$;

dans cette dernière expression, si l'on suppose $p = p'$, il en résulte que l'expression devient $\dfrac{ap}{p-p} = \dfrac{ap}{0} = \infty$, car il ne saurait y avoir de quotient assez grand, pour qu'étant multiplié par le diviseur 0, il reproduise le dividende ap. La valeur de x prend donc dans ce cas le caractère de l'infini; et en effet, en se représentant la disposition des lignes, on voit que, dans cette supposition, elles deviennent parallèles, et par conséquent ne peuvent se rencontrer à quelque distance qu'elles soient prolongées; si l'on suppose $p' > p$, la valeur de x devient négative, et indique que la rencontre des deux lignes est en sens contraire.

3. — PROBLÈME. — *Deux droites qui se croisent, étant données, ainsi que les perpendiculaires comprises entre ces deux lignes, et élevées aux extrémités de l'une d'elles, on demande à quelle distance du pied de chaque perpendiculaire est leur intersection.*

Supposons $A'B' = a$, $A'C = p'$; $B'D = p'$; faisons $A'O = x$, d'où $OB' = a - x$; il s'agit de déterminer le point O. Les deux triangles semblables OA'C et OB'D donnent la proportion

Fig. 158, pl. VII.

$A'O : A'C :: OB' : B'D$ où $x : p :: a - x : p'$, qui donne

$p'x = ap - px$, ou $p'x + px = ap$, qui peut se mettre sous la forme

$$x(p + p') = ap,$$ d'où l'on tire

$$x = \frac{ap}{p + p'} ;$$

c'est-à-dire que la distance de l'intersection à l'une quelconque des perpendiculaires, est égale au produit de la ligne donnée par cette perpendiculaire, divisé par la somme des deux perpendiculaires.

Si, dans cette expression, l'on suppose $p = p'$, elle devient

$$x = \frac{a\,p}{2p} = \frac{a}{2},$$

ainsi, dans le cas particulier où les deux perpendiculaires sont égales, l'intersection des deux lignes se trouve à leur milieu, c'est-à-dire à égale distance des pieds des perpendiculaires.

4. — Problème. — *Connaissant les trois côtés d'un triangle quelconque, on demande de déterminer, 1° les segments d'un des côtés, formés par la perpendiculaire abaissée du sommet de l'angle opposé sur ce côté; 2° la perpendiculaire elle-même.*

Fig. 139, pl. VII

Faisons $AC = b$, $BC = a$, $AB = c$, $BD = x$, d'où $AD = (c - x)$; et enfin $CD = y$; a, b, c sont connus : il s'agit de déterminer x et y; si ces quantités étaient connues, et qu'on voulût vérifier leur exactitude, on essaierait si les relations

$$x^2 + y^2 = a^2,$$
$$\text{et } (c - x)^2 + y^2 = b^2$$

existent réellement; indiquons les donc à l'aide de signes connus, agissons comme si les quantités x et y étaient déterminées; et nous aurons les deux équations

$$x^2 + y^2 = a^2,$$
$$\text{et } c^2 - 2\,c\,x + x^2 + y^2 = b^2,$$

en effectuant dans cette dernière l'opération qui n'était qu'indiquée; la question se trouve donc réduite à la résolution de ces deux équations; x^2 et y^2 ayant l'unité pour coëfficient dans l'une et l'autre, l'élimination de y devient facile. En retranchant la seconde de la première, on a

$$x^2 + y^2 - c^2 + 2\,c\,x - x^2 - y^2 = a^2 - b^2,$$

ou en réduisant

$2\,c\,x - c^2 = a^2 - b^2$, puis en passant c^2 dans le second membre, $2\,c\,x = a^2 - b^2 + c^2$, d'où l'on tire enfin $x = \dfrac{a^2 - b^2 + c^2}{2\,c}$, qui peut se mettre

sous la forme $x = \dfrac{a^2 - b^2}{2\,c} - \dfrac{c^2}{2\,c} = \dfrac{a^2 - b^2}{2\,c} + \dfrac{c}{2}$; et si l'on fait attention que $a^2 - b^2$ revient à $(a + b)(a - b)$, l'expression deviendra

$$x = \frac{(a + b)(a - b)}{2\,c} + \frac{c}{2}, \text{ ou } x = \frac{1}{2}\frac{(a + b)(a - b)}{c} + \frac{c}{2}.$$

Or, la construction du lieu géométrique de cette dernière expression se rapporte au second cas; en effet, on voit que pour obtenir x, il suffit de chercher une quatrième proportionnelle à c, $(a+b)$, et $(a-b)$, en prendre la moitié, et l'ajouter à la moitié du côté c.

Si maintenant dans l'équation $x^2 + y^2 = a^2$, on met pour x sa valeur

$$\frac{1}{2} \frac{(a+b)(a-b)}{c} + \frac{c}{2},$$

cette équation devient

$$\left(\frac{1}{2} \frac{(a+b)(a-b)}{c} + \frac{c}{2} \right)^2 + y^2 = a^2,$$

ou en gardant y seul dans le premier membre,

$$y^2 = a^2 - \left(\frac{1}{2} \frac{(a+b)(a-b)}{c} + \frac{c}{2} \right)^2;$$

d'où l'on tirera enfin

$$= y \sqrt{ a^2 - \left(\frac{1}{2} \frac{a+b)(a-b)}{c} + \frac{c}{2} \right)^2 },$$

expression qui peut se construire comme le cinquième cas, qui s'est présenté sous la forme $x = \sqrt{a^2 - b^2}$;

Soit par exemple $a = 54.^m2$, $b = 40.^m10$, et $c = 70.^m2$ décimètres.

la formule $x = \dfrac{1}{2} \dfrac{(a+b)(a-b)}{c} + \dfrac{c}{2},$

devient alors, par la substitution des valeurs numériques,

$$x = \frac{1}{2} \frac{94.3 \times 14.1}{70.2} + \frac{70.2}{2} = \frac{18.94}{2} + \frac{70.2}{2} = 9.47 + 35.10$$
$$= 44.57.$$

Le segment BD est donc de 44 mètres 57 centimètres; on pourrait de même obtenir directement le segment AD; mais il est beaucoup plus simple de soustraire du côté $c = 70$ mètres 2 décimètres, la longueur du segment que l'on vient d'obtenir; et on obtient AD $= 70.20 - 44.57 = 25.63$.

Pour obtenir la perpendiculaire CD, ou y, on aura l'équation

$$y = \sqrt{ a^2 - \left(\frac{1}{2} \frac{(a+b)(a-b)}{c} + \frac{c}{2} \right)^2 },$$

ou plus simplement celle $y^2 = a^2 - x^2$, qui, en substituant à la place de a sa valeur donnée par l'énoncé, et à celle de x la valeur qui vient de lui être assignée, donne pour y l'expression suivante :

$$y^2 = \sqrt{54.20^2 - 44.57^2} = \sqrt{2937.64 - 1986.48},$$

qui se réduit enfin à

$$y = \sqrt{951.16} = 30.839.$$

La perpendiculaire CD est donc de 30 mètres 839 millimètres; on aurait pu également l'obtenir au moyen du côté connu $b = 40.^m10$, et du segment qui lui est adjacent, que l'on vient de trouver de 25 mètres 63 centimètres.

En effet, le triangle rectangle CDA donne

$$CD = \sqrt{40.10^2 - 25.63^2} = \sqrt{1608.01 - 656.89} = \sqrt{951.12};$$

et on en conclut enfin CD $= 30.839$, ainsi que cela devait être.

5. — On peut déjà s'apercevoir de quelle importance peuvent être les calculs appliqués aux constructions géométriques, qui, lorsqu'elles ne sont employées que graphiquement, ne sauraient, dans beaucoup de circonstances, présenter une approximation suffisante. On voit également comment il est possible de suppléer à ce défaut, en résolvant d'abord la question à l'aide de l'analyse, et puis en construisant comme moyen de vérification et d'après les résultats obtenus, à l'aide de la règle et du compas, les différentes relations qui existent entre ces mêmes résultats et les lignes déjà connues; on ne saurait trop se familiariser avec cette habitude, qui permet seule d'opérer avec exactitude; les calculs donnent toute la rigueur possible, tandis que le rapport mécanique, ou construction matérielle, met en évidence les erreurs ou omissions qui auraient pu se glisser dans les calculs par inadvertance. Les vérités qui nous sont enseignées par la géométrie élémentaire, sont si simples, si naturelles et si frappantes, qu'on pourrait de prime abord les considérer comme un jeu de la raison; mais en les combinant avec l'algèbre, on s'aperçoit bien vite que leur étude offre le double avantage de fortifier l'imagination, tout en la modérant, et de mettre ainsi l'esprit humain en relation avec les propriétés les plus intimes de l'étendue.

Nous ne saurions donc trop engager nos lecteurs à se bien pénétrer des différentes solutions relatives aux questions qui sont traitées dans ce chapitre, où ils trouveront plusieurs problèmes importants, dont l'étude les mettra à même de pouvoir résoudre seuls les autres questions qui pourraient les intéresser.

6. — PROBLÈME. — *Connaissant les trois côtés d'un triangle quelconque, déterminer sa surface.*

Reprenons la figure et les annotations du problème précédent; le triangle BCD donne l'équation $y^2 + x^2 = a^2$, de laquelle on tire $y^2 = a^2 - x^2$, ou ce qui est la même chose, $y^2 = (a + x) (a - x)$; mettant dans cette dernière expression pour x sa valeur $\dfrac{a^2 - b^2 + c^2}{2\,c}$, trouvée dans le problème qui précède, on aura

$$y^2 = \left(a + \frac{a^2 - b^2 + c^2}{2\,c} \right) \left(a + \frac{b^2 - a^2 - c^2}{2\,c} \right),$$

ou en réduisant au même dénominateur,

$$y^2 = \left(\frac{2\,a\,c + a^2 - b^2 + c^2}{2\,c} \right) \left(\frac{2\,a\,c + b^2 - a^2 - c^2}{2\,c} \right),$$

qui revient à

$$y^2 = \frac{(2\,a\,c + a^2 - b^2 + c^2)(2\,a\,c + b^2 - a^2 - c^2)}{4\,c^2},$$

ou bien encore en multipliant les deux membres par $4\,c^2$, et en décomposant le numérateur en facteurs qui peuvent être mis en évidence,

$$4\,c^2\,y^2 = (a + c + b) (a + c - b) (b + c - a) (b - c + a),$$

qui peut évidemment être mis sous la forme

$$4\,c^2\,y^2 = (a + b + c) (a + b + c - 2\,b) (a + b + c - 2\,a) (a + b + c - 2\,c).$$

Pour donner au résultat une forme plus simple, supposons que l'on ait $a + b + c = 2\,s$, il en résulte aussitôt $4\,c^2\,y^2 = 2\,s\,(2\,s - 2\,b)\,.\,(2\,s - 2\,a)\,.\,(2\,s - 2\,c)$, ou

$$4\,c^2\,y^2 = 16\,s\,(s - a)\,.\,(s - b)\,.\,(s - c);$$

puis, en divisant les deux membres par 16,

$$\frac{4\,c^2\,y^2}{16} = s\,.\,(s - a)\,.\,(s - b)\,.\,(s - c),$$

expression qui devient, en extrayant la racine carrée des deux membres,

$$\frac{2\,c\,y}{4} = \sqrt{s.\,(s-a).\,(s-b).\,(s-c)}.$$

Divisant les deux termes du premier membre par 2, on obtient définitivement

$$\frac{c\,y}{2} = \sqrt{s.\,(s-a).\,(s-b).\,(s-c)}.$$

Et si l'on remarque que $\frac{c\,y}{2}$ n'est autre chose que l'aire ou surface demandée, on concevra bien vite *que, pour obtenir l'aire d'un triangle quelconque dont les trois côtés sont connus, il faut de la demi-somme des trois côtés retrancher séparément chacun d'eux, multiplier les trois restes entre eux, et par la demi-somme elle-même; puis enfin extraire la racine carrée du produit.*

On pourrait aisément appliquer le calcul logarithmique à cette formule, qui deviendrait alors

$$\mathrm{Log.}\,\frac{c\,y}{2} = \frac{\log.\,s + \log.\,(s-a) + \log.\,(s-b) + \log.'(s-c)}{2}.$$

C'est-à-dire que, pour avoir le logarithme de la surface d'un triangle, faites la somme des trois côtés, prenez-en la moitié, retranchez de cette demi-somme successivement chacun des côtés; aux logarithmes des trois restes ainsi obtenus, ajoutez celui de la demi-somme des trois côtés, et prenez la moitié du résultat.

Fig. 159, pl. VII.

7. — Prenons le cas particulier du problème précédent, c'est-à-dire le triangle dans lequel on a supposé $a = 54.20$, $b = 40.10$, $c = 70.20$; et proposons-nous de déterminer sa surface à l'aide de ces seules données.

Nous aurons $2\,s = 54.20 + 40.10 + 70.20 = 164.50$.

D'où $s = \dfrac{164.50}{2} = 82.25$.

Et la formule $\dfrac{c\,y}{2} = \sqrt{s.\,(s-a).\,(s-b).\,(s-c)}$

devient, par la substitution des valeurs numériques,

$$\frac{c\,y}{2} = \sqrt{82.25\times(82.25-54.20)\times(82.25-40.10)\times(82.25-70.20)}.$$

Ou, en effectuant les soustractions indiquées,

$$\frac{c\,y}{2} = \sqrt{82.25\times28.05\times42.15\times12.05} = \sqrt{1171799.74} = 1082^{m}495.$$

On pourrait également parvenir au même résultat en employant la formule

$$\log.\ \frac{c\,y}{2} = \log.\ s + \log.\ (s-a) + \log.\ (s-b) + \log.\ (s-c);$$ on dispo-

serait alors l'opération ainsi qu'il suit :

$$\begin{aligned}
&\text{Log. } 82.25 = 1.915136\\
&\text{Log. } 28.05 = 1.447933\\
&\text{Log. } 42.15 = 1.624798\\
&\text{Log. } 12.05 = 1.080987\\
\hline
&\text{Somme}\dots\dots\ 6.068854
\end{aligned}$$

Dont la moitié.... 3.034427 $=$ Log. 1082.50

Si l'on eût évalué l'aire du triangle ABC en multipliant la moitié de sa base par sa hauteur, on eût obtenu $30.839 \times 35.1. = 1082.45$; le peu de différence qui existe entre ces résultats obtenus de manières si différentes, permet d'y avoir toute la confiance possible.

8. — Problème. — *On demande de déterminer le côté du carré inscrit dans un triangle donné.*

Soit ABC le triangle donné; supposons pour un instant que la question soit résolue, et que HIJK soit le carré demandé, et par conséquent IH $=$ GD, son côté; il s'agit de déterminer GD.　　　　Fig. 160, pl. VII.

Admettons AB $= c$, et CD $= h$; la ligne KH étant parallèle à AB, il en résulte que les triangles CKH et CAB sont semblables, et donnent

$$AB : CD :: KH : CG.$$

Et si l'on représente par x le côté du carré demandé, lequel est égal à KH. ou à GD, on aura CG $= h - x$, et la proportion deviendra

$$c : h :: x : h - x$$ d'où l'on tire $c\,(h - x) = hx$,

ou bien, en effectuant, $ch - cx = hx$, ou enfin $hx + cx = ch$, qui peut se mettre sous la forme $x\,(c + h) = ch$, d'où l'on tire enfin

$$x = \frac{ch}{c + h}.$$

Le côté du carré demandé est donc égal au produit de la base du triangle donné, par sa hauteur, divisé par la somme de ces deux mêmes dimensions; telle est la formule qui donne la valeur numérique de la ligne demandée.

Pour construire cette même valeur géométriquement, on voit qu'il suffit de chercher une quatrième proportionnelle aux trois lignes c, h, et $(c + h)$; c'est-à-dire que cette construction se rattache au troisième cas; pour l'opérer sur la figure actuelle et en la compliquant le moins possible, voici la marche à suivre:

Fig. 160, pl. VII. Prolongez AB indéfiniment, portez sur sa direction, et à partir du point D, une longueur DE $=$ AB $= c$; puis du point E, et à la suite, EF $=$ CD $= h$, joignez FC, et puis par le point E, menez EG parallèle à CF; GD sera le lieu géométrique demandé; en effet, les deux triangles semblables CDF, et GDE donnent la proportion

$$DC : DF :: DG : DE,$$

qui revient évidemment à

$$h : c + h :: GD : c,$$

ce qui donne, en faisant le produit des extrêmes et celui des moyens,

$$ch = GD \times (c + h)$$

d'où l'on tire

$$GD = \frac{ch}{c + h}.$$

Nous ferons remarquer ici qu'il est bien de n'introduire dans les constructions géométriques que le moins de lignes possibles, étrangères aux données de la question qu'on se propose de construire.

9. — Problème. — *Diviser l'aire d'un triangle quelconque en deux parties équivalentes, au moyen d'une droite passant par un point pris à volonté sur l'un des côtés du triangle.*

Fig. 161, pl. VII.

Soit ABC le triangle donné, AE sa hauteur, et D le point par lequel doit passer la ligne de division; faisons BC $= a$, AE $= h$, et CD $= m;$ supposons pour un instant que F soit le sommet du triangle formant l'une des parties demandées, dont la base est nécessairement $m;$ désignons par x sa hauteur, ou faisons FG $= x$.

D'après l'énoncé, nous aurons $\dfrac{mx}{2} = \dfrac{ah}{4}$, ou en réduisant au même dénominateur et le supprimant, $4mx = 2ah$, d'où l'on tire

$$x = \frac{2ah}{4m} = \frac{ah}{2m};$$

On voit donc, que, pour obtenir la hauteur du triangle partiel demandé, il suffit de chercher une quatrième proportionnelle aux trois lignes données a, h, et $2m;$ car l'expression $x = \dfrac{ah}{2m}$ revient évidemment à

$$x : a :: h : 2m.$$

Pour opérer la construction de cette question, il suffit, à l'extrémité C, d'élever une perpendiculaire CH $= \dfrac{ah}{2m}$, puis par le point H de mener HF′ parallèle à CB, laquelle coupera les côtés AC et AB aux points F et F′, et les deux triangles CFD, et CF′D satisferont également à la question, qui est susceptible de deux solutions.

On pourrait également déterminer CF, mais alors il serait nécessaire de faire entrer dans l'expression le sinus de l'angle BCA; en effet, si l'on suppose le rayon des tables égal à l'unité, le triangle rectangle FGC donne

$$\sin C : x :: 1 : CF,$$

d'où l'on tire

$$CF = \frac{x}{\sin C}.$$

En mettant à la place de x sa valeur, on obtient

$$CF = \frac{\frac{ah}{2m}}{\sin C} = \frac{ah}{2m.\sin C}.$$

Si dans l'expression $x = \dfrac{ah}{2m}$, on suppose $a = m$, le point de division se confond avec le point B, et il en résulte $x = \dfrac{h}{2}$; en se reportant à la figure, on voit que FG étant moitié de AE, la similitude des triangles CGF et CEA fait que $CF = \dfrac{CA}{2}$, ce qui doit, en effet, exister dans ce cas particulier.

10. — Problème. — *Diviser l'aire d'un trapèze quelconque en deux parties équivalentes, au moyen d'une droite assujétie à passer par le milieu d'un de ses côtés.*

Fig. 162, pl. VII. Ainsi que dans le problème qui précède, supposons la question résolue, et que la droite EH, partant du point E, milieu de AB, divise l'aire du trapèze ABCD en deux parties dont les surfaces soient égales; imaginons le point H réuni aux points A et B, par les droites AH et BH; les deux triangles AHE et BHE ayant par construction des bases égales, et de plus le sommet commun en H, sont égaux; et comme par hypothèse la ligne HE divise le trapèze en deux parties équivalentes, il en résulte que le triangle BCH est équivalent au triangle ADH, et qu'en conséquence, BG et AF étant leurs hauteurs respectives, on peut établir

$$\frac{CH \times BG}{2} = \frac{HD \times AF}{2},$$

puis en supprimant les dénominateurs,

$$CH \times BG = HD \times AF.$$

Ceci posé, établissons $CD = a$, $AF = h$, $BG = h'$, $DH = x$, d'où $CH = a - x$; l'équation précédente deviendra, par la substitution de chacune de ces valeurs,

$$(a - x)\, h' = hx \text{ ou } ah' - h'x = hx,$$

qui peut se mettre sous la forme

$$x (h + h') = ah',$$

d'où l'on tire

$$x = \frac{ah'}{h + h'}$$

Ainsi, pour déterminer x, on commencera par abaisser des perpendiculaires, des extrémités du côté sur lequel le point de division est donné, sur celui qui lui est opposé, prolongé si cela est nécessaire; on cherchera ensuite une quatrième proportionnelle, entre ce dernier côté, la perpendiculaire opposée à la portion de ligne que l'on cherche, et la somme des deux perpendiculaires.

Dans le cas particulier où l'on aurait $h = h'$, le quadrilatère proposé deviendrait un carré, un rectangle, ou enfin un parallélogramme quelconque, et l'on

aurait $x = \dfrac{ah'}{h + h'} = \dfrac{ah'}{2h'} = \dfrac{a}{2}$, fait qui est évident d'après la nature seule de la figure à laquelle il s'applique directement.

11. — PROBLÈME. — *D'un point donné hors d'un cercle, mener une ligne droite, dont la partie interceptée dans le cercle soit égale à une ligne donnée.*

Supposons AD $= x$, AC $= a$, AB $= b$; et enfin désignons par c la ligne $\quad$ Fig. 163, pl. VII.
donnée, à laquelle doit être égale la partie interceptée DE; les sécantes AB
et AE étant réciproquement proportionnelles à leurs parties extérieures, donnent la proportion suivante : AB : AE :: AD : AC, ou en employant les notations admises,

$$b : x + c :: x : a;$$

d'où l'on conclut

$$ab = x^2 + cx, \text{ ou } x^2 + cx = ab.$$

Equation complète du second degré, qui peut être immédiatement résolue,
en employant la formule obtenue en algèbre pour la résolution de ces sortes
d'équations, et qui donne pour x deux valeurs, dont la première,

$$x = -\frac{c}{2} + \sqrt{ab + \frac{c^2}{4}},$$

c'est-à-dire celle où l'on emploie le signe $+$, répond à la question.

Il nous reste maintenant à faire la construction de cette équation, ce qui
est possible d'une manière différente de celle employée dans les questions qui
précèdent.

Menez du point extérieur A, la tangente AT; cette ligne sera moyenne proportionnelle entre la sécante entière AB, et sa partie extérieure AC, en sorte
qu'on aura AB : AT :: AT : AC, d'où AT$^2 = ab$; et la valeur de x deviendra

$$x = -\frac{c}{2} + \sqrt{AT^2 + \frac{c^2}{4}}.$$

Imaginons le rayon TO, qui est perpendiculaire à la tangente AT, et prenons TM $= \dfrac{c}{2}$, puis tirons AM; il est évident que le triangle ATM donnera, d'après une de ses propriétés bien connues,

$$AM = \sqrt{AT^2 + \frac{c^2}{4}}.$$

Pour obtenir x, il suffira donc de porter TM, de M en P, puis du point A comme centre, et avec le rayon AP, de décrire l'arc PD qui déterminera le point D, auquel il faut joindre A pour obtenir la ligne ADE, qui contient d'un côté AD $= x$, et de l'autre DE $= c$.

En effet, on a AD ou AP $=$ AM $-$ MP $=$ AM $-$ TM $= \sqrt{ \text{AT}^2 + \dfrac{c^2}{4} } - \dfrac{c}{2}$.

On pourrait également chercher la signification de la seconde valeur de x; mais cette recherche plus curieuse qu'utile ne pouvant présenter aucun intérêt réel, on se dispensera d'en donner la discussion.

12. — Problème. — *Diviser une droite donnée en deux parties, telles que l'une soit moyenne proportionnelle entre la ligne entière et l'autre partie.*

Soit a la ligne à diviser, x l'une des parties, l'autre sera $a - x$, et d'après la condition de l'énoncé, on aura la proportion

$$a : x :: x : a - x,$$

qui donne $x^2 = a^2 - ax$, ou bien encore $x^2 + ax = a^2$, équation du second degré dont les deux racines sont

$$x = - \frac{a}{2} + \sqrt{ a^2 + \frac{a^2}{4} }.$$

$$x = - \frac{a}{2} - \sqrt{ a^2 + \frac{a^2}{4} }.$$

La première de ces deux valeurs peut seule satisfaire à l'énoncé de la question; car la seconde, abstraction faite de son signe, qui est négatif, est évidemment plus grande que la ligne donnée a; occupons-nous donc de la construction géométrique de la première; elle se compose de deux termes, l'un positif, et l'autre négatif; le premier, $\sqrt{ a^2 + \dfrac{a^2}{4} }$, exprime évidemment l'hypothénuse d'un triangle rectangle qui aurait a et $\dfrac{a}{2}$ pour les côtés de l'angle droit; le second $-\dfrac{a}{2}$ n'est autre chose qu'une droite égale à la moitié de la ligne proposée; cette dernière ligne devant être retranchée de la précédente, nous allons d'abord nous occuper de construire la première, afin de pouvoir procéder ensuite à cette dernière opération.

Sur une droite infinie, prenez une longueur $AB = a$, à son extrémité B, élevez une perpendiculaire $BC = \dfrac{a}{2}$, le triangle ABC, rectangle en B, donnera

Fig. 164, pl. VII.

$$AC = \sqrt{a^2 + \frac{a^2}{4}}.$$

Pour retrancher $\dfrac{a}{2}$ de cette expression, il suffit de porter $\dfrac{a}{2}$ de C en D, et la partie restante AD sera la valeur de x; il faut donc du centre C, et avec le rayon $CD = CB = \dfrac{a}{2}$, décrire l'arc BD, puis du point A comme centre, et avec le rayon AD, décrire DE; les deux lignes AE et EB, seront les deux parties demandées.

Si l'on veut savoir ce que signifie la seconde valeur de x, qui est

$$x = -\frac{a}{2} - \sqrt{a^2 + \frac{a^2}{4}},$$

on peut d'abord remarquer que cette expression, en changeant les signes des deux membres, peut être mise sous la forme

$$-x = +\frac{a}{2} + \sqrt{a^2 + \frac{a^2}{4}}.$$

Cette dernière expression fait voir qu'après avoir, comme précédemment, construit $AC = \sqrt{a^2 + \dfrac{a^2}{4}}$, il ne s'agit plus d'en retancher $\dfrac{a}{2}$, mais au contraire d'y ajouter cette même quantité $\dfrac{a}{2} = CB$; il faut donc du centre C et avec un rayon $CF = CB = \dfrac{a}{2}$, décrire l'arc de cercle BF, et prolonger AC jusqu'à sa rencontre, et l'on aura alors — $x = $ AF ; puis du point A comme centre, et avec le rayon AF, on décrira la circonférence FGH, qui viendra couper la ligne BA prolongée en H ; ainsi x étant négatif, sa valeur AH est transportée en sens contraire ; et l'on n'en a pas moins

$$AB : AH :: AH : HB.$$

13. — Il est à remarquer que, lorsque dans la résolution d'un problème, on obtient plusieurs valeurs pour l'inconnue, la question est inévitablement susceptible de plusieurs solutions ; et que si elle n'en comporte qu'une seule, c'est une preuve incontestable qu'elle peut être posée d'une manière plus générale.

Ainsi, les deux solutions dont est susceptible la question qui vient d'être résolue, solutions dont l'énoncé n'en renferme qu'une seule, sont rigoureusement exprimées l'une et l'autre dans celui-ci.

Trouver sur une droite donnée ou sur son prolongement, un point tel, que sa distance à l'une des extrémités de la ligne donnée, soit moyenne proportionnelle entre sa distance à l'autre extrémité et la droite entière.

Si l'on suppose $a = 1000$ mètres, la première solution donnera

$$x = -\frac{1000}{2} + \sqrt{1000^2 + 500^2},$$

$$\text{ou } x = -500 + \sqrt{1250000} = 1118 - 500 = 518;$$

et l'on aura pour la seconde

$$-x = +\frac{1000}{2} + \sqrt{1000^2 + 500^2} = 500 + \sqrt{1250000};$$

$$\text{et enfin } -x = 1118 + 500 = 1618.$$

§ III. — DES ANSES DE PANIERS.

N° 1ᵉʳ. — Les anses de paniers sont des courbes formées par la réunion de plusieurs arcs de circonférence, et que l'on substitue le plus souvent à l'ellipse pour former les cintres des voûtes.

Le nombre des arcs qui constituent l'une quelconque de ces sortes de courbes est toujours impair et d'autant plus grand, que celle-ci est plus aplatie; on désigne ordinairement dans la pratique, les diverses anses de paniers, par le nombre de centres qui correspondent aux arcs qui la composent.

Nous allons nous occuper en premier lieu de celle formée de trois arcs ou à trois centres.

Soit proposé de décrire une anse de panier à trois centres sur la ligne **AB**, et passant par le point D, c'est-à-dire dont le demi petit axe soit CD.

Fig. 165, pl. VII.

On peut supposer que la courbe entière AIDKB soit décrite; que des points M et N, pris pour centres, on ait tracé les arcs égaux BK et AI et pour que la courbe soit régulière, que ces arcs extrêmes soient tangents avec l'arc IDK, aux points K et I; mais par une propriété bien connue, il résulte que le point de contact de deux circonférences tangentes, est situé sur le prolongement de la ligne droite qui réunit leurs centres; le centre E de l'arc IDK, se trouve donc à la fois sur la direction des rayons KM et IN prolongés, c'est-à-dire à leur rencontre, et de plus sur la ligne DCE perpendiculaire sur le milieu de la corde IK, ou sur celui de sa parallèle AB, ce qui revient au même.

Désignons par n la demi-base AB, par h la montée DC, représentons par x le rayon NI ou AN, et par y le rayon ED.

Joignons AD, portons CD de C en F, puis AF de D en G; et enfin, élevons INE perpendiculaire sur le milieu de AG; les points où cette perpendiculaire rencontrera les lignes AB et DE, seront les centres des arcs qu'il s'agit de déterminer; il suffira alors de prendre CM = CN pour obtenir le centre M correspondant à N.

Le triangle rectangle ADC donne $AD = \sqrt{\overline{AC}^2 + \overline{DC}^2}$, ou d'après les notations admises, $AD = \sqrt{n^2 + h^2}$.

On a aussi par construction $AF = AC - FC = n - h$,

et par conséquent,

$$AG = \sqrt{n^2 + h^2} - (n - h);$$

et enfin,

$$AL = \frac{\sqrt{n^2 + h^2} - (n - h)}{2}.$$

Mais les triangles semblables ACD et ALN, donnent la proportion

$$AC : AD :: AL : AN, \text{ ou } n : \sqrt{n^2 + h^2} :: \frac{\sqrt{n^2 + h^2} - (n - h)}{2} : x,$$

de laquelle on tire

$$x = \frac{\dfrac{[-(n - h) + \sqrt{n^2 + h^2}] \cdot \sqrt{n^2 + h^2}}{2}}{n} = \frac{n^2 + h^2 - (n - h) \cdot \sqrt{n^2 + h^2}}{2n}.$$

Les triangles semblables ACD et ECN donnent également

$$CD : AC :: CN : CE, \text{ qui revient à}$$

$$h : n :: CN : CE, \text{ d'où l'on tire}$$

$$CE = \frac{CN \times n}{h}.$$

Mais $CN = AC - AN = n - x = n - \dfrac{n^2 - h^2 + (n - h) \cdot \sqrt{n^2 + h^2}}{2n},$

ou en réduisant au même dénominateur,

$$CN = \frac{2n^2 - n^2 - h^2 + (n - h) \cdot \sqrt{n^2 + h^2}}{2n};$$

puis en réduisant les termes semblables,

$$CN = \frac{n^2 - h^2 + (n - h) \cdot \sqrt{n^2 + h^2}}{2n}.$$

La proportion précédente devient donc

$$h : n :: \frac{n^2 - h^2 + (n - h) \cdot \sqrt{n^2 + h^2}}{2n} : CE,$$

et l'on en tire

$$CE = \frac{\dfrac{[n^2 - h^2 + (n - h).\sqrt{n^2+h^2}.]}{2n} \times n}{h} = \frac{n^2 - h^2 + (n - h).\sqrt{n^2+h^2}}{2h}.$$

Mais on a $y = DC + CE = h + \dfrac{n^2 - h^2 + (n - h).\sqrt{n^2 + h^2}}{2h}$,

expression qui devient

$$y = \frac{2h^2 + n^2 - h^2 + (n - h).\sqrt{n^2 + h^2}}{2h},$$

en réduisant le premier terme au même dénominateur que le second, et qui se réduit enfin à

$$y = \frac{n^2 + h^2 + (n - h).\sqrt{n^2 + h^2}}{2h}.$$

Telles sont les valeurs des rayons x et y, déterminés en fonction de la base et de la montée, dans l'anse de panier à trois centres.

Ces deux formules peuvent se traduire aisément en langage ordinaire, et sont d'un facile usage dans la pratique.

1° Connaissant la base et la montée d'une anse de panier à trois centres, on déterminera le rayon extrême, ou petit rayon, en ajoutant ensemble le carré de la demi-base et celui de la montée, en extrayant la racine carrée de cette somme, qu'on multipliera par la différence de la demi-base à la montée, et en retranchant le produit ainsi obtenu de la somme des deux carrés primitifs, c'est-à-dire de ceux de la demi-base et de la montée, puis enfin en divisant le résultat par le double de la demi-base, ou par la base entière.

2° Le grand rayon s'obtiendra en ajoutant ensemble le carré de la demi-base et celui de la montée; en extrayant la racine carrée de cette somme, et en multipliant cette racine par la différence de la demi-base à la montée, en ajoutant le produit ainsi obtenu à la somme des deux carrés primitifs;

c'est-à-dire à ceux de la demi-base et de la montée, puis enfin en divisant le résultat par le double de la montée. Pour rendre plus palpables ces deux principes, nous allons les appliquer immédiatement à un exemple numérique.

2. — Prenons le cas particulier où il s'agit de décrire la courbe sur une ouverture de 3 mètres 24 centimètres, ayant 0.98 centimètres de hauteur; c'est-à-dire celui où la base est de 3.24, tandis que la montée n'est que de 0.98.

On aura alors, d'après les notations admises, $n = \dfrac{3.24}{2} = 1.62$, et $h = 0.98$.

Pour obtenir x et y, il suffit de substituer pour n et h, les valeurs numériques qui leur sont attribuées, dans les formules qui viennent d'être obtenues. Voici le détail des opérations relatives à chacune d'elles :

1° On a pour x, en mettant 1.62 à la place de n, et 0.98 à la place de h,

$$x = \frac{1.62^2 + 0.98^2 - (1.62 - 0.98).\sqrt{1.62^2 + 0.98^2}}{1.62 \times 2}$$

$$= \frac{2.6244 + 0.9604 - (1.62 - 0.98).\sqrt{2.6244 + 0.9604}}{1.62 \times 2}$$

$$= \frac{3.5848 - 0.64.\sqrt{3.5848}}{3.24.} = \frac{3.5848 - 0.64 \times 1,8934}{3.24}$$

$$= \frac{3.5848 - 1.2117}{3.24} = \frac{2.3731}{3.24} = 0.7324.$$

Ainsi, on en pourra conclure que le petit rayon, ou x, est égal à 0.73ᶜ, si cette approximation est suffisante; dans le cas contraire, on peut prendre les quatre premières décimales, et même pousser l'approximation encore plus loin, si on le désire.

2° La substitution des mêmes valeurs dans la seconde formule donne

$$y = \frac{1.62^2 + 0.98^2 + (1.62 - 0.98).\sqrt{1.62^2 + 0.98^2}}{0.98 \times 2.}$$

$$= \frac{2.6244 + 0.9604 + (1.62 - 0.98).\sqrt{2.6244 + 0.9604}}{0.98 \times 2}$$

$$= \frac{3.5848 + 0.64. \sqrt{3.5848}}{1.96} = \frac{3.5848 + 1.2117.}{1.96.}$$

$$= \frac{4.7965}{1.96} = 2.4471.$$

Ainsi, on a $y = 2.4471$; pour construire la courbe demandée, il suffit donc de tracer une ligne AB égale à $3^m 24^c$, sur le milieu de laquelle on élève une perpendiculaire DCE dans les deux sens; de porter $0,98^c$ de C en D; puis d'appliquer les longueurs 2.4471 de D en E, et 0.7324 de A en N, et de B en M; puis de chacun des points E, N et M, de décrire avec les rayons obtenus les arcs AI, BK et IDK; les portions d'arcs appartenant à chaque circonférence, sont déterminées par le prolongement des lignes EN et EM, jusqu'à la rencontre des arcs, où se trouvent les points de contact.

3. — La trigonométrie fournit aussi le moyen d'arriver au même but d'une manière plus laborieuse, il est vrai, mais qui présente l'avantage de donner la mesure des angles ANI, BMK et KEI, dont la grandeur est nécessaire pour rectifier la courbe lorsqu'il s'agit de la diviser en voussoirs.

En effet, le triangle rectangle ADC, dans lequel on connaît les deux côtés de l'angle droit, fournit la proportion

R : tang ADC :: DC : AC, ou 1 : tang ADC :: 0.98 : 1.62,

qui donne tang ADC $= \dfrac{1.62 \times 1}{0.98}$, ou log. tang ADC $=$ Log. 1.62 $+$ Comp. log. 0.98 — 10.

Opération effectuée pour obtenir l'angle ADC.
$$\begin{cases} \text{Log. du nombre } 1.62 = & 2.209515 \\ \text{Comp. Log. du nombre } 0.98 = & 8.008774 \\ \hline \text{Somme diminuée de } 10 = & 0.218289 = \text{Log. tang} \\ 58° 49'30'' \end{cases}$$

On a également R : tang CAD :: AC : DC, ou 1 : tang CAD :: 1.62 : 0.98,

qui donne tang CAD $= \dfrac{0.98 \times 1}{1.62}$ ou log. tang CAD $=$ Log. 0.98 $+$ Comp. Log. 1.62 — 10.

fig. 108, pl. VII.

Opération effectuée pour obtenir l'angle CAD.

$$\left\{\begin{array}{l} \text{Log. du nombre } 0.98 = \qquad 1.991226 \\ \text{Comp. log. du nombre } 1.62 = 7.790485 \\ \hline \qquad\qquad \text{Somme}\ldots\ldots\ldots\ldots \quad 9.781711 = \log.\ \text{tang } \\ 31^\circ\ 10'30''. \end{array}\right.$$

Cette dernière opération peut être considérée comme vérification, car l'angle aigu A pouvait s'obtenir directement en retranchant l'angle connu 58° 49′30″ de 90°, et on aurait eu 90° — 58° 49′30″ = 31° 10′30″.

Le même triangle ADC donne R : *sin* 58° 49′30″ :: AD : 1.62,

qui donne AD $= \dfrac{1.62 \times 1}{sin\ 58^\circ\ 49'30''}$, ou log. AD = log. 1.62 + comp. log. *sin* 58° 49′30″.

Opération effectuée pour obtenir le côté AD.

$$\left\{\begin{array}{l} \text{Log. nombre } 1.62 = \qquad\quad 2.209515 \\ \text{Comp. log. } sin\ 58^\circ\ 49'30'' = 0.067708 \\ \hline \qquad\qquad \text{Somme}\ldots\ldots\ldots\ldots\ 2.277223. = \text{Log. } 1.89. \end{array}\right.$$

On a par construction AF = AC — DC = 1.62 — 0.98 = 0.64,

et AG = AD — AF = 1.89 — 0.64 = 1.25; et enfin DL = GD ou AF,

$$+ \ \frac{\text{AG}}{2} = 0.64 + \frac{1.25}{2} = 0.64 + 0.63 = 1.27.$$

Ceci arrêté, le triangle DLE est rectangle en L, et de plus semblable au triangle ADC; on a donc d'abord entre les angles, les relations DEL = CAD = 90° — 58° 49′30″ = 31° 10′30″.

Puis, pour obtenir la longueur de l'hypothénuse DE, ou le grand rayon, on établit la proportion

R : *sin* 31° 10′30″ :: DE : 1.27, qui donne DE $= \dfrac{1.27 \times 1}{sin\ 31^\circ\ 10'30''}$

ou Log. DE = Log. 1.27 + Comp. Log. *sin* 31° 10′30″.

Opération effectuée pour obtenir le rayon DE.

$$\left\{\begin{array}{l} \text{Log. nombre } 1.27 = \qquad\quad 2.103804 \\ \text{Comp. log. } sin\ 31^\circ\ 10'30'' = 0.285891 \\ \hline \qquad\qquad \text{Somme}\ldots\ldots\ldots\ldots\ 2.389695. = \text{Log. } 2.45. \end{array}\right.$$

Mais on a DE = DC + CE, ou 2.45 = 0.98 + CE, donc CE = 2.45 — 0.98 = 1.47.

Le triangle NCE est semblable à DCA, donc l'angle CNE = CDA = 58° 49'30", et par suite son opposé au sommet INA, a la même valeur.

Le triangle rectangle ECN permet d'établir

$$R : \text{tang } 58° 49'30'' :: CN : 1.47, \text{ d'où l'on tire } CN = \frac{1.47 \times 1}{\text{tang } 58° 49'30''},$$

ou Log. CN = Log. 1.47 + comp. log. tang 58° 49'30" — 10.

$$\text{Opération effectuée pour obtenir le côté CN.} \begin{cases} \text{Log. nombre } 1.47 = \qquad 2.167317 \\ \text{Comp. log. tang } 58° 49'30'' = 9.781916 \\ \hline \text{Somme diminuée de } 10 = 1.949233 = \text{Log. } 089. \end{cases}$$

Comme AN = AC — CN, on aura AN = 1.62 — 0.89 = 0.73.

Tel est l'emploi que l'on peut faire des principes trigonométriques pour obtenir et les rayons avec lesquels doivent être décrites les anses de panier, et les angles que forment entr'eux ces mêmes rayons. Il est cependant plus avantageux d'employer simultanément l'une et l'autre méthode. Les deux formules qui précèdent mettent à même de connaître plus vite que les solutions trigonométriques les valeurs de x et y; mais la dernière est indispensable pour déterminer les angles, dont les valeurs doivent être connues, ainsi qu'on le verra dans la seconde partie.

Avant de nous livrer à l'étude des anses de panier à cinq centres, il est bien de remarquer que la construction des courbes qui nous occupent, constitue de véritables questions indéterminées, dans l'énoncé desquelles les données sont insuffisantes pour déterminer les inconnues; et que ce n'est qu'en supposant la différence des rayons la plus petite possible, ce qui rend en même temps la courbure le moins inégale, qu'on est parvenu à faire disparaître l'indétermination; nous n'avons pu donner la démonstration de cet artifice analytique, le plan de notre ouvrage nous imposant de justes limites; néanmoins les détails donnés sur les anses à trois centres sont déduits de ce principe rigoureux.

4. — Proposons-nous maintenant de décrire une anse de panier à cinq centres sur AB prise pour base, et CD pour montée, ce qu'il y a de plus   Fig. 166, pl. VII.

simple pour faire disparaître l'indétermination, est de supposer connus les arcs extrêmes $AI = BK$, en degrés et fractions de degré, la longueur du rayon avec lequel ils sont décrits, $AN = BM$, ainsi que celle DE du plus grand arc I'DK'; il ne s'agit plus alors que de déterminer, à l'aide de ces données, le rayon moyen $xI' = x'K'$, et les angles $Ixl' = Kx'K'$, et I'EK'.

On peut supposer, comme précédemment, la courbe décrite, et pour plus de clarté, les circonférences dont ses différents arcs font partie, tracés en entier; il est aisé de s'apercevoir que le centre x de la circonférence moyenne doit se trouver sur le rayon IN, passant par le point de contact commun avec l'arc extrême prolongé suffisamment, et que par la même raison il doit se trouver aussi sur quelque point de la ligne I'E, qui joint le point de contact commun avec le grand arc, au centre E de ce dernier; le centre de l'arc moyen est donc inévitablement situé à la rencontre de ces deux lignes, en x.

Ceci posé, soit prolongé Ix jusqu'en P, en sorte qu'on ait $IP = I'E = DE$, ou égal enfin au rayon de la grande circonférence, et le point D, joint au centre E. De ce que I et I' appartiennent en même temps à la circonférence dont le centre est en x, il résulte que $Ix = I'x$; et comme $IP = I'E$, il s'ensuit que $IP - Ix = I'E - I'x$, ou que $Px = Ex$: le triangle EPx est donc isocèle, et jouit en conséquence de cette propriété, que la perpendiculaire Qx élevée sur le milieu de la base, passe par le point x.

Pour avoir graphiquement le centre de l'arc demandé, il suffit donc de prolonger le rayon extrême IN, en sorte que l'on ait une longueur IP égale au grand rayon donné; de joindre ensuite l'extrémité de ce prolongement au centre du grand arc; puis enfin d'élever sur le milieu de la ligne de jonction une perpendiculaire qui, par son intersection avec le petit rayon prolongé, détermine le centre demandé.

Pour obtenir les valeurs numériques des rayons, ainsi que celles des arcs qu'ils interceptent, on peut, comme dans le cas des trois centres, avoir recours aux applications trigonométriques; c'est ce que nous allons éclaircir.

Fig. 167, pl VII. Soit $AC = 1.63$, $DC = 0.70$, $DE = 3.98$, $AN = 0.45$. $ANI = 60° 00'$; il s'agit de déterminer, 1° xI, 2° IxI', 3° I'EK', ou I'ED qu'il suffira alors de multiplier par 2.

On a d'abord $NC = AC - AN = 1.63 - 0.45 = 1.18$.

Le triangle rectangle NCO a donc un côté connu $NC = 1.18$, ainsi que les angles aigus, car l'angle CNO = ANI = 60°, comme étant opposé au sommet, et formé par le prolongement des mêmes côtés;

Et le second peut aisément se conclure, puisque l'on a

$$NOC = 180° - CNI = 90° - 60° = 30°.$$

On peut donc établir R : sin 30° :: NO : 1.18, et par suite on en déduit

$$NO = \frac{1.18 \times R}{sin\ 30°} = \log.\ 1.18 + comp.\ \log.\ sin\ 30°.$$

Opération effectuée pour obtenir NO.
$$\begin{cases} \text{Log. } 1.18 = & 2.071882 \\ \text{Comp. log. } sin\ 30° = & 0.301030 \\ \hline \text{Somme}\ldots\ldots\ldots & 2,372912 = \text{Log. } 2.36. \end{cases}$$

Le même triangle donne également R : sin 60° :: NO : OC, d'où l'on tire

$$OC = \frac{NO \times sin\ 60°}{1} \text{ ou } \log.\ OC = \log.\ 2.36 + \log.\ sin\ 60° - 10.$$

Opération effectuée pour obtenir OC.
$$\begin{cases} \text{Log. } 2.36 = & 2.372912 \\ \text{Log. } sin\ 60° = & 9.937531 \\ \hline \text{Somme}\ldots\ldots\ldots & 2.310443 = \log.\ 2.04. \end{cases}$$

L'angle EOP est égal à l'angle NOC, et par conséquent de 30°; et de plus on a

$$OP = PI - (NO + NI) = 3.98 - (2.36 + 0.45) = 1.17.$$

$$OE = DE - (OC + DC) = 3.98 - (2.04 + 0.70) = 1.24.$$

On connaît donc dans le triangle OPE, deux côtés OP et OE, ainsi que l'angle qu'ils comprennent entr'eux, et il est possible de déterminer les deux autres angles, et par suite le troisième côté PE : en effet, on a, d'après une propriété commune à tout triangle,

$$OP + OE : OP - OE :: \frac{tang\ (OPE + OEP)}{2} : tang\ x,$$

x représentant la demi-différence des deux angles inconnus du triangle OPE; et cette proportion devient, dans le cas actuel,

$$2.41 : 0.07 :: \tang 75° 00' : \tang x;\ \text{puis on en tire}$$
$$\tang x = \frac{\tang 75° 09' \times 0.07}{2\ 41.},$$

ou, en appliquant le calcul logarithmique, log. tang x = log. tang 75° 00' + log. 0.07 + comp. log. 2.41 — 10.

Opération effectuée pour obtenir les angles OPE, et OEP.

Log. tang 75° 00' =	0.845098
Log. 0.07 =	0.571948
Comp. log. 2.41 =	7.617983
Somme..................... 9.035029	= log. tang 6° 11″.

Connaissant la demi-somme et la demi-différence de ces deux angles, il est maintenant facile d'avoir les angles eux-mêmes; en effet, d'après un principe démontré, on a

$$OPE = 75° 00' + 6° 11 = 81° 11.$$
$$OEP = 75° 00' — 6° 11 = 68° 49.$$

La réunion du troisième angle EOP = ... 30°.00, aux deux qui viennent d'être obtenus, donne, ainsi que cela doit

être.. 180° 00'.

Pour calculer le côté EP, on peut indifféremment employer l'une ou l'autre des proportions

$$\sin 81° 11' : \sin 30° :: 1.24 : EP.$$

$$\sin 61° 49' : \sin 30° :: 1.17 : EP,$$

ou pour plus de sûreté, toutes les deux en même temps; car le même résultat obtenu par l'une et l'autre, est infailliblement vrai, tandis que si les quatrièmes termes de ces proportions différaient sensiblement, ce serait une preuve incontestable qu'il y a erreur quelque part, et les calculs devraient alors être suivis avec soin.

Opération de la première proportion.
$\begin{cases} \text{Comp. log. } sin\ 81°\ 11' = & 0.005162 \\ \text{Log. } sin\ 30°\ 00' = & 9.698970 \\ \text{Log. du nombre } 1.24 = & 2.093422 \\ \hline \text{Somme diminuée de } 10\ldots\ldots & 1.797554 = \log.\ 0.63. \end{cases}$

Opération de la deuxiè-me.
$\begin{cases} \text{Comp. log. } sin\ 68°\ 49' = & 0.030384 \\ \text{Log. } sin\ 30°\ 00' = & 9.698970 \\ \text{Log. du nombre } 1.17 & 2.068186 \\ \hline \text{Somme diminuée de } 10\ldots\ldots & 1.797540 = \log.\ 0.63. \end{cases}$

Le triangle xPE étant isoscèle, on a, entre les angles à la base, la relation

$$x\text{EP} = x\text{PE} = 81°\ 11';$$

et celui au sommet,

$$\text{P}x\text{E} = 180° - (x\text{EP} + x\text{PE}) = 180° - 162°\ 22' = 17°\ 38',$$

ainsi que son opposé au sommet IxI', qu'il s'agissait de déterminer.

Si de 81° 11' on retranche l'angle DEP = 68° 49', il reste l'angle I'ED = 12° 22', puis en le doublant, on aura I'EK' = 24° 44'.

Il ne s'agit plus maintenant que d'obtenir la longueur du rayon xI = xI'; pour cela il suffit de considérer le triangle xPE, qui donne

$$sin\ 17°\ 38' : sin\ 81°\ 11' :: 0.63 : \text{P}x,\ \text{ou son égal E}x,$$

d'où l'on tire

Log. Ex = log. sin 81° 11' + log. 0.63. + comp. log. sin 17°38' — 10.

Opération effectuée pour obtenir Ex.
$\begin{cases} \text{Log. } sin\ 81°\ 11' = & 9.994838 \\ \text{Log. } 0.63 = & 1.797547 \\ \text{Comp. log. } sin\ 17°\ 38' = & 0.518666 \\ \hline \text{Somme diminuée de } 10\ldots\ldots & 2.311051 = \text{Log. } 2.05. \end{cases}$

Comme on a xI' = I'E — Ex, il en résulte xI' = 3.98 — 2.05 = 1.93.

5. — La figure 168, planche VII, représente, à droite de ED, une portion Fig. 168, pl. VII.

d'anse décrite avec sept centres; la demi-base CB étant connue, ainsi que la montée DC, le grand rayon DE, le petit rayon, ou rayon extrême MB = MK, et enfin l'angle BMK.

Comme pour le cas des cinq centres, on a d'abord construit le triangle rectangle OMC, dont l'angle aigu COM est, en conséquence, complément de OMC, et supplément de EOM.

Pour déterminer les centres y, y', on a divisé l'hypothénuse OM en trois parties égales aux points y et n, la ligne OE = CE — OC, en deux seulement, au point n', puis réuni par des lignes droites, y, n', et n,E. On conçoit sans difficulté que, pour chacun des arcs contigus, le point de contact et les centres ainsi fixés se trouvent sur la même direction, et que les différents rayons, ainsi que les angles qu'ils interceptent entr'eux, peuvent aisément se déduire à l'aide de la trigonométrie, en suivant une marche analogue à celle qui vient d'être employée dans le cas précédent.

Fig. 168, pl VII.   **6.** — La même figure, prise à gauche du grand rayon ED, est l'anse à neuf centres, construite sur les mêmes dimensions que la première; comme pour celle-ci, on a commencé par construire le triangle OCN; mais au lieu de diviser l'hypothénuse en trois parties, on a porté le nombre des divisions à quatre, aux points a, b, x; la portion EO du grand rayon, au lieu d'être divisée en deux parties égales, l'est en trois; le reste de l'opération consiste à réunir les divisions de l'une des lignes à celles correspondantes de l'autre; tout aussi bien que celles déjà traitées, cette construction peut être soumise aux règles du calcul, qui viendront ajouter à l'évidence que présente la figure, la rigueur mathématique, sans laquelle le plus souvent les constructions graphiques ne seraient que des images insuffisantes.

7. — Dans le premier exemple, la ligne OM est divisée en un nombre de parties exprimé par

$$\frac{7-1}{2} = 3;$$

la ligne OE l'est par

$$\frac{7-1}{2} - 1 = \frac{7-3}{2} = 2.$$

Dans le deuxième, la ligne correspondante ON est divisée en un nombre de parties exprimé par

$$\frac{9-1}{2} = 4,$$

et OE l'est par

$$\frac{9-1}{2} - 1 = \frac{9-1}{2} - \frac{2}{2} = \frac{6}{2} = 3.$$

En général, n exprimant le nombre impair des centres d'une anse de panier, on pourra la construire d'après cette méthode, en divisant l'hypoténuse ON, quelle que soit du reste sa longueur, en un nombre de parties égales, exprimé par

$$\frac{n-1}{2};$$

et le reste correspondant OE, en un autre nombre de parties égales, exprimé par

$$\frac{n-1}{2} - 1 = \frac{n-1}{2} - \frac{2}{2} = \frac{n-3}{2}.$$

Dans ce qui vient d'être dit à l'égard des anses de panier à 7, 9, et enfin à un plus grand nombre de centres, on a supposé que les lignes NO et OE étaient séparément divisées en parties égales. Cette condition n'est pas essentielle : le nombre des moyens à employer est illimité; le constructeur doit cependant avoir constamment en vue de se créer des données suffisantes pour éviter l'indétermination.

Nous terminerons cette théorie en donnant le tracé de l'anse à onze centres employée à la construction des arches du pont de Neuilly (Fig. 169, Planche VII), pour laquelle on a adopté en principe, *Fig. 160, pl. VIII.*

1° Que la distance CN, qui se trouve comprise entre le centre de la courbe, ou plutôt le milieu de l'ouverture de l'arche, soit coupée aux points N', N'', N''', N^{iv}, en parties qui soient entre elles comme la suite de nombres naturels 1, 2, 3, 4, etc.;

2° Que les rayons prolongés interceptent sur EC des distances égales entre elles;

3° Que CN soit égale en longueur au tiers de EC.

Ces conditions établies, il est facile, par la résolution des différents triangles, d'arriver à la connaissance des rayons et des angles interceptés; nous croyons pouvoir nous dispenser de présenter ici les différents calculs que nécessite cette opération, en ce qu'ils ne présentent, d'après ce qui vient d'être dit, d'autre difficulté que leur longueur.

§ IV. — Problèmes relatifs a l'ellipse.

1. — Problème. — *Déterminer les rayons vecteurs pour un point quelconque de l'ellipse.*

Fig. 170, pl. VII. Soit ACBD une ellipse dont F et f sont les foyers, imaginons à un point quelconque M pris sur la courbe une tangente OM, la normale au point de contact Mp, et l'ordonnée MP au grand axe AB.

Supposons pour plus de clarté

$$AB + 2a,$$

ou

$$FM + fM = 2a,$$

puisque la somme des rayons vecteurs est constamment égale au grand axe, (Géom., § III, n° 16, pag. 182);

$$\text{supposons également } fM - FM = 2d;$$

et l'on pourra immédiatement conclure (Alg., § II, n° 3, p. 21), que

$$fM = a + d, \; FM = a - d;$$

et par suite,

$$\overline{fM}^2 = a^2 + 2ad + d^2,$$

et

$$\overline{FM}^2 = a^2 - 2ad + d^2;$$

admettons également

$$Ff = 2c, \; GP = x,$$

et

$$MP = y.$$

On a

$$FP = FG - GP = c - x$$

puis

$$Pf = Gf + GP = c + x;$$

et par suite,

$$\overline{FP}^2 = c^2 - 2cx + x^2,$$

et enfin

$$\overline{Pf}^2 = c^2 + 2cx + x^2;$$

ceci posé, le triangle rectangle FPM donne (Géom., § II, n° 5, pag. 148),

$$\overline{FM}^2 = \overline{FP}^2 + \overline{PM}^2,$$

ou en substituant à la place de ces trois quantités, leurs valeurs,

$$a^2 - 2ad + d^2 = c^2 - 2cx + x^2 + y^2.$$

Le triangle rectangle fPM donne également

$$\overline{fM}^2 = \overline{Pf}^2 + \overline{PM}^2,$$

ou bien encore

$$a^2 + 2ad + d^2 = c^2 + 2cx + x^2 + y^2.$$

Retranchant membre à membre la première de ces équations de la seconde, il résulte

$$a^2 + 2ad + d^2 - a^2 + 2ad - d^2 = c^2 + 2cx + x^2 + y^2 - c^2 + 2cx$$
$$- x^2 - y^2,$$

qui se réduit à

$$4ad = 4cx,$$

ou

$$ad = cx,$$

d'où l'on tire

$$d = \frac{cx}{a}$$

qui peut se mettre sous la forme

$$d : c :: x : a.$$

Donc la demi-différence des deux rayons vecteurs d'un point quelconque de l'ellipse, est une quatrième proportionnelle au demi-grand axe, à l'abscisse correspondante, et à la moitié de l'excentricité.

La demi-différence des rayons vecteurs se trouvant ainsi déterminée, et leur demi-somme étant d'ailleurs égale à la moitié du grand axe, ces rayons seront eux-mêmes connus par l'application immédiate des formules données en algèbre ($\S$ II, n° 3, pag. 21).

On peut aussi obtenir directement l'expression des deux rayons vecteurs; en effet, nous avons déjà vu que

$$fM = a + d,$$

tandis que

$$FM = a - d;$$

mettant à la place de d sa valeur dans ces deux expressions, elles deviennent

$$fM = a + \frac{cx}{a} = \frac{a^2 + cx}{a};$$

et

$$FM = a - \frac{cx}{a} = \frac{a^2 - cx}{a}.$$

Fig. 170, pl. VIII. **2.** — **Problème.** — *Déterminer la sous-normale.*

Après avoir admis les mêmes annotations que dans la solution précédente, de plus prolongé le rayon vecteur fM d'une quantité $MV = FM$, puis joint ensemble les points F et V, par la ligne FV, sur le milieu de laquelle OM se trouve perpendiculaire (Géom., $\S$ III, n° 17, pag. 183), on remarquera que dans le triangle fVF, la ligne Mp étant parallèle à la base FV, on a la proportion

$$fV : fF :: MV : Fp,$$

ou

$$fV : fF :: FM : Fp,$$

à cause de

$$MV = FM.$$

Mais

$$fV = fM + FM = 2a, \quad fF = 2c,$$

et

$$FM = \frac{a^2 - cx}{a};$$

et en substituant ces différentes valeurs dans la proportion qui précède, elle devient

$$2a \,:\, 2c \,::\, \frac{a^2 - cx}{a} \,:\, Fp,$$

et l'on en tire

$$Fp = \frac{a^2 c - c^2 x}{a^2};$$

telle est l'expression de la distance prise sur le grand axe de l'ellipse, comprise entre la normale et le foyer.

D'après l'inspection de la figure, il est aisé de voir que la sous-normale demandée, n'est autre que

$$Pp = Fp - FP,$$

ou bien, en remplaçant ces deux dernières lignes par leurs valeurs

$$Pp = \frac{a^2 c - c^2 x}{a^2} - (c - x) = \frac{a^2 c - c^2 x}{a^2} - c + x;$$

puis en réduisant au même dénominateur et simplifiant,

$$Pp = \frac{a^2 x - c^2 x}{a^2};$$

expression qui peut encore être simplifiée, si l'on observe que, d'après la disposition des foyers, on a, b indiquant la moitié du petit axe,

$$b^2 = a^2 - c^2;$$

car alors l'expression de la sous-normale devient

$$Pp = \frac{b^2 x}{a^2}$$

3° — PROBLÈME. — *On demande l'expression de la sous-tangente pour un point quelconque de l'ellipse, autre que l'extrémité de l'un de ses axes.*

Concevons pour un instant que OM, au lieu d'être tangente à la courbe,   Fig. 170, pl. VII.

soit une sécante, et qu'en conséquence elle rencontre celle-ci aux points M et Q desquels ont été abaissées les ordonnées MP et QT; supposons également

$$AG = a;\ GP = x;\ AP = a - x;\ PB = a + x;$$

par conséquent,

$$AP \times BP = a^2 - x^2;\ PT = r;\ GT = GP - PT = x - r;\ AT = AG - GP$$
$$+ PT = a - x + r;\ TB = PG + GB - PT = a + x - r,$$

par suite,

$$AT \times TB = (a - x + r)(a + x - r) = a^2 - x^2 + 2rx - r^2;\ PO = s;$$
$$OT = PO + PT = s + r,$$

et par conséquent,

$$\overline{OT}^2 = s^2 + 2sr + r^2.$$

On a vu (Géom., § III, n° 20, pag. 187), que les carrés de deux ordonnées à l'ellipse sont entr'eux comme les rectangles des abscisses correspondantes; c'est-à-dire que

$$\overline{QT}^2 : \overline{PM}^2 :: AT \times TB : AP \times PB;$$

les triangles semblables OTQ et OPM permettent d'établir

$$QT : MP :: OT : OP,$$

ou bien en élevant tous les termes au carré,

$$\overline{QT}^2 : \overline{MP}^2 :: \overline{OT}^2 : \overline{OP}^2;$$

mais cette dernière proportion ayant un rapport de commun avec la première, les seconds rapports sont en proportion, et donnent

$$AT \times TB : AP \times PB :: \overline{OT}^2 : \overline{OP}^2,$$

qui devient, en remplaçant chacune des quantités qui la composent par leurs valeurs précédemment déterminées,

$$a^2 - x^2 + 2rx - r^2 : a^2 - x^2 :: s^2 + 2sr + r^2 : s^2,$$

puis en faisant le produit des extrêmes et celui des moyens,

$$a^2s^2 - x^2s^2 + 2s^2xr - s^2r^2 = a^2s^2 + 2a^2sr + a^2r^2 - x^2s^2 - 2sx^2r - r^2x^2;$$

retranchant

$$a^2s^2 - x^2s^2,$$

quantité commune aux deux membres de l'équation, et divisant les termes restants par le facteur r qu'ils ont commun, l'expression devient

$$2s^2x - s^2r = 2a^2s - 2sx^2 + a^2r - 2rx^2.$$

Mais au lieu de supposer OMQ sécante, on peut admettre que cette ligne soit tangente à la courbe au point M; alors les deux ordonnées QT et MP se confondent, et la distance PT $= r = 0$; ce qui rend nuls tous les termes de l'équation proposée, dans lesquels r se trouve facteur, et la ramène à

$$2s^2x = 2a^2s - 2sx^2 ,$$

ou en divisant tous les termes par $2s$,

$$sx = a^2 - x^2,$$

d'où l'on tire

$$s = \frac{a^2 - x^2}{x} = \text{PO};$$

telle est l'expression de la sous-tangente demandée.

De cette dernière expression on tire

$$\text{PO} \times x = a^2 - x^2;$$

ou si l'on remarque que

$$a^2 - x^2 = (a + x)\,(a - x), \quad \text{PO} \times x = (a + x)\,(a - x),$$

expression qui peut se mettre sous la forme

$$x : (a - x) :: (a + x) : \text{PO},$$

ou

$$\text{GP} : \text{AP} :: \text{PB} : \text{PO}.$$

Ainsi, dans l'ellipse, la sous-tangente est une quatrième proportionnelle au plus grand segment du grand axe, déterminé par l'ordonnée abaissée du point de contact au plus petit segment, et à la distance du pied de l'ordonnée au centre de la courbe.

Reprenons les expressions

$$PO = \frac{a^2 - x^2}{x},$$

et

$$GP = x,$$

puis ajoutons membre à membre, nous aurons

$$PO + GP, \text{ ou } GO = \frac{a^2 - x^2}{x} + x = \frac{a^2 - x^2 + x^2}{x} = \frac{a^2}{x},$$

donc

$$GO \times x = a^2;$$

et cette dernière équation peut se mettre sous la forme

$$GP : GA :: GA : GO.$$

C'est-à-dire que la partie du grand axe prolongé, comprise entre la tangente et le centre de la courbe, est une troisième proportionnelle entre le demi-grand axe et l'abscisse qui correspond au point de contact.

La même vérité existe à l'égard du petit axe, et pourrait être démontrée d'une manière tout-à-fait analogue.

4. — PROBLÈME. — *Déterminer le rayon de la circonférence de cercle équivalente en longueur au périmètre d'une ellipse donnée.*

Fig. 171, pl. VII.

Soit proposé de déterminer le rayon de la circonférence égale en longueur à l'ellipse ACBD, c'est-à-dire le rayon de la circonférence qui, par son aplatissement, a donné naissance à cette courbe; nous avons vu (Géom., § II, n° 21, pag. 190) que l'intersection commune aux deux courbes est située sur le milieu de la tangente à l'ellipse, menée parallèlement à la corde qui sous-tend le quart de la courbe; soit donc SO la tangente parallèle à AD et M le point de contact;

supposons de plus
$$GA = a, \; GD = b, \; GP = x;$$
et enfin

$GN = y;$ MN et MP étant abaissées perpendiculairement du point de contact sur les axes.

Le triangle SGO étant rectangle et le point M situé sur le milieu de l'hypoténuse, il s'ensuit que

$$GM = \frac{SO}{2} = MO,$$

et qu'en conséquence le triangle GMO est isoscèle; l'on a donc
$$GP = PO \; (\S \; I, \; n^o \; 10, \; pag. \; 134).$$

Cela posé, on a, d'après le problème qui précède,
$$GP : GA :: GA : GO,$$
qui revient à
$$x : a :: a : 2x;$$
puis on tire
$$2x^2 = a^2, \quad x^2 = \frac{a^2}{2},$$
et enfin
$$x = \sqrt{\frac{a^2}{2}},$$
d'où
$$x^2 = \frac{a^2}{2}.$$

Le même principe appliqué au petit axe fournit
$$y : b :: b : 2y,$$
et par suite,
$$2y^2 = b^2, \quad y^2 = \frac{b^2}{2},$$
et enfin
$$y = \sqrt{\frac{b^2}{2}},$$
d'où
$$y^2 = \frac{b^2}{2}.$$

Mais le triangle rectangle GMP donne

$$\overline{GM}^2 = \overline{PM}^2 + \overline{GP}^2 = x^2 + y^2,$$

et en mettant à la place de x^2 et y^2 leurs valeurs respectives, l'égalité devient

$$\overline{GM}^2 = \frac{a^2}{2} + \frac{b^2}{2} = \frac{a^2 + b^2}{2},$$

et en extrayant la racine carrée des deux membres

$$GM = \sqrt{\frac{a^2 + b^2}{2}}$$

Telle est la valeur du rayon demandé, déterminée en fonction des deux axes de l'ellipse.

Et si, dans l'expression *circ.* $R = 2\pi R$ (Géom., § III, n° 12, pag. 178), on remplace la quantité R par la valeur de GM, on aura immédiatement

$$circ.\ GM = 2\pi \sqrt{\frac{a^2 + b^2}{2}}.$$

Pour obtenir le développement d'une ellipse dont les axes sont donnés, il suffit donc de multiplier la racine carrée de la demi-somme des carrés des deux demi-axes par le double de la valeur de π.

On concevra aisément l'immense avantage que présente cette formule dans les applications numériques, comparativement au développement

$$\frac{1}{2}\pi\left(1 - \frac{1}{2}e^2 - \frac{1.1.1.3}{2.2.4.4}e^4 - \frac{1.1.1.3.3.5}{2.2.4.4.6.6}e^6 - etc.....\right)$$

que fournit le calcul intégral, ce développement n'étant très convergent que lorsque l'excentricité e est très petite, c'est-à-dire lorsque les ellipses ont peu d'aplatissement.

CHAPITRE V.

—

STATIQUE.

§ Ier. — MOUVEMENT, COMPOSITION ET DÉCOMPOSITION DES FORCES, THÉORIE DES COUPLES.

N° 1er. — On appelle *force* ou *puissance*, la cause qui imprime ou tend à imprimer le mouvement à un corps quelconque; le mouvement est *uniforme*, *accéléré* ou *retardé*.

Il est uniforme, lorsque le mobile parcourt régulièrement la même distance dans le même temps.

Il est accéléré, quand le mobile franchit pendant des temps égaux des distances qui augmentent successivement.

Enfin il est retardé, lorsque le mobile parcourt dans sa marche ralentie, pendant des temps égaux, des distances qui vont successivement en diminuant.

La direction d'une force est la ligne qu'elle fait suivre ou tend à faire suivre au corps sur lequel elle agit; le mouvement peut être *rectiligne* ou *curviligne*, selon la nature de la direction.

La vitesse d'un corps est la distance qu'il parcourt, ou celle qu'il est susceptible de parcourir pendant une unité de temps.

2. — PROBLÈME. — *Deux mobiles partent en même temps de deux points différents de la ligne AB, et se dirigent dans le même sens; au moment du départ, ils sont séparés par une distance D; la vitesse du premier mobile est V, et celle du second est v; T représente le temps écoulé entre le départ* *et la rencontre; d la distance parcourue par le premier mobile, et d' celle parcourue par le second; on se propose de déterminer quelles sont les relations qui existent entre les différentes quantités D, V, v, T, d et d'.*

Remarquons que le premier mobile franchissant une distance V pendant une unité de temps, parcourra dans les mêmes conditions un espace $TV = d$;

Que, par la même raison, le second dont la vitesse est v, parcourra un espace $Tv = d'$ dans le même temps.

Mais il est évident que la distance parcourue par le premier mobile, est égale à celle parcourue par le second, augmentée de l'espace qui les séparait au moment du départ; ainsi l'on a

$$TV = D + Tv,$$

d'où l'on tire

$$TV - Tv = D;$$

puis

$$T(V - v) = D;$$

et enfin

$$T = \frac{D}{V - v}.$$

Ce qui fait voir que le temps écoulé entre le départ et la rencontre, est égal à la distance qui sépare les mobiles, divisée par la différence des deux vitesses.

Reprenant l'équation

$$TV - Tv = D,$$

on en tire

$$1^\bullet \quad TV = D + Tv,$$

puis

$$V = \frac{D + Tv}{T} = \frac{D}{T} + v;$$

$$2^\bullet \quad Tv = D + TV,$$

puis

$$v = \frac{D + TV}{T} = \frac{D}{T} + V.$$

Donc la vitesse de l'un quelconque des mobiles est égale au quotient de la distance qui les sépare, augmenté de la vitesse de l'autre divisé par le temps.

APPLICATION. — *Une montre indique midi, l'aiguille des minutes se trouvant sur celle des heures, on demande quel est le point du cadran sur lequel aura lieu la prochaine rencontre des aiguilles.*

Appliquons à la solution de cette question la formule

$$T = \frac{D}{V - v} \, ;$$

nous aurons

$$T = \frac{12}{12 - 1} = \frac{12}{11} = 1^{\text{h}} \, 5^{\text{m}} \, {}^{5}/_{11};$$

car la distance qui sépare les aiguilles au moment de l'observation, est égale au tour du cadran, ou à 12; et la grande aiguille faisant douze fois le tour du cadran pendant que la petite ne le fait qu'une seule fois, il en résulte que la vitesse de l'une est réellement de 12, tandis que celle de l'autre n'est que de 1; on est donc conduit à diviser la distance 12 par la différence des vitesses 12—1, et le quotient 1 heure 5 minutes et ${}^{5}/_{11}$ indique le point du cadran où se fera la première rencontre.

3. — Les corps, en général, renferment une infinité de vacuoles ou interstices compris entre les parties matérielles qui les constituent; on a même acquis la certitude que, dans la plupart de ceux-ci, la réunion des parties vides surpasse de beaucoup celle des parties pleines.

L'ensemble des parties matérielles qui composent un corps est ce qu'on appelle sa *masse*.

Si deux forces sont appliquées à des masses égales, il est évident qu'elles sont entr'elles dans le même rapport qui existe entre les vitesses qu'elles impriment séparément à chacun des corps qu'elles sollicitent; de même que si deux forces impriment séparément à des masses différentes des vitesses égales, le rapport de ces forces est encore le même que celui des masses mises en mouvement.

On peut donc conclure *que le rapport de deux forces est égal au rapport des masses sollicitées, multiplié par celui de leur vitesse;* et si l'on désigne par F et f deux forces, par V et v les vitesses qu'elles impriment séparément aux masses M et m, on aura

$$\frac{F}{f} = \frac{M}{m} \times \frac{V}{v}.$$

Les quantités f, m et v pouvant être prises en même temps pour unités ou termes de comparaison dans chacune leur espèce, l'expression deviendra

$$\frac{F}{1} = \frac{M}{1} \times \frac{V}{1}, \text{ ou } F = MV;$$

c'est-à-dire que la force est égale au produit de la masse par la vitesse : ce produit est généralement désigné par *quantité de mouvement ou intensité d'une force.*

D'après ce qui vient d'être dit, rien n'est plus aisé que l'évaluation d'une force, car il suffit de mesurer séparément la masse sur laquelle elle agit, c'est-à-dire de chercher le nombre d'unités de masses que celle-ci contient, de procéder de la même manière à l'égard de la vitesse imprimée, puis enfin de faire le produit des deux résultats ainsi obtenus.

L'expérience a démontré que l'effet produit par une force sur une masse quelconque, est constamment le même, en quelque point de la direction que soit appliquée la force motrice.

Si plusieurs forces appliquées à une même masse détruisent réciproquement les effets dont elles sont séparément susceptibles, en sorte que la masse sollicitée soit en repos, les forces sont dites en *équilibre.*

Un corps ne peut être maintenu en équilibre par deux forces que lorsque celles-ci sont égales, qu'elles agissent suivant une même ligne droite, et en sens opposés.

Lorsque deux forces agissent sur un même corps, dans la même direction et dans le même sens, il est évident qu'elles constituent en réalité une seule et même force de même direction, dont l'effet est égal à la somme des deux autres; dans le même cas, une force égale à la somme des deux autres, appliquée dans la même direction que celles-ci, mais agissant en sens contraire, maintient évidemment l'équilibre.

4. — On appelle *force résultante,* ou simplement *résultante,* celle qui produit sur une masse le même effet qu'un certain nombre d'autres forces agissant ensemble sur la même masse, et qui prennent alors le nom de *forces composantes.*

P et Q étant deux forces qui agissent dans la même direction et dans le même sens, R leur résultante, on a $R = P + Q$.

En général, la résultante d'un nombre quelconque de forces agissant dans une même direction et dans le même sens, est égale à leur somme, et agit dans la direction commune.

Quand deux forces d'intensités différentes agissent dans une même direction, mais en sens contraires, leur résultante est égale à leur différence, agissant dans le sens de la plus grande; ainsi l'on a dans ce cas $R = P - Q$; car on peut supposer la plus grande de ces forces décomposée en deux autres, dont l'une soit égale à la plus petite, et l'autre précisément égale à leur différence; il est évident que l'effet des deux premières deviendra alors nul, et qu'il ne restera plus qu'une force R, équivalente à la différence des deux forces primitives, et agissant dans le même sens que la plus grande, dont une partie se trouve paralysée.

On peut, en général, conclure que la résultante d'un nombre quelconque de forces agissant dans une même direction, est égale à la somme de celles qui agissent dans un sens, diminuée de la somme de celles qui tirent en sens opposé, et qu'elle agit dans le même sens que les forces qui composent la plus grande de ces deux sommes.

4. — Théorème. — *La résultante de deux forces agissant sur le même point d'une masse dans des directions différentes, est exactement représentée en grandeur et en direction par la diagonale du parallélogramme construit sur les directions de ces deux forces, avec des côtés proportionnels aux forces respectives qu'ils représentent.*

Soit ABCD une surface plane infinie et fixe dans la position horizontale; *abcd* une seconde surface plane, placée sur la première, et glissant sur celle-ci avec un mouvement uniforme, en suivant la direction En''', avec une vitesse V, de sorte que tous les points de la surface mobile suivent en même temps des parallèles à la ligne En'''.

Que l'on se figure en même temps un point matériel E situé sur la surface mobile, et suivant avec un mouvement uniforme la ligne Em''', avec une vitesse que nous représenterons par V'.

Fig. 172, pl. VIII.

Prenons sur la ligne Em''' une longueur Em égale à la vitesse V', c'est-à-dire au nombre de mètres que peut parcourir le mobile E en une unité de temps, en une minute par exemple; il n'est pas douteux que ce point se trouvera, en une minute, transporté au point m de la surface mobile; mais pendant le même temps cette surface s'est transportée dans le sens En''', entraînant avec elle le mobile E; et si l'on prend une longueur En égale à la vitesse V, le point mobile E sera transporté en une minute parallèlement à sa propre direction, au point E'; après deux minutes, il se trouverait après E''; après trois minutes, en E''', et ainsi de suite.

Mais les figures $EnE'm$, $En'E''m'$, etc., étant des parallèlogrammes, les triangles EmE' et $Em'E''$ sont semblables et donnent la proportion

$$Em : Em' :: mE' : m'E'' :: Em'' : m''E''' :: Em''' : m'''E^{\text{iv}}\ldots$$

Les points E, E', E'', E''', E^{iv}, sont donc situés sur une même ligne droite; et comme $Em = mm'$, il en résulte que $EE' = E'E'' = E''E''' = E'''E^{\text{iv}}$, etc.

Donc, 1° *le mobile décrit une ligne droite;*

2° *Cette droite est exactement la diagonale du parallélogramme construit sur la direction des forces avec des distances proportionnelles aux vitesses, prises pour côtés;*

3° *Le mouvement est uniforme, puisqu'il parcourt des distances égales pendant des temps égaux;*

4° *Enfin, la vitesse du mobile est égale en grandeur à la diagonale du parallélogramme construit sur les deux directions, avec des longueurs proportionnelles aux vitesses respectives.*

Fig. 173, pl. VIII. **5.** — Si les deux directions En et Em forment entr'elles un angle droit, la figure $EnE'm$ devenant un rectangle, les deux triangles qui le composent sont également rectangles, et donnent indifféremment l'un ou l'autre

$$EE' = \sqrt{\overline{En}^{2} + \overline{Em}^{2}}.$$

C'est-à-dire que, dans ce cas particulier, la vitesse imprimée par la résultante est égale à la racine carrée de la somme des carrés des deux vitesses primitives.

Soit par exemple $En = V = 0.80$ centimètres, $Em = V' = 1^m 90^c$, on aura

$$EE' = \sqrt{0.80^2 + 1.90^2} = \sqrt{4.25} = 2.0615,$$

et le point E parcourra la ligne EE' avec une vitesse de 2 mètres 615 dix-millimètres; c'est-à-dire qu'il parcourra cette distance par minute.

6. — D'après ce qui vient d'être dit, si un point E est poussé par une force P dans la direction Em, avec une vitesse proportionnelle à la longueur de cette ligne, qu'en même temps une seconde force Q imprime au même point une vitesse dans la direction de En et proportionnelle à cette dernière, l'effet sera le même que si le point mobile était poussé par une force unique R, dont la direction et la vitesse fussent rigoureusement exprimées par la ligne EE'; et si l'on supposait que cette troisième force agit en sens contraire, c'est-à-dire de E' en E, le point E serait maintenu en équilibre. Fig. 174, pl. VIII.

On peut donc admettre généralement que lorsque trois forces appliquées à un même point se font équilibre, il faut nécessairement que l'une quelconque d'entr'elles soit égale et directement opposée à la résultante des deux autres; et comme la résultante de deux forces est toujours dans le même plan que les directions de ces forces, il s'ensuit que trois forces ne peuvent être en équilibre, si leurs directions ne se trouvent situées dans un même plan.

Les trois forces P, Q et R étant entr'elles comme les lignes Em, En et EE', on a les rapports $P : Q : R :: Em : En : EE'$; mais comme dans l'un ou l'autre des triangles EnE' et EmE' les côtés sont entr'eux comme les sinus des angles qui leur sont opposés (Trig. § III. n° 1, pag. 269), on a aussi $Em : En : EE' :: \sin nEE' : \sin mEE' : \sin mEn$.

Donc chacune des forces P, Q, R est proportionnelle au sinus de l'angle formé par les deux autres.

Il est toujours facile de décomposer une force en deux autres dirigées suivant des lignes données de position, pourvu néanmoins que ces lignes et la direction de la force dont il s'agit soient dans un même plan, et qu'en même temps elles concourent au même point; c'est une application directe et immédiate du principe qui vient d'être démontré.

La méthode employée pour déterminer la résultante de deux forces, permet d'obtenir celle d'un nombre quelconque de forces appliquées à un même point, et dirigées dans des sens différents; car il suffit de déterminer à l'aide du parallélogramme, dont les propriétés sont connues, la résultante de deux quelconques des forces données, puis la résultante entre celle qui vient d'être obtenue, et une troisième force prise parmi celles qui restent; cette opération, qui n'offre aucune difficulté, puisque les directions des forces prises deux à deux sont toujours dans le même plan, peut être ainsi continuée jusqu'à ce que l'on soit parvenu à une résultante unique qui réunit seule l'effet des composantes données, et permet alors de les faire disparaître en les remplaçant par cette dernière.

7. — **Théorème.** — *La résultante de trois forces appliquées à un même point dans l'espace est égale à la diagonale du parallélipipède construit sur les directions de ces forces, avec des longueurs respectivement proportionnelles à celles-ci.*

Fig. 175, pl. VIII. En premier lieu, les longueurs AD et AB représentant les forces Q et S appliquées au même point A, la diagonale AC du parallélogramme ABCD sera la résultante de ces deux forces, qui pourront en conséquence être remplacées par cette dernière; il ne reste donc plus qu'à considérer la troisième force P et la diagonale AC; AH représentant en longueur et en direction la force P, la diagonale AF du parallélogramme AHFC construit sur AH et AC, que nous appellerons R, sera la résultante de ces deux forces, et par conséquent celle des trois forces données P, Q, S; mais R, ou AF, est la diagonale du parallélipipède ABCDEFGH; *donc la résultante de trois forces appliquées à un même point dans l'espace, est égale à la diagonale du parallélipipède construit sur les directions de ces forces avec des longueurs respectivement proportionnelles à celles-ci.*

Dans le cas particulier où les directions des trois forces sont perpendiculaires l'une à l'autre, le parallélipipède devient rectangle, et donne

$$AC = \sqrt{\overline{AD}^2 + \overline{AB}^2} = \sqrt{Q^2 + S^2},$$

$$\text{et } AF, \text{ ou } R = \sqrt{\overline{AC}^2 + \overline{AH}^2} = \sqrt{\overline{AC}^2 + P^2}.$$

Mettant, dans cette dernière expression, à la place de AC, sa valeur

$$\sqrt{Q^2 + S^2},$$

on obtient définitivement

$$R = \sqrt{Q^2 + S^2 + P^2};$$

c'est-à-dire que *la résultante s'obtient en extrayant la racine des carrés réunis des trois composantes.*

On peut remarquer que trois forces qui ne sont pas dans le même plan, ne sauraient être en équilibre ou avoir une résultante nulle, sans être nulles elles-mêmes.

On voit également, d'après ce qui vient d'être dit, que trois forces qui concourent en un même point étant données, on peut toujours les réduire à une seule produisant le même effet; et pour peu qu'on réfléchisse, on s'apercevra de même qu'en agissant inversement, on décomposera à volonté une force donnée en trois autres concourant au même point, et dont l'effet sera le même.

8. — Problème. = *Deux forces parallèles* P *et* Q *qui agissent dans le même sens étant appliquées à deux points d'une droite inflexible* AB, *trouver une troisième force* R *qui soit en équilibre avec les deux forces données.*

Soient BE et AH les parties de lignes dont les longueurs et les directions représentent les forces données Q et P; on peut appliquer aux points A et B, et dans le sens de la ligne AB, deux forces égales Y et Y′, agissant en sens opposés et représentées par les prolongements égaux AF et BC; l'effet des deux forces Y et Y′ étant nul, on n'a rien changé à l'état primitif, et la puissance qui ferait équilibre aux quatre forces P, Q, Y, Y′, serait également en équilibre avec les forces données P et Q.

Les deux forces P et Y concourant au même point A, auront pour résultante la diagonale GA du parallélogramme AFGH représentant en longueur et en direction la force S.

De même, et pour la même raison, les deux forces Q et Y′ auront pour résultante S′ représentée par la diagonale BD du parallélogramme BCDE.

Les quatre forces P, Q, Y, Y′ agissant ensemble, produiront donc le même

Fig. 176, pl. VIII.

STATIQUE.

effet que les deux forces S et S' agissant aussi en même temps; seulement on doit remarquer que les directions de ces dernières n'étant plus parallèles, sont susceptibles de se rencontrer en les prolongeant convenablement l'une et l'autre, soit M leur point de concours.

On a déjà vu que l'effet produit par une force quelconque, suivant une ligne droite donnée, est le même en quelque point de la droite que soit le point d'application; on peut donc, sans altérer les choses existantes, supposer les forces S et S' appliquées l'une et l'autre au point M commun à leurs directions; si donc on porte de M en N une longueur égale à AG, de M en T une longueur égale à BD, puis que l'on achève le parallélogramme MNOT, la diagonale MO représentera en longueur et en direction la force R; et comme l'effet de cette force sera constamment le même, en quelque point de la ligne OM qu'elle soit appliquée, on prolongera cette dernière jusqu'à sa jonction avec AB au point X, qui sera définitivement le point d'application.

Il ne restera donc plus qu'à porter de X vers M une longueur égale à OM, et l'on aura la force demandée, qui devra alors agir dans le sens MR, pour annuler les efforts réunis de P et Q.

Il nous reste maintenant à déterminer algébriquement la résultante R et les deux segments AX et BX de la droite d'application.

MX étant parallèle à BE, les triangles MXB et BED sont semblables et donnent la proportion

$$MX : BX :: BE : DE.$$

Par une raison tout-à-fait analogue, les triangles MXA et AHG sont également semblables, et donnent en conséquence

$$AX : MX :: GH : AH.$$

Multipliant ces deux proportions terme à terme, en observant que

$$GH = ED,$$

on a

$$MX \times AX : BX \times MX :: BE \times GH : DE \times AH,$$

ou en simplifiant,

$$AX : BX :: BE : AH,$$

ou, ce qui revient au même,

$$AX : BX :: Q : P,$$

ou encore

$$P : Q :: BX : AX.$$

Donc la direction de la résultante rencontre la droite d'application en un point qui divise cette droite en deux parties, réciproquement proportion-- nelles aux forces.

On tire de la même proportion

$$P \times AX = Q \times BX.$$

Donc les produits respectifs de chaque force par le segment qui lui est adjacent, sont égaux entr'eux.

De la proportion

$$P : Q :: BX : AX,$$

on forme les suivantes :

$$P + Q : P :: BX + AX : BX,$$

ou

$$P + Q : P :: AB : BX,$$

et

$$P + Q : Q :: BX + AX : AX,$$

ou

$$P + Q : Q :: AB : AX.$$

De la première on tire

$$BX = \frac{P \times AB}{P + Q};$$

et la seconde donne

$$AX = \frac{Q \times AB}{P + Q}.$$

Mais nous avons déjà vu que la résultante de deux forces dont les directions sont parallèles, et qui agissent dans le même sens, est égale à la somme de ses composantes; on a donc

$$R = P + Q,$$

et les deux expressions précédentes deviennent

$$BX = \frac{P \times AB}{R},$$

et

$$AX = \frac{Q \times AB}{R}.$$

Telles sont les formules qui déterminent les deux segments de la droite d'application, et qui rendent facile, soit graphiquement, soit par le calcul, la construction du point d'application.

Pour déterminer la résultante de deux forces parallèles, il faut donc diviser la droite qui réunit les deux points d'application en deux segments réciproquement proportionnels aux deux forces.

Pour cela, on établit la proportion :

La résultante est à l'une de ses composantes, comme la ligne entière est au segment opposé; la résultante est égale à la somme des deux forces, sa direction leur est parallèle, elle agit dans le même sens qu'elles; en conséquence, la force qui fera équilibre, doit agir dans le sens opposé.

Fig. 176, pl. VIII. Soit une poutre AB, ayant huit mètres de longueur, sollicitée à l'aide de deux cordes P et Q, sur lesquelles sont appliquées, à la première une force de dix hommes, à la seconde une de 25 hommes; pour maintenir l'équilibre il faudra,

1° Appliquer en sens contraire un nombre d'hommes exprimé par $10 + 25 = 35$;

2° Obtenir le point d'application à l'aide de la proportion :

$$35 : 25 :: 8 : BX,$$

d'où

$$BX = \frac{25 \times 8}{35} = \frac{200}{35} = 5^m 714\ldots$$

ou pour déterminer le segment AX,

$$35 : 10 :: 8 : AX,$$

d'où l'on tire

$$AX = \frac{8 \times 10}{35} = 2^m 286\ldots$$

Pour vérifier l'opération, on peut réunir les deux segments, afin de s'assurer si leur somme équivaut à la longueur de la droite d'application; c'est ce qui a lieu dans le cas actuel, car on a en effet

$$5.714 + 2.286 = 8^m.$$

9. — PROBLÈME. — *Une force agissant à un point d'une droite inflexible, on demande de la décomposer en deux autres forces parallèles, agissant en même sens, et à deux points donnés sur la ligne d'application.*

Soient P la force à appliquer au point A, Q celle à appliquer au point B, et R la force à décomposer.
D'après la proposition qui précède, on aura la proportion

$$R : P :: AC : BC,$$

d'où

$$P = \frac{R \times BC}{AC},$$

et puis

$$R : Q :: AC : AB,$$

qui donne

$$Q = \frac{R \times AB}{AC}.$$

336 STATIQUE.

Mais si l'opération est exacte, on doit avoir, d'après ce qui vient d'être dit, $P + Q = R$, fait qui peut être vérifié en ajoutant ensemble les valeurs de P et Q.

En effet, on a, en opérant ainsi,

$$\frac{R \times BC}{AC} + \frac{R \times AB}{AC} = \frac{R\,(BC + AB)}{AC};$$

et si l'on observe que

$$BC + AB = AC.$$

l'expression deviendra

$$R \times \frac{AC}{AC};$$

et comme toute valeur divisée par elle-même est égale à un, la dernière expression deviendra

$$R \times 1 = R.$$

10. Problème. — *On pourrait également se proposer de décomposer une force appliquée en un certain point d'une droite donnée, en deux autres forces parallèles, agissant dans le même sens, et dont l'une fût égale à une force donnée;* il s'agirait alors de déterminer la grandeur et le point d'application de la seconde composante.

L'égalité

$$R = P + Q,$$

fournira indifféremment

$$Q = R - P,$$

ou

$$P = R - Q.$$

Quant au point d'application, il sera déterminé par l'une ou l'autre des proportions

$$R : P :: AC : BC,$$

ou

$$R : Q :: AC : AB,$$

selon que P ou Q sera la force inconnue.

11. — Problème. — *Deux forces inégales, dont les directions sont paral-*
lèles, étant appliquées à deux points d'une droite inflexible sur laquelle
elles agissent en sens opposés, on demande de déterminer leur résultante,
et la force susceptible de les maintenir en équilibre.

Soient P et Q deux forces données; A et B leurs points d'application.Fig. 178, pl. VIII.

D'après le problème qui précède, il est aisé de décomposer la force P en
deux autres Q' et X parallèles, mais de manière, toutefois, à ce que l'on
ait Q' = Q.

On aura alors les deux égalités

$$X = P - Q, \text{ et } X \times AJ = Q \times AB.$$

Mais aux deux forces P et Q on peut substituer les trois X, Q et Q' dont Q et
Q' se réduisent mutuellement; on peut donc aux deux forces P et Q substituer la force X, qui est leur résultante; et en appliquant au point I une force
égale et directement opposée à X, elle tiendra P et Q en équilibre.

De là, on peut conclure qu'en général, 1° *la résultante de deux forces*
parallèles inégales et qui agissent en sens opposés, est égale à leur diffé-
rence;

2° *Que sa direction est parallèle à celle des composantes, et qu'elle agit*
dans le même sens que la plus grande;

3° *Enfin, que cette résultante, multipliée par sa distance à la plus grande*
force, est égale à la plus petite multipliée par la distance de son point d'ap-
plication à cette même force.

On pourrait se créer une infinité de questions relatives à la composition et
à la décomposition des forces; mais comme elles se résolvent sans difficulté à
l'aide des principes établis, en employant une marche analogue à celle qui
vient d'être suivie pour la solution des trois dernières questions, nous avons
pensé qu'il était inutile de nous arrêter plus long-temps sur ce sujet, qui ne
peut présenter aucune difficulté aux personnes qui auront su apprécier et
bien comprendre ce qui précède de ce paragraphe.

12. — Deux forces égales et parallèles, P et Q, agissant en sens inverses auxFig. 179, pl. VIII.
extrémités d'une droite inflexible AB, ne peuvent être maintenues en équilibre
par une troisième force, car il n'existe aucune raison qui détermine la résul-

tante d'un tel système à se diriger de l'un ou l'autre côté de la ligne AB, où tout se trouve disposé d'une manière également avantageuse pour l'une et l'autre des puissances P et Q.

On a donné le nom de *couple* à deux forces égales et parallèles qui agïssent en sens opposés et à deux points différents d'un même corps, ou aux extrémités d'une même droite.

Fig. 179, pl. VIII. La perpendiculaire commune, qui mesure la plus courte distance des deux directions, est *le bras de levier* du couple; telle est AB.

Le produit de l'une des forces $P \times AB$ ou $Q \times AB$, se nomme *le moment du couple*.

Pour se faire une juste idée d'un couple, on peut se représenter le bras de levier AB, fixé par le milieu sur un point I; alors la force P tend à faire tourner dans un sens, tandis que la force Q, agissant avec une intensité égale, et dans un sens opposé, vient par la disposition naturelle des choses, augmenter d'autant l'effet dont la première force est seule susceptible, ce qui détermine la rotation du corps sollicité autour du point milieu du bras de levier.

C'est ainsi qu'on peut distinguer le sens suivant lequel différents couples agissent; le mouvement imprimé peut exister de droite à gauche ou de gauche à droite, et même il peut arriver qu'un certain nombre de couples, sollicitant un même corps dans des directions différentes, s'anéantissent réciproquement, de telle sorte, que les effets réunis maintiennent le corps stable, et que le système entier demeure en équilibre.

On a déjà vu que le point d'application d'une force peut, sans altérer son effet, occuper successivement chacun des points de sa direction; les couples jouissent d'une propriété à peu près analogue qui peut s'énoncer ainsi, et dont nous croyons pouvoir nous dispenser de donner la démonstration.

Un couple peut être transporté partout où l'on voudra, dans un même plan, ou dans tout autre plan parallèle; il peut aussi y être tourné dans quel sens on veut, sans que son effet soit altéré, pourvu néanmoins que le nouveau bras de levier soit invariablement fixé au premier.

13. — Théorème. — *Un couple quelconque appliqué sur un bras de levier, peut être changé en un autre agissant dans le même sens, et dont le moment est égal à celui du couple auquel il est substitué.*

Fig. 180, pl. VIII. Soit P — P un couple auquel on désire substituer un autre couple Q — Q, prolongeons le bras de levier AB du couple donné P — P, d'une longueur

quelconque BC, et appliquons sur BC, comme bras de levier, parallèlement
aux forces P et — P, deux couples égaux, Q—Q, et Q′—Q′, agissant en sens
opposés; leur effet étant entièrement nul, celui du couple primitif P — P n'en
sera nullement altéré.

Admettons que les forces P et Q ou Q′ soient réciproquement proportionnelles aux lignes AB et BC, c'est-à-dire qu'on ait la proportion

$$P : Q' :: BC : AB;$$

leur résultante, dont le point d'application est alors en B, est égale à $P + Q'$,
et anéantit l'effet des forces contraires — P et — Q′; les quatre forces P, Q′,
— P et — Q′, peuvent donc être supprimées, et il ne reste plus que le couple
Q — Q appliqué sur le bras de levier BC, lequel remplace le couple supprimé
P — P; mais on a $Q = Q'$, ainsi la proportion précédente peut être mise éga-
lement sous la forme

$$P : Q :: BC : AB,$$

et l'on en tire

$$P \times AB = Q \times BC;$$

donc les moments des couples P — P et Q — Q sont égaux.

Il est aisé de s'apercevoir que deux couples P—P *et* Q — Q, *qui agissent*   Fig. 181, pl. VIII.
sur des bras de leviers égaux, sont entr'eux comme leurs forces respecti-
ves P *et* Q; car, si les deux forces sont entr'elles comme deux nombres donnés, on pourra les supposer composées chacune d'autant de forces partielles
qu'elles contiennent d'unités; et chaque couple se trouvera alors également
décomposé en autant de couples partiels que l'une de ses composantes contient d'unités de force; on a donc en général

$$(P — P) : (Q — Q) :: P : Q.$$

Soient deux couples quelconques P — P et Q — Q; a et b leurs bras de leviers; le couple Q — Q, qui agit sur la ligne b, est équivalent au couple

$$\frac{b}{a} Q — \frac{b}{a} Q,$$

agissant sur le bras du levier a, car ils ont des moments égaux, $bQ = bQ$; au lieu des deux couples primitifs P — P et Q — Q, on peut donc considérer les deux couples

$$P - P \text{ et } \frac{b}{a}\, Q - \frac{b}{a}\, Q,$$

ayant le bras de levier a commun. Mais nous venons de voir que les intensités de deux couples sont entr'elles comme leurs forces respectives; on a donc, dans le cas actuel, en désignant par I et i les intensités,

$$I : i :: P : \frac{bQ}{a};$$

ou en multipliant les deux termes du second rapport par a, ce qui peut se faire sans altérer la proportion,

$$I : i :: aP : bQ;$$

et l'on en conclut que deux couples quelconques sont entr'eux comme leurs moments; d'après cela, le moment d'un couple peut être pris pour l'évaluation ou pour la mesure de son effet.

14. — Théorème. — *Deux couples situés dans le même plan ou dans des plans parallèles, sont toujours réductibles à un seul, qui est égal à leur somme ou à leur différence, selon qu'ils tendent à faire tourner dans le même sens ou en sens contraires.*

D'après ce qui a été démontré, on pourra transformer les deux couples proposés en deux autres qui leur seront équivalents, mais dont les bras de leviers seront égaux, puis les réunir pour n'en plus former qu'un seul.

P et Q sont les forces de deux couples P — P et Q — Q, dont les bras de levier sont a et b; appelons d le bras de levier du couple auquel les deux autres sont réduits; au lieu du couple P — P, dont le moment est Pa, on pourra considérer le couple équivalent P' — P', dont le moment Pd serait égal à Pa.

On prendra de même, pour le couple Q — Q, dont le moment est Pb, le couple Q' — Q', dont le moment $Q'd = Qb$; et ces deux couples se trouvant, par ces différentes transformations, appliqués au même bras de levier d, on aura le couple résultant

$$(P' + Q') - (P' + Q'),$$

qui a pour moment

$$(\mathrm{P'}d + \mathrm{Q'}d) = (\mathrm{P}a + \mathrm{Q}b).$$

D'après cela, et en considérant deux à deux autant de couples qu'on voudra, situés dans un même plan ou dans des plans parallèles, on les réduira toujours à un couple unique, égal à la somme de ceux qui tendent à faire tourner dans un sens, diminuée de la somme de ceux qui impriment le mouvement en sens contraire; le même principe fournit également le moyen de décomposer un couple unique en un certain nombre d'autres situés dans le même plan que celui-ci, et produisant ensemble le même effet.

15. — Parmi les différentes manières d'envisager l'équilibre de deux couples, le cas le plus simple et celui qui se présente le plus naturellement à l'esprit même le moins observateur, est celui où deux couples égaux sont appliqués aux extrémités de deux diamètres de la même circonférence, à laquelle ils tendent à imprimer deux mouvements de rotation en sens contraires autour de son centre.

Le couple P — P étant appliqué aux extrémités du diamètre CD et Q — Q, aux extrémités de AB, si l'on admet P = Q; la résultante des forces P et Q, ainsi que celle des forces — P et — Q passant également par le centre, leurs directions sont situées sur la même ligne droite, et leurs effets opposés, puisqu'ils agissent en sens contraires, preuve incontestable de l'équilibre; ceci fait voir en même temps, que lorsqu'il s'agit d'imprimer le mouvement de rotation à un cercle, il est indifférent d'appliquer la force motrice à l'un quelconque des points de sa circonférence.

Fig. 182, pl. VIII.

En admettant les cercles inégaux, soit P — P, un couple appliqué aux extrémités du diamètre AB; et soit également Q — Q, un second couple appliqué aux extrémités du diamètre d'un second cercle concentrique, mais dont le diamètre CD est plus grand que celui du premier; les deux couples agissant du reste en sens opposés; il est déjà prouvé que si l'on avait l'équation P $\times$ AB = Q $\times$ CD, l'équilibre règnerait, et qu'alors les moments des deux couples seraient inégaux; mais il n'en est pas ainsi, puisque par hypothèse on a CD > AB, ou ab, et P = Q; pour rendre les deux moments égaux, il faut donc que l'on ait P > Q.

Fig. 183, pl. VIII.

Ceci fait voir que, pour imprimer le même mouvement à deux cercles ou à deux roues dont les diamètres sont inégaux, à l'aide de deux forces différentes, celle qui possède le plus d'intensité doit être appliquée au cercle dont le diamètre est inférieur.

16. — Théorème. — 1° *Deux couples disposés d'une manière quelconque, dans deux plans qui se coupent sous un certain angle, sont toujours susceptibles de se réduire en un seul;*

2° *Si l'on représente les moments de ces couples par les longueurs respectives de deux droites formant entr'elles un angle égal à celui des deux plans, et que l'on construise le parallélogramme; le moment du couple résultant sera représenté par la diagonale de ce parallélogramme; et le plan de ce couple divisera l'angle que font entr'eux les plans des couples composants, de la même manière que la diagonale du parallélogramme des forces divise l'angle que font entr'eux les deux côtés adjacents.*

Fig. 184, pl. VIII.   1° Les deux couples proposés étant situés dans les deux plans MN et M'N', dont l'intersection commune est la ligne droite CD, on pourra les changer en deux autres équivalents qui auront le même bras de levier; et comme ce bras de levier doit se trouver en même temps dans les deux plans des couples que l'on considère, il fera partie de leur intersection CD; soit donc AB ce bras de levier ; quel que soit ce couple, on pourra également le ramener à angle droit sur la ligne AB, et comme la même opération est également facile dans l'un et l'autre plan relativement au couple qu'il contient, on ne considèrera plus que les couples P — P et Q — Q, ayant le bras de levier AB commun, les forces P et — P, perpendiculaires à celui-ci, sans cesser pour cela d'être tout entières dans le plan MN, et les forces Q et — Q situées dans le plan M'N' également à angle droit sur le même bras; cela posé, les deux forces P et Q se réduisent à une seule R, appliquée au point A, et les deux autres forces P et — P se réduisent également en une autre — R, appliquée au point B, égale à la première, ayant une direction parallèle à celle-ci et agissant en sens contraire; on aura donc, au lieu des deux couples P — P et Q — Q, le couple unique R — R, appliqué au bras de levier AB.

2° Ces trois couples ayant le même bras de levier, leurs moments respectifs sont proportionnels aux valeurs des trois forces P, Q, R qui leur appartiennent; les moments des deux couples composants étant représentés par les lignes AP et AQ qui leur sont proportionnelles, il s'ensuit que le moment du couple résultant R — R, sera rigoureusement exprimé par la diagonale AR, du parallélogramme construit sur ces lignes; et comme les angles interceptés par les lignes AP et AQ, mesurent les angles des deux plans MN et M'N', il s'ensuit également que le plan du couple résultant divise l'angle des deux autres plans, comme la diagonale AR divise elle-même celui formé par les deux côtés adjacents du parallélogramme.

Ceci donne le moyen de réduire un certain nombre de couples à un seul, dont l'effet est équivalent à celui de tous les autres agissant ensemble; réciproquement, on peut décomposer un couple en deux autres, situés dans des plans différents, pourvu néanmoins que ces deux plans et celui dans lequel se trouve placé le couple proposé se rencontrent suivant la même ligne; pour opérer cette décomposition, on doit évidemment prendre la marche inverse à celle qui vient d'être suivie pour la composition.

17. — THÉORÈME. — *Un certain nombre de forces appliquées d'une manière quelconque à un corps, sont toujours réductibles à une seule force et à un couple unique, qui se trouvent généralement situés dans deux plans différents.*

Soient tant de forces que l'on voudra, appliquées d'une manière quelconque à un corps M; considérons d'abord l'une d'entr'elles, la force P, par exémple, appliquée au point B; appliquons à un certain point A, fixe et pris arbitrairement sur le même corps, deux forces P' et — P agissant en sens contraire, parallèles à la force P, égales entr'elles et à cette dernière; il est évident que l'effet des deux nouvelles forces étant nul, rien ne sera changé à l'état du système, et qu'au lieu de la force P dont le point d'application est en B, il est permis d'adopter la force P' appliquée au point A, et le couple P — P appliqué aux extrémités de la droite AB; mais le couple P — P peut être transporté dans tout autre plan parallèle à celui dans lequel il est actuellement, et il ne reste plus au point A que la force P', égale et parallèle à la force P, ou plutôt cette dernière, transportée à ce point parallèlement à elle-même. Toutes les forces qui composent le même système, pourront être, comme la force P, transportées parallèlement à elles-mêmes au même point A, les couples correspondants à chacune d'elles étant disposés ailleurs; en cet état de choses, toutes les forces se réduiront à une résultante unique, également appliquée au point A; et tous les couples en un seul, appliqué sur une certaine droite prise dans le corps ou dans le système de corps donné; donc, etc....

Fig. 185, pl. VIII.

On doit remarquer que la résultante tirant son origine de ses composantes, sa direction et le sens suivant lequel elle doit agir, seront constamment les mêmes, en quelque endroit que soit fixé le point A; qu'il n'en est pas ainsi du couple résultant, dont la grandeur, ainsi que la position du plan dans lequel il se trouve varient, nécessairement.

On sait qu'un couple ne peut être maintenu en équilibre par une force, quelle que soit la direction de celle-ci; il en résulte que la force et le couple résultants ne peuvent être en équilibre que lorsque la résultante des forces données et le moment du couple sont nuls; ainsi l'on peut conclure :

Qu'un certain nombre de forces étant appliquées à différents points d'un même corps et transportées parallèlement à elles-mêmes au même point d'application, maintiendront le corps en équilibre, dans le cas seulement où les couples qu'elles auront produits seront en équilibre, et en même temps la résultante des différentes forces, nulle.

§ II. — PESANTEUR, PESANTEURS SPÉCIFIQUES, POIDS, CENTRES DE GRAVITÉ.

N° 1ᵉʳ. — La plus importante des forces naturelles est sans contredit la pesanteur; bien que sa cause soit complètement ignorée, on s'est néanmoins attaché à l'étude de ses lois, de telle sorte qu'elles sont aujourd'hui parfaitement connues; on *entend par pesanteur ou gravité, cette cause inconnue qui détermine les corps abandonnés à eux-mêmes, à se précipiter vers la terre;*

Et l'effort nécessaire pour faire équilibre à la pesanteur, est ce qu'on appelle poids; ainsi, le poids d'un corps *n'est autre chose que la pression qu'il exerce sur un autre corps placé immédiatement au-dessous de lui.*

Le poids d'un corps ne peut être altéré que par l'augmentation ou la diminution des parties matérielles qui le composent, puisqu'il tire son origine de celles-ci.

La réunion des parties matérielles d'un corps étant ce qu'on appelle sa masse, *la somme des parties matérielles comprise sous un volume donné, et pris pour unité, s'appelle densité, ou pesanteur spécifique de ce corps.*

La densité d'un corps est donc égale au rapport de sa masse à son volume, ou ce qui revient au même, à sa masse divisée par son volume. Ainsi l'on a

$$D = \frac{M}{V},$$

D représentant la densité d'un corps quelconque, dont la masse est M, et V le volume.

Pour déterminer numériquement les pesanteurs spécifiques des différents corps, on a dû choisir deux espèces d'unités ou termes de comparaison, l'une pour les solides et les liquides, et l'autre pour les corps gazeux : nous nous dispenserons de parler des derniers; quant aux premiers, leurs pesanteurs spécifiques s'obtiennent en comparant leurs poids respectifs à celui d'un volume égal d'eau distillée, prise à la température de $+$ 4° centigrade.

Soient P le poids réel d'un certain corps, P', celui d'un volume égal d'eau distillée, x la pesanteur spécifique du corps donné, celle de l'eau étant 1, on a la proportion

$$P' : P :: 1 : x,$$

et par conséquent,

$$x = \frac{P}{P'}.$$

Donc la pesanteur spécifique d'un corps quelconque (liquide ou solide) est égale au poids de ce corps, divisé par celui d'un volume égal d'eau distillée.

L'eau distillée doit être prise à 4°, parce qu'au-dessus et au-dessous de cette température elle occupe, bien qu'en conservant son poids primitif, un volume plus considérable; cette propriété de se dilater par l'augmentation de chaleur n'est point particulière à l'eau : tous les corps jouissent de cette faculté, qui peut s'exprimer en nombre, soit en fonction des côtés, soit en fonction des surfaces latérales, ou enfin en fonction des volumes des corps; cette variation déterminée en ligne, permet d'exprimer aisément les deux autres, car les surfaces sont comme les produits de leurs côtés, et les solides comme les produits de leurs trois dimensions.

Chaque corps solide possède une forme particulière qu'on ne saurait altérer sans séparer ou changer les positions respectives des parties qui le composent; la force qui réunit entr'elles ces différentes parties, se nomme force de *cohésion*.

Le tableau suivant indique, 1° la pesanteur spécifique des différents corps solides et liquides les plus en usage; 2° la dilatation linéaire dont ils sont susceptibles depuis le terme de la congélation de l'eau jusqu'à son ébullition; 3° le degré de chaleur nécessaire pour les mettre en fusion ou à l'état de liquéfaction, d'après le thermomètre centigrade; 4° enfin, les poids que peuvent supporter des barres suspendues verticalement au moment de leur rupture, ces barres ayant un centimètre d'équarrissage.

STATIQUE.

TABLEAU

DES PESANTEURS SPÉCIFIQUES, DILATATIONS, DEGRÉS DE FUSION ET FORCES DE COHÉSION,

Attribués à certains Corps employés dans les Arts.

INDICATION des corps ou substances.	PESANTEURS spécifiques, celle de l'eau prise pour unité.	DILATATION linéaire qu'ils éprouvent de 0° à 100°.	DEGRÉS nécessaires pour établir leur fusion ou liquéfaction.	POIDS que peuvent supporter des barres.	OBSERVATIONS.
Antimoine........	6.702	m. »	432°	» k.	
Acier doux........	7.833	0 0010791	1450	8226 00	
Acier trempé dur	7.840	»	»	10.000.00	
Argent............	10.474	0.0019097	1000	1020.74	
Bronze............	8.110	0.0001817	900	»	Les barres métalliques dont il s'agit ici ont 1 centimètre d'équarrissage.
Cuivre............	8.850	0 0017173	1055	»	
Cuivre blanc.....	8.432	»	»	»	
Cuivre rouge......	»	0 0017173	1273	2522 00	
Etain..............	7.291	0.0021730	230	414 00	
Fer en barre......	7.788	0.0012205	1500	3000.00	
Mercure à 0° c^{de}...	13.568	»	»	»	
Or................	19.257	0.0015515	1250	818 59	
Platine............	21.530	0 0008565	»	»	infusible lorsqu'il est à l'état de pureté.
Plomb............	11,445	0.0028424	334	122.00	
Zinc..............	7.100	0.0029417	360	152.00	
Acajou............	1.063	»	»	»	
Buis..............	0 912	»	»	»	
Cerisier..........	0 715	»	»	»	
Chêne de 60 ans..	1.170	»	»	575.00	
Ebène............	1.331	»	»	»	
Erable............	0.750	»	»	»	
Frêne............	0.855	»	»	»	
Gaïac.......... .	1.333	»	»	»	
Hêtre............	0 852	»	»	625.00	Cette dernière expérience est faite sur des liteaux de 0.0071ᵐ d'équarrissage.
If................	1 760	»	»	»	
Liége...	0.240	»	»	»	
Noyer............	0.681	»	»	»	
Orme............ ...	0 671	»	»	»	
Peuplier..........	0.583	»	»	»	
Pommier..........	0.793	· »	»	»	
Poirier............	0.766	»	»	»	
Prunier..........	0.785	»	»	»	
Saule............	0.585	»	»	»	
Sureau............	0.695	»	»	»	
Tilleul............	0.604	»	»	500 00	
Alun...	1.714	»	»	»	
Ardoise............	2.110	»	»	»	
Borax............	1.714	»	»	»	
Charbon............	1.300	»	»	»	
Cire............	0.964	»	68	»	
Craie........,....	3.710	»	»	»	
Ecailles d'huîtres.	2.092	»	»	»	

INDICATION des corps ou substances.	PESANTEURS spécifiques, celle de l'eau prise pour unité.	DILATATION linéaire qu'ils éprouvent de 0° à 100°.	DEGRÉS nécessaires pour établir leur fusion ou liquéfaction.	POIDS que peuvent supporter des barres.	OBSERVATIONS.
Chaux....	2.300	»	»	»	
Feld-spath........	2.700	»	»	»	
Granite............	2.900	»	»	»	
Gypse compact...	2.288	»	»	»	
Gypse cristallisé..	3.000	»	»	»	
Marbre de Carrare	2.716	»	»	»	
— blanc italien....	2.707	»	»	»	
— blanc veiné.....	2.704	»	»	»	
— de Paros.......	2.500	»	»	»	
Mica.............	2.934	»	»	»	
Nacre.............	2.340	»	»	»	
Nitre.............	1.900	»	»	»	
Pierre à chaux....	3.000	»	»	»	
— ponce.........	0.914	»	»	»	
— des couteliers	2.111	»	»	»	
— meulière......	2.142	»	»	»	
— dure..........	2.460	»	»	»	
— (pavé)..........	2.708	»	»	»	
Porcelaine........	2.384	»	»	»	
Quartz............	3.750	»	109	»	
Soufre............	1.990	»	»	»	
Acide acétique....	1.062	»	»	»	
— muriatique.....	1.200	»	»	»	
— nitrique.	1.271	»	»	»	
— sulfurique.....	1.850	»	»	»	
Alcool pur........	0.797	»	27	»	
Graisse de cochon.	0.936	»	»	»	
Huile de lin	0.940	»	»	»	
Ivoire............	1.009	»	»	»	
Sucre.............	1.606	»	»	»	
Suif.............	0.941	»	33	»	
Vinaigre..........	1.080	»	»	»	
Eau.............	1.000	»	»	»	

2. — Sachant que le poids d'un mètre cube d'eau distillée est de mille kilogrammes, si l'on réunit à cette connaissance celle de la pesanteur spécifique d'un certain corps dont le volume soit également donné, on pourra se proposer de déterminer le poids de ce corps; en effet, soient V le volume d'un corps quelconque, exprimé en mètres cubes et fractions de mètres cube, D sa densité, x son poids inconnu.

Le poids d'un mètre cube d'eau distillée étant 1000^k, celui d'un mètre cube du corps proposé sera exprimé par 1000^k ✕ D, et son poids total par 1000^k ✕ D ✕ V, en sorte que l'on aura

$$x = DV \times 1000 \text{ kilog.}$$

Pour obtenir le poids d'un corps quelconque, il suffit donc de multiplier sa densité par son volume et le produit obtenu par 1000.

La densité du plomb étant 11.445, on trouvera, d'après ce qui vient d'être dit, que 3 mètres 35 centimètres cubes de ce métal pèsent

$$11.445 \times 3.35 \times 1000 = 38340^k.75.$$

Soient P, V, M et D les poids, volume, masse et densité d'un certain corps; p, v, m et d les poids, volume, masse et densité d'un second corps; on a, d'après ce qui vient d'être dit,

$$P = DV \times 1000,$$

$$p = dv \times 1000;$$

divisant les deux équations membre à membre, et supprimant le facteur 1000, on a

$$\frac{P}{p} = \frac{DV}{dv},$$

qui peut se mettre sous la forme

$$P : p :: DV : dv.$$

Les poids de deux corps quelconques sont donc entr'eux comme les produits respectifs de leur volume par leur densité.

Les masses étant proportionnelles aux poids, on a

$$M : P :: m : p;$$

donc

$$M : m :: DV : dv;$$

c'est-à-dire que les masses de deux corps sont entr'elles comme les produits respectifs de leur volume par leur densité.

A l'aide de ces principes, il sera toujours facile de déterminer le poids réel de l'une des substances portées au tableau qui précède, poids qui pourrait, du reste, s'obtenir directement à l'aide des machines qui seront décrites dans le paragraphe suivant.

3. — Un corps quelconque qui n'est pas soutenu dans l'espace, se précipite vers la terre, et si l'expérience est faite *dans un endroit vide d'air, tous les corps tombent avec une vitesse égale;* la gravité exerce donc son empire sur les parties les plus intimes des corps, et lorsque ceux-ci descendent vers la terre, toutes leurs molécules descendent de la même manière, et comme si elles étaient simplement contiguës au lieu d'être liées entr'elles par la cohésion.

La pesanteur qui agit sur un corps quelconque, abandonné à lui-même dans l'espace, peut donc être représentée par une multitude de forces parallèles entr'elles, et dont les points d'application se trouvent naturellement fixés à chaque molécule du corps proposé; et comme ces différentes forces ont une résultante parallèle à la direction commune, et dont l'intensité est précisément égale à leur somme, l'effet de la pesanteur doit être lui-même considéré comme cette force unique, dont le point d'application dépend rigoureusement et de la forme du corps, et de la disposition des parties matérielles qui le composent.

La direction de la pesanteur se nomme *ligne verticale;* elle est toujours perpendiculaire à la surface des eaux tranquilles, qui est *horizontale,* ainsi qu'à tout autre plan parallèle à cette surface.

Dans les diverses positions qu'un corps peut occuper dans l'espace, les forces qui agissent sur toutes ses molécules sont toujours les mêmes, agissent sur les mêmes molécules et dans des directions qui ne cessent d'être parallèles; seulement ces directions se croisent à chaque changement de position du corps, et pour chacun de ces changements, la direction de la résultante de tout le système croise également celle qui l'avait précédée, ce qui fait que cette résultante, dans quelque position que se trouve le corps, est constamment assujétie à passer par un point fixe : ce point d'un corps par lequel se dirige toujours sa pesanteur, se nomme son *centre de gravité.*

La chute des corps est si rapide, et les parties de l'espace qu'ils traversent en tombant sont si peu distinctes les unes des autres, que les lois de la gravité ne peuvent être déduites de l'observation immédiate, qui ne laisse rien de circonstacié après elle; mais au moyen d'une machine fort ingénieuse, on est cependant parvenu à découvrir :

1° *Que le mouvement d'un corps abandonné à sa propre pesanteur, est uniformément accéléré;*

2° *Que, dans chaque mouvement uniformément accéléré, l'espace parcouru croît comme le carré du temps.*

Ainsi, en désignant par e l'espace que parcourt un corps quelconque pendant la première seconde de sa chute, par E celui qu'il franchit pendant un certain nombre de secondes que nous appellerons t, on aura la relation $E = et^2$.

3° *Que les vitesses suivent le rapport des temps, et que l'on obtient la vitesse du corps à la fin de chaque seconde, en multipliant par le temps le double de l'espace parcouru dans la première seconde.*

Si v représente la vitesse que le corps acquiert en un nombre de secondes exprimé par t, on aura généralement $v = 2et$.

4° *Que les espaces parcourus croissent comme le carré des vitesses.*

On peut, à l'aide de ces principes confirmés par l'expérience, et qui sont d'ailleurs susceptibles d'une démonstration mathématique, déterminer toutes les circonstances qui président à la chute des corps graves et même à l'existance de tout mouvement uniformément accéléré; en effet, de la formule $E = et^2$ on tire

$$t = \sqrt{\frac{E}{e}},$$

puis en substituant cette valeur de t, dans l'équation $v = 2et$, elle devient

$$v = 2e\sqrt{\frac{E}{e}} = 2\sqrt{Ee};$$

et de l'équation $v = 2et$ on peut tirer

$$t = \frac{v}{2e};$$

puis, en substituant cette valeur de t dans l'équation $E = et^2$, elle devient

$$E = e \times \frac{v^2}{4e^2} = \frac{ev^2}{4e^2} = \frac{v^2}{4e}.$$

On voit que, pour parvenir à exprimer en nombre les différentes circons tances du mouvement dont il s'agit, il est indispensable de connaître numériquement l'espace qu'est susceptible de parcourir un corps quelconque pendant la première seconde de sa chute; or, cette quantité que nous avons désigné par e a été rigoureusement déterminée à l'aide de la machine déjà citée, et l'on a reconnu qu'elle est de $4^m 905^{mil}$ pendant une chute qui ne rencontre aucun obstacle; cette expression numérique s'appelle *force accélératrice*.

D'après ce qui vient d'être dit, rien n'est plus aisé que la résolution des questions qui peuvent se présenter relativement à la chute des corps.

1° *Si l'on se propose, par exemple, de connaître la vitesse acquise au bout d'un certain temps par un corps qui tombe*, on a l'équation $v = 2et$ qui se réduit à $v = (9.810)\, t$, en remplaçant e par sa valeur; et la substitution à la place de t, d'un certain nombre de secondes, s'appliquerait à la solution immédiate du cas particulier qu'il s'agirait de résoudre.

On peut ainsi se proposer et résoudre sans la moindre difficulté les questions suivantes :

2° *Quel est l'espace parcouru au bout d'un temps donné?*.....
$$E = (4.905)\, t^2.$$

3° *Quel est le temps à l'expiration duquel un corps aura acquis une vitesse donnée?*.....
$$t = \frac{v}{9.810}.$$

4° *Quel est le temps qu'il faut à un corps pour parcourir un espace donné?*.....
$$t = \sqrt{\frac{E}{4.905}}.$$

5° *Connaissant la vitesse, quel est l'espace parcouru?*.....
$$E = \frac{v^2}{19.620}.$$

6° *Connaissant l'espace parcouru, quelle est la vitesse acquise?*.....
$$v = 2\sqrt{E \times 4.905}.$$

Les mêmes formules sont également applicables à l'ascension des corps, car alors la pesanteur diminue uniformément la vitesse dans le même rapport qu'elle l'accroît pendant la chute, et le mouvement se trouve ainsi uniformément retardé.

    STATIQUE.

TABLE des Hauteurs qui correspondent à certaines Vitesses exprimées en mètres et fractions de mètre.

VITESSE.	HAUTEUR correspondante.	VITESSE.	HAUTEUR correspondante.	VITESSE.	HAUTEUR correspondante.	VITESSE.	HAUTEUR correspondante.	VITESSE.	HAUTEUR correspondante.
m. c.	m.	m. c.	m.	m. c.	m.	m. c.	m.	m. c.	m.
0.01	0.00001	0.80	0.0326	3.15	0.5058	5.50	1.5420	7.85	3.1412
0.02	0.00002	0.85	0.0368	3.20	0.5220	5 55	1 5701	7.90	3.1813
0 03	0.00005	0.90	0.0413	3.25	0.5384	5.60	1.5986	7.95	3.2217
0.04	0.00009	0.95	0.0460	3.30	0.5551	5 65	1.6272	8.00	3.2624
0.05	0.00013	1.00	0 0510	3.35	0.5721	5.70	1 6562	8 05	3.3033
0.06	0.00019	1.05	0.0562	3.40	0.5893	5.75	1.6854	8.10	3.3445
0.07	0.00026	1 10	0.0617	3.45	0.6067	5.80	1.7148	8.15	3.3859
0.08	0,00034	1.15	0.0674	3.50	0.6244	5.85	1.7445	8.20	3.4275
0.09	0.00043	1,20	0.0734	3.55	0.6424	5.90	1.7744	8.25	3.4695
0.10	0.00051	1.25	0.0797	3 60	0.6606	5.95	1 8046	8 30	3.5116
0.11	0.00062	1.30	0 0861	3 65	0.6791	6.00	1 8351	8.35	3.5541
0.12	0.00074	1.35	0.0929	3.70	0.6978	6 05	1.8658	8 40	3.5968
0.13	0.00087	1 40	0 0999	3.75	0.7168	6 10	1.8968	8.45	3.6397
0.14	0.00101	1.45	0.1072	3.80	0.7361	6.15	1.9280	8.50	3.6829
0 15	0.00115	1.50	0.1147	3.85	0.7556	6.20	1.9595	8.55	3.7264
0.16	0.00131	1.55	0.1225	3.90	0.7753	6.25	1.9912	8.60	3.7701
0.17	0.00148	1.60	0.1305	3.95	0.7953	6.30	2.0232	8.65	3.8141
0.18	0 00166	1.65	0.1388	4.00	0.8156	6.35	2 0554	8.70	3.8583
0.19	0.00185	1.70	0.1473	4.05	0.8361	6.40	2.0879	8.75	3 9028
0.20	0.00204	1.75	0.1561	4 10	0.8569	6.45	2.1207	8.80	3.9475
0.21	0 00225	1.80	0.1651	4.15	0.8779	6.50	2.1537	8.85	3.9925
0.22	0 00247	1 85	0.1745	4.20	0 8992	6.55	2.1869	8.90	4.0377
0.23	0.00270	1.90	0.1840	4.25	0 9207	6.60	2.2205	8.95	4.0832
0.24	0.00294	1.95	0.1938	4.30	0 9425	6.65	2 2542	9.00	4.1290
0.25	0.00319	2.00	0 2039	4.35	0 9646	6.70	2.2883	9.05	4.1750
0.26	0 00345	2.05	0.2142	4.40	0.9869	6 75	2 3225	9.10	4.2212
0.27	0,00372	2.10	0.2248	4.45	1.0094	6.80	2.3571	9.15	4.2677
0.28	0.00400	2.15	0.2356	4.50	1.0322	6.85	2 3919	9.20	4 3145
0.29	0.00429	2 20	0 2467	4.55	1.0553	6 90	2.4269	9.25	4.3615
0.30	0.00459	2.25	0.2580	4.60	1.0786	6.95	2 4622	9.30	4.4088
0.31	0.00490	2 30	0.2696	4.65	1.1022	7.00	2.4978	9.35	4.4563
0 32	0.00522	2.35	0.2815	4 70	1.1260	7.05	2 5336	9.40	4.5041
0.33	0.00555	2.40	0.2936	4.75	1.1501	7 10	2.5696	9.45	4.5522
0.34	0 00589	2.45	0.3060	4.80	1.1744	7.15	2.6060	9 50	4.6005
0.35	0.00624	2.50	0.3186	4.85	1.1990	7.20	2.6425	9.55	4.6490
0.36	0.00660	2.55	0.3315	4.90	1.2239	7.25	2.6794	9.60	4.6978
0.37	0.00697	2.60	0 3446	4.95	1.2490	7.30	2 7164	9.65	4.7480
0.38	0 00735	2.65	0.3580	5 00	1,2744	7.35	2.7538	9.70	4.7963
0.39	0 00775	2 70	0.3716	5.05	1.3000	7.40	2.7914	9.75	4.8458
0.40	0.00816	2.75	0.3855	5.10	1.3258	7.45	2 8292	9 80	4.8958
0.45	0.01030	2,80	0.3996	5 15	1.3520	7.50	2 8673	9 85	4 9459
0.50	0.01270	2.85	0.4140	5.20	1.3784	7 55	2.9057	9.90	4.9962
0 55	0.01540	2.90	0.4287	5.25	1.4050	7.60	2 9443	9.95	5.0467
0.60	0.01840	2.95	0.4436	5.30	1.4319	7.65	2.9832	10 00	5.0976
0.65	0.02150	3.00	0.4588	5 35	1.4590	7.70	3.0223	11.00	6.1680
0.70	0.02500	3.05	0.4742	5.40	1.4864	7.75	3.0617	12.00	7 3400
0.75	0.02870	3.10	0 4899	5.45	1.5141	7.80	3.1013	13.00	8.6150

4. — Au lieu d'être lancé verticalement, le corps peut être poussé dans une direction oblique plus ou moins inclinée à l'horizon; il est alors soumis en même temps à l'action de deux forces, car sa propre pesanteur vient se combiner avec la force primitive à laquelle il eût seulement obéi, si cette dernière ne fût venue tout naturellement atténuer son effet.

Soit un corps solide quelconque A, lancé dans une direction AD, différente de la verticale AR; prolongez cette verticale dans le sens opposé A*d*, puis faites A*b* égale à l'unité linéaire A*c* = 4, A*d* = 9, etc.;... c'est-à-dire que les points successifs *b*, *c*, *d* soient séparés de l'origine A par des distances exprimées par la suite des carrés 1, 4, 9, 16, etc.....

Fig. 186, pl. VIII.

S'il était abandonné à sa propre pesanteur, le corps suivrait la verticale *Ad;* et si, dans une seconde, il se trouvait en *b*, en deux secondes il serait au point *c;* en trois secondes en *d*, etc.;.... car les espaces *parcourus croissent comme les carrés des temps.* (§ II, n° 3, pag. 350.)

Mais, à l'instant où le corps va tomber, supposons que la force qui lui est appliquée soit telle que s'il était dénué de pesanteur, elle fût capable de le transporter en B dans la première seconde, en C, D, etc.,.... dans la deuxième, troisième, etc.....

Il est aisé de voir que cette construction revient à celle du parallélogramme des forces, et que le corps se trouve, à l'expiration de chaque seconde, en *x*, *y*, *z*, etc.; qu'en conséquence il ne suit ni l'une ni l'autre des directions qui lui étaient séparément réservées, mais bien la ligne courbe A*xyz;* on pourrait démontrer que cette courbe n'est autre chose que la parabole.

5. — *Le centre de gravité de tout corps ou de tout système de corps, est le point sur lequel ce corps ou ce système soumis à l'action seule de la pesanteur, se maintient en équilibre dans toutes les positions possibles.*

D'après cette définition du centre de gravité, on déterminera mécaniquement celui d'un corps, toutes les fois qu'il pourra être suspendu librement à un de ses points par une corde; en effet, dans cette position, la corde étant verticale, le centre de gravité du corps proposé sera situé sur la direction de celle-ci; mais si l'on suspend le même corps de la même manière et par un point différent, le centre cherché devra se trouver également sur une nouvelle direction; il sera donc à la rencontre de ces deux cordes prolongées.

6. — THÉORÈME. — *Toute figure dans laquelle il se trouve un point, tel qu'un plan quelconque passant par lui, coupe la figure en deux parties parfaitement symétriques, a son centre de gravité à ce point;* car, si l'on

imagine un plan quelconque passant par ce point, il n'y existe aucune raison
pour que le centre de gravité de la figure soit plutôt d'un côté que de l'autre;
il doit donc se trouver dans ce plan lui-même.

On peut imaginer de nouveau un second plan différent du premier, passant
par le même point, et divisant comme celui-ci la figure en deux parties égales; par la même raison que précédemment, le centre de gravité ne peut
exister que dans ce nouveau plan, ou plutôt sur son intersection avec le premier,
intersection qui est nécessairement une ligne droite; la supposition d'un troisième plan fixe enfin le centre de gravité de la figure proposée à la rencontre de
la commune intersection des deux premiers plans et de ce dernier, c'est-à-dire
au point donné dans la figure proposée, lequel est précisément l'intersection
commune à tous les plans sécants susceptibles de diviser la figure donnée en
deux parties symétriques; il résulte de cela,

1° Que le centre de gravité d'une ligne droite est au milieu d'elle;

2° Que le centre de gravité du cercle, ainsi que celui de sa circonférence,
est à son centre;

3° Que le centre de gravité de la sphère ou celui de sa surface est situé
à son centre,

4° Que celui de la surface de l'ellipse et de son contour est à son centre;

5° Qu'il en est ainsi du volume de l'ellipsoïde et de sa surface;

6° Que celui de la solidité d'un cylindre à bases parallèles est au milieu de
son axe;

7° Que le centre de gravité de la surface d'un parallélogramme quelconque
est à l'intersection de ses deux diagonales, ou ce qui est la même chose, au
milieu de l'une d'elles;

8° Que le centre de gravité du volume d'un parallélipipède est à la rencontre de ses quatre diagonales, ou bien au milieu de l'une d'elles.

Pour trouver le centre de gravité du périmètre d'un polygone quelconque,
et en général d'un certain nombre de droites disposées arbitrairement dans
l'espace, on regarde chaque droite comme concentrée à son point milieu,
et l'on ne considère plus que l'assemblage de ces différents points, dont les
poids respectifs peuvent être représentés par les longueurs des lignes dont
ils sont les centres de gravité.

Les polygones pouvant se décomposer en triangles, les centres de gravité de
leurs surfaces se détermineront en cherchant d'abord le centre de gravité de
chaque triangle, puis en supposant à chacun de ces centres des poids représentant les aires des triangles dont ils font partie; il ne restera plus qu'à con-

sidérer l'assemblage d'un certain nombre de points dont les positions seront connues; il suffit donc, pour y parvenir, de savoir déterminer le centre de gravité du triangle.

7. — Soit ABC le triangle proposé; imaginons sa surface divisée en une infinité de tranches parallèles entr'elles et à sa base BC; la ligne DA qui joint le sommet A au milieu du côté BC, divisera également en deux parties égales chacune des tranches parallèles à ce côté; et comme chacune de ces tranches peut être considérée comme une simple ligne, il s'ensuit que les centres de gravité de toutes ces tranches sont situées sur la même ligne droite DA; et comme la réunion de ces mêmes tranches constitue l'aire du triangle, il s'ensuit que le centre de gravité de cette aire doit lui-même se trouver sur AD.

Par un raisonnement analogue, on démontrerait que le centre de la même aire doit se trouver sur la droite BE qui réunit le sommet B au milieu du côté AC; le centre de gravité de l'aire triangulaire devant donc se trouver à la fois sur les deux droites DA et EB, sera déterminé par leur rencontre en O.

Joignons FE, FD et DE; les points D, E, F étant les milieux des lignes BC, CA et AB, il s'ensuit que EF est égale à la moitié de BC, ED à la moitié AB, et FD à la moitié de AC; les triangles partiels AOB et EOD sont semblables au triangle total BAC et aussi semblables entr'eux, et donnent

$$AB : AO :: DE : OD;$$

mais on a

$$DE = \frac{AB}{2};$$

donc

$$OD = \frac{OA}{2};$$

donc enfin

$$OD = \frac{AD}{3};$$

et en agissant de la même manière à l'égard des lignes BE et FC, on eût obtenu

$$OE = \frac{BE}{3}, \text{ et } OF = \frac{FC}{3}.$$

Donc le centre de gravité de l'aire du triangle est situé sur la ligne qui joint le milieu d'un côté quelconque pris pour la base au sommet de l'angle opposé et au tiers de cette ligne, à partir de la base, ou bien aux deux tiers à partir du sommet.

Fig. 187, pl. VIII.

8. — On pourrait également déterminer le centre de gravité d'après la théorie des moments; en effet, le moment du triangle, par rapport à la ligne BC, est la perpendiculaire OK = IG; AG et OK étant les perpendiculaires abaissées des points A et O sur la base BC, et OI parallèle à GK.

Les triangles AGD et OKD sont semblables et donnent

$$AD : OD :: AG : OK;$$

et comme

$$OD = \frac{AD}{3};$$

il s'ensuit qu'on a également

$$OK = \frac{AG}{3}.$$

Donc le moment d'un triangle, pris par rapport à l'un de ses côtés, considéré comme base, est égal au tiers de sa hauteur.

S'il s'agissait de prendre le moment triangulaire par rapport à la perpendiculaire AG, on comparerait les triangles semblables AGD et AIO, et l'on démontrerait que

$$IO = \frac{2}{3} GD = \frac{2GD}{3}.$$

Mais le triangle rectangle AGD donne

$$\overline{GD}^2 = \overline{AD}^2 - \overline{AG}^2,$$

d'où l'on tire

$$GD = \sqrt{\overline{AD}^2 - \overline{AG}^2};$$

puis enfin

$$IO = \frac{2\sqrt{\overline{AD}^2 - \overline{AG}^2}}{3}.$$

Il est également possible de déterminer le moment d'un triangle rapporté à
sa perpendiculaire en fonction des trois côtés du triangle, et cela en observant
que

$$\overline{AB}^2 = \overline{AC}^2 + \overline{BC}^2 \mp 2BC \times CG,$$

formule qui donne le moyen d'obtenir

$$GD = GC - \frac{BC}{2} \text{ , ou } IO.$$

Pour trouver le centre de gravité d'un polyèdre quelconque, et en général
de tout solide terminé par des surfaces planes, il suffira de le décomposer en
pyramides triangulaires, puis déterminant les centres de gravité de chacune
de ces pyramides partielles, on n'aura plus qu'à chercher le centre de gravité
de l'assemblage de ces différents points, dont chacun a pour poids respectif le
volume de la pyramide dont il est le centre de gravité; il est donc de toute
nécessité que l'on sache déterminer le centre de gravité de la pyramide.

9. — Nous pouvons supposer la pyramide triangulaire quelconque SABC, Fig. 188, pl. VIII.
comme étant composée d'une infinité de tranches parallèles entr'elles et à
sa base ABC; il est évident que si l'on joint ensuite le sommet S au centre
de gravité O de la base, la droite SO passera par les centres de gravité successifs de toutes les tranches; et comme celles-ci constituent entr'elles la pyramide, le centre de gravité de la pyramide elle-même se trouvera sur cette
droite.

Par un raisonnement tout-à-fait semblable, on prouverait que le centre
de gravité de la même pyramide doit être sur la ligne BD qui joint le sommet
B au centre de gravité D de la face opposée SAC considérée momentanément
comme base. Le centre de gravité de la pyramide proposée est donc à la
rencontre de ces deux droites au point I.

Joignez BO et prolongez cette ligne jusqu'à AC au point K, ce point se
trouvera au milieu de AC, puisque O est le centre de gravité du triangle
ABC; joignez de même SD, et prolongez jusqu'à la rencontre de AC; cette

358   STATIQUE.

rencontre sera en K, le point D étant le centre de gravité du triangle SAC.

Joignez enfin OD; le triangle KOD est semblable au triangle KBS, puisqu'ils ont l'angle commun K compris entre deux côtés proportionnels, savoir :

$$KO = \frac{BK}{3},$$

et

$$KD = \frac{KS}{3};$$

on a donc également

$$DO = \frac{BS}{3};$$

et de plus les lignes DO et BS étant parallèles.

Les deux triangles OID et SIB sont semblables et donnent

$$SB : OD :: SI : OI;$$

mais

$$OD = \frac{SB}{3};$$

donc

$$OI = \frac{SI}{3};$$

et OI est le quart de SO.

Le centre de gravité d'une pyramide triangulaire est donc situé sur la ligne menée de l'un quelconque de ses trois sommets au centre de gravité de la base opposée; et de plus il est au quart de cette ligne à partir de la base, ou ce qui revient au même, aux trois quarts en partant du sommet.

Du sommet S abaissons sur le plan de la base la perpendiculaire S*m*, qui est la hauteur de la pyramide, puis du point 1 la perpendiculaire I*n*, et joignons les pieds des perpendiculaires *m* et *n* au point O; les triangles rectangles SO*m* et IO*n* donnent

$$SO : IO :: Sm : In.$$

Mais IO est le quart de SO, donc I*n* est le quart de S*m*; *le moment de la* *pyramide triangulaire, par rapport à la base, est donc égal au quart de sa hauteur.*

Enfin, en abaissant du point I, IR perpendiculaire sur Sm, les triangles rectangles semblables IRS et OmS donneront

$$\text{SO} : \text{SI} :: \text{O}m : \text{IR},$$

ou

$$4 : 3 :: \text{O}m : \text{IR},$$

donc

$$\text{IR} = \frac{3\text{O}m}{4};$$

mais le triangle rectangle SOm donne

$$\text{O}m = \sqrt{\overline{\text{SO}}^2 - \overline{\text{S}m}^2},$$

donc

$$\text{IR} = 3\,\sqrt{\frac{\overline{\text{SO}}^2 - \overline{\text{S}m}^2}{4}}.$$

Telle est l'expression du moment de la pyramide rapporté à sa perpendiculaire.

10. — Nous venons de démontrer que le centre de gravité d'une pyramide triangulaire quelconque est le même que celui de la section faite au quart de sa hauteur par un plan parallèle à sa base; cette propriété est commune à toute pyramide, quel que soit du reste le polygone qui lui sert de base; car il est toujours possible de décomposer ce polygone en triangles, en traçant les différentes diagonales de celui-ci, puis d'imaginer des plans passant par chacune de ces diagonales et par le sommet commun; la pyramide se trouvera ainsi décomposée en autant de pyramides partielles qu'il y a de triangles partiels dans sa base; puis, menant au quart de la hauteur commune un plan parallèle à celui des bases partielles, et joignant leurs centres de gravité respectifs au sommet commun, les lignes de jonction viendront rencontrer ce plan chacune au centre de gravité de la pyramide partielle dans laquelle elle se trouve comprise; les centres de gravité de toutes les pyramides se trouvront ainsi disposés chacun au centre de gravité d'un triangle faisant partie de la section, et le centre de gravité commun à tous ces triangles sera évidemment celui de la section entière qui est leur somme.

Donc le centre de gravité d'une pyramide à base quelconque, est situé sur la ligne menée de l'un quelconque de ses sommets au centre de gravité de la base opposée et au quart de cette ligne à partir de la base, ou bien aux trois quarts en partant du sommet.

Le cône pouvant être regardé comme une pyramide d'un nombre illimité de côtés, peut être considéré comme jouissant des mêmes propriétés qui viennent d'être démontrées pour la pyramide; son centre de gravité se déterminera en conséquence de la même manière.

11. — Nous avons vu dès le commencement de ce paragraphe, que toute figure dans laquelle il se trouve un point tel, qu'un plan quelconque mené par ce point coupe la figure en deux parties parfaitement symétriques à son centre de gravité à ce point, en faisant un rapprochement avec le principe démontré en géométrie (Chap. II, § 3, n° 13, pag. 245).

On conclura que l'aire d'une surface de révolution est égale à la longueur de la génératrice, multipliée par la circonférence décrite par son centre de gravité autour de l'axe de révolution; et que le volume d'un solide de révolution est égal à l'aire de la section génératrice multipliée par la même circonférence.

§ III. — DES MACHINES SIMPLES.

Le Levier, Le Tour, le Plan incliné.

N° **1er**. — Les machines sont des instruments destinés à transmettre l'action des forces, ou plutôt sont des systèmes de corps gênés dans leurs mouvements par différents obstacles disposés à cet effet; il suit de là qu'elles ont pour but la modification des effets dont les forces naturelles sont susceptibles, pour les mettre à profit, selon le but que l'on se propose d'atteindre. Les machines sont ou simples ou composées; les machines simples sont celles qui, combinées entr'elles, constituent les machines composées; elles peuvent se réduire à trois : le *levier*, le *tour* et le *plan incliné*.

Le levier est une verge inflexible de forme variable, telle qu'étant assujétie à l'un de ses points, elle ne puisse que tourner autour de ce point fixe.

Le point fixe s'appelle *point d'appui*, et les deux parties de la ligne qu'il divise sont *les bras du levier*.

Soient P et Q deux forces quelconques, appliquées aux extrémités d'une droite rigide AB, reposant sur un point fixe F, autour duquel elle peut tourner en tout sens, sans pouvoir toutefois suivre d'autre mouvement que celui de rotation; proposons-nous de déterminer les conditions d'équilibre, en faisant abstraction de la pesanteur dont il sera tenu compte plus tard.

Soient abaissées du point F deux perpendiculaires FD, FC sur les directions des forces P et Q prolongées s'il est nécessaire; supposons les points D et C intimement liés à A et B, et de plus que les deux forces y soient appliquées, ce qui n'altère nullement leur effet (§ I, n° 3, pag. 326).

Imaginons deux forces — P et P′ appliquées au point F en sens opposés, parallèles et égales à la force P; supposons également au même point F deux forces — Q et Q′ agissant en sens opposés, égales entr'elles et à la force donnée Q et de direction parallèle à cette dernière, il est clair que cette addition ne peut rien changer à l'état primitif du système.

L'état actuel des choses présente deux forces P′ et Q′, égales et de directions parallèles aux forces données P et Q, mais dont l'effet est alors détruit par la résistance du point fixe F où elles sont appliquées; le levier AB n'est donc réellement soumis actuellement qu'à l'action de deux couples (P — P) et (Q — Q) dont les bras de levier respectifs sont AF et FB; mais un couple ne pouvant être en équilibre autour d'un point fixe, le couple résultant de ceux que l'on considère devra donc être nul dans le cas d'équilibre, qui n'est alors possible qu'autant que les deux couples seront égaux et agiront en sens opposés; dans ce cas, leurs moments seront aussi égaux, et l'on aura

$$ P \times DF = Q \times FC; $$

Il faut donc, pour l'équilibre du levier, 1° que les deux forces qui lui sont appliquées soient dans le même plan que le point d'appui; 2° que leurs moments par rapport au point d'appui soient égaux; 3° enfin, que ces forces tendent à faire tourner en sens contraires.

De l'égalité

$$ P \times DF = Q \times FC, $$

on déduit la proportion

$$ P : Q :: FC : DF. $$

Dans le cas d'équilibre du levier, les deux forces sont donc entr'elles réciproquement comme leurs distances aux bras de levier.

Fig. 190, pl. VIII. Si les deux forces sont parallèles, les perpendiculaires FC et FD sont sur le prolongement l'une de l'autre, et les triangles rectangles CBF et DAF étant semblables, donnent la proportion

$$FC : FD :: FB : FA;$$

mais dans le cas d'équilibre, on a également, d'après ce qui vient d'être dit,

$$P : Q :: FC : FD;$$

donc

$$P : Q :: FB : FA.$$

Lorsque deux forces parallèles sont appliquées au levier, il faut donc, pour qu'il y ait équilibre, que les forces soient entr'elles dans le rapport réciproque qui existe entre les longueurs des deux bras du levier.

Fig. 189, pl. VIII. **2.** — Quant à la pression qu'éprouve le point d'appui, il est clair que, dans le cas d'équilibre, elle est égale aux effets réunis des deux forces P' et Q' égales et parallèles aux forces données P et Q, mais transportées au point F; FP' et FQ' représentant en longueur et en direction ces deux forces, la diagonale FR du parallélogramme construit sur celles-ci, représente de même engrandeur et en direction la pression dont il s'agit :

Dans le cas de deux forces parallèles, la résultante R leur est aussi parallèle, et de plus égale à leur somme ou à leur différence, selon que les deux forces agissent sur le levier dans le même sens ou en sens contraire.

Fig. 191, pl. VIII. **3.** — Quand un certain nombre de forces P, Q, R, S, etc., sont appliquées sur l'un et l'autre des bras du levier, il faut, pour qu'il y ait équilibre, que la somme des moments de celles situées d'un même côté du point d'appui, pris par rapport à ce point, soit égale à la somme des moments de celles situées de l'autre côté, et pris par rapport au même point; c'est-à-dire que l'on doit avoir

$$P \times FG + Q \times FE = S \times FD + R \times FC.$$

Enfin la pesanteur du levier, considérée comme nulle dans tout ce qui vient d'être dit relativement à cette machine, doit être regardée comme une force égale au poids de la verge inflexible, et appliquée verticalement à son centre de gravité; alors le moment de cette nouvelle force sera ajouté à ceux des autres forces qui se trouvent situées de son même côté; à moins toutefois que ce centre de gravité se trouvant situé précisément sur le point d'appui, la résistance de celui-ci ne détruise complètement l'effet de la pesanteur.

On peut atteindre ce but en augmentant convenablement le poids du bras de levier le plus court, ou ce qui revient au même, en diminuant proportionnellement le poids du plus long; c'est un principe qui peut être mis en usage dans les arts mécaniques et dont ils peuvent souvent tirer avantage.

4. — PROBLÈME. — *On veut élever un corps* M *qui pèse 1000 kilogrammes à l'aide d'une force* P *équivalente à 100 kil., en se servant d'un levier* AB *de 12 mètres de longueur; on demande la position du point d'appui.*

$$\text{Supposons } AF = x,$$

$$\text{nous aurons } BF = 12 - x;$$

Fig. 192, pl. VIII.

et en faisant abstraction de la pesanteur du levier, on aura pour le cas d'équilibre

$$100 : 1000 :: x : 12 - x,$$

et cette proportion fournit immédiatement l'équation

$$1200 - 100\, x = 1000\, x,$$

de laquelle on tire

$$1100\, x = 1200,$$

puis enfin

$$x = \frac{1200}{1100} = \frac{12}{11} = 1^{\text{m}}\, 099 + \frac{1}{11}.$$

Le point d'appui doit donc être placé à un mètre quatre-vingt-dix-neuf millimètres du point d'application du corps à mouvoir, ou, ce qui revient au même, à dix mètres neuf cent un millimètres de l'autre extrémité du levier.

Cette condition suffirait, sans doute, pour établir l'équilibre, si la machine était dénuée de pesanteur ; mais s'il en est autrement, et que le levier soit composé de matière homogène et que de plus il soit d'égale grosseur pour chacun de ses points, son centre de gravité est évidemment situé au milieu de sa longueur, c'est-à-dire entre le point d'appui et celui d'application de la force donnée ; le poids du levier ajoute donc à l'intensité de cette dernière, qui suffit alors pour vaincre la résistance.

5. — **Problème.** — *On veut élever un corps M, qui pèse 533 kilogrammes, à l'aide d'une force évaluée à 100 kil. en se servant d'un levier AB de 8 mètres de longueur, dont le poids est de 60 kil., et le centre de gravité à son milieu ; quelle est la position du point d'appui ?*

Fig. 192, pl. VIII.

Considérons le poids du levier, décomposé en deux forces verticales, Q et q, égales chacune au poids de l'un de ses bras et appliquées aux points I et i, milieux et centres de gravités respectifs de ces mêmes bras, il est évident que, dans le cas d'équilibre, la somme des moments des différentes forces qui sollicitent le levier d'un même côté du point d'appui, doit être égale à la somme de ceux qui appartiennent aux forces qui agissent sur le bras opposé, ces moments étant pour l'un et l'autre côté pris par rapport au point d'appui.

Représentons par x la longueur du bras de levier AF, qui est inconnue, ce qui donne

$$BF = (8 - x), \quad Fi = \frac{x}{2}, \quad FI = \frac{8 - x}{2} ;$$

pour déterminer l'intensité des forces P et q, on peut remarquer que le levier étant composé de matière homogène, et d'égale grosseur pour chacun de ses points, en divisant son poids total 60 kil. par sa longueur qui est 8 mètres, on obtient évidemment le poids du mètre linéaire, qui est de $7^k.5$; et celui du bras de levier, dont la longueur est x, est alors représenté par $x \times 7.5$, de même que celui dont la longueur est $8 - x$, s'exprime par $(8 - x) \times 7.5$, en sorte qu'on a

$$q = \frac{75x}{10}, \text{ et } Q = 60 - \frac{75x}{10} ;$$

en égalant les sommes des moments, on a, d'après ce qui vient d'être dit,

$$533 \times x + \frac{75x}{10} \times \frac{x}{2} = 100 \times (8 - x) + \left(60 - \frac{75x}{10} \right) \times \left(\frac{8 - x}{2} \right),$$

puis en effectuant les multiplications indiquées,

$$533x + \frac{75x^2}{20} = 800 - 100x + \frac{480}{2} - \frac{60x}{2} - \frac{600x}{20} + \frac{75x^2}{20};$$

réunissant tous les termes qui contiennent x dans le premier membre, et ceux entièrement connus dans le second, l'équation devient

$$533x + \frac{75x^2}{20} - \frac{75x^2}{20} + \frac{600x}{20} + \frac{60x}{2} + 100x = 800 + \frac{480}{2}.$$

Supprimant les termes $+\dfrac{75x^2}{20}$ et $-\dfrac{75x^2}{20}$

qui se détruisent, réduisant les autres au même dénominateur, et le supprimant, l'équation se présente sous la forme plus simple

$$1066x + 60x + 60x + 200x = 1600 + 480,$$

qui devient encore, en réduisant les termes semblables,

$$1386x = 2080,$$

d'où l'on tire

$$x = \frac{2080}{1386} = 1^{m}.50 + \tfrac{100}{1386}.$$

Le point d'appui doit donc être placé à 1^m 50^c du point A, et à 6^m 50^c du point B pour maintenir l'équilibre, qui se détruira en faveur de la force P, aussitôt que le bras de levier FB $= 6^m$ 50^c subira la plus légère augmentation.

6. — Problème. — *Quelle force faut-il appliquer à l'extrémité* B *d'une barre de fer* AB *pesant 600 kil., fixée sur un de ses points, lequel divise sa longueur en deux bras de levier, dont l'un a 4 mètres et l'autre 6, pour tenir en équilibre un corps* M *qui pèse 40,000 kilogrammes?*

Soit x l'intensité de la force demandée, exprimée en kilogrammes; la longueur totale de la barre étant de dix mètres, le poids linéaire est de   Fig. 192, pl. VIII.

$$\frac{600}{10} = 60;$$

par conséquent, le bras de levier qui n'a que 4 mètres pèse 240 kil., tandis que celui de 6 mètres en pèse 360; considérant ces deux poids comme des forces verticales appliquées aux points milieux des bras respectifs auxquels ils correspondent, et prenant la somme des moments de l'un et l'autre côté du point d'appui, on a l'équation

$$10,000 \times 4 + 240 \times 2 = x \times 6 + 360 \times 3,$$

qui devient

$$40,000 + 480 = 6x + 1080,$$

ou

$$6x = 40480 - 1080,$$

d'où l'on tire

$$x = \frac{39400}{6} = 6566^k\ 66 + \frac{4}{6}.$$

Tel est le poids qui représente l'intensité de la force qu'il s'agissait de déterminer.

7. — PROBLÈME. — *Quel est le poids d'un certain corps maintenu en équilibre de la manière suivante?*

1° *Le levier à l'extrémité duquel il est fixé, a 12 mètres de longueur;*

2° *Le point d'appui est à 3 mètres de l'une des extrémités, et conséquemment à 9 mètres de l'autre;*

3° *Le centre de gravité du levier est au milieu de sa longueur, et son poids de 480 kil.;*

4° *Enfin, le levier est sollicité à son autre extrémité par une force équivalente à 148 kil.*

En suivant une marche analogue à celle qui vient d'être employée dans les deux cas qui précèdent, on trouve pour équation de cette dernière question.

$$3x + 120 \times 1.5 = 148 \times 9 + 360 \times 4.5;$$

laquelle, après avoir subi les diverses transformations usitées, devient

$$3x = 2772,$$

ce qui donne

$$x = 924 \text{ kil.}$$

La solution de ce problème fournit le moyen de déterminer le poids d'un certain corps lorsqu'il excède, soit par son volume, soit par son poids, la limite des instruments disponibles.

Pour connaitre la charge du point d'appui, il suffit de mettre à la place de x sa valeur dans l'équation primitive; elle devient alors

$$924 \times 3 + 120 \times 1.5 = 148 \times 9 + 360 \times 4.5;$$

les calculs effectués amènent à

$$2952 = 2952,$$

égalité dont chaque membre exprime séparément la pression exercée par la puissance appliquée au bras de levier auquel il correspond; 5904 kil. exprime donc la charge totale.

8. — On distingue trois genres de leviers, qui, sous le rapport de l'équilibre, reviennent exactement à ce qui a été dit au sujet de cette machine.

Le premier genre est celui dans lequel le point d'appui est situé entre la puissance et la résistance.

Le levier du second genre est celui auquel la résistance est fixée entre le point d'appui et le point d'application de la puissance.

Enfin, on désigne par levier du troisième genre, celui où la puissance agit entre le point d'appui et celui d'application de la résistance.

9. — La balance qui s'emploie dans le commerce pour déterminer le poids des différentes marchandises, est une application directe du levier du premier genre; aux extrémités d'une verge métallique appelée fléau, fixée par une goupille à une chappe qui la tient vis-à-vis son point milieu, sont suspendus deux bassins de pesanteur égale, dans l'un desquels se placent les corps dont il s'agit de déterminer le poids, l'autre étant réservé aux poids réels et connus qui doivent servir de terme de comparaison; rien n'est plus facile que la vérification d'un semblable instrument : il suffit pour cela de placer deux masses en équilibre, l'une dans chaque bassin, puis de les permuter; dans ce nouvel état, elles devront encore être en équilibre si la machine est d'une rigoureuse exactitude; dans le cas contraire, la balance est réputée fausse. On voit que, dans le cas où les poids disposés dans chaque bassin sont égaux, les bassins sont en équilibre lorsque le fléau est horizontal, c'est-à-dire qu'il forme deux angles droits avec la verticale Ff passant par le point d'appui; **on s'aperçoit**

Fig. 193, pl. VIII.

368   STATIQUE.

également que, dans le cas où les poids sont inégaux, il existe encore une position d'équilibre, mais alors le fléau s'incline avec l'horizontale, en faisant
avec la verticale Ff deux angles adjacents inégaux, dont la différence varie en
raison de celle qui existe entre les deux poids que l'on considère.

D'après ce qui vient d'être dit, rien n'est plus facile que l'évaluation d'un
certain poids lorsqu'on peut disposer d'une balance exacte. Nous allons démontrer comment il est possible d'atteindre le même but lorsque celle-ci est
fausse.

Soit une balance AFB ayant des bras de leviers inégaux, telle par exemple que l'on ait AF $>$ FB, avec laquelle on se propose de déterminer le poids
d'un certain corps que nous désignerons par x.

Le poids x étant déposé dans le bassin A, admettons qu'il faille dans l'autre bassin un poids que nous appellerons P, pour maintenir l'équilibre; on
aura en cet état de chose

$$x \times \mathrm{AF} = \mathrm{P} \times \mathrm{BF};$$

transportant maintenant le même poids x dans le bassin B, établissons l'équilibre au moyen d'un certain poids P' placé dans le bassin opposé; ce nouvel
état de chose donnera

$$x \times \mathrm{BF} = \mathrm{P'} \times \mathrm{AF}.$$

Mais en multipliant les deux égalités membre à membre, on obtient

$$x^2 \,(\mathrm{AF} + \mathrm{BF}) = \mathrm{PP'}\,(\mathrm{AF} + \mathrm{BF});$$

divisant les deux membres par

$$\mathrm{AF} + \mathrm{BF},$$

il reste

$$x^2 = \mathrm{PP'},$$

d'où l'on tire

$$x = \sqrt{\mathrm{PP'}}.$$

*Le poids réel est donc égal à la moyenne proportionnelle géométrique
des deux poids faux, ou, ce qui est la même chose, à la racine carrée de
leur produit.*

Ainsi un certain corps pesant $68^k\;24$ dans l'un des bassins et 64 seulement dans l'autre, on aura

$$x = \sqrt{68.24 \times 64} = 66^k.086,$$

pour le poids réel du corps soumis à l'expérience.

10. — La balance romaine ou crochet est un levier du premier genre, dont les bras sont inégaux.

Fig. 194, pl. VIII.

La verge **AB** est disposée de telle sorte, que son centre de gravité se trouve précisément situé sur le point d'appui **F**, la portion **AF** étant assez matérielle pour tenir en équilibre l'autre bras **BF** auquel elle cède en longueur, et en même temps le poids constant Q que l'on nomme *peson*, fixé actuellement au point O, susceptible néanmoins d'occuper successivement tous les autres points de la verge compris entre O et B.

Le peson étant au point O, et la machine abandonnée à elle-même, l'état naturel d'équilibre donne, en supposant les poids respectifs des bras de levier comme des forces verticales P et P' appliquées chacune à leur centre de gravité G et G',

$$\mathrm{P} \times \mathrm{GF} = \mathrm{P}' \times \mathrm{G'F} + \mathrm{Q} \times \mathrm{OF};$$

et si l'on fixe un corps quelconque M au crochet C, il faudra, pour rétablir l'équilibre, transporter le peson sur quelqu'autre point du bras de levier FB, compris entre O et B; x désignant ce point, l'équation d'équilibre devient en cette nouvelle circonstance

$$\mathrm{P} \times \mathrm{GF} + \mathrm{M} \times \mathrm{AF} = \mathrm{P}' \times \mathrm{G'F} + \mathrm{Q} \times x\mathrm{F}.$$

Retranchant membre à membre la première équation de la dernière, il reste

$$\mathrm{M} \times \mathrm{AF} = \mathrm{Q}\,(x\mathrm{F} - \mathrm{OF});$$

et comme

$$x\mathrm{F} - \mathrm{OF} = \mathrm{O}x,$$

on a définitivement

$$\mathrm{M} \times \mathrm{AF} = \mathrm{Q} \times \mathrm{O}x;$$

mais si l'on suppose successivement

$$Ox = AF, \; Ox = 2AF, \; Ox = 3AF, \ldots\ldots \; Ox = nAF,$$

n exprimant un nombre quelconque, il en résultera

$$M = Q, \; M = 2Q, \; M = 3Q, \ldots\ldots \; M = nQ.$$

On voit donc qu'en portant la longueur AF à partir du point O plusieurs fois à la suite l'une de l'autre aux points x, x', etc.;..... puis en considérant chaque intervalle Ox, xx', comme unité linéaire, et en la subdivisant en conséquence, le poids du peson exprimant en même temps une unité de poids, on déterminera ceux de tous les corps imaginables, d'après la seule inspection de l'instrument à l'état d'équilibre, pourvu néanmoins que le poids cherché n'excède pas ses limites.

11. — La poulie est une roue en bois, ou métallique, dont l'épaisseur est creusée en gorge demi-circulaire, pour recevoir une corde qui tend à lui donner un mouvement de rotation autour de son axe, lequel est fixé par ses extrémités aux deux branches d'une chappe, entre lesquelles la poulie peut tourner librement; il arrive quelquefois que l'axe de la poulie est fixe dans celle-ci, alors l'axe lui-même tourne dans la chappe, en imprimant son mouvement à la poulie avec laquelle il se trouve intimement lié.

On emploie les poulies pour changer la direction des forces appliquées aux cordes, sans altérer sensiblement leur intensité; les poulies sont fixes ou mobiles.

Fig. 195, pl. IX.

La poulie est fixe quand sa chappe AB est liée par son extrémité supérieure à un corps solide quelconque; seule, elle ne peut augmenter ni diminuer sensiblement la puissance, son unique avantage consiste à changer sa direction, selon le but proposé.

Fig. 196, pl. IX.

Quant à la poulie mobile, sa chappe AB est fixée à la résistance par son extrémité inférieure A, ce qui lui impose l'obligation de suivre le même mouvement que la résistance, dont elle peut être considérée comme faisant partie; son avantage est absolument le même que dans la poulie fixe.

Fig. 195, pl. IX.

Soit EDG une poulie fixe, embrassée par deux cordons, à l'extrémité de l'un desquels est fixé un poids P, l'autre étant soumise à l'action d'une force donnée Q; proposons-nous de développer les conditions d'équilibre; pour cela, menons du centre C de la poulie, aux points de tangence D et E de chaque cordon, les rayons CD et CE.

La force Q et la résistance P peuvent être considérées comme étant appliquées aux extrémités D et E d'un levier coudé, dont le point d'appui est au centre même de la poulie; les bras de levier étant égaux comme rayons d'un même cercle, il est évident que, pour le cas d'équilibre, cette circonstance entraîne l'égalité des forces P et Q.

Quant à la résistance supportée par le point d'appui, on peut l'obtenir aisément en considérant chacune des forces P et Q comme transportée parallèlement à elle-même au centre de la poulie, puis en construisant sur leurs directions, et avec des longueurs proportionnelles à ces forces elles-mêmes, le parallélogramme CGRI, dont la diagonale CR représente en grandeur et en direction la résultante demandée.

Si l'on joint ED, le triangle CED est isoscèle et semblable au triangle CGR, et l'on aura

$$CG : CR :: EC : ED,$$

ou

$$P : R :: EC : ED;$$

mais l'on obtiendrait également, en comparant les triangles semblables CED et CIR,

$$Q : R :: DC : DE;$$

Donc l'une des forces est à la charge que supporte la chappe de la poulie, comme le rayon de celle-ci est à la sous-tendante de l'arc embrassé par la corde.

Dans le cas particulier où l'arc embrassé par la corde est égal au tiers de la demi-circonférence, ou, ce qui est la même chose, à la sixième partie de la circonférence entière, la sous-tendante étant égale au rayon de la poulie, la puissance et la résistance sont égales.

Si l'on considère le cas où l'extrémité de l'un des cordons S est fixé invariablement, tandis qu'une force Q tend à élever la résistance P, à laquelle se trouve fixée l apoulie qui est alors mobile, la loi d'équilibre est absolument la même, ainsi que celle qui règle la charge supportée par la chappe; il est bien d'observer cependant que le poids de la poulie elle-même doit être réuni à la résistance; ainsi l'on peut dire dans ce cas *que la force qui tend à faire monter la résistance, est à cette dernière augmentée du poids de la poulie, comme le rayon de celle-ci est à la sous-tendante de l'arc embrassé par la corde.*

Dans tout ce qui vient d'être dit au sujet de la poulie, on a fait abstraction de la pesanteur des cordes, ce qui n'altère en rien la formule d'équilibre dans le cas seulement où les deux cordons sont égaux en poids; lorsqu'il en est autrement, on considère ces poids comme des forces verticales, qui se composent chacune avec la force dont elles augmentent séparément l'intensité.

12. — *Le tour est un cylindre qui ne peut recevoir d'autre mouvement que celui de rotation autour de son axe.*

Si l'axe est horizontal, la machine s'appelle *tour* ou *treuil*, et s'il est vertical, elle prend le nom de *cabestan*.

Fig. 197, pl. IX. Le cylindre AB se termine par des cylindres plus petits que l'on nomme *tourillons*, lesquels reposent sur deux appuis qui s'appellent *coussinets*.

La résistance ou le poids P que l'on se propose d'élever, est attaché à l'extrémité d'une corde qui s'enroule autour du cylindre; une roue CDE qui est adhérente au tour suivant un plan perpendiculaire à son axe, se trouve disposée pour servir à l'application de la force qui est alors ou fixée à une corde Q qui s'enroule sur la roue CED, ou appliquée à une manivelle CI, dont la roue est alors munie.

Fig. 198, pl. IX. Lorsqu'il s'agit du cabestan, la force ou puissance est appliquée au cylindre, au moyen de barres Q et Q' introduites dans des trous pratiqués à cet effet à travers le cylindre lui-même; les lois d'équilibre du cabestan étant absolument

Fig. 197, pl. IX. les mêmes que celles du tour, nous allons les rechercher pour ce dernier seulement; la force Q et la résistance P étant appliquées tangentiellement, la première au point C de la roue, et la seconde au point K de la surface cylindrique du tour; B étant le centre de la roue, et O celui de la section du cylindre faite perpendiculairement à l'axe et vis-à-vis l'application de la résistance, joignez BC et OK, qui seront perpendiculaires aux forces Q et P (Géom., § III, n° 7, pag. 166).

Soit transportée la force P au point O parallèlement à elle-même, et appliquée au même point et en sens contraire une force égale — P, il en résultera aussitôt une force P' égale et parallèle à la résistance P, appliquée au point O, et un couple P — P dont le bras de levier est le rayon OK.

Soit également transportée la force Q au centre B, parallèlement à elle-même, et appliquée au même point, une force égale et de direction opposée

— Q, il est clair que rien ne sera changé en cet état de chose; seulement il sera permis d'admettre une force Q' appliquée au point B, égale et parallèle à la force donnée Q, et un couple Q — Q, dont le bras de levier est BC, rayon de la roue.

L'effet des forces P' et Q' étant détruit par l'axe fixe du cylindre, il ne reste plus pour agir sur celui-ci que les deux couples P — P et Q — Q, qui, dans le cas d'équilibre, doivent être égaux et donner en conséquence

$$Q \times BC = P \times OK,$$

égalité qui peut aussi se mettre sous la forme

$$Q : P :: OK : BC.$$

Donc l'équilibre du tour exige que la force soit à la résistance comme le rayon du cylindre est au rayon de la roue ou de la manivelle.

Pour avoir égard à la grosseur des cordes qui en ont été supposées dénuées dans cette démonstration, il faudrait augmenter le rayon du cylindre de celui de la corde qui tire la résistance, et agir ainsi relativement au rayon de la roue, qui s'augmenterait de celui de la corde sollicité par la puissance; dans ce cas, la loi d'équilibre exigerait que *la force fût à la résistance comme le rayon du cylindre augmenté de celui de la corde qui s'enroule sur lui, est au rayon de la roue augmenté de celui de la corde qui lui est appliquée;* quant au poids du tour, sa forme régulière place son centre de gravité sur quelque point de l'axe et dispense de le faire entrer en compensation.

Enfin, il nous reste à déterminer les poids ou pressions auxquels doivent résister les coussinets. Remarquons d'abord que la machine étant en équilibre, l'effet des deux couples P — P et Q — Q est nul, qu'il ne reste donc plus à considérer que les deux forces P' et Q', et une troisième S représentant le poids du cylindre, ces trois forces étant appliquées à l'axe : imaginons le poids S du tour comme une force verticale adaptée à son centre de gravité, laquelle peut être décomposée en deux autres s et s', appliquées aussi verticalement à chacun des tourillons; supposons également la résistance P', décomposée en deux autres forces p et p' aussi verticales et appliquées respectivement aux points T et T', il est évident que ces quatre forces n'en formeront en réalité que deux $(p + s)$ et $(p' + s')$.

La force Q' étant décomposée de la même manière, donnera les deux forces q et q' appliquées également aux points T et T'; il ne restera donc plus qu'à construire la résultante r entre les forces $(p+s)$ et q, et celle r' entre $(p'+s')$ et q', lesquelles représenteront en grandeurs et en directions les pressions demandées.

13. — Problème. — *Quelle force faut-il employer pour maintenir en équilibre un corps qui pèse 120^k, au moyen d'un tour dont le rayon de la manivelle est de 0.70 centimètres, celui du cylindre de 0.19, et enfin celui de la corde de 0.01 centimètre.*

Soit x l'intensité de la force demandée exprimée en kilogrammes, on a la proportion :

$$x : 120 :: (0.19 + 0.01) : 0.70.$$

De laquelle on tire

$$x = \frac{120 \times 0.20}{0.70} = 34^k.2857.$$

On peut également se proposer de déterminer les pressions exercées sur les appuis, afin de pouvoir les disposer de manière à opposer une résistance convenable pour supporter le système entier.

Supposons que le poids du tour soit de 100 kil., que son centre de gravité soit au milieu de sa longueur, et que la résistance ou le poids de 120 kil. s'y trouve également fixé; la manivelle se trouvant placée à l'un des tourillons T', et la force qui lui est appliquée, verticale, l'appui qui le supporte se trouvera chargé de l'effet entier dont cette force est susceptible, ou de $34^k.2857$, augmentés de la moitié du poids du tour, plus encore de la moitié de la résistance; appelant x' cette charge, on aura

$$x' = 34.2857 + 50 + 60 = 144^k.2857.$$

x'' exprimant la charge supportée par l'appui T, on aura

$$x'' = 60 + 50 = 110^k.$$

14. — Si la force faisait un angle quelconque avec la verticale, et que le point d'application de la résistance ne fût pas au milieu du cylindre; que de plus le centre de gravité de ce dernier fût inégalement éloigné de ses extrémités, on parviendrait sans peine à répartir les charges afférentes à chacun des

appuis, en divisant chaque poids en deux parties réciproquement proportionnelles aux distances comprises entre le point d'application du poids considéré
et chaque appui; la charge de l'appui T serait ainsi déterminée; quant à celle
de T', voici comment il faudrait procéder pour parvenir à sa connaissance.

Soit mT' la force donnée, transportée au point T' parallèlement à elle-même;
soit également nT', la résultante des poids partiels dont l'effet se réunit en T';
construisons le parallélogramme nT'mr, dont la diagonale T'r qu'il s'agit de
déterminer, exprime la pression supportée par T'.

L'angle mT'$o = rno$ est donné; et l'on a en conséquence

$$rn\mathrm{T'} = 180° - m\mathrm{T'}o;$$

Ainsi l'on connait deux côtés du triangle rnT', et en même temps l'angle
qu'ils comprennent entr'eux; on pourra donc obtenir d'abord les angles nT'r
et nrT', puis la longueur du côté rT' (Trig., § III, n° 5, pag. 273) qui
exprime la résultante demandée.

15. — Lorsqu'une force agit perpendiculairement à un plan fixe, inflexible,
incliné, vertical ou horizontal, il est clair qu'elle est complètement anéantie
par la résistance qu'il lui oppose; car il n'existe aucune raison qui détermine
cette force à dévier plutôt d'un côté que d'un autre dans le plan, qui détruit
alors complètement son effet.

Une force agissant sur un plan, ne peut donc y être en équilibre, qu'autant
qu'elle est perpendiculaire à ce plan; car, s'il en était autrement, on pourrait la
décomposer en deux autres, dont l'une perpendiculaire au plan, et l'autre
conservant la direction primitive; mais la première de ces deux forces étant
détruite par la résistance du plan lui-même, il resterait encore la seconde, qui
agirait dans ce plan, sur lequel elle ne rencontrerait aucun obstacle.

Un corps abandonné à sa propre pesanteur tombe le long d'un plan vertical, absolument de la même manière que s'il était abandonné à lui-même
dans l'espace, de même qu'un corps qui n'est soumis à d'autre force
qu'à sa propre gravité, demeure en équilibre sur un plan horizontal; ces
deux cas étant tout-à-fait particuliers, nous allons rechercher les lois générale-
les d'équilibre sur un plan incliné à l'horizon sous un angle quelconque.

Soit le plan LM, formant avec l'horizontale NT un angle quelconque ONT;
d'un point O pris arbitrairement sur ON, si l'on abaisse la verticale OT jusqu'à sa rencontre avec l'horizontale, on aura *la hauteur* du plan, et NT
en sera la *base*.

Fig. 197 *bis*, pl. IX.

Fig. 199, pl. IX.

D'après ce qui vient d'être dit, un corps étant placé sur un plan incliné, ne peut s'y maintenir en équilibre qu'autant que les forces qui le sollicitent ont une résultante unique, dont la direction est perpendiculaire au plan donné, et tombe en même temps dans l'intérieur de sa base; car chacun des points de la base de ce corps peut être considéré comme le point d'application d'une force perpendiculaire au plan donné, et la résultante de cette multitude de forces partielles est nécessairement parallèle à ses composantes, et de plus ne peut avoir son point d'application hors de l'enceinte formée par l'ensemble des différents points d'application de celles-ci, c'est-à-dire intérieurement à la base du corps dont il s'agit; dans le cas où le corps considéré n'aurait avec le plan qu'un seul point de commun, la résultante serait une normale au plan, passant par ce point.

Fig. 199, pl. IX.   Soit un corps quelconque ABCDEFGH, reposant sur une base EFGH qu'il a commune avec le plan incliné LM, sollicité par deux forces P et Q de directions différentes, le tenant en équilibre; proposons-nous de déterminer la pression à laquelle le plan se trouve assujéti.

Il est clair que les deux forces données P et Q ont une résultante dont l'effet est nul, et dont la direction est conséquemment normale au plan donné; ces deux forces doivent donc concourir au même point I dépendant du corps lui-même, leur résultante IR est une normale au plan donné LM et tombe intérieurement à la base EFGH; de plus, les trois forces P, Q et IR sont situées dans un même plan perpendiculaire au premier (§ I, n° 6, pag. 329); cela posé, les forces P, Q, et IR que nous désignerons par R, donnent (§ I, n° 6, pag. 329).

$$Q : P :: sin\ PIR : sin\ QIR,$$

et

$$P : R :: sin\ QIR : sin\ PIQ;$$

mais dans tout triangle, les sinus des angles étant entr'eux comme les côtés qui leur sont opposés, ces derniers pourront être substitués aux lignes trigonométriques qui leur correspondent, et les conditions d'équilibre d'un corps sollicité par deux forces sur un plan, *se réduiront à la résolution d'un triangle rectiligne, dont les trois angles sont ceux formés par les directions des forces entr'elles, et les côtés, les longueurs qui représentent les intensités de ces mêmes forces.*

Fig. 200, pl. IX.   Dans le cas où la force P prend la direction verticale IK et se trouve précisément égale au poids du corps, le point I en est le centre de gravité et la force Q est parallèle au plan incliné; et enfin KR représente, en grandeur et en direction, la force Q elle-même; d'après la similitude des triangles rectangles IKR et NOT, on pourra établir la proportion

$$KR : IK :: OT : NT,$$

ou

$$Q : P :: OT : NT.$$

Donc, lorsqu'une force est parallèle au plan incliné, elle est au poids du corps qu'elle y maintient en équilibre dans le rapport qui existe entre la hauteur du plan et sa base.

Supposons maintenant que la force Q', soit horizontale, P représentant toujours le poids du corps proposé et I son centre de gravité; les deux triangles rectangles KIQ', et OTN étant semblables, donneront

Fig. 200, pl. IX.

$$IQ' : IK :: NT : OT,$$

ou

$$Q' : P :: NT : OT;$$

C'est-à-dire qu'une force dont la direction est horizontale, est au poids du corps qu'elle maintient en équilibre sur le plan incliné, dans le rapport qui existe entre la base et la hauteur de ce plan.

Il est à remarquer, 1° que lorsque le plan est incliné à 45°, sa base et sa hauteur sont égales, puisque le triangle rectangle OTN est isoscèle, et qu'alors les deux termes du dernier rapport étant égaux, il en est de même de ceux du second, et que l'on a $Q' = P$;

2° Que si l'angle du plan avec l'horizon est moindre que 45°, on a $NT > OT$ et par conséquent $Q' > P$;

3° Et qu'enfin, lorsque l'angle d'inclinaison du plan est plus grand que 45°, il en résulte $NT < OT$, et par suite $Q' < P$.

On peut, d'après les méthodes trigonométriques en usage pour la résolution des triangles rectilignes (Trig., § III, n°ˢ 3, 4, 5, 6 et 7, pag. 271 à 280), et à l'aide des tables, résoudre toutes les questions qui peuvent se présenter relativement à l'équilibre des corps sur le plan incliné, solutions qui ne peuvent présenter aucune difficulté d'après ce qui a été dit.

48

16. — *La vis n'est autre chose qu'un plan incliné tournant régulièrement autour d'un cylindre,* car elle se compose d'un cylindre circulaire droit, revêtu d'une partie saillante engendrée par la révolution d'un triangle équilatéral ou d'un carré qui tourne en s'appuyant par l'un de ses côtés vertical, sur la surface du cylindre, en suivant une hélice ou spirale tracée sur cette surface.

Le *noyau* de la vis est le cylindre générateur; la partie saillante se nomme *filet,* et la partie vide comprise entre les contours du filet est *le pas de vis.*

Si l'on conçoit la vis enveloppée de toutes parts par un corps solide, on aura une juste idée de son *écrou,* dont la génération est absolument celle de la vis elle-même, à cela près que la partie vide de la vis se trouve pleine dans l'écrou, et réciproquement.

La vis ou l'écrou, n'importe lequel, étant fixe, il est évident que l'autre n'est susceptible que de monter ou descendre, selon qu'il est soumis à une force quelconque qui tend à faire tourner à droite ou à gauche.

Nous allons supposer l'écrou AB fixe et la vis CD mobile; celle-ci ayant à supporter un poids quelconque P qui tend à la faire tourner autour de son axe, tandis qu'une force R appliquée au levier CE tend à maintenir l'équilibre, en faisant tourner en sens contraire; on voit, d'après cela, que la vis est une combinaison du levier et du plan incliné.

Soient *no* le développement de la circonférence du cylindre, *om* l'épaisseur du filet ou du pas de vis, la ligne *mn* indiquera l'inclinaison du filet, et l'on pourra considérer le poids P comme étant appliqué verticalement en un point *u,* situé sur ce filet; et comme cette force tend à faire tourner la vis, elle donne naissance à une autre force horizontale, et tangente au cylindre vis-à-vis ce point; soit Q cette seconde force.

Si nous appelons *r* le rayon du cylindre, sa circonférence sera exprimée par $2\pi r$, et l'on aura

$$2\pi r = no;$$

mais, pour le cas d'équilibre, on a la proportion (n° 15, pag. 377)

$$Q : P :: om : 2\pi r.$$

Du point *u* imaginons *u*I perpendiculaire à l'axe du cylindre, et prolongeons cette droite de manière à avoir IR, que nous désignerons par R seulement, égale à la longueur du bras de levier appliqué à la vis; ceci posé, on peut admettre un levier dont les bras I*u* et *u*R sont sollicités par deux forces Q et *x*, *x* représentant l'intensité de celle nécessaire pour maintenir l'équilibre, qui ne pourra exister qu'autant que l'on aura (n° 1, pag. 362):

$$x : Q :: Iu : IR,$$

ou

$$x : Q :: r : R.$$

Multipliant cette dernière proportion terme à terme avec la précédente, on a

$$Q \times x : P \times Q :: om \times r : 2\pi r \times R,$$

expression qui devient, en divisant les deux termes du premier rapport par Q et les deux termes du second par r,

$$x : P :: om : 2\pi R.$$

Nous avons supposé dans ce qui vient d'être dit, que la vis ne touchait l'écrou que par un seul point; cette proportion existe, quel que soit le nombre des points de contact; et l'on peut conclure qu'en général,

La puissance qui tend à faire tourner la vis, est à la résistance qui la presse dans le sens de son axe, comme le pas de la vis ou épaisseur du filet est à la circonférence que tend à décrire le bras de levier auquel est appliquée la puissance.

La vis est rarement employée dans les arts pour élever ou abaisser les poids ou fardeaux; sa destination la plus naturelle est de produire une pression prodigieuse et uniforme sur une surface donnée, au moyen d'une faible puissance. Les pressoirs employés à la vinification, ceux mis en usage pour l'extraction des huiles, et enfin les presses d'imprimerie, en sont des exemples remarquables.

17. — PROBLÈME. — *Soit proposé de déterminer la force qu'il faut appliquer à une vis, dont le pas est de 0,03 centimètres en se servant d'un bras de levier ayant 0,25, pour obtenir une pression équivalente à 157 kilog.*

L'application de la loi d'équilibre, qui n'est que la traduction de la proportion qui précède, donnera

$$x : 157 :: 0,03 : 2\pi \times 0,25;$$

mettant à la place de π sa valeur, et tirant celle de x,

$$x = \frac{157 \times 0.03}{2 \times 3.1415 \times 0.25} = \frac{4.71}{1.57} = 3^k;$$

tel est le poids susceptible de produire la pression demandée dans les conditions actuelles; toutes les questions relatives à l'équilibre de la vis étant renfermées dans la proportion

$$x : P :: om : 2\pi R,$$

il suffit de connaître trois quelconques des termes qui la composent, pour déterminer aussitôt le quatrième.

18. — Le plan incliné trouve encore son application dans l'emploi du coin, instrument dont on se sert pour vaincre la cohésion dans certains corps qu'on se propose de diviser en fragments à l'aide de la percussion.

Fig. 203, pl. IX

Le coin est un prisme triangulaire ABCDEF susceptible d'être introduit par l'une de ses arêtes EF formant le sommet d'un angle dièdre ordinairement fort aigu, dans une gerçure ou dans une fente légère pratiquée le plus souvent à cet effet dans le corps que l'on se propose de diviser; plusieurs coups vigoureusement appliqués sur la face opposée ABCD déterminent l'introduction du coin dans le corps lui-même, et la disjonction de ses molécules, suivant une fracture de forme variable pour chacun des corps sur lesquels on agit.

L'arête incisive EF se nomme *tranchant* ou *biseau* du coin; la face ABCD en est *la tête*.

Chaque coup de *marteau*, *maillet* ou autre instrument, s'il n'est appliqué perpendiculairement à la tête du coin, se décompose immédiatement en deux forces, dont l'une normale agit seule sur lui, tandis que l'autre parallèle à ce même plan, demeure sans effet; d'après cela, la puissance P peut donc être considérée comme normale à la tête du coin AB, et la résistance appliquée perpendiculairement à chacune de ses faces latérales; d'un point quelconque I pris sur la direction de la puissance, imaginons deux perpendiculaires ID, IE aux côtés AC et BC du coin, et portons IO représentant l'intensité de la puissance sur sa direction; puis, par le point O, menons OE parallèle à ID et OD parallèle à IE; la force P sera ainsi décomposée en deux autres, Q et S produisant le même effet et représentant en conséquence les deux efforts supportés par le coin dans l'état d'équilibre; les trois forces P, Q, S, sont proportionnelles aux longueurs qui les représentent; on a, par conséquent,

$$P : Q : S :: IO : DI : OD \text{ ou } IE;$$

mais le triangle DIO est semblable au triangle CAB (Géom., § II, n° 10, pag. 155), et l'on a

$$IO : DI : OD :: AB : AC : BC;$$

donc

$$P : Q : S :: AB : AC : BC;$$

c'est-à-dire que, pour le cas d'équilibre, la puissance et les deux pressions latérales sont entr'elles dans le même rapport que les trois arêtes du coin.

Comme on emploie d'ordinaire un coin dont les arêtes AC et BC sont égales, on dit dans ce cas que *la puissance est à l'une des pressions, comme l'épaisseur du coin à sa tête est à la longueur de son côté.*

§ IV. — DES MACHINES COMPOSÉES, LES CORDES, LES MOUFLES, LES ROUES DENTÉES , LE CRIC, LA SONNETTE , LA CHÈVRE, LA GRUE, LES PONTS A BASCULE.

N° **1er**. — Sans nous arrêter à une description inutile des cordes, ustensiles généralement employés et connus, nous allons considérer de prime abord un certain nombre de points pris dans l'espace et liés entr'eux par une suite de cordons parfaitement flexibles, mais que nous supposerons, en théorie, complètement inextensibles.

On sait que si trois forces P, Q, R, agissent dans le même plan, sur un même point, il ne peut y avoir équilibre qu'autant que chacune des trois forces est précisément égale et opposée à la résultante des deux autres (§ I, n° 6, pag. 329), et si ces mêmes forces sont appliquées à trois cordons, dans le cas d'équilibre on pourra remarquer,

Fig. 204, pl IX.

1° *Que les trois cordons sont dans le même plan;*

2° *Que chaque force ou tension peut être représentée par le sinus de l'angle formé par la direction des deux autres;*

3° *Qu'ainsi on a les relations*

$$P : Q : R :: \mathit{sin}\,QAR : \mathit{sin}\,PAR : \mathit{sin}\,PAQ.$$

Et les points P et Q étant fixés d'une manière invariable, les efforts auxquels ils ont à résister, c'est-à-dire la force R, ou les tensions qu'éprouvent les cordons PA et AQ, se trouveront ainsi déterminées; on doit remarquer que ces tensions varient en raison du sinus de l'angle PAQ; qu'en conséquence, elles deviennent infinies lorsque les directions PA et AQ sont en ligne droite; de là l'impossibilité bien reconnue de pouvoir tendre parfaitement une corde;

car quelles que soient sa force et sa légèreté, son propre poids suffirait encore, dans cette position, pour la rompre aussitôt qu'elle y serait parvenue.

Au lieu de supposer le cordon AR attaché aux deux autres d'une manière invariable, ainsi qu'on l'a supposé dans ce qui précède, on peut admettre qu'il ne soit adhérent à ceux-ci qu'au moyen d'un anneau ou coulant susceptible de prendre une toute autre position, en glissant le long d'eux, suivant les circonstances auxquelles le système se trouve assujéti; pour peu qu'on réfléchisse, on s'apercevra que les conditions d'équilibre qui précèdent, deviennent alors insuffisantes, et qu'il faut encore y réunir celle-ci : que le prolongement AM de la direction RA divise exactement en deux parties égales l'angle PAQ; car alors le point A, susceptible de prendre un nombre infini de positions, est néanmoins assujéti à ne jamais s'écarter du périmètre de l'ellipse dont P et Q sont les foyers (Géom., Chap. II, § III, n° 18, pag. 184) et AR la normale.

Fig. 205, pl. IX.

2. — Soient maintenant un nombre quelconque de points A, B, C, etc., liés entr'eux de la même manière, et sollicités par les forces F, P, Q, R, f, agissant sur d'autres cordons, de telle sorte que les points d'application A, B, C, etc., étant variables de positions, ne puissent servir, du moins au même instant, de point d'application à plus de trois forces; ceci posé, et dans le cas d'équilibre que nous considérons, les forces prises trois à trois sont elles-mêmes en équilibre et situées dans un même plan; si l'on appelle x la tension du cordon AB, on aura évidemment pour le point A

$$F : P :: \sin PAB : \sin FAB,$$

et

$$P : x :: \sin FAB : \sin FAP.$$

On peut agir de la même manière à l'égard du point B, lequel est maintenu en vertu des trois tensions Q, AB ou x, et BC que nous désignerons par y; et nous aurons

$$x : Q :: \sin QBC : \sin ABC,$$

et

$$Q : y :: \sin ABC : \sin ABQ.$$

Enfin, la même considération faite à l'égard du point C, fournirait

$$y : R :: \sin fCR : \sin BCf,$$

et

$$R : f :: \sin BCf : \sin BCR;$$

et l'on continuerait ainsi l'opération, si elle devait s'étendre à un nombre plus considérable de points; puis enfin, en multipliant entr'elles et par ordre un certain nombre des proportions ainsi obtenues, on obtiendrait les rapports existants entre deux quelconques des forces que l'on considère.

Les cas particuliers où les tensions des cordons seraient égales entr'elles, où les directions des forces seraient verticales, parallèles, etc., peuvent être facilement déduits de ce principe qui est général.

3. — Soit un système de poulies mobiles A, B, C, etc., disposées de façon à supporter un poids que nous désignerons par P, lequel est fixé à la chappe de la première poulie C, autour de laquelle s'enroule un cordon arrêté d'une part au point fixe F, et de l'autre à la chappe d'une seconde poulie B, dans la gorge de laquelle passe un second cordon fixé d'une part au point F', et de l'autre à la chappe d'une troisième poulie soutenue elle-même par un troisième cordon arrêté d'un côté au point fixe F'', et de l'autre sollicité par une force que nous désignerons par Q.

Fig. 206, pl. X

Le système entier se trouvant en équilibre, chacune des poulies qui le composent doit être elle-même maintenue à cet état par les forces ou tensions auxquelles elle est soumise; désignons par r, r', r'' les rayons des trois poulies, par c, c', c'' les cordes ou sous-tendantes des arcs embrassés par les différents cordons, x et y représentant les tensions du premier et du second cordon, on aura (§ III, n° 11, pag. 371), pour l'équilibre du point C,

$$x : P :: r : c;$$

L'équilibre du point B fournira en même temps

$$y : x :: r' : c',$$

et enfin celui du point A donnera

$$Q : y :: r'' : c''.$$

Multipliant ces trois proportions par ordre, on obtient la nouvelle proportion

$$x \times y \times Q : P \times x \times y :: r \times r' \times r'' : c \times c' \times c'',$$

puis enfin, en supprimant aux deux termes du premier rapport le facteur commun $x \times y$,

$$Q : P :: rr'r'' : cc'c''.$$

Pour qu'il y ait équilibre dans le cas qui nous occupe, il faut donc *que la puissance soit à la résistance, comme le produit des rayons des poulies est à celui qui résulte de la multiplication des cordes qui sous-tendent les arcs embrassés par les différents cordons.*

Fig. 207, pl. IX. **4.** — En supposant tous les cordons parallèles, verticaux par exemple, et c'est le cas qui se présente le plus souvent, les cordes ou sous-tendantes deviennent égales chacune au diamètre de la poulie à laquelle elles appartiennent, et la proportion qui précède devient

$$Q : P :: r \times r' \times r'' : 2r \times 2r' \times 2r'',$$

qui, en divisant les deux termes du dernier rapport par $r \times r' \times r''$, se réduit à

$$Q : P :: 1 : 2 \times 2 \times 2;$$

c'est-à-dire que, dans ce cas, la puissance est à la résistance, comme l'unité est au nombre **2** *élevé à une puissance marquée par le nombre des poulies.*

On remarquera sans peine que la puissance se trouve, en cet état, dans la condition la plus avantageuse, car le diamètre étant la plus grande d'entre toutes les cordes d'un même cercle, il s'ensuit que le produit d'un certain nombre de diamètres est toujours plus grand que celui du même nombre de cordes, prises chacune dans le même cercle. On remarquera également que, dans le cas où les arcs embrassés seraient égaux au sixième de la circonférence, leurs cordes étant égales aux rayons des poulies auxquelles ils appartiennent (Géom., § III, n° 10, Corol. III, pag. 171), la proportion précédente deviendra

$$Q : P :: rr'r'' : rr'r'';$$

Mais les deux termes du dernier rapport étant égaux, il en est ainsi de ceux du premier, et l'on a $Q = P$; *c'est-à-dire que, pour obtenir l'équilibre, il faut alors que la puissance et la résistance soient égales entr'elles.*

Fig. 208 et 209,
pl. X. **5.** — On entend par *moufle* un système de poulies assemblées dans une même chappe.

Les poulies peuvent être disposées sur des axes parallèles, situés les uns au-dessous des autres, ou bien encore sur le même axe; quelquefois celui-ci est invariablement lié à la poulie, et alors il tourne avec elle; mais le plus souvent il est fixé par ses extrémités à la chappe dont il fait partie intégrante, et la poulie tourne alors autour de celui-ci. Ces différentes dispositions dépendent généralement du but que l'on se propose; presque toujours le besoin inventif sait diriger de lui-même l'homme déjà préparé par l'étude, et même très souvent celui qui, doué d'intelligence, se trouve privé d'instruction.

D'après ce qui vient d'être dit, il n'est rien de plus aisé à comprendre que les lois qui régissent l'équilibre des moufles, les cordes qui s'enroulent autour des poulies composant les moufles étant sensiblement parallèles, et leur tension la même, puisqu'elles ne sont, dans leur ensemble, qu'une seule et même corde d'une flexibilité égale.

Soient deux moufles, dont l'une fixe et l'autre mobile, ayant toutes leurs poulies embrassées par une corde unique, dont l'une des extrémités est fixée à la chappe de l'une des moufles, tandis que l'autre extrémité est sollicitée par une force Q faisant équilibre à un poids P que nous supposons suspendu à la moufle mobile.

La tension des différents cordons étant la même, puisqu'ils ne sont en réalité qu'une seule et même corde, et de plus leurs directions étant parallèles ou plutôt verticales, il est évident *que la force est à la résistance comme l'unité est au nombre des cordons qui soutiennent la moufle mobile;* car la tension commune ou la puissance Q étant prise pour unité, le poids P se compose d'autant de forces égales à Q, qu'il y a de cordons à le soutenir.

6. — Les *engrenages* sont, sans contredit, un artifice des plus ingénieux et des plus intéressants que possède la mécanique; leur emploi est si fréquent et si généralement répandu dans les machines composées, que nous croyons devoir présenter, le plus brièvement possible néanmoins, la loi d'équilibre qui les régit.

Imaginons un certain nombre de roues, B, C, portant à leurs axes d'autres roues plus petites, *b*, *c*, les unes et les autres ayant leurs circonférences garnies de dents uniformément taillées dans les roues elles-mêmes dont elles font partie.

Fig. 210, pl. X.

Les roues B, C, s'appellent *roues dentées*, et celles *a*, *b*, se nomment *pignons;* elles sont placées de telle sorte les unes à l'égard des autres, que le pignon *a* engrène sur la roue dentée B, dont le pignon *b* engrène C, et ainsi

49

des autres, le premier pignon a étant fixé à l'axe d'un tour A, auquel est appliquée la puissance, et la dernière ayant, au lieu de pignon, un tour c sur lequel s'enroule la corde à laquelle est fixé le poids à élever.

Fig. 210, pl. X. Supposons un certain nombre de tours, a, b, c, ayant pour rayons r, r', r'', dont les roues A, B, C, ont pour rayons R, R', R''; la roue du premier tour a étant sollicitée par une force Q, dirigée suivant une de ses tangentes, puis une corde s'enroulant à la fois sur le cylindre a et sur la roue B, communique par sa tension le mouvement au tour b, auquel cette roue appartient; une autre corde enroulée sur ce dernier tour et sur la roue du suivant, lui imprime également le mouvement, qui se transmet ainsi de proche en proche jusqu'au dernier tour sur lequel s'enroule la corde à laquelle est suspendu le poids que nous désignerons par P.

Il est aisé de voir que le système entier étant en équilibre, chacun des tours qui le composent est également en équilibre, en vertu des tensions qui le sollicitent; et que l'on a, en désignant par x la tension de la corde qui réunit le premier tour au second.

$$Q : x :: r : R,$$

puis en nommant y la tension du second cordon,

$$x : y :: r' : R';$$

et enfin le troisième tour fournit

$$y : P :: r'' : R''.$$

Multipliant terme à terme ces proportions, dont le nombre pourrait être plus considérable, on a

$$Q \times x \times y : x \times y \times P :: rr'\,r'' : RR'\,R''.$$

Supprimant au premier rapport le facteur commun $x \times y$, on obtient définitivement

$$Q : P :: rr'\,r'' : RR'\,R''.$$

Donc la puissance est à la résistance comme le produit des rayons des cylindres est au produit des rayons des roues.

Il est clair qu'en supposant le rapprochement des différents tours dont il vient d'être ici question, de telle sorte que la roue motrice du premier soit tangente au cylindre du second, ou plutôt s'engrène dans celui-ci, dont la roue peut également s'engrener dans le cylindre du troisième, et ainsi des

autres, on obtiendra un système de roues dentées; car les cylindres ne sont
en réalité que les pignons, et leurs roues des roues dentées.

D'après cette analogie frappante, on est donc entraîné à conclure que le
principe qui précède s'applique également à l'équilibre de deux forces agissant
l'une contre l'autre au moyen de roues dentées, et qu'en conséquence,

*La force est à la résistance comme le produit des rayons des pignons est
au produit des rayons des roues dentées.*

7. — *Le cric* est un instrument ou plutôt une machine composée, que l'on
emploie pour soulever des masses considérables; le principe qui régit la force
appliquée à cette machine, est absolument le même que celui des roues dentées; un pignon qui tourne sur son axe à l'aide d'une manivelle à laquelle est
adaptée la force motrice, engrène dans une barre dentée appelée *crémaillère*,
laquelle supporte le poids à élever ou à abaisser, selon que la manivelle tourne
l'axe et son pignon dans l'un ou l'autre sens; il est aisé de voir que, dans le
cas d'équilibre de cette machine, *la puissance appliquée à la manivelle est
à la résistance supportée par la crémaillère, comme le rayon du pignon est
au rayon de la manivelle.*

L'effet produit par le cric est donc d'autant plus avantageux, que le rayon
du pignon est plus petit relativement à celui de la manivelle qui le fait mouvoir.

Au lieu de faire agir le pignon directement sur la crémaillère, il arrive
quelquefois que celui-ci engrène dans une roue dentée, portant à son axe un
second pignon qui engrène avec la crémaillère; le cric est alors *composé*,
et pour qu'il y ait équilibre, *il faut essentiellement que la puissance soit à
la résistance comme le produit des rayons des pignons est au produit qui
résulte de la multiplication du rayon de la roue par le bras de la manivelle.*

Il est essentiel de remarquer qu'en cette dernière circonstance la puissance
n'acquiert un si haut degré d'avantage, qu'aux dépens du temps pendant lequel le fait se réalise; car alors le nombre de tours imprimés en premier lieu
à la manivelle, augmente en raison de la lenteur qu'éprouve dans sa révolution le nouveau pignon qui communique le mouvement à la crémaillère.

8. — On désigne sous le nom de *sonnette* une machine employée dans les constructions pour enfoncer en terre les pieux sur lesquels doivent reposer les fonda-
tions lorsque les différents cas l'exigent; on fait communément usage de deux
sortes de sonnettes, qui ne diffèrent essentiellement que par leur importance et
par le mode d'application de la puissance qui est la même pour chacune d'elles.

La *sonnette à déclic* se compose d'un tour A, monté sur un système de charpenterie, et disposé de manière à pouvoir élever à une hauteur donnée une masse de fonte B connue sous le nom de *mouton*, à une hauteur déterminée, pour l'abandonner spontanément à l'action de la pesanteur, qui la précipite avec violence sur la tête du pieux ou *pilot* C qu'il s'agit de battre; le *déclic* D auquel la machine doit sa dénomination particulière, n'a d'autre but que de changer le mouvement ascendant du mouton.

Le tour est mu par une ou deux manivelles M, M' auxquelles sont appliqués un ou plusieurs manœuvres, selon le poids du mouton que l'on se propose de faire fonctionner.

Au lieu d'être mue par un tour, la *sonnette à tiraudes* reçoit son effet des forces réunies d'un certain nombre d'hommes appliqués à différents cordons, q, q', q'', q''', q^{iv}, se réduisant eux-mêmes à un seul, Q, qui sollicite directement le mouton, lequel, après avoir été élevé à une certaine hauteur, à un signal convenu, est abandonné à son propre poids, qui le détermine à tomber brusquement sur la tête du pilot, garnie ordinairement d'une calotte en fer propre à résister à une percussion dont l'énergie dépend à la fois de la hauteur de la sonnette et du poids du mouton. D'après ce qui a été dit au sujet du tour et des poulies, il serait inutile de rechercher ici les conditions d'équilibre, qui ne peuvent présenter aucune difficulté au lecteur, même dans le cas où le tour de la sonnette à déclic recevrait son mouvement d'un engrenage qui peut y être adapté.

9. — La *chèvre* est mise en usage pour élever à une hauteur plus ou moins importante les matériaux d'un grand poids qui sont employés dans les différentes constructions; elle est ainsi que la sonnette, une application immédiate du tour et de la poulie, cette dernière étant seulement employée pour changer la direction des forces; le tour peut être mu par des barres transversales ou par des roues garnies de chevilles, ainsi que l'indique la figure, ou même encore par des manivelles munies d'engrenages, qui, en facilitant la puissance, augmentent, ainsi qu'il a été dit, le temps pendant lequel le travail doit être opéré; cette machine se prêtant avec avantage à une foule de modifications, les constructeurs en peuvent tirer le plus grand parti, suivant les circonstances fréquentes où ils sont appelés à s'en servir.

La *grue* est également une des précieuses applications du tour, et peut servir indistinctement à monter ou descendre, et même à transporter circulairement un corps quelconque d'un grand poids à l'aide d'une faible puissance;

il serait superflu de s'arrêter à sa description, la machine étant pour ainsi dire connue de tout le monde.

10. — Les *ponts à bascule*, destinés à l'évaluation du poids des voitures, se composent de plusieurs leviers agissant concurremment, et au moyen desquels on parvient à établir l'équilibre entre un poids des plus minimes et une masse prodigieuse dont il est un multiple exact.

Un plancher ou *tablier*, ABCD, assez solidement établi pour recevoir les voitures dont le poids doit être déterminé, porte directement sur quatre points, a, b, c, d; la pression qu'il exerce sur ces différents points se transmet au dixième vers le point i, et par suite en K, parce qu'on a établi dans la construction

Fig. 215, pl. X.

$$na = \frac{nh}{10}, \; n'b = \frac{n'h}{10}, \; n''c = \frac{n''i}{10} \; \text{et} \; n'''d = \frac{n'''i}{10};$$

et comme l'on a en même temps

$$Kl = \frac{Km}{10},$$

il s'ensuit que le poids P, est, dans le cas d'équilibre, la centième partie de la charge supportée par le tablier; et qu'en conséquence il suffit de multiplier par 100 le poids placé dans le bassin, pour obtenir, dans tous les cas possibles, la charge supportée par le tablier.

11. — On doit, en général, s'attacher, dans la création des machines, à n'employer que le mécanisme le plus simple pour transmettre l'action du moteur au mouvement qui doit être imprimé à la résistance; ainsi, le nombre des agents intermédiaires doit être le plus restreint, et ils doivent en outre présenter toute la solidité désirable.

De quelque nature que soit une machine, le moteur qui la fait agir est appelé non-seulement à vaincre l'effort que lui oppose la résistance seule, mais encore à détruire les différentes résistances engendrées par le frottement des agents intermédiaires et les imperfections qui existent toujours, soit dans la construction, soit dans la nature même des matériaux mis en œuvre; de là, la dénomination d'*effet total* donnée à la force nécessaire pour vaincre tous ces obstacles réunis, et celle d'*effet utile* qui désigne plus particulièrement le travail obtenu, ce dernier étant débarrassé de toute perte accidentelle; d'après cela, il est aisé de voir qu'une machine approche d'autant plus de la perfection, que l'effet utile diffère moins de l'effet total.

Enfin, on prendra en considération les dépenses de construction, qui doivent être sagement combinées, et celles de l'entretien journalier auquel toute machine est assujétie, lequel devient plus ou moins onéreux, selon les différentes circonstances qui peuvent se rencontrer.

CHAPITRE VI.

THÉORIE DES PROJECTIONS.

§ Ier. — DÉFINITIONS, DE LA LIGNE DROITE ET DU PLAN, PROJECTIONS DES
SOLIDES A SURFACES PLANES TERMINÉES PAR DES ARÊTES RECTILIGNES.

N° 1er. — Après avoir défini les différents corps élémentaires, étudié leurs
propriétés, mesuré leurs volumes, déterminé les rapports qu'ils ont entr'eux,
et démontré les relations qui existent entre les surfaces qui leur servent d'enveloppes, il reste encore à enseigner un moyen graphique qui permette de représenter sur une feuille de dessin, et avec leurs dimensions bien déterminées,
non-seulement les corps élémentaires dont il vient d'être parlé, mais encore
tous ceux auxquels ils peuvent servir d'élément; c'est ainsi que, guidé par un
simple canevas linéaire, l'artisan peut, avec toute l'exactitude possible, exécuter matériellement le projet qui lui est confié : tel est le but que je me suis proposé
dans ce chapitre, en appliquant la méthode des *projections* à cette spécialité.

La projection d'un point A sur un plan, est le pied de la perpendiculaire   Fig. 216, pl. XI.
a abaissée de ce point sur le plan.

La projection d'une ligne droite AB sur un plan, est la droite *ab* tracée sur ce   Fig. 217, pl. XI.
plan par les projections de deux points quelconques de cette même droite, ou
bien encore c'est l'intersection commune du plan de projection avec un second
plan passant par la droite donnée, mené perpendiculairement au premier.

En général, la projection d'une courbe quelconque, ABCDEF, est une se-   Fig. 218, pl. XI.
conde ligne, *abcdef*, passant par les pieds des différentes perpendiculaires qui
peuvent être abaissées de chacun des points de cette ligne sur le plan de projection.

Fig. 210, pl XI.

Deux projections, *a* et *a'*, d'un même point, étant données sur deux plans qui forment entr'eux un angle quelconque, il est aisé de s'apercevoir que la position réelle de ce point A est elle-même parfaitement connue; car, d'après ce qui vient d'être dit, il doit être situé sur quelque point de chacune des perpendiculaires élevées respectivement à l'un et l'autre plan, précisément au point projeté sur chacun d'eux, et par conséquent à l'intersection de ces deux perpendiculaires.

On voit également qu'une ligne quelconque, droite,. courbe, etc., est déterminée de forme, de longueur et de position aussitôt que ses projections sont données sur deux plans différents, et qu'enfin les corps en général étant terminés par des surfaces qui, elles-mêmes, sont limitées par des lignes et des points, il s'ensuit qu'un corps quelconque sera parfaitement déterminé aussitôt que ses projections seront données sur deux plans différents.

2. — Il est généralement admis que les deux plans de projection forment entr'eux un angle droit, ou ce qui est la même chose, sont réciproquement perpendiculaires l'un à l'autre; le premier se nomme plan *horizontal;* et l'autre plan *vertical.*

L'intersection des deux plans de projection s'appelle la *ligne de terre;* il résulte de cette disposition, *que la perpendiculaire qui détermine la projection d'un point sur l'un quelconque des plans, est précisément égale à celle abaissée de la projection du même point, prise dans l'autre plan, sur la ligne de terre.*

On appelle *traces d'un plan,* ses intersections avec les plans de projection; ces traces sont dites horizontales ou verticales, selon le plan de projection où elles sont situées.

Toute projection d'un point, d'une ligne, etc., prend également la dénomination du plan de projection dans lequel elle est située.

Trois points, pris arbitrairement dans l'espace, déterminent toujours la position d'un plan; car, si l'on imagine deux quelconques d'entr'eux joints par une ligne droite, et en même temps un plan passant par cette dernière, on pourra faire mouvoir ce plan autour de celle-ci, sans qu'elle change de position, jusqu'à ce que le plan dont il s'agit arrive sur le troisième point; il s'ensuit donc, 1° *qu'un point et ses projections sur deux plans sont toujours situés dans un même plan, que ce dernier est à la fois perpendiculaire aux deux plans de projection et à leur commune intersection, ou à la ligne de terre;* 2° *que la position d'un plan est entièrement déterminée par ses traces.*

On appelle plan *projetant* celui qui passe par une droite donnée dans l'espace, et par sa projection sur l'un ou l'autre des plans; *il en résulte que les
traces d'un plan projetant sont toujours, l'une la projection de la droite
qu'il contient, prolongée jusqu'à sa rencontre avec la ligne de terre, et
l'autre une perpendiculaire à la ligne de terre, élevée à cette rencontre,
dans l'autre plan.*

3. — La forme et la position d'un corps quelconque étant déterminées par
ses projections sur deux plans qui forment entr'eux un angle droit, le corps
lui-même doit être considéré comme occupant, dans l'espace angulaire que déterminent les deux plans, la place qui lui est rigoureusement assignée par ses
projections.

Les projections des objets diffèrent plus ou moins de l'original, en raison
des positions que celui-ci occupe dans l'espace, à l'exception néanmoins du
point qui a toujours pour projections deux autres points, et de la ligne droite
parallèle à la fois aux deux plans, dont les projections sont égales à elle-même.

Le cercle, par exemple, peut être représenté en projection,

Fig. 220, 221 et 222, pl. XI.

1° Par un cercle qui lui est égal, sur l'un quelconque des plans de projection auquel il serait parallèle, tandis que sur l'autre il figurerait par une ligne
droite égale à son diamètre;

2° Par une ellipse plus ou moins aplatie, lorsque son plan est incliné à
l'un ou à l'autre des plans de projection, et même aux deux à la fois; dans
ce cas, les ellipses ont constamment pour grand axe le diamètre du cercle, tandis que le petit axe a pour limites un point qui est dénué d'étendue, et
le diamètre du même cercle.

Soient xy la ligne de terre, et ABCDEFGH un corps quelconque dont la
projection horizontale est *efgh* et la projection verticale *dcfh;* ceci admis, on

Fig. 223, pl. XI.

peut supposer que le plan vertical LMyx, tourne autour de la ligne de terre
yx, jusqu'à ce qu'il soit parvenu à la position horizontale, dans laquelle
il se confond avec le prolongement du plan horizontal; supposons également
qu'en cet état de choses le corps lui-même disparaisse et qu'il ne reste plus sur
la figure que l'empreinte des lignes dont l'imagination seule peut encore se
présenter l'assemblage dans l'espace.

Pendant le mouvement de rotation du plan vertical tournant autour de la

Fig. 224, pl. XI.

ligne de terre considérée comme charnière, chacun des points du corps, ainsi
que ses projections respectives, reste constamment dans le même plan projetant, et ce plan demeure toujours perpendiculaire à la ligne terre de

même qu'aux deux plans de projection ; ainsi, le plan vertical étant parvenu à la position horizontale, les traces hh, ff des différents plans projetants dont il vient d'être parlé, ne sont plus que de simples lignes droites perpendiculaires à la ligne de terre, liant entr'elles les différents points correspondants des deux projections.

C'est ainsi que les choses seront envisagées : les deux plans de projection n'existeront désormais que dans la pensée ; ils ne présenteront en réalité qu'un seul et même plan divisé en deux compartiments par la ligne de terre, et les opérations s'effectueront sur cette surface plane.

Les points, lignes, etc., au lieu d'exister matériellement dans l'espace, ne seront plus donnés que par leurs projections indiquées sur le dessin au trait ferme, ainsi que la ligne de terre qui sera tracée d'une manière un peu plus prononcée, et désignée généralement par les lettres x, y ; quant aux lignes de construction, elles seront ponctuées de différentes manières propres à faciliter l'intelligence de l'*épure* ; c'est ainsi que se nomme le dessin dans son ensemble.

A l'aide de constructions presque toujours simples et faciles, on aura l'avantage de fixer d'une manière invariable, sur une même épure, les dimensions d'un corps quelconque, savoir : les largeurs et les épaisseurs sur la projection horizontale, et les hauteurs sur la projection verticale ; s'il arrive parfois que ces projections n'indiquent que d'une manière incomplète les dimensions de l'objet qu'il s'agit de représenter, dimensions qui peuvent occuper certaines positions obliques à l'égard des plans de projection, la solution du problème suivant fera connaître d'une manière rigoureuse les véritables longueurs qui doivent leur être attribuées.

4. — Problème. — *Etant données les deux projections d'une droite, déterminer sa longueur.*

Si la droite dont il s'agit est parallèle à l'un ou à l'autre des plans de projection, elle est égale à sa projection sur ce plan, car ces deux lignes sont des parallèles comprises entre parallèles (Chap. II, § I, n° 16, pag. 141) ; et il en est de même, à plus forte raison, si la droite est parallèle à la fois aux deux plans ; on ne doit donc sérieusement s'occuper que du cas général où elle leur est oblique et conséquemment plus grande que chacune de ses projections.

Fig. 225, pl. XI. — Soient ab et $a'b'$ les projections d'une certaine ligne AB dont on se propose de déterminer la longueur.

Imaginons par la ligne dont il s'agit et par sa projection horizontale ab, le plan projetant dont cette dernière est la trace horizontale, puis par le point A, dont a est la projection, supposons dans ce même plan une parallèle à ab qui lui sera égale, puisqu'elles sont l'une et l'autre comprises entre les deux plans parallèles verticaux passant l'un par aa' et l'autre par bb'; on construira ainsi un triangle rectangle dont l'hypoténuse est la ligne AB elle-même, un des côtés de l'angle droit sa projection horizontale ab, et l'autre côté une certaine partie de la verticale Bb, qu'il s'agit de déterminer.

La droite supposée parallèle à ab, est, ainsi que cette dernière, perpendiculaire à la verticale Bb qui réunit le point fictif B à sa projection b; et cette verticale se trouve ainsi décomposée en deux parties, dont celle inférieure est précisément égale à la hauteur du point A au-dessus du plan horizontal, ou, ce qui est la même chose, à la distance qui sépare le point a' de la ligne de terre; quant à la partie supérieure qu'il s'agit de connaître, il est aisé de s'apercevoir qu'elle est égale à la verticale Bb diminuée de cette première partie, ou, ce qui est la même chose, à la distance qui sépare la projection verticale b' de la ligne de terre, diminuée de la hauteur du point a' au-dessus de cette même ligne.

La construction graphique se réduit donc à mener par le point a' une droite $a'c$ parallèle à la ligne de terre, et cb' sera l'un des côté de l'angle droit du triangle rectangle qu'il faut construire, puisque cette ligne est la différence de hauteur des points a' et b'; quant à l'autre côté de l'angle droit, on le sait déjà, il n'est autre chose que la projection horizontale elle-même, qu'il suffit alors de porter de c vers e', sur le prolongement de ca', puis enfin de joindre $e'b'$, qui est la longueur demandée.

L'opération qui vient d'être exécutée sur le plan vertical, pouvait tout aussi bien l'être sur le plan horizontal; *ainsi, pour obtenir la longueur d'une droite dont les projections sont données, on peut indifféremment prendre l'hypoténuse d'un triangle rectangle ayant pour côtés de l'angle droit la projection horizontale de la ligne, et la différence des distances des projections verticales de ses extrémités à la ligne de terre; ou l'hypoténuse d'un second triangle ayant pour côtés de l'angle droit la projection verticale de la ligne, et la différence des distances des projections horizontales de ses extrémités à la ligne de terre.*

5. — PROBLÈME. — *Etant données les projections d'une droite, construire les points où cette droite rencontre les plans de projection.*

Soient ab et $a'b'$ les deux projections de la droite donnée AB, que nous Fig. 226, pl. XI.

supposerons toujours située dans l'espace d'une manière quelconque; cette ligne étant la commune intersection des deux plans projetants, se trouve tout entière dans l'un et dans l'autre; et comme de ces deux plans l'un a pour trace horizontale ab, et l'autre pour trace verticale $a'b'$, prolongées l'une et l'autre indéfiniment, la droite AB ne peut rencontrer le plan vertical qu'en un point commun à ces trois plans et situé à la fois sur la projection $a'b'$ et sur la trace verticale dd'; le plan de rencontre de AB avec le plan vertical est donc à la fois situé sur ce dernier et sur les deux plans projetants, c'est-à-dire à la rencontre de leurs traces verticales.

Un raisonnement absolument semblable démontre que le point commun aux deux plans projetants et au plan horizontal, est le point de rencontre de la ligne AB avec ce dernier, et que ce point est déterminé par la rencontre des traces horizontales des deux plans projetants.

Pour opérer cette construction, imaginons donc la droite ab prolongée jusqu'à la ligne de terre en d; la trace verticale du plan projetant de cette droite est une ligne dd', située dans le plan vertical perpendiculairement à la ligne de terre, laquelle rencontre la projection $a'b'$, prolongée, s'il en est besoin, en quelque point d' qui est précisément le point où la droite AB rencontre le plan vertical. Prolongeons à son tour la droite $a'b'$ jusqu'à la ligne de terre en c; la trace verticale du plan projetant est $b'c$, tandis que sa trace horizontale est la droite cc', élevée perpendiculairement à la ligne de terre dans le plan horizontal, et le point c', la rencontre de la droite AB avec le plan horizontal.

On doit remarquer que c' et d' sont à la fois les points demandés et leurs projections respectives sur les plans où ils se trouvent situés; et que quant à leurs autres projections, elles sont aux points c et d.

Fig. 227 et 228, pl. XI.

Il peut arriver que les projections ab et $a'b'$ rencontrent la ligne de terre du même côté; l'opération est alors absolument pareille, seulement les perpendiculaires cc' et dd' doivent être élevées de l'un ou l'autre côté de la ligne de terre, et les points c' et d' n'en sont pas moins ceux demandés; mais ils sont situés sur les plans de projection prolongés au-delà de la ligne de terre.

La solution de cette question peut se résumer d'une manière générale.

1° *Pour déterminer le point où une droite donnée par ses projections rencontre le plan horizontal, prolongez sa projection verticale jusqu'à la ligne de terre, puis au point de rencontre et dans le plan horizontal, élevez une perpendiculaire qui rencontrera la projection horizontale de la droite au point demandé.*

2° *Pour déterminer le point où une droite donnée par ses projections*

*rencontre le plan vertical, prolongez sa projection horizontale jusqu'à la
ligne de terre, puis, au point de rencontre et dans le plan vertical, élevez à la
ligne de terre une perpendiculaire qui déterminera par sa rencontre avec
la projection verticale de la droite, le point demandé.*

6. — Problème. — *Etant donnés, par leurs projections respectives, une
droite et un point, construire les projections d'une seconde droite parallèle
à la première, passant par ce point.*

Soient d et d' les projections du point, ab et $a'b'$ celles de la droite donnée   Fig. 229, pl. XI.
dans l'espace; les plans projetants de la ligne donnée, et les projections de la ligne
qu'il s'agit de déterminer étant parallèles deux à deux, il en sera de même de
leurs traces respectives, qui sont les intersections de deux plans parallèles par
un troisième plan; mais si l'on considère que les traces de ces plans projetants ne sont autre chose que les projections de la droite donnée et de la
droite cherchée, et que de plus les projections de cette dernière doivent passer
par les points d et d', on sera immédiatement entraîné à conclure que les
droites dc et $d'c'$, menées parallèlement aux droites ab et $a'b'$, sont les projections de la droite qu'il s'agit de déterminer.

7. — Problème. — *Un plan étant donné par ses deux traces, ainsi que
les projections d'un point situé hors de ce plan, construire les projections
de la perpendiculaire abaissée du point sur le plan, ainsi que celles du
point où cette même droite rencontre le plan.*

Soient AB et BC les traces du plan donné, a et a' celles du point; on peut   Fig. 230, pl XI.
imaginer les plans projetants de la perpendiculaire dont il s'agit; ces plans
seront l'un et l'autre perpendiculaires au plan donné, et en même temps à
chacun des plans sur lesquels ils déterminent séparément les projections de
cette droite, projections qui ne peuvent elles-mêmes qu'être perpendiculaires
aux traces AB et BC, chacune dans le plan où elle est située; et si l'on
remarque en même temps que les points a et a' font respectivement partie
des projections de la perpendiculaire demandée, on concevra bien vite qu'il
suffit de mener à angle droit sur les traces BC et AB les lignes ab et $a'b'$, pour
obtenir les projections qu'il s'agit de construire.

Pour arriver à la solution de la seconde partie de l'énoncé, on observera
que le point où la perpendiculaire rencontre le plan, ne peut être situé que sur
l'intersection commune aux deux plans projetants avec lui; or, l'intersection
du plan qui projette sur le plan horizontal, avec le plan donné, a pour projection horizontale fc qui contient nécessairement la projection horizontale du

point de rencontre, de même que sa projection verticale est un des points de la droite gh; mais fc a pour projection verticale de qui contient également la projection verticale du même point, qui se trouve alors déterminé par l'intersection de ces deux lignes en b'; pour avoir sa projection horizontale b, il ne reste donc plus qu'à mener $b'b$ perpendiculaire à la ligne de terre.

8. — PROBLÈME. — *Un plan étant donné par ses traces, ainsi que les projections d'un point situé sur ce plan, construire les projections de la droite élevée par le point donné perpendiculairement au plan.*

Fig. 250, pl. XI.

D'après ce qui vient d'être dit relativement à la solution de la question qui précède, on voit que, pour obtenir les projections de la perpendiculaire dont il s'agit, il suffit de mener des projections b et b' du point donné, les perpendiculaires ba et $b'a'$ aux traces du plan.

On peut se proposer un grand nombre de questions sur la combinaison du plan avec la ligne droite, à la solution desquelles on peut arriver de plusieurs manières essentiellement dépendantes de la façon d'envisager les choses; je ne crois pas devoir m'étendre davantage sur ce sujet, les notions établies jusque là pouvant suffire amplement à faciliter l'intelligence de ce qui va suivre sur la projection des solides à faces planes terminées par des arêtes rectilignes.

Fig. 251, pl. XI.

9. — $sabc$ et $s'a'b'c'$ sont les projections horizontales et verticales d'une pyramide triangulaire dont la base est située dans le plan horizontal; les projections de chaque sommet étant ainsi données avec celles de chaque arête de la pyramide, les éléments de ce solide sont complètement déterminés, car la longueur de chaque arête dépend essentiellement de ses projections (n° 4, pag. 394). D'après ces simples données, il sera également aisé d'opérer sur ce solide les différentes constructions que le besoin pourrait exiger, telles qu'élever à un point donné sur l'une de ses faces une perpendiculaire au plan de cette face, construire les projections d'une droite parallèle à l'une de ses arêtes, etc.

Fig. 252, pl. XI.

Le même solide peut être disposé dans l'espace, de telle sorte qu'aucune de ses faces ne soit commune ni même parallèle aux plans de projection; les figures $sabc$, $s'a'b'c'$, situées sur chacun de ces plans, indiquent assez cette circonstance pour dispenser de toute explication qui pourrait être donnée à ce sujet.

Fig. 253, pl. XI.

10. — On trouve dans cette figure les projections d'un prisme triangulaire;

lesquelles, du reste, pourraient être exprimées sous une infinité d'aspects différents en raison du nombre illimité de dispositions particulières qu'est susceptible d'occuper ce solide.

11. — On trouve dans *abcd* la projection horizontale d'un parallélipipède rectangle dont l'une des faces latérales repose directement sur le plan horizontal; chacun des points *a*, *b*, *c*, *d* étant à la fois la projection horizontale de deux sommets du solide, qui appartiennent à des faces opposées, les projections de ces mêmes points sont a', a'', b', b'', etc., dans le plan vertical où chacune des lignes $a'a''$, $b'b''$, etc., étant la projection d'une droite parallèle au plan vertical, exprime rigoureusement la longueur de l'une des arêtes du parallélipipède; il en est ainsi des droites *ab* et *bc*, qui apparaissent dans le plan horizontal avec la véritable longueur des lignes dont elles sont les projections.

Fig. 234, pl. XI.

12. — Il serait sans doute inutile de s'étendre plus long-temps sur un sujet qui ne présente rien de difficile parmi la multitude de cas qui peuvent se rencontrer dans l'application; je terminerai donc cet exposé sur la projection des solides à surfaces planes, par celles d'un tronc de pyramide quadrangulaire dont aucune face ne se trouve affecter une position régulière à l'égard des plans de projection.

Fig. 235, pl. XI.

Jusqu'ici les objets mis en projection ont été considérés avec leurs grandeurs naturelles, et c'est ainsi que les directeurs des différents genres de travaux opèrent dans la construction des épures sur lesquelles les ouvriers viennent prendre les dimensions réelles des parties de l'ouvrage qu'ils ont à construire; mais ces épures, le plus souvent d'une grande étendue, ne peuvent être dessinées sur le papier, qui n'offre qu'un espace très limité; on a donc dû, pour les travaux de cabinet, représenter les objets en petit et avec des dimensions proportionnelles à celles des corps, dont les projections ne sont que des images, propres néanmoins à en donner la plus juste idée.

On doit, autant que possible, dans le tracé des différentes épures, quel que soit, du reste, le genre de construction pour lequel elles sont dressées, représenter les objets de manière à ce que quelques-unes de leurs faces latérales soient parallèles à l'un ou à l'autre des plans de projection, ou même situées dans l'un de ces plans; cette disposition particulière, qui rend plus évidente la forme de l'objet, fait connaître de prime abord certaines dimensions qu'une disposition contraire obligerait de construire d'après la solution du problème n° 4.

13. — La planche XII représente les projections de différents objets aux *deux centièmes* de leur grandeur naturelle; ou, ce qui est la même chose, ces objets y sont figurés à l'échelle de deux centimètres pris pour un mètre; dans la pratique, on appelle ordinairement *plan,* la projection horizontale, et *élévation,* la projection verticale.

Fig. 236, pl. XII.

La figure 236 est une boîte ayant la forme d'un tronc de pyramide quadrangulaire à bases parallèles, qui sert ordinairement au mesurage des matériaux d'empierrement employés à la construction et à l'entretien des routes et chemins.

Fig. 257 et 258, pl. XII.

Ces figures sont les plans et élévations d'une table et d'un établi de charpentier; ce dernier, renversé sur le plan horizontal, permet d'apercevoir l'assemblage qui réunit ses quatre pieds entr'eux et à la pièce principale.

Fig. 259, 240 et 241, pl. XII.

On trouve là le tréteau duquel on se sert habituellement, soit pour supporter des pièces de bois dans les chantiers de construction, soit pour établir des échafaudages; on le voit d'abord de face, puis par le bout, puis enfin dans une position oblique au plan vertical; dans les trois circonstances, il repose sur le plan horizontal; ces trois positions différentes, dans lesquelles on retrouve toujours le même objet, en donnent une idée tout-à-fait complète, surtout si l'on joint au dessin, des cotes indiquant en chiffres les véritables dimensions de chaque partie, ce qui devient nécessaire lorsqu'on emploie des échelles très petites, qui ne sauraient, en beaucoup de circonstances, assurer une approximation suffisante.

Fig. 242, pl. XII.

Enfin, la dernière figure de cette planche est une porte en menuiserie, à deux venteaux. Il serait sans doute superflu de donner des détails sur les constructions de ces différentes projections; l'inspection seule des figures familiarisera bien vite avec de simples opérations qui ne réclament à celui qui les met en pratique qu'une grande précision mécanique, jointe à la connaissance des principes élémentaires qui viennent d'être établis dans ce paragraphe.

§ II. — DES PLANS TANGENTS AUX SURFACES COURBES.

N° 1ᵉʳ. — On a vu que deux droites qui se rencontrent déterminent, dans tous les cas possibles, la position d'un plan; mais il n'en est pas ainsi lorsque ces deux droites, placées arbitrairement dans l'espace, n'ont aucun point commun; dans ce dernier cas, il est possible d'imaginer une troisième droite appuyée sur les deux premières, et glissant sur celles-ci parallèlement à elle-même ; pendant son mouvement, cette dernière engendre une *surface gauche,* dont les deux droites fixes sont les directrices, et la droite mobile la génératrice.

Une droite assujétie à suivre le contour d'une courbe quelconque, en conservant pour chacune des positions qu'elle occupe un parallélisme parfait, engendre une *surface cylindrique;* il est évident qu'au lieu de supposer la droite mobile, on peut au contraire l'admettre dans une position fixe, et faire successivement occuper chacun de ses points par un même point de la courbe, qui se déplaçant alors parallèlement à elle-même, engendre la même surface.

Dans toute génération de surfaces, la ligne mobile se nomme *génératrice,* et la ligne fixe sur laquelle se meut la génératrice, s'appelle *directrice* : ces deux lignes peuvent être de nature quelconque.

Une droite infinie qui tourne autour d'un de ses points fixe, situé dans l'espace, tandis qu'elle glisse constamment sur le contour d'une courbe quelconque fixe de position, décrit une *surface conique,* laquelle peut également être engendrée en intervertissant la directrice et la génératrice ; mais alors cette dernière, tout en conservant sa forme primitive, change constamment de grandeur proportionnellement à la distance dont elle est séparée du point fixe ou *sommet.*

Les surfaces cylindriques et coniques sont dites circulaires, elliptiques, etc. , selon la nature de leurs génératrices, et *droites* ou *obliques,* suivant que les directrices sont perpendiculaires ou obliques aux plans des génératrices pour les premières, et lorsque les axes sont perpendiculaires aux mêmes plans pour les secondes.

Lorsqu'une surface conique a pour génération une ellipse, une parabole ou une hyperbole, il est toujours possible de trouver la position d'un plan dont les intersections avec ces trois surfaces soient, dans le premier cas, une circonférence de cercle, et dans les deux autres, des arcs de cercle, dont les circonférences entières peuvent alors être tracées ; ces trois surfaces reviennent donc absolument à la surface conique circulaire.

On entend par plan tangent à une surface cylindrique ou conique quelconque, le plan qui touche l'une de ces surfaces suivant une des directrices.

Une demi-circonférence de cercle qui tourne autour de son diamètre, engendre une *surface sphérique,* et le centre de la circonférence est à la fois celui de la sphère et de sa surface ; de quelque manière qu'une surface sphérique soit coupée par un plan, la section sera toujours un cercle qui deviendra l'un des grands cercles de la sphère, si le plan coupant passe par son centre.

Le plan tangent à la sphère n'a qu'un point commun avec la surface sphérique.

Une ellipse qui tourne autour de l'un ou l'autre de ses axes, engendre dans sa révolution une *surface ellipsoïde*, dont l'intersection avec tout plan coupant perpendiculaire à l'un quelconque des axes, est une circonférence de cercle ou une ellipse.

Si l'on fait tourner une parabole autour de son axe, on engendrera une *surface paraboloïde*, dont les intersections avec un plan peuvent être une circonférence, une ellipse, ou enfin une parabole, selon que le plan sécant est perpendiculaire, oblique ou parallèle à l'axe de révolution.

Les *surfaces hyperboloïdes* doivent leur origine à la révolution de l'hyperbole autour de son premier axe; l'intersection de ces sortes de surfaces peut, de même que pour les paraboloïdes, se présenter sous trois aspects différents, selon que le plan coupant est perpendiculaire, oblique ou parallèle à l'axe de rotation; l'intersection est une circonférence de cercle, une ellipse ou une hyperbole.

Supposons enfin une courbe plane quelconque placée dans un plan vertical, et tournant autour d'une droite verticale prise pour axe, et nous aurons la génération des *surfaces annulaires* dont il a déjà été parlé (chapitre II, § V, n° 13, pag. 245). Les surfaces annulaires peuvent être circulaires, elliptiques, paraboliques, hyperboliques, etc., selon la nature de leurs génératrices.

La projection des solides à surfaces courbes ne peut par elle-même présenter aucune difficulté sérieuse, d'après ce qui a été dit au sujet de la projection des lignes auxquelles ils doivent leurs générations; néanmoins, comme il arrive souvent que l'on se trouve dans la nécessité d'opérer certaines constructions sur des surfaces de ce genre, nous allons donner la solution de quelques questions importantes à ce sujet.

2. — Problème. — *Par un point dont la projection horizontale est donnée, mener un plan tangent à une surface cylindrique dont les projections sont également connues, et sur laquelle est situé le point.*

Fig. 243, pl. XIII. *Fg* et *fg'* sont les projections horizontale et verticale de la droite à laquelle les génératrices de la surface sont respectivement parallèles; *p* la projection horizontale du point donné, par lequel doit passer le plan tangent.

La projection horizontale de la génératrice qui contient le point donné, doit évidemment passer par la projection *p* de ce point, et de plus être parallèle à *Fg;* soit donc menée *hp* parallèle à *Fg* et prolongée cette ligne jusqu'à sa rencontre avec la projection horizontale de la surface, ou ce qui est la même chose, jusqu'à sa directrice, qui est supposée dans ce plan; désignons par C le point de rencontre : le plan demandé doit nécessairement passer par la génératrice dont hpC est la projection horizontale, et sa trace horizontale doit en outre être tangente à la courbe directrice au point C; il suffit donc de mener la tangente CK pour obtenir la trace horizontale du plan demandé, et le point K appartient également à sa trace verticale, qui exige encore, pour être déterminée, la connaissance d'un autre de ses points qu'il s'agit de construire.

La droite hpC étant la projection horizontale de la génératrice par laquelle doit passer le plan à construire, on aura la projection verticale de cette même ligne, en menant du point C la droite Cc perpendiculaire à la ligne de terre, puis du point c, ch' parallèle à fg', laquelle contiendra la projection verticale du point donné, qui, devant également se trouver sur la perpendiculaire pp' à la ligne de terre, est par conséquent, à la recontre de ces deux droites, en p'; ceci posé, que l'on imagine dans le plan tangent, et par le point dont p et p' sont les projections, une droite horizontale prolongée jusqu'au plan vertical qu'elle rencontrera en un point situé sur la trace du plan tangent; cette droite supposée, étant parallèle au plan horizontal, a pour projection sur ce plan la droite pi parallèle à CK, et le point i est la projection horizontale du point suivant lequel elle rencontre le plan vertical; quant à la projection verticale de cette même droite supposée, elle passe par le point p', est horizontale, et contient la projection verticale du point dont i est l'autre projection; si donc l'on mène par les points p' et i, $p'i$ parallèle, et ii' perpendiculaire à la ligne de terre, la rencontre de ces deux droites est l'un des points de la trace verticale du plan demandé, et comme K en est un autre point, cette trace est définitivement Li'K, et les deux traces du plan tangent sont ainsi déterminées.

Il peut arriver que la droite hpC rencontre la directrice en plusieurs points; en deux, par exemple, lorsque cette courbe est une ellipse, une circonférence de cercle, etc.; dans ce cas, on opère pour chacun de ces différents points comme il vient d'être dit pour le point C, et l'on détermine ainsi les traces d'autant de plans tangents que la projection de la génératrice, prolongée, aura rencontré de fois la directrice.

Si la droite horizontale employée comme auxiliaire dans cette construction, ne rencontre pas le plan vertical, le plan tangent dans lequel elle est supposée, lui est parallèle, et sa trace sur celui-ci est par conséquent perpendiculaire à la ligne de terre.

3. — PROBLÈME. — *Par un point considéré sur une surface conique et connu par sa projection horizontale, mener un plan tangent à cette surface, dont les projections sont également connues.*

Soient S et s les projections du sommet de la surface donnée, p la projection horizontale du point, et enfin ABCDC'E celle de la courbe directrice supposée dans ce même plan, et projetée sur la ligne de terre suivant eob.

Comme pour la construction de la question qui précède, on cherche d'abord la projection horizontale de la génératrice par laquelle doit passer le plan, en observant néanmoins que cette droite se dirigeant sur le sommet, ses projections doivent également passer par les projections respectives de ce même sommet, et que d'ailleurs le point p appartenant à sa projection horizontale, il s'ensuit que SpCC' est réellement cette projection elle-même qui coupe la directrice aux deux points C et C'; dans ce cas, la droite SpCC' représente les projections horizontales de deux génératrices appartenant à la même surface, dont l'une, SC, est située au-dessous de l'autre, SC'; pour obtenir les projections verticales cs et $c's$ de ces deux droites, il suffit de projeter les points C et C' sur la ligne de terre, puis de joindre les points c et c' à la projection verticale s du sommet; quant au point p, il est la projection horizontale commune à deux points de la surface, dont les projections sur le plan vertical sont déterminées par les rencontres de la perpendiculaire $pp'p''$ à la ligne de terre avec les droites cs et $c's$.

On doit remarquer que les plans qu'il s'agit de construire, car la question est susceptible de deux solutions, devant être tangents à la surface suivant les génératrices, dont SC et SC' sont les projections horizontales, les traces horizontales de ces plans sont tangentes à la directrice précisément aux points C et C', et sont en conséquence CK et C'M, dont les points de rencontre K et M avec la ligne de terre, sont communs avec les traces verticales correspondantes, pour chacune desquelles il reste encore à déterminer un autre point.

L'introduction de deux lignes horizontales situées dans le plan cherché et passant chacune par l'un des points dont p est la projection horizontale, amènera, comme dans le problème qui précède, la construction des points i' et q' dépendant des traces verticales à construire, qui seront alors Li''K et Nq'M.

On aura sans doute remarqué que, pour résoudre les deux dernières questions, on s'attache à construire deux droites passant par le point donné et situées dans le plan que l'on cherche; l'une de ces lignes est tout naturellement une génétrarice de la surface; quant à l'autre, elle n'est qu'une auxiliaire créée par celui qui opère, lequel reconnaît la nécessité de deux droites pour déterminer la position d'un plan.

4. — PROBLÈME. — *Étant données les projections d'une surface de révolution dont l'axe est vertical, ainsi que la projection horizontale de l'un de ses points, mener par ce point un plan tangent à la surface.*

La projection de l'axe étant le point O sur le plan horizontal, p celle du point donné, et ABC la courbe directrice qui est toujours une circonférence de cercle; $o'o''$ la projection du même axe sur le plan vertical, et $o'T'To''$ la courbe génératrice, qui peut être quelconque, et se répète en $o'U'aUo''$; si, par le point de la surface donnée, dont p est la projection, l'on imagine un plan horizontal, l'intersection de ce plan avec la surface est une circonférence de cercle dont le centre est situé sur l'axe de révolution, et dont la projection horizontale est également une circonférence $purt$, dont le centre est en O, et qui a pour rayon Op: le plan dans lequel est située cette circonférence étant perpendiculaire au plan vertical, elle y sera représentée en projection par une droite horizontale qui s'obtiendra en projetant les points t et u perpendiculairement à la ligne de terre, puis en prolongeant ces perpendiculaires jusqu'à leur rencontre avec la projection de la directrice en T et T', U' et U; la projection $purt$ appartient donc en réalité à deux circonférences égales, dont les projections verticales sont TU et T'U', de même que le point p est également la projection horizontale de deux points différents appartenant à la même surface, situés au-dessus du plan horizontal sur chacune de ces circonférences; les projections verticales de ces points doivent donc à la fois se trouver et sur les projections de ces circonférences et sur la perpendiculaire $pp'p''$ à la ligne de terre, c'est-à-dire aux rencontres p' et p''. Mais le plan qu'il s'agit de construire étant tangent à la surface au point donné, l'est également à la circonférence dont $purt$ est la projection; il est, en conséquence, perpendiculaire à l'extrémité du rayon projeté suivant Op; et enfin sa trace horizontale est, elle aussi, perpendiculaire à la projection horizontale de ce même rayon.

Les traces horizontales des plans demandés, puisqu'il existe deux solutions, étant perpendiculaires à Op, il s'agit maintenant de savoir par quels points de cette ligne elles doivent passer, ou plutôt à quelles distances elles doivent être du point O : supposons pour un instant que la courbe génératrice, pendant le cours de sa révolution autour de l'axe vertical, soit parvenue à se placer tout entière dans le plan vertical, en entraînant avec elle les plans tangents; il est clair qu'en cet état de choses, les traces verticales de ces plans sont les tangentes à la génératrice, menées par les points T' et T, et que de plus les droites EN et EM sont les vraies distances des traces horizontales des plans tangents, au pied de l'axe de révolution, qui n'est autre chose que la projection horizontale de ce même axe; il suffit donc de porter EN de O en s, puis EM de O en r, et enfin de mener par ces deux points et perpendiculairemnt à Op les droites sv et rK, qui sont les traces horizontales qu'il s'agissait de construire; quant aux traces verticales, on observera que v et K dépendant de ces droites, il ne reste plus qu'à déterminer pour chacune d'elles un autre point.

Supposons dans chacun des plans tangents et par les points dont p est la projection commune, une droite parallèle au plan horizontal, prolongée jusqu'au plan vertical où elle rencontre la trace du plan dans lequel elle est située; il est aisé de voir que ces deux droites, qui ne sont autres que les tangentes aux circonférences dont $purt$ est la projection, ont pour projection horizontale commune la droite pI, et que le point I est la projection horizontale des deux points de rencontre des droites supposées avec les traces des plans tangents; les projections verticales de ces deux points doivent donc se trouver sur la perpendiculaire Iii'; et si l'on considère qu'ils sont également situés sur quelque point de chacune des projections verticales, des droites supposées, $p'i$ et $p''i'$ qui sont parallèles à la ligne de terre, on en conclura que les points i et i' appartiennent à chacune des traces verticales des plans tangents; et qu'enfin ces mêmes traces sont iv et i'K.

5. — Pʀᴏʙʟᴇ̀ᴍᴇ. — *Par un point donné hors d'une surface cylindrique, mener un plan tangent à cette surface.*

Fig. 246, pl. XIII.

DFEH est la courbe directrice de la surface, supposée dans le plan horizontal, ab et $a'b'$ les projections de la droite à laquelle ses génératrices doivent être parallèles; et enfin p et p' les projections du point donné : concevons par ce dernier une droite parallèle aux génératrices de la surface, elle sera nécessairement dans le plan tangent qu'il s'agit de construire, et les points où cette ligne rencontrera les plans de projection, appartiendront aux traces de ce même plan; il s'agit donc de déterminer les projections de cette droite, puis de construire ses points de rencontre avec les plans de projection : d'abord, la droite supposée étant parallèle à la génératrice, sa projection sur chaque plan est respectivement parallèle à la projection de celle-ci, car ce sont les intersections de deux plans parallèles par un troisième plan; si donc des points p et p' on mène les droites pC et $p'c$ parallèles aux directions ab et $a'b'$, on aura les projections de cette droite, puis en prolongeant $p'c$ jusqu'à la ligne de terre en c, en élevant à ce point et sur cette dernière la perpendiculaire cC, on déterminera sur la projection pC le point C, qui appartient à la fois à la droite dont il s'agit, au plan horizontal, et à la trace horizontale du plan tangent qu'il s'agit de construire; si maintenant on observe que cette même trace doit être tangente à la directrice DFEH, on sera convaincu qu'il suffit de mener du point C à cette courbe toutes les tangentes possibles, pour obtenir les traces horizontales d'autant de plans tangents à la surface donnée.

Ces tangentes étant prolongées jusqu'à la ligne de terre, y déterminent par leur intersection avec celle-ci, chacune un point appartenant en même temps à la trace verticale correspondante de chaque plan tangent; rien ne s'opposerait, sans doute, à ce que l'on cherchât le point où la droite supposée rencontre le plan vertical, qui serait, nous l'avons déjà vu, un second point de la trace qui reste à construire; mais on emploie de préférence, pour occuper moins d'espace sur l'épure, un artifice déjà connu, lequel consiste à imaginer dans le plan tangent et par le point donné, dont p et p' sont les projections, une droite horizontale prolongée jusqu'au plan vertical où elle rencontre la trace du plan dans lequel elle est contenue; la projection horizontale de cette droite passe par le point p, et de plus est parallèle aux différentes traces horizontales déjà construites, car il existe autant de solutions qu'il y a de tangentes, tandis que sa projection verticale est assujétie à passer par le point p' et de plus à être, pour tous les cas possibles, parallèle à la ligne de terre : les deux projections de cette droite étant ainsi connues, il suffit donc d'élever à la ligne de terre, et au point où la projection horizontale la rencontre, une perpendiculaire qui, par son intersection avec l'autre projection, déterminera le point demandé; ainsi l'on parvient à avoir une des solutions de la question qui nous occupe, en menant par le point p, pg parallèle à la tangente CK, par le point p', $p'g'$ parallèle à la ligne de terre, puis enfin gg' perpendiculaire à cette dernière, et le point g' est l'un des points de la trace verticale, dont K est un autre point; les traces de l'un des plans tangents sont donc CK et g'K; une construction tout-à-fait analogue amènerait à la connaissance de la trace verticale qui correspond à la tangente CD.

Il est également facile de construire les projections des génératrices suivant lesquelles les plans tangents touchent la surface donnée; en effet, les points de contact D et E étant les projections horizontales de deux points de ces directrices, on voit qu'il suffit d'abaisser sur la ligne de terre les perpendiculaires Dd et Ee pour obtenir chacun des points d et e qui appartiennent aux projections verticales de chacune d'elles, projections qui doivent, du reste, être parallèles à $a'b'$, et qui sont par conséquent dd' et ee'.

6. — Problème. — *Par un point donné hors d'une surface conique, mener un plan tangent à cette surface.*

Fig. 247, pl. XIII.

Soient DFEH la directrice toujours supposée dans le plan horizontal, b et b' les projections du sommet de la surface, et enfin p et p' celles du point par lequel doit passer le plan tangent, on peut supposer, dans l'espace, la droite qui joint le sommet de la surface au point donné, prolongée jusqu'à son intersection avec les plans de projection où elle rencontre en même temps les traces du plan tangent dans lequel elle se trouve ; mais les projections de cette droite sont pb et $p'b'$; si donc l'on prolonge $b'p'$ jusqu'à la ligne de terre en c, puis qu'on élève la perpendiculaire cC, sa rencontre avec bp également prolongée, sera l'un des points appartenant à la trace du plan tangent demandé, ou plutôt aux traces, puisqu'il est possible de mener de ce point plusieurs tangentes à la courbe directrice, lesquelles sont les traces horizontales d'autant de plans remplissant les conditions imposées par l'énoncé. Les points de contact D et E appartenant aux projections horizontales des génératrices par lesquelles doivent passer les plans tangents, il suffit de les joindre au point b pour obtenir l'expression de ces droites sur le plan horizontal ; puis, en projetant les mêmes points D et E en d et e sur la ligne de terre, et en réunissant ces derniers à la projection verticale du sommet, l'expression des mêmes génératrices sur le plan vertical est db' et eb'.

La tangente CEK étant la trace horizontale de l'un des plans tangents, et le point K dépendant en même temps de sa trace verticale, on peut déterminer sur ce plan un second point de cette dernière, soit en cherchant l'intersection de la droite qui joint le sommet au point donné avec le plan vertical, soit en construisant, comme dans la solution du problème qui précède, le point où le plan vertical est rencontré par une droite horizontale menée par le point donné dans le plan tangent : la première construction donne le point C', et la seconde le point g' ; l'un et l'autre appartiennent à la trace $C'g'K$ qu'il s'agissait d'obtenir.

7. — Problème. — *Une droite étant donnée par ses projections, mener par cette droite un plan tangent à une surface de révolution donnée.*

Fig. 248, pl. XIII.

Soient O la projection horizontale de l'axe de révolution qui est supposé vertical, et dont l'autre projection est oo' ; UPV la projection horizontale de la surface de révolution ; $oP'o'$ la courbe génératrice située dans le plan vertical ; ab et $a'b'$ les projections de la droite donnée par laquelle doit passer le plan ; et soit enfin abaissée du point O, OC perpendiculaire à ab ; OC sera évidemment la projection horizontale de la plus courte distance qui existe entre l'axe de la surface et la droite donnée.

Le plan tangent étant mené, supposons que la doite fixe dans la position qui lui est assignée, tourne autour de l'axe de rotation sans changer d'inclinaison et sans altérer pendant ce mouvement la distance qui la sépare de celui-ci ; supposons également que, pendant la révolution, le plan tangent suive la ligne qu'il contient ; durant ce déplacement, le point de contact change instantanément de position, sans s'écarter de la surface donnée, sur laquelle il décrit une circonférence de cercle dont le centre est précisément situé sur l'axe de révolution ; chaque point de la droite décrit également une circonférence dans l'espace, et la ligne entière une surface à laquelle le plan est constamment tangent ainsi qu'à la surface donnée, quelle que soit du reste la position qu'il occupe pendant le mouvement qui lui est imprimé ; essayons de construire la courbe suivant laquelle un plan vertical, dont Ob est la trace horizontale, coupe cette seconde surface de révolution, puis il sera facile, à l'aide des tangentes communes, d'obtenir les traces verticales du plan demandé.

Chaque point de la droite donnée décrivant pendant le mouvement une circonférence qui est tout entière dans la surface dont on cherche l'expression sur le plan vertical, il suffira de donner les explications nécessaires pour la construction d'un point de la courbe, et cette construction sera la même pour chacun des autres.

Considérons donc le point projeté suivant C pris sur la projection horizontale ab de la droite donnée ; il est d'abord facile d'obtenir la projection verticale de ce point, en élevant à la ligne de terre la perpendiculaire Cc, prolongée jusqu'à sa rencontre avec la projection verticale de la droite donnée en c ; en faisant sa révolution autour de l'axe, le point dont C et c sont les projections, décrit un quart de circonférence, dont la projection horizontale est CB, et dont B est la projection horizontale de l'un des points de la courbe qu'il s'agit de construire ; pour avoir la projection verticale du même point, il suffit donc d'abaisser à la ligne de terre la perpendiculaire BrB' prolongée, puis de mener cB' parallèle à la ligne de terre, et B' est l'un des points de la courbe, qui sera bientôt connue en opérant de la même manière pour un certain nombre de points de la droite ab.

Enfin, cette courbe étant $A'B'E'F'$, on lui mènera toutes les tangentes possibles, communes à la génératrice de la surface, et ces différentes tangentes seront les traces verticales d'autant de plans tangents à la surface donnée, et en même temps perpendiculaires au plan vertical ; et les points de contact

P' et Q' exprimeront les hauteurs des points de tangence des plans avec la surface dont il s'agit, au-dessus du plan horizontal; les projections verticales de ces points seront donc situées sur les horizontales P'm et Q'n.

Pour avoir les projections horizontales des points de contact E' et B' communs avec la courbe qui vient d'être décrite, il suffit d'abaisser de ces points, à la ligne de terre et en même temps à sa parallèle Ob, les perpendiculaires B'B et EE', puis du point O comme centre, de décrire les arcs de circonférence Ee et BC, qui détermineront sur ab les points e et C; et les projections horizontales des points de contact seront situées sur quelques points des droites Oe et OC.

Si maintenant des points P' et Q' on abaisse les perpendiculaires P'P et Q'Q, puis que du point O pris pour centre et avec les rayons OP et OQ on décrive les arcs Pp et Qq, leurs rencontres avec les droites Oe et OC, en p et q, seront les projections horizontales des points de contact, dont les projections verticales seront alors déterminées par la rencontre des perpendiculaires pp' et qq' avec les horizontales P'm et Q'n, aux points p' et q'.

Les points de contact des plans tangents se trouvant ainsi déterminés par leurs projections p, p', q et q', la question se réduit à mener par un point donné sur une surface de révolution un plan tangent à cette surface, et les traces de ce plan s'obtiendront sans difficulté par la construction du problème n° 4, pag. 405.

<h3>§ III. — DES PLANS SÉCANTS, INTERSECTION DES SURFACES COURBES.</h3>

Fig. 249, pl. XIV.

N° 1er. — Proposons-nous, en premier lieu, de construire l'intersection d'un solide à faces planes, dont les projections sont données, avec un plan perpendiculaire au plan vertical; et soient *sabc* et *s'a'b'c'* les projections d'une pyramide triangulaire coupée par un plan perpendiculaire au plan vertical de projection, dont LK est la trace verticale, et par conséquent, KM perpendiculaire à la ligne de terre, la trace horizontale (§ I, n° 2, pag. 393); la projection de l'intersection étant représentée sur le plan vertical par la droite *pqr*, il s'agit de construire la projection horizontale de cette même intersection; rien n'est plus facile : en effet, la projection horizontale de cette intersection est une figure rectiligne; dont *p*, *q*, *r* sont les projections verticales des sommets; il suffit donc d'obtenir les projections horizontales des mêmes points, puis de les réunir deux à deux par des lignes droites; et si l'on considère que les projections horizontales des points dont

p, q, r sont les projections, font nécessairement partie des projections des arêtes correspondantes dont sa, sb et sc sont les images, on concevra aisément qu'il suffit d'abaisser à la ligne de terre les perpendiculaires pp', qq', rr', prolongées jusqu'à leurs rencontres avec les projections horizontales des arêtes en p', q', r', et le triangle $p'q'r'$, sera la projection horizontale qu'il s'agissait de construire.

2. — Supposons maintenant qu'au lieu d'être perpendiculaire au plan vertical, le plan sécant soit perpendiculaire au plan horizontal; soient KM et KL les traces de ce plan, $sabc$ et $s'a'b'c'$ les projections du solide; dans ce cas, la projection horizontale de l'intersection est $opqr$, les projections verticales des points, dont o et r sont les projections horizontales, sont déterminées sur la ligne de terre en o' et r' par les perpendiculaires oo' et rr'; quant aux projections verticales des points qui figurent sur le plan horizontal en p et q, on les obtient en élevant à la ligne de terre les perpendiculaires pp' et qq' prolongées jusqu'à leurs rencontres avec les projections verticales des arêtes correspondantes en p' et q', et la figure $o'p'q'r'$ est la projection verticale de l'intersection dont il s'agit.

Fig. 250, pl. XIV.

3. — Problème. — *Construire l'intersection d'un plan quelconque, dont les traces sont données, avec un solide terminé par des faces planes, dont les projections sont également connues.*

Soient $sabc$ et $s'a'b'c'$ les projections d'une pyramide triangulaire dont on se propose de construire l'intersection avec un plan dont les traces sont LK et KM; on peut imaginer que les plans de chacune des faces de la pyramide soient prolongés indéfiniment dans tous les sens, puis chercher les intersections de chacun de ces plans avec le plan donné : celui qui passe par la face dont sbc est la projection, par exemple, a pour trace horizontale bc prolongée dans les deux sens, c'est-à-dire ed, et sa trace verticale devant passer par s', est ds', qui rencontre en f la trace KL du plan donné; on doit donc d'abord s'attacher à construire la projection verticale de l'intersection de ces deux plans; il est à remarquer que les points f et e étant les extrémités de l'intersection des deux plans, sont en même temps leur propre projection sur le plan dans lequel ils sont respectivement situés; qu'en conséquence, il suffit de mener eg perpendiculaire à la ligne de terre, pour avoir la projection verticale du point e, et par suite, de joindre gf pour obtenir la projection verticale de l'intersection, laquelle rencontre en p et en q les projections des arêtes situées dans le plan qui a pour traces ed et ds'; et enfin la portion pq de cette droite fait seule partie de la projection verticale de l'intersection à construire.

Fig. 251, pl. XIV.

En opérant d'une manière analogue à l'égard de la face dont *sab* est la projection horizontale, c'est-à-dire en construisant la projection verticale *bm* de l'intersection des deux plans, dont LK, KM, *hi* et *is'* sont les traces, on déterminera la droite *qr*, qui appartient également à la projection verticale de l'intersection dont *pr* est le troisième côté.

pqr étant la projection verticale de cette intersection, il ne reste plus qu'à projeter chacun des sommets *p*, *q*, *r* sur la projection horizontale des arêtes correspondantes en *p'*, *q'*, *r'* pour avoir la projection horizontale de l'intersection qu'il s'agissait de construire.

4. — Problème. — *Construire l'intersection d'une surface cylindrique avec un plan dont les traces sont données.*

Fig. 252. pl. XIV.

Soient ABCDEF la directrice de la surface supposée dans le plan horizontal, *ab* et *a'b'* les projections de la droite à laquelle la génératrice est constamment parallèle, et enfin MK et KL les traces du plan sécant; on peut imaginer un certain nombre de plans verticaux parallèles entr'eux et à la génératrice de la surface qu'ils coupent, suivant cette même génératrice, dans les différentes positions qu'elle est susceptible d'occuper pendant la génération; soient BN, DO, etc., les traces horizontales de ces différents plans, lesquelles traces sont en même temps chacune la projection horizontale de la génératrice prise dans deux positions, dont l'une appartient à la partie supérieure de la surface, et l'autre à sa partie inférieure; pour avoir la projection verticale de cette même génératrice, il suffit de projeter les différents points B, E, D sur la ligne de terre en B', E', D', puis de mener par ces derniers points B'B'', E'E'', D'D'' parallèles à *a'b'*; et les différents points de l'intersection qu'il s'agit de construire, qui se trouvent situés sur les génératrices dont les projections sont ainsi déterminées, ont leurs projections respectives sur quelques points des projections de ces droites; mais les plans verticaux dont les traces horizontales sont BN, DO, etc., rencontrent le plan donné, qui a pour traces MK et KL, suivant des droites parallèles qui rencontrent la surface cylindrique, à la fois sur l'intersection qu'il s'agit de construire, et sur les génératrices dont les projections sont déjà connues, c'est-à-dire à leurs rencontres : or, les projections horizontales de ces droites sont également les traces BN, DO, etc.; il ne s'agit donc plus que de connaître leurs projections verticales.

Pour cela, considérons l'un quelconque des plans verticaux, celui, par exemple, dont la trace horizontale est *ab*, prolongée en *d* sur la ligne de terre; ce plan étant perpendiculaire au plan horizontal, a nécessairement sa trace verticale dL perpendiculaire à la ligne de terre; et les points a et L, qui sont chacun leur propre projection sur le plan auquel ils appartiennent, sont en même temps les extrémités de l'intersection commune des plans dont MK, KL, ad et dL sont les traces respectives; mais la projection verticale du point dont a est l'image sur le plan horizontal, est en c sur la ligne de terre; donc cL est la projection verticale de l'intersection de ces deux plans; et si l'on remarque que les autres plans verticaux, dont les traces horizontales sont BN, OD, etc., étant parallèles entr'eux, ont leurs traces sur le même plan de projection, parallèles, on concevra bien vite qu'il suffit d'abaisser des points N, O, etc., les droites NN', OO', etc., perpendiculaires à la ligne de terre, puis par les points N', O', etc., de mener N'N'', O'O'', etc., parallèles à cL, pour obtenir les projections verticales qu'il s'agissait de construire; les intersections n, s, o, etc., de ces droites avec les projections verticales B'B'', E'E'', D'D'' des génératrices correspondantes, appartiendront donc à la projection verticale de l'intersection demandée.

La projection horizontale de cette même intersection se construit en abaissant des différents points o, p, r, q, n, m, s, de la projection verticale déjà connue, des perpendiculaires à la ligne de terre prolongées jusqu'à leurs rencontres avec les traces horizontales correspondantes en o', p', r', q', n', m'.

On construira les projections de la tangente à l'intersection pour un certain point, dont m et m' sont les projections respectives, en observant que cette tangente étant tout entière dans le plan tangent, qui passe par la génératrice, dont Fm'Q et fmC'' sont les projections, celui-ci a pour trace horizontale la tangente GF à la directrice, dont le point G appartient à la fois au plan sécant dans lequel est la tangente demandée, et dans le plan horizontal sur lequel ce point est sa propre projection; et qu'en conséquence Gm''T est la projection horizontale de cette tangente, dont la projection verticale s'obtient directement en projetant le point G en g sur la ligne de terre, puis en menant par les points g et m la droite $g'm$T'.

On voit que les projections de la normale sont mt et $m't'$ perpendiculaires aux droites gmT et Gm'T.

5. — PROBLÈME. — *Construire l'intersection d'une surface conique avec un plan perpendiculaire à l'un des plans de projection, et par suite les projections de la tangente et de la normale pour un point donné sur cette courbe.*

Soient s et s' les projections du sommet du cône, ABCD la courbe directrice

Fig. 255, pl. XIV.

qui peut être quelconque, mais supposée dans le plan horizontal; LK et MK les traces du plan sécant perpendiculaire au plan vertical; en cette circonstance, la projection verticale de l'intersection demandée étant la droite pt, il ne reste plus qu'à en déterminer la projection horizontale; pour cela, on conçoit par le sommet du cône un certain nombre de plans verticaux coupant sa surface suivant la génératrice prise dans différentes positions, et rencontrant en même temps l'intersection dont la projection est à construire, puisqu'elle dépend essentiellement de cette même surface.

Soient sA, sD, sC, etc., les traces horizontales de ces plans, lesquelles sont en même temps les projections horizontales des différentes génératrices par lesquelles passent les plans verticaux; on aura les projections verticales de ces mêmes droites, en projetant les points A, D, C, etc., sur la ligne de terre en a, d, c, etc., puis en joignant ces derniers à la projection verticale s' du sommet, par les droites as', ds', cs', etc.; mais ces dernières rencontrent la projection verticale de l'intersection suivant les points p, q, r, etc., qui sont les projections verticales d'autant de points appartenant à l'intersection qu'il s'agit de construire; quant aux projections horizontales des mêmes points, il est aisé de s'apercevoir qu'elles sont respectivement situées sur les droites sA, sC, sD, etc., et comme ces différents points doivent également être sur quelques points des perpendiculaires pp', $qq'q''$, $rr'r''$, $ss's''$, etc., ils seront, à leurs rencontres, en p', q', q'', r', r'', s', s'', etc., et la courbe qui passe par ces différents points, est la projection horizontale de l'intersection demandée; s'il s'agissait de mener à cette dernière courbe, et par l'un de ses points dont q et q'' sont les projections, une tangente et par suite la normale, on remarquerait que cette droite est dans le plan tangent à la surface donnée, lequel plan passe par la génératrice, dont sq''A est la projection horizontale; que la trace horizontale de ce plan est MT tangente à la directrice au point A, et qu'enfin Mq'' est la projection horizontale de cette tangente à laquelle il suffit d'élever une perpendiculaire au point q'' pour obtenir la projection de la normale sur le même plan.

Enfin, il se pourrait qu'on voulût construire l'intersection dont il s'agit, telle qu'elle existe dans le plan sécant lui-même; pour cela, il suffit de supposer la révolution de ce plan autour de l'une de ses traces, jusqu'à ce qu'il vienne s'abattre sur le plan horizontal, si la révolution s'opère autour de la trace KM, ou sur le plan vertical, si la trace KL est considérée comme charnière : la figure 253 représente la construction dans cette dernière hypothèse. Pendant le mouvement de rotation, chacun des points de la courbe, dont p et p',

q et q', etc., sont les projections, décrit un arc de cercle, en conservant à l'égard de la droite KL une distance égale à celle qui le sépare du plan vertical, ou ce qui est la même chose, égale aux projections horizontales ep', fq', etc., de ces distances (§ I, n° 2, pag. 392); il suffit donc d'élever aux points p, q, r, etc., des perpendiculaires à KL, puis de porter sur ces droites, à partir des points p, q, r, etc., les longueurs respectives $pm = ep'$, $qn = fq'$, $qA' = fq''$, etc., et la courbe $mnivlu$KA$'$ sera celle qu'il s'agissait de construire.

Quant à la tangente Mq'', elle viendra évidemment s'appliquer en M$'$A$'$T$'$, puisque, pendant la révolution, le point M s'est transporté en M$'$, et que celui dont q'' est la projection horizontale, est venu s'appliquer en A$'$.

6. — Problème. — *Construire l'intersection d'une surface de révolution avec un plan perpendiculaire à l'un des plans de projection.*

Nous allons supposer, comme dans la construction qui précède, que le plan sé-
cant, dont LK et KM sont les traces, soit perpendiculaire au plan vertical, ce qui détermine aussitôt la projection pv de l'intersection demandée sur ce plan; nous admettrons également que l'axe de la surface soit vertical. Pour déter-
miner la projection horizontale de l'intersection, on peut imaginer un certain nombre de plans horizontaux coupant le solide suivant des cercles dont les centres sont situés sur l'axe de révolution; les projections verticales de ces cercles seront les droites ab, cd, ef, etc., parallèles à la ligne de terre, tandis que leurs projections horizontales s'obtiendront en décrivant avec les rayons O$'a$, oc, $o'e$, etc., et du centre commun O différentes circonférences sur chacune desquelles devront nécessairement se trouver les projections horizontales de certains points de l'intersection, qui sont projetés sur le plan vertical en p, q, r, s, etc.; il suffit donc d'abaisser de chacun de ces derniers les perpendiculaires pp', $qq'q''$, $rr'r''$, $ss's''$, $tt't''$, à la ligne de terre, puis de les prolonger jusqu'à leurs rencontres avec les projections horizontales des cercles correspondants, où elles détermineront la projection horizontale $p'q'r's't'u'....q''$ de l'intersection, dont $pqrstu$ est la projection verticale; et l'on peut ensuite, pour obtenir cette intersection telle qu'elle est sur le plan sécant, opérer le renversement sur l'un ou l'autre des plans de projection.

Fig. 254, pl. XIV.

7. — En résumant les différentes constructions qui précèdent, on reconnaît,
1° Que la section d'un solide à faces planes, faite par un plan, est toujours une figure rectiligne;
2° Que celle d'un solide de révolution également coupé par un plan, est

pour tous les cas possibles une ligne *courbe plane*, c'est-à-dire, dont tous les points sont situés dans un même plan.

L'ensemble des différents points communs à deux surfaces de révolution qui se coupent, peut aussi, mais dans des circonstances extrêmement rares, former une courbe plane, et même quelquefois se réduire à une simple ligne droite; mais ordinairement, ces intersections, qui dépendent constamment de l'une et de l'autre des surfaces dans lesquelles elles sont en même temps contenues, présentent deux courbures bien distinctes; la construction de ces courbes généralement désignées sous la dénomination *de courbes à double courbure*, ne présente aucune difficulté sérieuse du moment où les surfaces auxquelles elles doivent leur origine sont rigoureusement définies, et qu'elles occupent dans l'espace des positions bien déterminées; tout se borne à savoir mettre en pratique la méthode des projections, fécondes en moyens plus ou moins ingénieux, dont le choix dépend essentiellement de la sagacité de celui qui opère.

8. — Problème. — *Construire l'intersection de deux surfaces coniques droites à bases circulaires.*

Soient ABCD et HDEFGB les directrices des deux surfaces, supposées l'une et l'autre dans le plan horizontal; S et *s* les projections de leurs sommets sur le même plan; et enfin S' et *s'* les projections verticales de ces deux derniers points; proposons-nous de construire les projections de l'intersection commune à ces des deux surfaces.

On peut imaginer plusieurs plans horizontaux, qui couperont en conséquence les surfaces données suivant des circonférences de cercles dont les centres respectifs seront situés successivement sur les axes à différentes hauteurs; ces plans étant perpendiculaires aux axes des surfaces, et en même temps au plan vertical de projection, auront pour traces sur ce dernier des droites telles que *lo*, *pt*, etc., parallèles à la ligne de terre, et les portions de ces droites, *lm*, *on*, *pq*, *tr*, comprises entre les projections verticales *s'a* et *s'c*, S'*d* et S'*f* des génératrices parvenues à leurs positions extrêmes, seront les projections sur le même plan, des circonférences suivant lesquelles les différents plans sécants coupent les surfaces données; et leurs projections horizontales seront des circonférences de cercles décrites des points S et *s* avec des rayons égaux à *vo*, *tu*, etc.

Il est à remarquer que les projections horizontales des bases se rencontrant en B et D, ces deux points appartiennent à la projection horizontale de l'intersection qu'il s'agit de construire, et qu'il en est ainsi des différents points

1 et I', J et J', etc., où se coupent les circonférences contenues dans les plans horizontaux qui ont pour traces verticales *lo, pt,* etc.; que le point de contact K de la circonférence, dont le centre est en S, avec celle décrite du point *s,* qui lui est tangente, est la projection horizontale du point le plus élevé de l'intersection; qu'enfin les circonférences décrites du point S, qui ne rencontrent point celles correspondantes décrites du point *s,* dépendent indubitablement de sections faites dans les surfaces, au-dessus de leur intersection : la courbe DIJKJ'I'B est donc la projection horizontale de cette intersection. Les points D, I, J, etc., étant les projections horizontales de certains points, dont celles verticales sont nécessairement situées sur les droites *af, lo, pt,* etc., il suffira d'élever D*d,* I*i,* J*j,* K*k,* etc., perpendiculaires à la ligne de terre, pour obtenir la suite des points *dijkj'i'b,* qui constituent la projection verticale de la courbe demandée.

9. — Problème. — *Construire l'intersection de deux surfaces coniques à bases quelconques.*

s et *s'* sont les projections du sommet de l'une des surfaces ABCDEF, la trace horizontale de sa base; S et S', les projections du sommet de l'autre, dont FGHCIJ est la directrice; il s'agit de construire l'intersection commune à ces deux surfaces.

D'abord, F et C sont les projections horizontales de deux points de cette courbe, dont les expressions sur le plan vertical seront déterminées aux points *f* et *c* par les perpendiculaires à la ligne de terre F*f* et C*c;* quant aux autres points de la courbe, ils s'obtiendront de la manière suivante.

On peut imaginer une droite passant par les sommets des deux surfaces, et par cette même droite une série de plans qui coupent à la fois l'une et l'autre surface, de manière à ce que chacun d'entr'eux coupe également, en un certain point qu'il s'agit de déterminer, la courbe commune; la projection verticale de la droite dont il s'agit, est évidemment *s's't,* sa projection horizontale *s*ST, et chacun des plans sécants doit nécessairement passer par le point T qui se confond avec sa propre projection; soit donc TEHB la trace horizontale de l'un quelconque des plans supposés, si l'on projette E en *e, s'e* est la projection verticale de la génératrice suivant laquelle le plan coupe la première des surfaces, et par conséquent cette droite contient la projection verticale d'un certain point de la courbe demandée; de même, le point H étant projeté en *h,* S'*h* est la projection verticale de la génératrice, suivant laquelle le même plan coupe la seconde surface, et de plus cette droite contient aussi la

Fig. 286, pl. XV.

53

projection verticale du même point de l'intersection commune, qui se trouve alors déterminée par la jonction de ces deux droites en k; comme il est facile de procéder à une opération semblable pour chacune des traces qui peuvent être menées par le point T dans le plan horizontal, on obtiendra, par des constructions analogues, autant de points que l'on voudra, dépendant de la projection verticale de la courbe dont il s'agit.

Il est facile de s'apercevoir que, pour obtenir la projection horizontale de la même courbe, il ne reste plus qu'à projeter les différents points déjà obtenus sur le plan vertical, tels que k, sur les traces horizontales correspondantes TEHB, etc., de chacun des plans sécants où se trouvera ainsi déterminée une suite correspondante de points K, etc., formant par leur liaison la projection horizontale de l'intersection qu'il s'agissait de construire.

10. —Problème. — *Construire l'intersection d'une surface sphérique avec une surface cylindrique, dont la directrice est donnée sur le plan horizontal.*

Fig. 257, pl. XV.

ABCD est la trace horizontale de la surface sphérique; EFGH, la directrice de la surface cylindrique située dans le même plan; *abcd*, la projection verticale de la sphère; $e'e$ et gg', celles de la génératrice du cylindre située dans ses positions extrêmes.

On imaginera un certain nombre de plans parallèles au plan vertical de projection, coupant à la fois les deux surfaces, et plus particulièrement celle sphérique suivant des circonférences de cercles, dont les projections horizontales sont des droites, telles que LM, AC, IK, etc., parallèles à ligne de terre, tandis que leurs projections verticales sont des circonférences décrites du point o avec les rayons PL, OA, RI, etc.

On remarquera sans peine que les différents points 1, 2, 3, 4, etc., où les plans verticaux rencontrent la trace horizontale du cylindre, sont les projections horizontales d'autant de points de la courbe demandée, et que les projections verticales de ces mêmes points sont respectivement situées sur les circonférences correspondantes décrites du point o dans le plan vertical; on sera donc conduit à projeter ces différents points perpendiculairement à la ligne de terre jusqu'à leurs rencontres avec ces circonférences; c'est ainsi que l'on obtiendra sur le plan vertical les deux suites de points 1, 2, 3, 4, 5, etc., qui constituent par leur jonction les projections de deux courbes séparées suivant lesquelles les deux surfaces se rencontrent, courbes qui n'ont qu'une seule et même projection horizontale dans le cas dont il s'agit.

11. — Problème. — *Construire l'intersection d'une surface annulaire avec une surface cylindrique, leurs traces respectives étant connues sur l'un et l'autre des plans de projection.*

ABCDEFLKIMHG est la projection horizontale de la surface annulaire ; BKGF et CIHE, celles de la génératrice du cylindre ; $aptp'dp'p$, la projection verticale de l'anneau ; $ftet$, celles de la directrice du cylindre située dans le même plan. Fig. 258, pl. xv.

On peut imaginer plusieurs plans parallèles au plan horizontal de projection, coupant à la fois les deux surfaces ; leurs sections dans la surface annulaire sont des cercles concentriques horizontaux, dont les projections verticales ne peuvent, en conséquence, qu'être des droites parallèles à la ligne de terre, telles que $alfemd$, $nss'n'$, etc., et leurs projections horizontales des circonférences de cercles décrites du centre O, avec les rayons oa, $o'n$, etc. ; mais les traces verticales pp', nn', etc., des différents plans horizontaux, rencontrent la projection verticale de l'intersection commune aux points 1, 2, 3, 4, 5, 6, etc., lesquels projetés sur le plan horizontal perpendiculairement à la ligne de terre, feront connaître sur les circonférences correspondantes les projections horizontales des mêmes points de l'intersection, qui sera alors représentée dans ce plan par les quatre branches CK, BI, HF et GE.

Les solutions qui précèdent suffiraient, sans doute, pour familiariser avec les autres constructions du même genre ; néanmoins on terminera ce paragraphe par l'application de la méthode des projections au tracé de l'escalier, et à ceux des deux espèces de vis dont il a déjà été parlé (Stat., § III, n° 16, pag. 378).

12. — *Tracé de l'escalier.* L'espace dans lequel est construit un escalier se nomme sa *cage;* et la partie de cet espace autour duquel il tourne, en est le *noyau;* le noyau peut être plein ou à *jour*.

Les *marches* ou *degrés* d'un escalier peuvent être parallèles ou inclinés, selon que l'escalier se dirige en droite ligne, ou forme un contour suivant une courbure quelconque ; la pièce verticale qui suppporte chaque marche se nomme *contre-marche*.

La partie de l'escalier comprise entre deux étages consécutifs, s'appelle *montée;* ainsi, un escalier est à une, deux, trois ou quatre montées, suivant le nombre d'étages d'une maison qu'il met en communication les uns avec les autres : chaque montée se termine ordinairement par une plate-forme ou reposoir qui prend le nom de *palier*.

Fig. 259, pl. XVI.

Soient ABCDE la projection horizontale ou *plan* d'un escalier à construire, *abcde* la trace sur le même plan du noyau, qui est à jour dans ce cas; pour trouver l'expression des marches en projection horizontale, on doit remarquer que celles-ci devant se terminer d'une part à la surface intérieure de la cage, et de l'autre à celle extérieure du noyau, qui offre bien moins de développement que la première, ces marches ne peuvent être toutes parallèles; que néanmoins le milieu de l'escalier étant, pour tout son parcours, la partie la plus fréquentée, il est bien que toutes ses marches aient une largeur égale vis-à-vis ce point; on doit donc, avant tout, fixer la ligne IKLMN qui divise la longueur de chaque marche en deux parties égales, puis diviser cette ligne elle-même en autant de parties égales que l'escalier doit avoir de marches; l'inspection de la figure fait déjà voir que rien ne s'oppose à ce qu'entre les points I et K d'une part, et N et M de l'autre, les marches ne soient parallèles à la ligne de terre, et conséquemment parallèles entr'elles; quant à celles comprises entre les points KLM, qui sont désignées par marches *dansantes*, elles doivent concourir au centre O de la partie cylindrique du noyau, et de plus passer par les points 7, 8, 9, 10, etc., déjà connus.

La projection horizontale de l'escalier se trouvant ainsi tracée, il ne s'agit plus que de construire son image sur le plan vertical : pour cela, on mène dans ce plan, parallèlement à la ligne de terre et à des intervalles égaux à la hauteur des contre-marches, les droites A*a*A, 1, 2, 3, 4, 5, 6, K*b*K, 7, etc., qui sont les traces verticales des plans horizontaux passant par la surface extérieure des marches sur lesquelles doivent être projetées les extrémités de celles correspondantes déjà représentées en projection horizontale; toutes ces opérations se trouvant indiquées par des lignes ponctuées, et les projections de l'escalier tracées au trait ferme, l'épure seule, à laquelle on renvoie le lecteur, ne saurait exiger d'explications plus détaillées pour être parfaitement comprise.

Fig. 260 et 261, pl. XVI.

13. — *Tracé de la vis.* Après ce qui vient d'être dit à l'égard de l'escalier, le tracé de la vis ne peut présenter aucune difficulté sérieuse; ABCDEFGH est à la trace extérieure du filet sur le plan horizontal; *abcdefgh*, la trace intérieure du même filet, ou plutôt la circonférence du cylindre formant le noyau de la vis sur le plan horizontal : pour construire le développement de l'hélice en projection verticale, on divisera d'abord la circonférence ABCDEFGH, en un certain nombre de parties égales, en huit, par exemple; puis, joignant les points de division au centre du noyau, sa circonférence se trouvera divisée de la même manière aux points *abcde*, etc.; on portera sur le plan vertical, et en partant de la ligne de terre, plusieurs fois à la suite l'une de l'autre, selon la longueur qui doit être attribuée à la vis, l'épaisseur de son filet; c'est ainsi que s'obtiendront les points 1, 2, 3, 4, 5, etc., par lesquels seront menées des parallèles à la ligne de terre.

L'intervalle compris entre deux parallèles consécutives, étant justement l'épaisseur du filet, sera subdivisé en autant de parties égales que l'on a adopté de divisions pour la circonférence ABCD, etc., et l'on mènera par chacun de ces nouveaux points une droite parallèle aux premières : or, ces droites parallèles sont les traces verticales de plans horizontaux, dont les sections à travers la vis sont représentées en projection horizontale par les deux circonférences décrites du point O; il suffit donc de projeter les différents points A, B, C, etc., et *a*, *b*, *c*, etc., sur les parallèles correspondantes, pour obtenir aussitôt les projections verticales des différents points de l'hélice *d*, E′, F′, G′, H′, A′, B′, C′, D′, E″, F″, etc., et celle de sa parallèle, l'épaisseur du filet demeurant comprise entr'elles deux, si l'on opère pour la vis quadrangulaire, et seulement sa demi-épaisseur s'il s'agit de la vis triangulaire.

§ III. — CONSIDÉRATIONS SUR LA LUMIÈRE, DESCRIPTION GRAPHIQUE DES OMBRES.

N° 1ᵉʳ. — Les corps embrasés répandent autour d'eux la lumière qui éclaire les autres corps environnants, et ces derniers transmettent en partie la clarté qu'ils ont reçue, par la réflexion. La transmission rectiligne de la lumière à travers l'air athmosphérique, ne peut être mise en doute; le grand nombre de faits qui se présentent d'eux-mêmes à chaque instant, nous confirment cette vérité, constatée d'ailleurs par les physiciens.

Les rayons qui émanent de chacun des points d'un corps lumineux, se répandent de tous côtés en ligne droite jusqu'à ce qu'ils aient atteint quelqu'autre corps; et si ce dernier est opaque, les rayons lumineux se brisent à sa surface en changeant de direction : l'observation fait voir qu'un rayon lumineux qui rencontre une surface opaque, s'y réfléchit en formant avec cette surface un angle égal à celui qu'il affectait à son arrivée sur elle. Ainsi, AB Fig. 262, pl. XVII étant un rayon dirigé sur une surface plane MN, et BC, la direction de ce même rayon réfléchi, on aura entre les angles la relation ABM = CBN, c'est-à-dire que l'*angle d'incidence*, c'est ainsi que se nomme le premier, est égal à l'*angle de réflexion*, dénomination consacrée au second.

Lorsqu'au lieu de présenter une surface plane, le corps exposé à l'effet de la lumière se termine par une courbure quelconque, la propriété qui vient d'être énoncée n'en existe pas moins; seulement les angles d'incidence et de réflexion sont alors formés par les directions du rayon lumineux, avant et après le contact, avec le plan tangent passant par ce même point.

Un objet quelconque ne peut jamais être totalement éclairé par un corps lumineux; car, quelle que soit la petitesse du premier par rapport à la grandeur du second, il y aura toujours une certaine partie de sa surface qui ne saurait être rencontrée par les rayons qui subissent les effets de la réflexion avant d'arriver jusqu'à elle.

La partie d'un corps opposée à son autre partie qui est éclairée, s'appelle *ombre propre* de ce corps.

Le corps lumineux peut être, ou plus grand, ou plus petit, ou enfin égal au corps opaque qu'il éclaire; nous allons supposer ces deux corps sphériques, et nous occuper successivement des trois cas.

Fig. 263, pl. XVII.

Dans le premier, le corps éclairé ne l'est évidemment que par ceux des rayons qui sont susceptibles de rencontrer sa surface, et la réunion de ces rayons convergents forme un cône tronqué, dont la plus grande base est un des grands cercles du corps lumineux, tandis que l'autre est l'un des cercles du corps éclairé sur lequel il sépare la partie ombrée de celle qui ne l'est pas : dans le

Fig. 264, pl. XVII.
Fig. 265, pl. XVII.

cas contraire, la marche des rayons est divergente; et enfin, si les deux corps sont de même diamètre, l'ensemble des rayons produisant effet, est un cylindre qui a pour bases les grands cercles de l'un et l'autre globe.

Au lieu de considérer l'ombre sur le corps lui-même, on peut imaginer derrière lui, et dans une position arbitraire, l'existence d'une surface quelconque, puis prolonger jusqu'à cette surface les rayons formant les génératrices du cylindre dont il vient d'être parlé; l'intersection de ce cylindre avec la surface sera l'*ombre portée* du corps éclairé. Il est inutile de faire observer que la forme sphérique qui vient d'être supposée n'est qu'un cas particulier.

Le soleil est si éloigné de nous, que les rayons qui s'en détachent pour venir directement éclairer la terre et les différents objets qui sont disséminés à sa surface, peuvent être considérés comme de simples lignes droites parallèles entr'elles; ce paragraphe est destiné à faire connaître les constructions nécessaires pour parvenir à déterminer la limite des ombres propres ou portées; les corps éclairés seront donnés de forme et de position par leurs projections respectives, et la direction de la lumière par les projections de la ligne à laquelle ses rayons sont supposés parallèles.

Il y a fort peu de chose à dire sur les ombres propres des corps à surfaces planes terminées par des arêtes rectilignes; les faces opposées à la lumière devant naturellement être dans l'ombre, et celles qui reçoivent directement son impression étant éclairées, la disposition seule du dessin rend toujours facile la distinction des unes et des autres, et il en est ainsi des lignes droites qui·forment les arêtes; quant à la détermination des ombres portées de ces mêmes corps sur différentes surfaces, elle se rattache à quelques principes déjà démontrés, dont il est bien cependant de faire l'application.

2. — Problème. — *Etant données les projections d'un corps terminé par des faces planes et des arêtes rectilignes, ainsi que les projections de la direction de la lumière, construire ses ombres portées sur l'un et l'autre plan de projection.*

Soient ABCD..... ILKJ, la projection horizontale d'une croix, $abcc'b'a'$..... $k'''J'''$ sa projection sur le plan vertical, et enfin Ll et $L'l'$ les projections d'une certaine droite à laquelle est parallèle la direction de la lumière; proposons-nous de déterminer sur l'un et l'autre plan de projection la limite de ses ombres portées.

Parmi la multitude de rayons lumineux qui viennent éclairer une partie de l'objet que l'on considère, l'on ne doit remarquer que ceux qui, affleurant sa surface, viennent précisément rencontrer les plans de projection suivant la ligne de démarcation dont il s'agit de construire les traces.

Pour déterminer, sur le plan vertical, l'ombre portée du point dont les projections sont J et j''', on remarquera d'abord que la projection verticale du rayon lumineux qui passe par le point dont il s'agit, est $J'''3$ parallèle à $L'l'$, de même que la projection horizontale du même rayon ne peut être que $J'i'$, parallèle à Ll; mais le point i' qui appartient à la fois à la projection du rayon lumineux et à la ligne de terre, n'est autre chose que la projection horizontale du point où ce même rayon rencontre réellement le plan vertical, et la projection verticale de ce point doit, en conséquence, être sur la droite $i'3$ perpendiculaire à la ligne de terre; et si l'on observe qu'il doit en même temps se trouver sur quelque point de $J'''3$, on en conclura qu'il est à la rencontre de ces deux droites au point 3.

Pour déterminer l'ombre portée d'un certain point sur le plan vertical, il suffit donc de prolonger la projection horizontale du rayon lumineux qui passe par ce point, jusqu'à la ligne de terre; puis de mener par le point de rencontre et perpendiculairement à cette dernière, une droite qui rencon-

Fig. 266, pl. XVII

trera la projection verticale du même rayon suivant le point demandé.

Il arrive souvent, comme pour le point dont A et a' sont les projections, par exemple, que la perpendiculaire élevée à la ligne de terre à l'endroit où elle est coupée par la projection horizontale d'un certain rayon, ne rencontre l'autre projection de ce même rayon que sur son prolongement au-dessous de la ligne de terre, au point 18 dans ce cas; cette circonstance indique d'une manière non équivoque, que le rayon lumineux ou la droite que l'on considère, ne rencontre le plan vertical que suivant son prolongement au-dessous du plan horizontal.

C'est en opérant ainsi pour chacun des points A, B, C, D, etc., des projections du corps proposé, qu'il a été possible de déterminer sur le plan vertical les points 1, 2, 3, 4, 5, 6,..... 21, 22, 23, qui représentent les ombres portées des différents angles, lesquels étant joints les uns aux autres par des lignes droites, déterminent les limites de l'ombre portée du corps dont il s'agit.

Fig. 267, pl. XVII.

Proposons-nous maintenant de déterminer l'ombre portée du même corps, mais en projection horizontale; comme dans le cas qui précède, il suffit de déterminer l'ombre portée de chaque angle solide, puis de joindre les différents points obtenus, par des droites qui seront les ombres portées des arêtes correspondantes; la construction étant la même pour chacun des points à obtenir, nous nous bornerons, comme dans l'exemple qui précède, à déterminer l'ombre portée du point, dont C et c', par exemple, sont les projections; le rayon de lumière qui passe par ce point ayant pour projections CP et $c'p$ parallèles aux droites Ll et L'l', le point p est la projection verticale du point où le rayon que l'on considère rencontre le plan horizontal; la projection horizontale du même point est donc située sur quelque point de la perpendiculaire pP, et comme cette même projection dépend essentiellement de la droite CP, elle sera déterminée par l'intersection de ces deux lignes; il pourrait aussi arriver que la projection verticale du rayon lumineux rencontrât la ligne de terre de façon à ce que la perpendiculaire élevée sur cette dernière, à leur rencontre, ne fût susceptible de couper la projection verticale du même rayon, que sur son prolongement de l'autre côté de la ligne de terre; on aurait alors la certitude que le rayon lumineux dont il s'agit, ne rencontre le plan horizontal que sur son prolongement derrière le plan vertical : en résumant ce qui vient d'être dit relativement à cette dernière construction, *on voit que, pour obtenir l'ombre portée d'un certain point sur le plan horizontal, il suffit de prolonger la projection verticale du rayon lumineux qui passe par ce point, jusqu'à la ligne de terre; puis de mener par le point de rencontre, et per-*

pendiculairement à cette dernière, une droite qui rencontrera la projection
horizontale du même rayon, suivant le point demandé.

3. — PROBLÈME. — *Etant données les projections d'un corps terminé*
par des faces planes et des arêtes rectilignes, ainsi que celles de la direction
de la lumière, construire les projections de son ombre portée sur un plan
quelconque dont les traces sont connues.

Proposons-nous d'abord de déterminer les limites dont il s'agit, projetées
sur le plan horizontal; pour cela imaginons un plan passant par le rayon lumineux, dont Gg' et Ce', parallèles à $L'l'$ et à Ll, sont les projections, et à la
fois perpendiculaire au plan vertical; ce plan aura pour trace verticale Ggg',
et pour trace horizontale $g'g''$ perpendiculaire à la ligne de terre (§ I , n° **2**,
pag. 393); il est à remarquer que l'ombre portée du point que l'on considère,
doit se trouver à la rencontre du rayon lumineux, dont Gg' et Ce' sont les projections, avec le plan donné dont les traces sont Mx et Nx; et que ce rayon
étant tout entier dans le plan qui vient d'être créé, le point d'ombre que l'on
cherche, fait nécessairement partie de l'intersection de ces deux plans; ceci posé,
le point g où les traces des deux plans se rencontrent sur le plan vertical, dépend
essentiellement de l'un et de l'autre, et par conséquent est un des points de
leur intersection commune, en même temps qu'il est sa propre projection
verticale; de même, le point g'' qui dépend à la fois des traces $g'g''$, $g''x$ et
du plan horizontal de projection, est un second point de l'intersection des
deux plans, situé dans le plan horizontal; g et g'' sont donc réellement les
rencontres de l'intersection dont il s'agit avec les deux plans de projection.

Si donc, du point g l'on abaisse gm perpendiculaire à la ligne de terre, m
sera la projection horizontale du point g, et mg'' celle sur le même plan, de l'intersection des deux plans sur laquelle est située la projection horizontale de
l'ombre portée de l'angle solide, dont G et C sont les projections respectives;
mais la projection horizontale de ce même point devant aussi se trouver sur la
droite Ce', elle est à la rencontre 1; et pour obtenir la projection verticale de
ce dernier, il suffit alors d'abaisser la perpendiculaire $1t$ à la ligne de terre,
et de la prolonger jusqu'à sa rencontre avec la droite Gg' au point 9; il
était également facile d'obtenir directement la position de ce dernier point en
opérant sur le plan vertical; en effet, la projection horizontale du rayon de
lumière rencontrant la ligne de terre en e', ce dernier est la projection horizontale de l'intersection des deux plans avec le plan vertical; t est ce point
lui-même et sa propre projection verticale; et si, d'un autre côté, l'on abaisse

uv perpendiculaire à la ligne de terre, la droite *vt* sera la projection verticale de l'intersection des deux plans, sur laquelle droite se trouve le point demandé; et comme il est aussi sur quelque point du rayon projeté G*g'*, il se trouvera à la rencontre 9 : c'est en opérant ainsi que l'on parviendra à obtenir sur le plan vertical les points 10, 11, 12, 13, 14, 15, 16, qui, par leur jonction deux à deux, formeront la limite de l'ombre projetée sur le plan vertical; et les points 2, 3, 4, 5, 6, 7, qui, par leur réunion de la même manière, limitent la projection horizontale de la même ombre.

Fig. 269, pl. XVII.　Si le plan sur lequel le corps porte son ombre, au lieu d'être incliné d'une manière quelconque à l'égard des plans de projection, était perpendiculaire à l'un d'eux, au plan vertical, par exemple, sa trace horizontale *x*N serait perpendiculaire à la ligne de terre, tandis que sa trace verticale *x*M serait à la fois la projection verticale de l'intersection de chaque plan qui pourrait être imaginé, passant par les rayons de lumière, perpendiculairement au plan vertical de projection, et la suite des points d'ombre, *a, b, c, e, f, g*, serait déterminée sur la trace *x*M par la rencontre des parallèles A'*a*, B'*b*, E*e*, F*f*, G*g*, menées parallèlement à L'*l*; pour obtenir la projection horizontale de l'ombre, qui n'est dans ce cas qu'une simple ligne droite sur le plan vertical, il suffit de chacun des points *a, b, c, e, f, g*, d'abaisser différentes droites perpendiculaires à la ligne de terre, puis de les prolonger sur le plan horizontal jusqu'à leur rencontre avec les parallèles à L*l* qui leur correspondent; c'est ainsi que seront obtenus les points 1, 2, 3, 4, 5, 6, 7 et 8.

Enfin, l'on pourrait se proposer de construire l'image de l'ombre, telle qu'elle existe en réalité sur le plan où elle est portée; il suffit pour cela de faire tourner ce plan sur l'une ou l'autre de ses traces considérée comme charnière, jusqu'à ce qu'il se confonde avec le plan de projection auquel cette trace appartient, et de supposer que, pendant sa révolution, il entraîne avec lui l'image de l'ombre qu'il contient; la figure 269 indique la construction faite sur le plan vertical, en supposant que le plan tourne autour de la trace *x*M : il est clair que, pendant la révolution, chaque point situé sur ce plan décrit un cercle dont le plan est perpendiculaire à la droite *x*M, et vient se placer au-dessus de cette ligne, à une distance égale à celle qui le sépare de la ligne de terre, ou, ce qui est la même chose, à la distance qui sépare sa projection horizontale de la ligne de terre : il suffit donc d'élever aux points *a, b, c*, etc., des perpendiculaires à la trace *x*M, respectivement égales aux distances *a'*8, *b'*7, *b'*4, *c'*2, *e'*6, *f'*, *f'*3 et *g'*1; et l'on obtiendra la position des points 1, 2, 3, etc., qui expriment dans leur ensemble la limite qu'il s'a-

gissait de construire, il est aisé de s'apercevoir qu'une construction analogue,
faite suivant la trace xN au-delà de laquelle il eût alors fallu porter les distances $a'a$, $b'b$, $c'c$, $e'e$, $f'f$ et $g'g$ sur les perpendiculaires correspondantes,
eût amené à un résultat identique.

4. — Pᴙᴏʙʟèᴍᴇ. — *Déterminer l'ombre propre d'un cylindre.*

A est la directrice de la surface cylindrique supposée dans le plan horizontal; BE et CD représentent dans le plan vertical deux positions extrêmes
de la génératrice; et enfin, Ll la projection horizontale d'une droite à laquelle
la direction de la lumière est parallèle. De tous les rayons lumineux qui se
dirigent vers le cylindre, il est évident que ceux qui ne le touchent point, sont
sans influence sur sa surface, et que l'on ne doit considérer que ceux qui
viennent la rencontrer suivant la courbure bld, ab et cd étant parallèles à Ll
et de plus tangentes à la directrice; l'arc dlb est donc la projection horizontale de l'ombre qu'il s'agit de construire; quant à sa projection verticale, on
doit remarquer que les points b et d étant les projections de la génératrice parvenue à deux positions suivant lesquelles les rayons lumineux affleurent la
surface cylindrique, et qui, par conséquent, séparent sa partie obscure de celle
qui est éclairée, il suffit de déterminer les deux projections de cette génératrice sur le plan vertical; pour atteindre ce but, on abaissera des points d
et b les perpendiculaires bb' et dd' à la ligne de terre, puis on mènera par les
points b' et d' les parallèles $b'f$ et $d'c$ à la projection verticale de la génératrice.

Fig. 270, pl. XVIII.

5. — Pᴙᴏʙʟèᴍᴇ. — *Construire l'ombre propre d'un cône, ainsi que ses
ombres portées sur les plans de projection.*

Soient SABFCGDE la projection horizontale du cône, S étant celle de son
sommet, $se'f'$ sa projection verticale, et enfin Ll et $L'l'$ les projections de la
droite à laquelle les différents rayons lumineux sont parallèles : pour obtenir
les limites de l'ombre propre dont il s'agit, il suffit de mener à Ll les parallèles AH et IC tangentes à la directrice de la surface, puis de joindre les
points A et C à la projection S du sommet; la partie SABFC sera la projection horizontale de l'ombre demandée. Pour avoir sa projection verticale, il ne
s'agit plus que de construire celles des deux génératrices dont SA et SC sont
les expressions sur le plan horizontal; et dont leur point commun s est déjà
connu sur le plan vertical; les points A et C seront donc projetés en a' et c',
et ces deux derniers, joints à s; c'est ainsi que sera déterminée la partie $s'c'f'a'$

Fig. 271, pl. XVIII.

qui se trouve dans l'ombre, et dont une portion est cachée par le cône lui-même.

Pour construire l'ombre portée du même solide sur le plan vertical, on prendra à volonté différents points A, B, F, C, D, E sur la projection horizontale de la base, dont on cherchera les expressions a', b', f', c', d', e' en projection verticale; puis on construira, d'après le principe connu (n° 2, pag. 423), les points où les rayons lumineux dont les projections verticales sont $e'e''$, $a'a''$, $d'd''$, $g'g''$, ff'' et ss', et celles horizontales En, Am, Do, Gp, Fp et So, rencontrent le plan vertical; c'est ainsi que sera obtenue sur ce plan la courbe $a''e''d''g''f'd'''$ dont les points a'' et f'' seront joints à s'.

S'il s'agissait de construire l'ombre portée en projection horizontale, la construction serait la même, à cela près qu'il faudrait déterminer les points où les différents rayons lumineux dont les projections sont connues, rencontrent le plan horizontal (n° 2, pag. 424), construction qui ne pourra offrir aucune difficulté après un examen attentif de la figure.

6. — Lorsqu'une sphère est exposée aux rayons du soleil, nous avons déjà dit que ceux d'entr'eux qui atteignent sa surface, constituent un cylindre droit qui a pour base l'un de ses grands cercles dont la circonférence sépare la partie éclairée de celle qui ne l'est pas; la base de ce cylindre étant perpendiculaire à son axe, et celui-ci n'étant autre chose que le rayon lumineux qui se dirige sur le centre de la sphère, il s'ensuit que pour déterminer son ombre propre, il suffit de la couper par un plan passant par son centre perpendiculairement à la direction de la lumière; mais l'intersection d'un plan avec une surface sphérique étant toujours une circonférence, peut, en projection, se présenter sous différents aspects, selon la direction qu'affecte la lumière à l'égard des plans de projection; ainsi, les rayons étant perpendiculaires au plan vertical, et conséquemment parallèles au plan horizontal, la limite de l'ombre propre sera sur ce dernier l'un des diamètres de la sphère, tandis que sur le premier elle sera représentée par une circonférence égale à celle de l'un de ses grands cercles; si les rayons étaient parallèles au plan horizontal, sans pour cela être perpendiculaires au plan vertical, la limite sur le premier serait toujours une ligne droite, mais deviendrait une ellipse sur le second; si les rayons étaient parallèles au plan vertical, et en même temps perpendiculaires au plan horizontal, c'est-à-dire s'ils tombaient d'aplomb, l'expression de l'ombre en projection verticale serait alors une droite, tandis qu'en projection horizontale elle deviendrait égale à l'un des grands cercles de la sphère; les rayons

pourraient aussi être parallèles au plan vertical, sans être perpendiculaires au plan horizontal, alors l'expression, toujours une droite sur le premier, serait une ellipse sur le second; enfin, si ces mêmes rayons étaient à la fois obliques aux deux plans de projection, l'image de l'ombre serait sur l'un et l'autre une ellipse. Ces différents cas ne présentent en réalité rien de difficile: tout git dans l'exécution du travail manuel, qui réclame la plus rigoureuse précision; ces constructions, qui ne sont ici que résumées, sont des applications directes des deux principes démontrés (§ III, nᵒˢ 4 et 6, pag. 412, 413 et 415) à l'égard de l'intersection des surfaces planes avec les surfaces de révolution.

7. — Problème. — *Construire la limite de l'ombre propre d'une sphère, et celle de son ombre portée sur une surface cylindrique.*

Soient A et A' les projections de la sphère, L*l*, L'*l'* celles d'une droite à laquelle la direction des rayons de lumière est parallèle; nous allons supposer un certain nombre de plans parallèles entr'eux, à la direction de la lumière, et en même temps perpendiculaires au plan vertical de projection; ces différents plans, qui coupent la surface sphérique suivant des circonférences de cercles, ont pour traces verticales des droites telles que *v'h*, *ab*, *cd*, *ef*, *g'v*, dont les parties interceptées par le grand cercle de la sphère, sont les projections verticales de ces mêmes circonférences dont il s'agit, en premier lieu, de construire les projections horizontales : cette opération étant la même pour toutes, nous allons la détailler en ce qui concerne la droite *cd* seulement: imaginons une nouvelle suite de plans parallèles au plan horizontal, et coupant la surface sphérique suivant d'autres circonférences dont les projections seront d'une part des droites *ch*, *eb*, *gd*, parallèles à la ligne de terre, et de l'autre, des circonférences décrites du centre *o'* avec les rayons *mc*, *oe*, *ng*; ceci posé, on aura la projection horizontale d'un point de la courbe, dont *cod* est la projection verticale, en projetant le point *c* perpendiculairement à la ligne de terre sur la conférence décrite avec le rayon *cm* en *c'*; les points *o''* et *o'''* s'obtiendront en projetant l'intersection *o* sur la circonférence décrite avec le rayon *oe*; et enfin le point *d* sera projeté en *d'* sur celle qui appartient au rayon *gn* : *c'o''d'o'''* est donc la projection horizontale de la section faite dans la sphère suivant le plan dont *cod* est la trace verticale; si l'on mène dans le plan horizontal U*T* et U'*T'* tangentes à cette dernière courbe parallèlement à L*l*, il est clair que les points de contact *T* et *T'* seront les projections horizontales de deux points de l'ombre cherchée, dont les projections verticales seront déterminées par les rencontres des perpendiculaires T*t* et T'*t'* avec la droite *cd*;

Fig. 275, pl. XVIII.

et l'on opérera de la même manière pour avoir sur l'un et l'autre plan de projection autant de couples de points dépendant des courbes *tvt'v'* et TVT'V' qui sont les projections de la limite de l'ombre propre qu'il s'agissait de construire.

Quant à la détermination de l'ombre portée sur la surface cylindrique dont B et B' sont les projections, on l'obtiendra d'abord sur le plan horizontal en prolongeant les différents rayons de lumière projetés sur ce plan jusqu'à leur rencontre avec la directrice du cylindre, suivant les points 1, 2, 3, 4, 5, 6, qui ne sont autre chose que les projections horizontales des points où les différents rayons rencontrent en réalité la surface cylindrique; les projections verticales de ces mêmes points sont donc situées sur les perpendiculaires à la ligne de terre $1p$, $2q$, $3r$, $5s$ prolongées; et comme d'ailleurs ces mêmes points doivent aussi se trouver sur le prolongement des droites correspondantes *ab*, *cd*, etc., ils seront déterminés par leurs rencontres 1, 2, 3, etc.

8. — Je terminerai ce chapitre en donnant la description graphique des ombres d'une niche sphérique pratiquée dans un mur droit, construction qui renferme en elle-même la détermination de l'ombre d'un demi-cylindre droit creux, et celle d'un quart de sphère également évidé, lequel est immédiatement placé au-dessus du cylindre.

Fig.274, pl. XVIII. AFU est la projection horizontale du cylindre et en même temps celle du quart de sphère, O celle de l'axe du cylindre et du centre de la sphère, dont O' est la projection verticale; A'*a* et U'*u* sont celles, sur ce dernier plan, de la directrice du cylindre, et *afu* celle de la portion de sphère; la direction de la lumière est projetée sur l'un et l'autre plan suivant les droites L*l* et L'*l'*.

Il est évident que la directrice, dont les projections sont A et A'*a*, porte son ombre sur la partie concave de la surface cylindrique, suivant la droite *bh'* en projection horizontale, et que cette même ombre en projection verticale est exprimée par la droite *h"h'''* parallèle à A'*a*. Quant à la construction de cette même ombre dans la surface sphérique, elle oblige à des opérations plus compliquées, qui méritent quelques explications : on imaginera une suite de plans sécants perpendiculaires au plan horizontal, parallèles entr'eux et à la direction de la lumière; leurs traces horizontales seront des droites telles que A*h'*, *bi'*, *c'j'*, *d'k'*, *e't*, O*m'*, *g'n'*, et dont les intersections avec la partie sphérique seront des courbes qu'il s'agit d'abord de construire; le tracé de chacune des ces différentes intersections étant le même pour chacun des plans créés, on se bornera ici à n'en obtenir qu'une seule, celle, par exemple, qui doit son origine au plan sécant dont la trace horizontale est *d'k'*, en recom-

mandant toutefois, pour les autres, un examen suivi de l'épure sur laquelle ces
différentes opérations accessoires sont minutieusement détaillées; on créera
de nouveau une seconde suite de plans parallèles à celui vertical de projec-
tion, dont les traces horizontales seront des droites telles que $\Lambda\ddot{\mathrm{U}}$, op, qn',
rs, $h't$, et dont les intersections avec la courbure sphérique seront des circonférences de cercles ayant pour centre commun le point O'.

Si l'on observe que les traces horizontales des deux séries de plans in-
troduits dans la figure, se rencontrent aux points d', 8, 9, 10, 11, qui ne sont
autre chose que les projections horizontales d'autant de points de la courbe à
construire, on verra qu'il suffit de les projeter perpendiculairement à la ligne de
terre sur les circonférences qui leur correspondent, pour fixer les projections
de ces mêmes points sur le plan vertical aux points indiqués par d, 8, 9, 10,
11 et k'', formant dans leur ensemble la courbe, en projection verticale, qui a
pour expression sur le plan horizontal $d'k'$; mais ces deux courbes, ainsi que
le rayon lumineux dont les droites Ll et $L'l'$ sont les projections, sont situées
dans le même plan sécant, et ce rayon ne peut porter ombre dans la sphère
que sur l'intersection de celle-ci, avec le plan qui le contient, c'est-à-dire sur
la courbe qui vient d'être déterminée; et comme en outre il ne peut être hors
de la direction $L'l'$, il est à la rencontre k; c'est ainsi que seront simultanément cherchés les différents points de la courbe $ijklmn$ qui se raccordent avec
la droite déjà obtenue, $h'h'''$, avec laquelle elle complète la limite de l'ombre
sur le plan vertical.

9. — La méthode des projections est extrêmement féconde en moyens plus
ou moins ingénieux, qui peuvent amener d'une manière certaine à la solution
des différentes questions; il est cependant un choix à faire parmi la multitude,
et malheureusement il ne peut être dirigé par une règle générale à laquelle
l'imagination et une grande habitude peuvent seules suppléer; on doit cependant s'attacher généralement à n'introduire parmi les données de la question,
que des lignes ou des plans disposés de telle sorte qu'ils puissent présenter,
sur l'un au moins des plans de projection, quelques vérités palpables, propres
à entraîner vers la découverte à laquelle on tend.

FIN DE LA PREMIÈRE PARTIE.

TABLE DES MATIÈRES

CONTENUES DANS LA PREMIÈRE PARTIE.

**CHAPITRE VI. — THÉORIE DES PROJEC-
TIONS.**

§ Iᵉʳ. — DÉFINITIONS, DE LA LIGNE DROITE ET DU PLAN,
PROJECTIONS DES SOLIDES A SURFACES PLANES TERMI-
NÉES PAR DES ARÊTES RECTILIGNES.

ERRATA.

Pages 22, ligne 17, $\dfrac{930}{15.5} = 6$, *lisez* : $\dfrac{930}{15.5} = 60$.

22, ligne 20, et $6x$, *lisez* : et $60x$.

22, lignes 21 et 22, $93x + 6x = 930$, d'où on tire $x = \dfrac{930}{99} = 9$ jours 593 millièmes,

lisez : $93x + 60x = 930$, d'où on tire $x = \dfrac{930}{155} = 6$ jours 78 millièmes.

92, ligne 3, en remontant, $a + b = c + b$, *lisez* : $a + d = c + b$.

96, ligne 15, $\dfrac{a - mb}{c - mb} = \dfrac{b}{d}$ *lisez* : $\dfrac{a - mb}{c - md} = \dfrac{b}{d}$.

201, lignes 5 et 6, de et parabole, *lisez* : de la parabole.

201, lignes 6 et 7, la en général, *lisez* : et en général.

264, ligne 14, en remontant, *est au sinus de l'un des angles aigus*, lisez : *est au cosinus de l'un des angles aigus*.

289, ligne 12, $= y\sqrt{\quad}$ lisez : $y = \sqrt{\quad}$

389, ligne 6, dont il est un multiple, *lisez* : qui en est un multiple.